面向新工科普通高等教育系列教材

数据库系统原理与实践

陆 鑫 张凤荔 陈安龙 编著

机 械 工 业 出 版 社

本书以先进的开源关系数据库和主流的非关系 NoSQL 数据库为背景，介绍数据库系统原理及其应用开发技术。全书共 7 章，主要内容包括数据库系统概论、数据库关系模型、数据库 SQL 操作语言、数据库设计与实现、数据库管理、数据库编程、NoSQL 数据库技术。本书除介绍数据库系统原理外，还针对数据库应用系统开发，介绍数据库建模设计、数据库 SQL 编程、数据库应用程序 Java 编程，以及 NoSQL 数据库应用实践方法。

本书取材新颖、内容详实、案例丰富，在数据库知识结构组织、项目案例设计、课后习题编写等方面强调工程教育特点。针对高水平数据库人才培养需求，本书突出对学生数据库设计能力、数据库编程能力、数据库管理能力及数据库新技术应用能力的培养。本书配套提供课程教学 PPT、案例设计模型、案例编程代码、习题参考答案、课程教学大纲等学习资源。

本书既可作为高等学校计算机科学与技术、软件工程等 IT 专业数据库课程的教材，也可作为相关开发人员学习数据库系统知识与技术原理的参考书。

本书配有授课电子课件，需要的教师可登录 www.cmpedu.com 免费注册，审核通过后下载，或联系编辑索取（微信：13146070618；电话：010-88379739）。

图书在版编目（CIP）数据

数据库系统原理与实践/陆鑫，张凤荔，陈安龙编著．—北京：机械工业出版社，2024.2

面向新工科普通高等教育系列教材

ISBN 978-7-111-74796-3

Ⅰ.①数⋯　Ⅱ.①陆⋯　②张⋯　③陈⋯　Ⅲ.①数据库系统-高等学校-教材　Ⅳ.①TP311.13

中国国家版本馆 CIP 数据核字（2024）第 025419 号

机械工业出版社（北京市百万庄大街 22 号　邮政编码 100037）
策划编辑：郝建伟　　　　　　责任编辑：郝建伟　王　芳
责任校对：张爱妮　张　薇　　责任印制：任维东

河北鑫兆源印刷有限公司印刷

2024 年 3 月第 1 版·第 1 次印刷
184mm×260mm·23 印张·629 千字
标准书号：ISBN 978-7-111-74796-3
定价：89.90 元

电话服务　　　　　　　　　　网络服务
客服电话：010-88361066　　机　工　官　网：www.cmpbook.com
　　　　　010-88379833　　机　工　官　博：weibo.com/cmp1952
　　　　　010-68326294　　金　书　网：www.golden-book.com
封底无防伪标均为盗版　　机工教育服务网：www.cmpedu.com

前言

为了适应新工科计算机类高水平工程技术人才的培养，高校教材不仅要对教学内容知识结构、形式体例进行完善，还要突出工程实践项目应用，从而服务于国家战略与国际竞争格局下高质量工程人才的培养。本书将先进的开源关系数据库技术、前沿的非关系 NoSQL 数据库技术与产业对数据库技术人才的需求相结合，介绍了数据库系统原理及其应用开发技术。本书在数据库理论内容撰写、知识结构组织、项目案例设计、课后习题编写等方面强调了工程教育特点。针对高水平数据库工程型人才能力需求，本书突出了数据库设计能力、数据库编程能力、数据库管理能力及数据库新技术应用能力等相关内容。

为满足工程教育课程教学的需要，编者根据新工科人才培养的要求，遵循厚实专业基础、注重工程实践能力培养、反映产业先进技术的总体思路，编写了本书。本书内容注重工程师核心潜质能力（专业技能、工程实践能力、创新设计能力）的培养，解决了传统教材理论知识与实际工程应用脱节、工程案例偏少等问题，为读者学习掌握数据库领域的专业知识、培养数据库实践能力提供了丰富的学习素材。通过本书的学习，读者可以理解数据库系统原理，掌握数据库设计方法与应用编程开发技术，初步具备数据库应用系统的开发能力。

全书共 7 章。前 3 章介绍数据库系统概论、数据库关系模型、数据库 SQL 操作语言等数据库原理知识及基本技术。第 4 章介绍数据库设计与实现，包括 E-R 模型、数据库建模设计、数据库规范化设计、数据库设计模型的 SQL 实现等内容，并详细介绍了主流数据库设计工具 Power Designer 的实践应用。第 5 章对数据库管理技术进行介绍，主要包括存储管理、索引结构、事务管理、并发控制、安全管理、备份与恢复等内容。第 6 章介绍数据库后端编程开发技术，如存储过程、触发器、函数、游标等编程方法，同时也介绍 Java Web 数据库访问编程技术。第 7 章介绍主流的 NoSQL 数据库技术及其应用方法，包括列存储数据库、键值对数据库、文档数据库、图数据库等内容。

本书可作为高等学校计算机科学与技术、软件工程等 IT 专业数据库课程的教材，建议授课学时为 48 小时，实验学时为 16 小时。

本书由电子科技大学陆鑫、张凤荔、陈安龙老师编著。其中，陆鑫编写了第 1 章至第 5 章，并负责全书统稿；陈安龙编写了第 6 章；张凤荔编写了第 7 章。本书编著出版得到电子科技大学教务处的支持，在此表示诚挚感谢。

由于时间仓促，书中难免存在不妥之处，请读者谅解，并提出宝贵意见。

编著者

目录

第 1 章
数据库系统概论

任何信息系统都离不开数据管理，而数据库技术是信息系统实现数据管理的关键技术。数据库系统是以数据库、数据库管理系统（Database Management System，DBMS）为基础实现的数据处理系统，它可以应用到很多信息化领域，用于实现数据处理，因此它又称为数据库应用系统。本章将介绍数据库系统基础的概貌，涉及数据库及其系统概念、数据库技术发展、数据库应用系统、数据库管理系统基础、PostgreSQL 对象-关系数据库系统等基础知识。

本章学习目标如下：

1) 理解数据库、数据库管理系统、数据库系统的基本概念。
2) 理解数据模型、关系数据库特点。
3) 了解数据库技术发展过程、数据库领域技术发展现状与趋势。
4) 了解数据库应用系统类型、应用系统架构、应用系统生命周期。
5) 了解数据库管理系统工作原理、数据库管理系统软件分类、开源数据库管理系统。
6) 理解 PostgreSQL 对象-关系数据库系统原理。

1.1 数据库及数据库系统概念

在信息时代，无论是信息系统，还是互联网服务，它们都需要对各类数据进行存储、管理、计算、分析等处理。这些数据处理都离不开数据库及其数据库管理系统的支持。什么是数据库？数据库如何组织、存储数据？数据库管理系统如何创建、访问和管理数据库？这些都是学习者需要了解与掌握的数据库领域知识。

1.1.1 数据库定义

通信技术和计算机技术的结合与发展，满足了人们对快速获取、处理以及传播信息的需求，催生了计算机网络。

任何信息系统的技术实现，均需要使用具有特定数据模型的数据容器来组织与存储数据，同时还需要相应系统软件支持应用程序对数据容器中的数据进行存取访问操作。在计算机领域中，这类组织与存储数据的数据容器被称为"数据库"。例如，电子商务系统将商品信息、销售价格信息、销售服务信息等业务数据分别写入由多个相关数据表构成的数据库中进行数据存储。当客户访问电子商务系统时，系统按照客户的需求将商品的信息从数据库中提取出来，呈现在电子商务网站页面中。客户想要购买商品，可以在电子商务系统中填写订单信息，并支付货款，这样便可完成线上购物活动。在电子商务系统中，所有业务数据处理都依赖数据库的支持。同样，各个机构的办公管理系统、财务管理系统、人力资源管理系统、薪酬管理系统等业务信息系统也需要数据库来实现数据管理。因此，数据库是信息系统最重要的组成部分。

一些学者对数据库（Database）给出了更专业的定义。

定义1：数据库是一种电子文件柜，用户可以对文件柜中的数据进行新增、检索、更新、删除等操作。

定义2：数据库是以一定方式存储数据的仓库，它能为多个用户所共享访问。

定义3：数据库是依照某种数据模型组织起来，并存放在存储器中的数据集合。这种数据集合具有如下特点：尽量不重复存储数据，以优化方式为用户存取数据提供服务，其数据结构独立于使用它的应用程序，其数据的增、删、改、查由底层系统软件进行统一管理与控制。

综上所述，我们可以将数据库理解为一种依照特定数据模型，组织、存储和管理数据的文件集合。在信息系统中，数据库的基本作用是组织与存储系统数据，并为系统软件从中存取数据提供支持。与计算机系统中的普通数据文件有明显不同，数据库文件具有如下特点：

1）数据一般不重复存储。

2）可支持多个应用程序并发访问。

3）数据结构独立于访问它的应用程序。

4）对数据的增、删、改、查操作均由数据库系统软件进行管理和控制。

1.1.2　数据模型

从数据库的定义可知，数据库使用了特定的数据模型来组织与存储数据，那么数据模型是什么？数据库一般使用哪种数据模型来组织与存储数据？这些都是需要深入了解的数据库基本问题。

1. 数据模型是什么

数据模型是一种对事物对象数据特征及其结构的形式化表示，它通常由数据结构、数据操作、数据约束3个部分组成。

1）数据结构。它用于描述事物对象的静态数据特征，其中包括事物对象的属性数据、数据类型、数据组织方式等。数据结构是数据模型的基础，数据操作和数据约束都是基于数据结构进行处理的。

2）数据操作。它用于描述事物对象的动态数据特征，即对事物对象属性数据可进行的数据操作，如插入、更新、删除和查询等。在数据模型中，通常还需定义数据操作语言元素，其中包括操作语句、操作规则及操作结果表示等。

3）数据约束。它用于描述事物对象数据之间的语义联系，以及数据取值范围限制等规则，从而确保数据的完整性、一致性和有效性。

例如，在许多高级编程语言中，数据文件就是一种典型的数据模型实例，其数据结构由若干数据记录行组成，每行数据记录又由若干数据项组成。在数据文件的编程访问中，程序可以移动指针来确定数据记录在文件中的位置，然后对该数据记录进行读/写或删除处理。

2. 经典数据模型

传统数据库先后使用了网状数据模型、层次数据模型、关系数据模型。这些数据模型之间的区别在于数据记录之间的组织方式不同：层次数据模型以"树结构"方式来组织数据记录之间的联系结构；网状数据模型以"图结构"方式来组织数据记录之间的联系结构；关系数据模型以"表结构"方式来组织数据记录之间的联系结构。

（1）层次数据模型

层次数据模型是数据库系统早期使用的一种数据模型，其数据结构是一棵包含多个数据节点的"有向树"。根节点在最上端，其下有多层子节点；最低层节点称为叶节点。每个数据节点存储一个数据记录，数据节点之间通过链接指针进行上下联系。在层次数据模型中访问数据记录时，需要使用树节点遍历方法在数据节点中检索数据记录，并对数据记录进行存取访问操作。例如，高校教务系统的层次数据模型如图 1-1 所示。

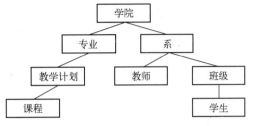

图 1-1　高校教务系统的层次数据模型

层次数据模型特征：该模型将数据节点组织成多叉树关系的数据结构，程序采用关键字检索算法来遍历访问各个数据节点。其优点：数据结构层次清晰，使用链接指针可遍历访问各个数据节点；数据节点的更新和扩展容易实现；关键字检索算法处理效率高。其缺点：系统数据组织结构局限于有向树结构，缺乏灵活性；相同数据记录可能会在多个数据节点中重复存放，数据冗余存放容易导致数据处理存在不一致性问题；层次数据模型不太适合于具有拓扑空间的数据组织。

采用层次数据模型的数据库软件产品出现于 20 世纪 60 年代末，最具代表性的数据库软件产品是 IBM 公司推出的信息管理系统（Information Management System，IMS）。

（2）网状数据模型

网状数据模型也是早期数据库所使用的数据模型，它允许数据节点之间有多种联系方式。网状数据模型的每一个数据节点均代表一个数据记录，节点之间也使用链接指针来联系。网状数据模型既可以表示数据节点之间的多种从属关系，也可以表示数据节点之间的横向关系。网状数据模型扩展了层次数据模型的数据记录联系方式，其数据记录检索处理更方便。例如，高校教务系统的网状数据模型如图 1-2 所示。

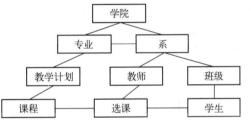

图 1-2　高校教务系统的网状数据模型

网状数据模型允许数据节点之间不仅有上下层次联系，也可以有横向关联关系。其优点：可以方便地表示数据节点之间的复杂关系，数据冗余小。其缺点：网状数据模型的节点之间关系较复杂，增加了数据记录定位和数据记录查询的困难；各数据节点还需存放较多链接指针，使得数据存储量增大；数据记录更新不方便，除了对数据记录进行数据更新外，还需修改关联指针。

网状数据模型的数据库软件产品出现于 20 世纪 70 年代，使用网状数据模型的典型数据库软件产品有 Cullinet 软件公司的 IDMS、Honeywell 公司的 IDSII、Univac 公司的 DMS1100、HP 公司的 IMAGE 等。

（3）关系数据模型

关系数据模型（简称关系模型）是以关系代数理论为基础，通过二维表结构来组织和存储数据记录的数据模型。关系数据模型的每个二维表均具有关系特征，它们又被称为关系表。在关系数据模型中，多个二维表可通过相同属性列的一致性约束进行数据关联。例如，课程目录系统的关系数据模型如图 1-3 所示。

在图 1-3 所示的关系数据模型示例中，"教师信息表""课程信息表""开课目录表"均为具有关系特征的二维表。每个二维表均存放其主题的数据，表之间通过具有相同列属性的数据

教师信息表

工号	姓名	职称	学院
2001	刘东	讲师	计算机
2002	王崎	教授	软件工程
2003	姜力	副教授	软件工程

课程信息表

课程号	课程名称	学时	学分
001	数据库原理	64	4
002	程序设计	48	3
003	数据结构	48	3

开课目录表

工号	课程号	开课学期	最多人数
2001	002	春季	100
2002	001	秋季	120
2003	003	秋季	100

图 1-3　课程目录系统的关系数据模型

值进行约束关联。其中，"开课目录表"中"工号"属性列与"教师信息表"中"工号"属性列的数据必须保持一致。同样，"开课目录表"中"课程号"属性列的数据也要与"课程信息表"中"课程号"属性列的数据匹配一致。

关系数据模型的优点：数据结构简单、数据操作灵活；支持关系与集合运算操作；支持广泛使用的结构化查询语言（Structured Query Language，SQL）；容易实现与应用程序的数据独立性。其缺点：局限于结构化数据组织与存储；支持的数据类型较简单；难以满足非结构化数据和复杂数据存储与访问处理需求。

关系数据模型具有结构简单、访问方便、编程灵活等特点，其数据操作语言为非过程化语言，具有集合处理能力，并能实现数据对象的定义、操纵、控制的一体化处理。因此，关系数据模型是数据库领域中使用最广泛的数据模型。目前，大部分数据库系统都是采用关系数据模型实现的关系数据库系统，如 Oracle 数据库系统、IBM DB2 数据库系统、SQL Server 数据库系统、MySQL 数据库系统等。基于关系数据模型的关系数据库适合结构化数据管理，并且关系数据库技术已发展了几十年，其技术非常成熟，因此，关系数据库在各行各业的信息系统中得到了十分广泛的应用。

随着互联网应用和大数据应用的发展，针对大量的、复杂的、不同类型的应用数据存储管理问题，传统关系数据模型存在局限，无法高效处理非结构化、半结构化数据。为此，NoSQL 数据库采用了不同数据模型分别对各类数据进行存储管理，如面向对象数据模型、键值存储数据模型、列存储数据模型、文档存储数据模型、事件存储数据模型、内容存储数据模型、图结构数据模型、时间序列数据模型、资源描述框架存储数据模型、搜索引擎数据模型、多值数据模型、XML 数据模型、导航数据模型等。这些数据模型的存储原理将会在第 7 章进行介绍。此外，另一种融合关系数据库特点和 NoSQL 数据库特点的新型数据库（NewSQL 数据库）技术也开始在互联网与大数据领域得到应用。NewSQL 数据库不再采用单一数据模型进行数据管理，而是采用支持多种数据模型的 DBMS 来管理数据库。它既实现了结构化数据管理，也实现了非结构化数据处理。不过 NewSQL 数据库仍在发展过程中，它所采用的多模型数据库技术还有待持续完善。

1.1.3　数据库系统

数据库系统（Database System）是一种基于数据库、数据库管理系统进行数据管理的软件系统。当数据库系统在应用领域实现数据存储、数据处理、数据检索、数据分析等功能服务时，该系统称为数据库应用系统（Database Application System）。数据库应用系统由用户、数据库应用程序、数据库管理系统和数据库四个部分组成，如图 1-4 所示。

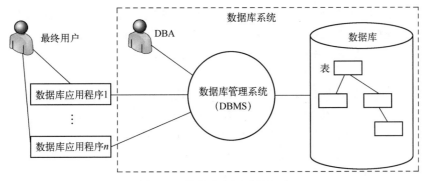

图 1-4　数据库应用系统组成

1. 用户

在数据库应用系统中，用户就是数据库的使用者，一般分为最终用户和数据库管理员（Database Administrator，DBA）两类。最终用户通过数据库应用程序实现业务数据处理和信息服务。DBA 是专门进行数据库管理与运行维护的系统用户，该用户通过使用 DBMS 软件管理工具对数据库进行创建、管理和维护，从而为数据库系统的正常运行提供支持与保障。

2. 数据库应用程序

数据库应用程序是一种在 DBMS 支持下对数据库进行访问和处理的应用软件程序。它们以窗口或页面等表单形式让用户读取、更新、查询或统计数据库信息，从而实现业务数据处理与信息服务。数据库应用程序本身不能直接存取数据库信息，必须基于 DBMS 软件提供的接口和运行环境才能访问数据库。具体来讲，数据库应用程序需要使用 DBMS 提供的驱动程序及应用程序编程接口（Application Programming Interface，API）连接数据库，并提交 SQL 语句到 DBMS 服务器执行，才能实现数据库操作。在高级语言程序（如 Java、C++、C#、Python 等）设计的数据库访问程序中，通常使用标准接口（如 ODBC 或 JDBC）对数据库实现基本操作。

3. 数据库管理系统

数据库管理系统（Database Management System，DBMS）是一类用于创建、操纵、运行和管理数据库的系统软件。数据库管理系统与操作系统一样都属于基础系统软件，它对支撑数据管理及其信息化应用至关重要。无论是应用程序，还是数据库管理工具，都需要借助 DBMS 实现对数据库的存取访问。DBMS 的基本功能就是实现数据库创建、维护、管理，以及数据库存取访问。

4. 数据库

在数据库系统中，数据库是存放系统各类数据的容器。该容器按照一定的数据模型来组织与存储数据。目前，在数据库应用系统中，使用最多的数据库依然是关系数据库。这类数据库采用关系数据模型实现数据组织与存储。例如，使用关系数据库进行成绩管理，其数据库由 COURSE 关系表、GRADE 关系表和 STUDENT 关系表组成，各关系表之间的联系如图 1-5 所示。

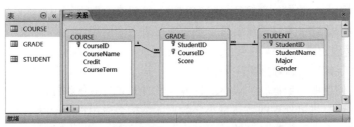

图 1-5　成绩管理关系数据库关系表之间的联系

在图 1-5 所示的成绩管理关系数据库示例中，COURSE 表、GRADE 表和 STUDENT 表均为关系表，它们之间通过公共列 CourseID、StudentID 建立了表之间的参照关联。在成绩表（GRADE）中，针对某个学生（StudentID）参加某课程（CourseID）考试，给出具体课程的成绩分数（Score）。

在数据库中，除了存放用户数据外，还会存放描述数据库结构的元数据，例如在关系数据库中，各个关系表的表名称、列名称、列数据类型、数据约束规则等都属于元数据。这些描述数据库结构的元数据需要存放在数据库的系统表中。图 1-6 给出了关系数据库存储的主要数据信息类型。

在关系数据库中，数据库元数据、索引数据、运行状态数据等存放在系统表中，用户的应用数据只能存放在用户表中。

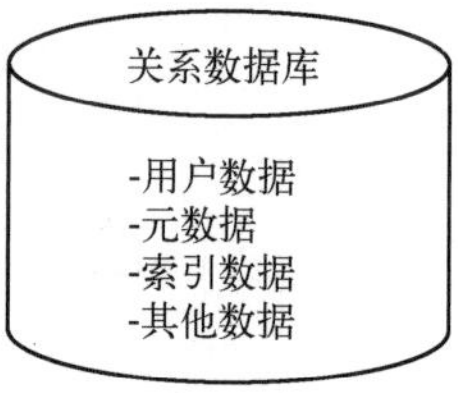

图 1-6　关系数据库存储的主要数据信息类型

课堂讨论：本节重点与难点知识问题

1）如何区分数据库、数据库管理系统、数据库系统、数据库应用系统？
2）在数据库中，数据模型有何作用？它有哪些组成部分？
3）在数据库技术发展阶段中，先后采用过哪些数据模型？各有什么特点？
4）为什么需要大力发展自主知识产权的国产数据库软件？
5）数据库系统有哪几个组成部分？各个部分有何作用？
6）什么是元数据？它是如何产生的？存储在哪里？

1.2　数据库技术发展

数据库技术是一种利用计算机组织、存储和管理数据的软件技术。它涉及数据库结构、数据模型、数据操作语言、数据库设计、数据库系统管理、数据库编程等方面的基本理论与技术方法。初学者在学习具体数据库技术前，需要了解数据库技术如何产生、如何发展，当前技术现状，未来技术发展趋势等知识。

1.2.1　数据管理技术阶段

从 20 世纪 60 年代开始，计算机技术快速发展并被广泛应用，大量用户提出对数据资源进行存储管理和数据存取处理的需求，利用计算机进行数据管理的早期数据库技术应运而生。当时，数据库技术主要研究如何利用软硬件系统存储、使用和管理数据。随着计算机技术的发展，数据库技术与计算机相关技术的发展相互渗透与相互促进，现已成为当今计算机软件领域发展最迅速、应用最广泛的技术之一。数据库技术不仅应用于数据管理，还应用于信息检索、数据仓库、数据挖掘、商业智能、大数据处理等领域。在利用计算机进行数据管理技术的发展历程中，数据管理经历了人工数据管理、文件系统管理、数据库管理三个阶段。

1. 人工数据管理阶段

在 20 世纪 50 年代以前，计算机主要用于科学计算。计算机外部存储只有纸带、卡片、磁鼓等设备，还没有方便存取的数据存储设备。计算机软件只是一些操作控制程序，还没有操作系统及数据管理软件。计算机可处理的数据量小，数据无结构，应用程序依赖于特定的数据变量实现编程，缺乏独立性。在涉及数据处理的计算机程序中，程序员必须在代码中进行数据管理。因此，当时的数据管理存在很大局限性，难以满足应用数据管理的要求。

2. 文件系统管理阶段

从 20 世纪 50 年代后期到 20 世纪 60 年代中期，新的计算机外部存储设备（如磁带、磁盘）先后出现，它们可以用来长久存储程序与数据，并支持数据顺序存取、数据随机存取。在这个时期，计算机软件也得到快速发展，出现了控制计算机软硬件运行的操作系统软件。在操作系统中，可使用数据文件方式来组织、存储数据，并采用文件系统工具对各个数据文件进行管理。文件系统可以通过指针访问数据文件记录，既可对数据文件中的数据记录进行检索，也可对数据记录进行插入、更新和删除。文件系统实现了数据在记录内的结构化组织，即在数据文件各个记录中，其数据项组成是一致的。但是从整体看数据文件，数据记录之间是无结构的，不能处理数据记录之间的关联性。

在这个阶段，用户可以使用高级语言程序对数据文件进行数据记录的存取，打破了人工数据管理的限制，可以满足应用的基本数据管理要求。但在数据文件管理中，存在如下不足：①编写应用程序管理数据的过程较烦琐。②应用程序对数据文件存在依赖，难以实现独立修改。③不支持多用户对数据文件并发访问。④不能实现数据文件的安全控制。⑤难以解决不同数据文件间的数据冗余。⑥在文件中，数据记录之间缺少联系，难以满足用户对数据的关联访问需求。

3. 数据库管理阶段

在 20 世纪 60 年代末期，计算机软硬件技术得到较大发展：计算机处理能力有了较大提升，并且大容量磁盘设备开始出现；计算机软件也出现了专门管理数据的系统软件——数据库管理系统。这些都为实现大规模计算机数据管理提供了支持。在这个阶段，用户可使用数据库管理系统来实现应用系统的数据管理。应用程序连接数据库后，可使用操作语言语句对数据库表中的数据进行操作。所有对数据库的操作都由数据库管理系统自动完成，应用程序不需要考虑数据库文件的物理操作和系统控制。数据库管理与文件数据管理相比较，具有如下优点：①应用程序与数据相互独立，解决了应用程序对数据文件的依赖问题。②应用程序访问数据库时使用标准的数据操作语言，编程访问简单。③数据组织结构化，共享性高，冗余小。④提供数据的安全访问机制，并保证数据的完整性、一致性、正确性。

因此，数据库技术成为当今计算机数据管理的基本技术。虽然数据库技术从 20 世纪 60 年代末期到现在经历了几十年发展，其技术也发生了许多变化，但数据库组织与管理数据的基本思想是一致的，这说明数据库技术管理数据的生命力是长久的。

1.2.2　数据库技术发展演进

数据模型是数据库技术的核心基础，数据模型的发展演变可以作为数据库技术发展阶段的主要标志。按照数据模型的发展演变过程，数据库技术从出现到如今已有半个多世纪，其发展阶段主要经历了四代：第一代是以层次数据模型和网状数据模型为特征的数据库技术；第二代是以关系数据模型为特征的数据库技术；第三代是以面向对象数据模型、对象-关系数据模型为主要特征的数据库技术；在第四代数据库技术演进中，数据库技术与计算机网络技术、人工智能技术、并行计算技术、多媒体技术、云计算技术、大数据技术等相互结合与相互促进，衍生出大量新数据模型，其典型特征是采用非结构化的数据模型处理大数据，采用多模数据库技术同时处理结构化数据与非结构化数据。

1. 第一代数据库技术

第一代数据库技术出现于 20 世纪 60 年代末，计算机专家先后研制出网状数据模型、层次数据模型用于数据库系统。1961 年，通用电气公司（GE）开发出世界上第一个网状数据库管理系统——集成数据系统（Integrated Data System，IDS）。IDS 奠定了网状数据库技术基础，并开启了数据库管理数据时代。随后，1968 年 IBM 公司研发出的层次数据库管理系统——信息管理系统（Information Management System，IMS）。IMS 最早运行在 IBM 360/370 计算机上进行数据管理。经过多年技术改进后，该系统至今还在 IBM 部分大型主机中使用。

20 世纪 70 年代初，美国数据库系统语言会议（Conference On Data System Language，CODA-SYL）下属的数据库任务组 DBTG（Database Task Group）对数据库技术方法进行了系统研究，提出了若干报告（被称为 DBTG 报告）。DBTG 报告总结了数据库技术的许多概念、方法和技术。在 DBTG 思想和方法的指引下，数据库系统的实现技术不断成熟。一些大型计算机公司推出了商品化的数据库管理系统，它们都是基于网状数据模型和层次数据模型的技术思想实现的。

2. 第二代数据库技术

第二代数据库技术出现在 20 世纪 70 年代的关系数据库管理系统中。1970 年 IBM 公司 San Jose 研究实验室的研究员埃德加·F. 科德（Edgar F. Codd）发表《大型共享数据库的关系模型》论文，首次提出了关系数据模型。之后进一步的研究成果建立了关系数据库方法和关系数据库理论，为关系数据库技术发展奠定了理论基础。埃德加·F. 科德于 1981 年被授予 ACM 图灵奖，他在关系数据库研究方面的杰出贡献被人们所认可。

20 世纪 70 年代是关系数据库理论研究和原型系统开发的时代，其中以 IBM 公司 San Jose 研究实验室开发的 System R 和伯克利（Berkeley）大学研制的 Ingres 为典型代表。大量的理论成果和实践经验终于使关系数据库从实验室走向了市场，因此，人们把 20 世纪 70 年代称为数据库时代。20 世纪 80 年代几乎所有新开发的数据库系统产品均是关系数据库软件，其中涌现出了许多性能优良的商业数据库管理系统，如 DB2、Ingres、Oracle、Informix、Sybase 等。这些商业数据库管理系统使数据库技术被日益广泛地应用到办公管理、企业管理、情报检索、辅助决策等方面，成为实现信息系统数据管理的基本技术。

3. 第三代数据库技术

从 20 世纪 80 年代以来，数据库技术在商业上的巨大成功刺激了其他领域对数据库技术需求的迅速增长。这些新的领域为数据库应用开辟了新的天地，并在应用中提出了一些新的数据管理需求，推动了数据库技术的研究与发展。

1990 年，高级 DBMS 功能委员会发表了《第三代数据库系统宣言》，提出了第三代数据库管理系统应具有的三个基本特征：支持数据管理、对象管理和知识管理；必须保持或继承第二代数据库系统的技术；必须对其他系统开放。

面向对象数据库技术成为第三代数据库技术发展的主要特征。传统的关系数据模型无法描述现实中复杂的数据实体，面向对象的数据模型则应用了成熟的面向对象基本思想，更适合描述现实世界中复杂的数据关系。面向对象数据库技术可以解决关系数据库技术存在的数据模型简单、数据类型有限、难以支持复杂数据处理问题。不过，面向对象数据库技术不具备统一的数据模式和形式化理论，缺少严格的数学理论基础，这使它难以支持广泛使用的结构化查询语言（SQL）。在实际应用中，面向对象数据库软件产品并没有真正得到推广。相反到了后期，一些在关系数据库基础上扩展面向对象功能的对象–关系数据库管理系统软件（如 PostgreSQL）却得到了广泛的实际应用。

4. 第四代数据库技术

自进入 20 世纪 90 年代以来，数据库技术不再局限于事务处理应用，很多机构与企业希望通过数据分析来辅助业务发展。为此，不少数据库软件厂商推出了数据仓库技术、联机分析工具、数据挖掘工具产品，以此来支持基于历史数据的分析决策应用。为了满足大量数据访问的操作型数据库与分析型数据库处理性能要求，这个时期先后出现了分布式数据库技术和并行数据库技术。特别是在进入 21 世纪后，互联网应用快速发展，产生了大量非结构化、半结构化数据的大数据应用需求。由于传统关系数据库只能管理结构化数据，虽然将非结构化数据、半结构化数据转换为结构化数据后也可以在关系数据库中进行数据处理，但其处理时效性难以满足实际应用需求，由此出现了基于 XML 的数据库技术，可以实现半结构化数据管理，也出现了基于 NoSQL 的数据库技术，可以实现非结构化数据管理。各种 NoSQL 数据库均采用开源方式实现特定数据模型的分布式数据库处理，可以满足高性能、高可用性的海量数据管理要求，有力支撑了互联网与大数据应用的数据库处理需求。不过 NoSQL 数据库虽然解决了高并发读写、非结构化数据存储等问题，但其设计思路是以牺牲事务处理、数据强一致性以及放弃 SQL 兼容性换来的。此外，NoSQL 数据库出现了 200 多种数据模型实现技术，它们的访问模式和操作语言并不统一，因此，每种 NoSQL 数据库只局限于解决特定模式的非结构化数据管理问题。目前，不少 IT 公司又开始推出 NewSQL 数据库技术产品，力图在 NoSQL 数据库基础上保留 SQL 操作访问和事务处理能力。此外，在本阶段不少云数据库服务技术也得到了广泛应用。总之，第四代数据库技术使用户可以更好地处理大规模、复杂数据，更快地存取海量数据，支持大数据分析与挖掘，也更高效地支持互联网大数据应用。

1.2.3　数据库领域技术

数据库技术不局限于关系数据库技术，还包括大量其他类型数据库技术以及数据库处理相关技术，这里将它们统称为数据库领域技术。

1. NoSQL 数据库

传统的关系数据库采用二维表结构存储数据，具有数据结构简单、访问操作方便等特点，但它仅支持简单数据类型存取。在采用关系数据库实现信息系统的技术方案中，所有信息数据都需要进行结构化数据存储处理，才能在关系数据库中进行数据存取访问。当今大量互联网应用数据是以非结构化数据形式存在的，如网页信息、文档信息、报表信息、音视频信息、即时通信消息等。一旦海量的非结构化数据时刻都需进行结构化处理，势必会带来信息数据处理的性能开销，其时效性将无法满足应用要求。NoSQL 数据库技术是一类针对大量互联网应用的非结构化数据处理需求而产生的一种分布式非关系数据库技术。与关系数据库技术相比，NoSQL 数据库技术突破了关系数据库结构中必须等长存储各记录行数据的限制，它支持重复数据记录及变长数据记录存储，并可实现各类复杂数据类型处理，这在处理文档、报表、图像、音视频等各类非结构化数据时有着传统关系数据库所无法比拟的优势。因此，NoSQL 数据库技术已成为支持大数据应用的数据管理主流技术。

2. NewSQL 数据库

虽然 NoSQL 数据库技术可以有效解决非结构化数据存储与大数据存取操作问题，具有良好的扩展性和灵活性，但它不支持广泛使用的结构化数据操作语言——SQL，同时也不支持数据库事务的 ACID（原子性、一致性、隔离性和持久性）特性操作。另外，不同的 NoSQL 数据库都有各自的查询语言和数据模型，这使得开发者很难处理应用程序接口。因此，NoSQL 数据库技术仅满足了互联网应用的非结构化数据处理需求，而不适合企业应用的结构化数据管理。NewSQL 数据库技术是一种以 NoSQL 数据库技术为基础，同时支持关系数据库访问的技术，这类数据库既具有 NoSQL 对海量数据的分布式存储管理能力，也保持了兼容传统关系数据库的 ACID 和 SQL 等特性。NewSQL 数据库技术不但支持非结构化数据管理与大数据应用，也支持结构化数据管理的关系数据库应用，它将成为未来主流的数据库技术。

3. 应用领域数据库

在计算机领域中，各种新兴技术的发展对数据库技术产生了重大影响。数据库技术与计算机网络技术、并行计算机技术、人工智能技术、多媒体技术、地理空间技术等相互渗透，相互结合，使各类领域数据库层出不穷，如实时数据库、分布式数据库、并行数据库、人工智能数据库、多媒体数据库、空间数据库等。由此，数据库技术的许多概念、技术和方法，甚至一些数据库的技术原理都有了重大发展与变化，这也形成了数据库应用领域众多的研究分支和方向。

此外，数据库应用领域也先后出现了工程数据库、统计数据库、科学数据库、空间数据库、地理信息数据库等领域数据库。这些领域数据库在通用数据库基础上，与特定应用领域技术相结合，加强了数据库系统对有关应用领域的支撑能力，尤其表现在数据模型、操作语言、数据访问方面与应用领域的紧密结合。随着数据库技术的发展和数据库技术在工程领域中的广泛应用，将涌现出更多的应用领域数据库技术。

4. 数据仓库与数据挖掘

数据库技术并不局限在操作型数据库领域。在数据库技术领域中，对大量应用的历史数据进行有效存储与联机分析，已成为机构与企业信息服务的重要需求。数据仓库（Data Warehouse）是在数据库已经存储了长时间数据的情况下，对积累的大量历史数据进行有效的存储组织，以便实现决策分析所需要的联机分析与数据挖掘处理。数据仓库技术涉及研究与解决大量历史数据情况下如何通过有效存储与高效访问来支持数据联机分析与数据挖掘处理的问题。数据仓库的数据管理具有面向主题、集成性、稳定性和时变性等特征，其数据来自于若干分散的操作型数据库。对这些数据源进行数据抽取与数据清理处理，再经过系统加工、汇总和整理得到主题数据，这些主题数据将被存放到特定模式的数据库中以支持联机分析。在数据仓库中，主要的工作任务是对历史数据进行大量的查询操作或联机统计分析处理，以及定期进行数据加载、刷新，但很少进行数据更新和删除操作。

数据挖掘（Data Mining）是一种建立在数据仓库或其他数据集上对大量数据进行模式或规律挖掘，从中发现有价值信息的技术。它主要基于人工智能、机器学习、模式识别、统计学、数据库、数据可视化等技术，对大量数据进行计算分析，做出归纳性的推理，从中挖掘出潜在的数据模式，帮助决策者进行策略分析，防范或减少风险，做出正确的决策。数据挖掘一般包含数据预处理、规律寻找和结果可视化表示三个步骤。数据预处理是从相关的数据源中选取所需的数据，并对原始数据进行清洗、转换、整合，处理为适合数据挖掘的数据集；规律寻找是用数据挖掘方法将数据集所含的数据规律找出来；结果可视化表示是将挖掘出来的数据规律或数据模式以用户可理解的数据可视化方式呈现出来。

5. 商业智能

商业智能（Business Intelligence）是一种利用现代数据仓库、联机分析处理、数据挖掘等技术对商业信息系统中积累的大量数据进行数据分析以实现商业价值的技术。用户利用商业智能软件工具，可以对来自商业信息系统的实时业务数据和历史数据进行数据分析与数据挖掘处理，获取有价值的商业分析结论和信息，辅助决策者做出正确且明智的决定。商业智能主要包括对商业信息的搜集、管理和分析等处理，其目的是使商业机构的各级决策者获得商业运营信息或规律洞察力，促使他们做出对机构更有利的决策。商业智能的技术实现涉及软件、硬件、咨询服务及应用，其系统包括数据仓库、联机分析处理和数据挖掘三个部分。商业智能清理来自机构不同业务系统的数据，以保证数据的正确性，然后经过抽取（Extract）、转换（Transformation）和装载（Load），将数据合并到一个企业级数据仓库里，从而得到机构数据的一个全局视图。在此基础上，商业智能利用合适的查询和分析工具、数据挖掘工具对数据进行分析和处理，获得有价值的商业信息与知识，最后将商业信息与知识呈现给决策者，为决策者的决策过程提供辅助支持。

6. 大数据分析处理技术

大数据分析处理技术是继数据库、数据仓库、数据挖掘、商业智能等数据处理技术之后的又一个热点技术。大数据分析处理技术旨在解决传统数据分析处理技术难以在规定时间完成大规模复杂数据分析处理的问题。传统的数据挖掘、商业智能技术虽然也能针对大规模数据集进行分析处理，但它们处理的数据类型有限，也不能快速处理海量的非结构化数据。在当前移动互联网、物联网、云计算、人工智能快速发展的时代，每时每刻都在产生大量非结构化数据，如传感数据、即时通信数据、交易数据、多媒体数据等不同类型数据。如何快速地从海量数据中分析出有价值的信息，成为大数据分析处理需要解决的主要问题。按照业界普遍认同的定义，大数据（Big Data）是指由于应用系统的数据规模及其复杂性，难以使用传统数据管理软件以合理的成本、可以接受的时限做数据分析的数据集。大数据具有数据体量大、数据类型繁多、数据处理速度要求快、价值密度低等特点。因此，大数据分析处理技术需要对云存储、云计算、分布式数据库、数据仓库、数据挖掘、机器学习等技术进行整合，才能实现对有价值信息的数据分析处理。大数据分析处理的核心价值在于对海量数据进行分布式存储、计算与分析处理，从而获得有价值的信息。相比现有数据分析处理技术而言，大数据分析处理技术具有快速、廉价、高效等综合优势。

课堂讨论：本节重点与难点知识问题

1) 为什么关系数据库不适合大数据应用处理？
2) 结构化数据与非结构化数据有何区别？
3) NoSQL 数据库与 NewSQL 数据库有何区别？
4) 通用数据库与领域数据库有何区别？
5) 数据库与数据仓库有何区别？
6) 大数据分析与数据挖掘有何区别？

1.3　数据库应用系统

数据处理是计算机应用的主要领域。任何计算机应用系统都离不开数据处理。计算机应用系统的数据处理大都需要借助数据库来实现数据存储、数据访问、数据分析和数据管理。通常将基于数据库进行数据处理的计算机应用系统称为数据库应用系统。在进行数据库应用系统开发时，开发者应清楚本系统属于哪类数据库应用系统，本系统应采用哪类数据库系统架构方案，数据库应用系统开发有哪些阶段。

1.3.1　数据库应用系统类型

在当今信息化时代中，各个行业都采用了数据库应用系统实现业务信息化处理。例如，在企业信息化应用中，无论是面向内部业务管理的 ERP（企业资源计划）信息系统，还是面向外部客户服务的 CRM（客户关系管理）信息系统，它们都是以数据库为基础的信息系统。数据库应用系统主要有如下几种类型。

1. 业务处理系统

业务处理系统（Transaction Process System，TPS）是一类利用数据库应用程序对机构日常业务活动（如订购、销售、支付、出货、核算等）信息进行记录、计算、检索、汇总、统计等数据处理，为机构操作层面提供业务信息化处理服务，并提高业务处理效率的信息系统。典型的业务处理系统有银行柜台系统、股票交易系统、商场POS（终端销售）系统等。

业务处理系统使用数据库来组织、存储和管理业务数据，其处理方式分为联机业务处理和业务延迟批处理。在联机业务处理中，业务功能需在线执行，业务数据在系统中实时获得，即以在线联机方式进行业务处理，如银行ATM（自动柜员机）系统。在业务延迟批处理中，业务功能可以支持客户机脱机处理，然后按特定时间在服务器集中批量处理，如银行账目交换批处理业务，它通常是在夜间以批处理方式完成的。

2. 管理信息系统

管理信息系统（Management Information System，MIS）是一类以机构职能管理为目标，利用计算机软硬件、网络通信、数据库等IT技术，实现机构职能整体信息化管理，以达到规范化管理和提高机构工作效率的目的，并支持机构职能服务的信息系统。典型的管理信息系统有人力资源管理系统、企业CRM系统、企业财务管理系统等。

机构的管理信息系统通常采用统一规划的数据库来组织、存储和管理机构各个部门数据，实现部门之间信息的共享和交换，并实现机构的人员管理、物资管理、资金管理、生产管理、计划管理、销售管理等部门协同工作。

3. 决策支持系统

决策支持系统（Decision Support System，DSS）是以管理科学、运筹学、控制论和行为科学为基础，以计算机技术、数据库技术、人工智能技术为手段，解决特定领域决策管理问题，为管理者提供辅助决策服务与方案的信息系统。该系统能够为管理者提供所需的数据分析、预测信息和决策方案，帮助管理者明确决策目标和识别问题，建立预测或决策模型，提供多种决策方案，并且对各种方案进行评价和优选，通过人机交互功能进行分析、比较和判断，为正确的决策提供必要的支持，从而达到支持决策的目的。典型的决策支持系统有防汛抗旱决策支持系统、疫情精准防控决策支持系统、电力市场营销决策支持系统等。

1.3.2 数据库应用系统架构

在不同应用需求场景中，数据库应用系统架构设计与实现方案是不同的。典型的数据库应用系统架构主要有集中式架构（客户/服务器架构、浏览器/服务器架构）和分布式架构。

1. 客户/服务器架构

在一些多用户共享访问数据库的应用系统中，可以将应用系统各构件部署在客户机和服务器中，从而实现各自分担任务的并行处理。在这类数据库应用系统中，运行DBMS软件及数据库的服务器被称为数据库服务器，运行计算机应用程序的计算机被称为客户机。客户端应用程序将数据访问请求通过网络协议传送到数据库服务器；数据库服务器接收请求，对数据库进行数据操作处理，并将数据处理结果通过网络应答消息返回给客户端应用程序。DBMS软件集中部署在一个服务器中，支持多个不同客户端应用程序共享访问数据，其系统架构如图1-7所示。

在客户/服务器（C/S）架构的具体应用中，还可细分为2层C/S架构和3层客户/服务器架构。在2层客户/服务器架构的数据库应用系统中，应用程序部署在客户机上，DBMS软件及数据库部署在数据库服务器上，应用程序与数据库服务器通过网络通信实现数据处理功能。在3层客户/服务器架构的数据库应用系统中，应用程序GUI（图形用户界面）组件部署在客户机上，应用程序业务逻辑组件部署在应用服务器上，DBMS软件及数据库部署在数据库服务器上。各个层次组件均通过网络通信实现请求/响应方式的功能处理。当数据库应用系统的用户规模较小

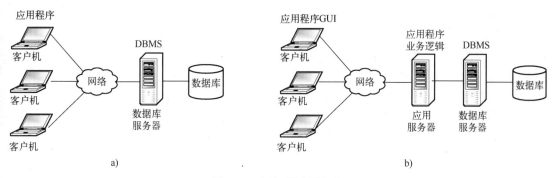

图 1-7　客户/服务器架构

a) 2 层 C/S 架构　b) 3 层 C/S 架构

时，一般采用 2 层客户/服务器架构，这样可以实现低成本的系统开发。当数据库应用系统的用户规模较大时，建议采用 3 层客户/服务器架构，这样可以满足高负载、高性能处理要求。

客户/服务器架构的特点：数据库应用系统的数据集中管理，应用分布处理。客户端应用程序通过网络协议访问数据库服务器，同时也实现数据库共享访问。

客户/服务器架构的优缺点：客户/服务器架构的数据库应用系统通过各层计算机分担处理任务，可提高整个系统的处理能力，但客户/服务器架构的数据库应用程序更新在运维中较为麻烦，通常只适合机构内部的业务应用数据管理。

2. 浏览器/服务器架构

面向公众服务的数据库应用系统大都采用基于浏览器/服务器架构。在这类数据库应用系统中，应用系统页面部署在 Web 服务器上，应用程序业务逻辑组件部署在应用服务器上，DBMS 软件及数据库集中部署在数据库服务器上。客户机不需要安装任何应用程序组件，在浏览器输入应用系统首页网址就可以访问数据库应用系统登录页面。用户在 Web 页面表单提交的数据操作请求，通过应用服务器程序将 SQL 命令发送给数据库服务器处理，数据库服务器执行 SQL 命令，对数据库进行数据操作处理，并将数据操作结果返回给应用程序，其系统架构如图 1-8 所示。

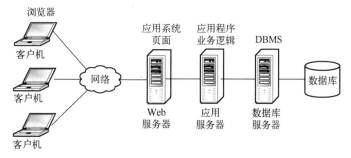

图 1-8　浏览器/服务器架构

浏览器/服务器架构的特点：数据库应用系统各组件均部署在服务器上，数据集中管理，应用分布处理。用户在客户机中只需要使用浏览器就可以通过互联网访问数据库应用系统。

浏览器/服务器架构的优缺点：浏览器/服务器架构的数据库应用系统通过各层服务器分担处理任务，可支持系统处理能力水平扩展；用户在任何地点使用浏览器均可方便地访问数据库应用系统；系统功能维护与升级均在服务器端完成，客户端不需要维护，可以非常方便地实现系统更新维护；不过浏览器/服务器架构的数据库应用系统在互联网环境中需要考虑更多安全技术手段，以确保应用系统的数据安全。

3. 分布式架构

以上几种架构的数据库应用系统均是将数据集中存储在单个数据库服务器进行数据管理的，这种集中式数据库应用系统仅适合用户规模和数据存储规模均不大的应用场景。在大规模、跨地区的信息系统中，如大型跨国银行系统，集中式数据库应用系统难以满足业务处理要求，这些信息系统的数据库应用系统必须采用分布式架构。在分布式架构中，数据库系统由分布于多个服务器的数据库节点组成。分布式 DBMS 提供一致性存取手段来管理多个服务器上的数据库，使这些分布的数据库在逻辑上可被视为一个完整的数据库，而物理上它们是分散在各个服务器上的数据库。分布式架构如图 1-9 所示。

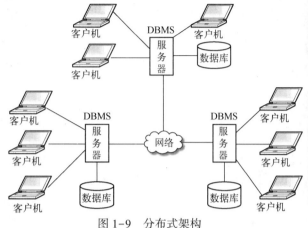

图 1-9　分布式架构

分布式架构的特点：分布式架构既实现数据分布，又实现处理分布。在分布式架构中，各服务器的数据库节点在逻辑上是一个整体，但物理分布在计算机网络的不同服务器上。每个数据库服务器通过网络，既支持多个本地客户机访问，也支持远程客户机访问。在系统网络中的每一个数据库服务器都可以独立地存取与处理数据，并执行全局应用。

分布式架构的优缺点：满足跨地区的大型机构及企业等组织对数据库应用的需求，其处理性能强，但数据库的分布处理与维护需要解决较多的安全性、复杂性相关技术难题。

1.3.3　数据库应用系统生命周期

数据库应用系统是一类典型的计算机应用系统，按照软件工程思想，其生命周期可分为系统需求分析、系统设计、系统实现、系统测试、系统运行与维护等阶段。数据库应用系统在生命周期各阶段的任务活动如下。

1. 系统需求分析

在数据库应用系统需求分析阶段，系统分析人员与用户交流，按照需求工程方法获取业务需求、系统功能需求、系统非功能需求、数据需求等信息。

（1）需求信息收集

需求信息收集一般是以机构职能和业务流程为主干线，从高层至低层逐步展开，从业务功能需求和用户使用要求中收集系统数据的需求信息。

（2）需求信息分析

对收集到的需求信息应做分析整理工作。采用面向对象分析方法或结构化分析方法，建模业务需求，描述业务流程及业务中数据联系的形式，并进一步建模系统功能需求与数据需求。

（3）系统需求规格说明书

系统需求分析阶段的主要成果是系统需求分析报告文档，也称为系统需求规格说明书。它作为系统开发的重要技术文档支持系统后续开发。针对数据库应用系统，需求分析报告文档除了给出系统功能需求、系统非功能需求（如性能需求、安全需求）外，还需要给出系统的数据需求，并且定义详尽的数据字典。

2. 系统设计

在数据库应用系统设计阶段，系统设计人员依据系统需求文档，开展系统总体设计和详细设计。其设计内容主要包括系统架构设计、软件功能结构设计、功能模块逻辑设计、系统数据库设计、系统接口设计等。

其中，系统数据库设计又分为数据库架构、概念数据模型、逻辑数据模型、物理数据模型设计。数据架构师在进行系统数据库设计时，通常会采用一些专业的数据库建模工具来完成数据库的各类模型设计。

概念数据模型是一种面向用户现实世界的数据模型，主要用来描述现实世界中各事物对象之间的数据关系。它使数据库设计人员在设计的初始阶段，可以摆脱计算机系统及 DBMS 的具体技术问题约束，集中精力进行系统数据建模，描述数据及数据之间的联系。在此之后，概念数据模型还必须转换成逻辑数据模型，考虑采用特定数据模型的数据库设计方案。

逻辑数据模型的主要目标是把概念模型转换为特定 DBMS 所支持的数据模型，如关系数据模型或对象数据模型等。逻辑数据模型设计的输入要素包括：概念模式、数据实体、约束条件、数据模型类型等。逻辑数据模型设计的输出信息包括：DBMS 可处理的模式和子模式，即数据库逻辑结构、数据库表逻辑结构等。同样，逻辑数据模型需进一步转换为物理数据模型，才能在具体 DBMS 中实现。

物理数据模型设计是指针对逻辑数据模型给出一个最适合 DBMS 应用场景的物理结构设计方案。物理数据模型设计的输入要素包括：数据库逻辑结构、数据库表逻辑结构、硬件特性、操作系统和 DBMS 的约束、运行要求等。物理数据模型设计的输出信息主要包括：物理数据库结构、数据存储方式、存储空间位置分配及数据存取访问方法等。

3. 系统实现

在数据库应用系统实现阶段，按照系统设计方案实现数据库应用系统工程，分别进行应用程序编写、DBMS 安装部署、数据库及其数据对象创建实现等方面的工作。其中数据库的实现工作如下。

（1）创建数据库对象

根据物理数据模型设计，采用 DBMS 提供的数据定义语言编写出数据库创建 SQL 程序。在 DBMS 服务器中，执行数据库创建 SQL 程序。当该 SQL 程序成功执行后，即可建立实际的数据库对象。

（2）准备测试数据

在数据库对象建立后，开发人员需要准备数据库测试数据，供数据库测试使用。在数据库应用系统进入测试之前，还需做好以下几项工作：设计数据库重新组织的可行方案；制定系统故障恢复措施与系统安全处理规范。

4. 系统测试

在数据库应用系统测试阶段，按照系统需求规格要求，设计测试用例。使用测试用例对系统进行功能测试、性能测试、集成测试、数据库测试等操作，找出系统的缺陷。针对系统测试中发现的问题，通过调试手段找出错误原因和位置，然后进行改正，以解决系统设计与实现的缺陷。

针对数据库的测试，则是依据系统数据需求对软件系统的数据库结构、数据库表及其之间的数据约束关系进行测试，同时也完成数据库表的数据插入、数据更新、数据删除、数据查询测试，数据库表多用户并发访问测试，数据库触发器测试，数据库存储过程测试，以保证数据库系统的数据完整性与一致性。

5. 系统运行与维护

数据库应用系统通过测试后，便可投入业务运行。系统运行使用过程中，可能存在用户操作异常、系统故障等问题，也可能因业务增长、业务流程变化等，原有系统不再适应用户要求。在这些情况下，DBA 都必须对系统进行运行维护，其主要工作如下。

（1）维护数据库系统安全性与完整性

按照制定的安全规范和故障恢复措施，当系统出现安全问题时，及时调整用户授权和更改密码。及时发现系统运行时出现的错误信息，迅速修复数据库缺陷，确保系统正常运行。定期进行数据库备份处理，一旦发生故障，立即使用数据库的备份数据予以恢复。

（2）监控与优化数据库系统运行性能

使用 DBMS 提供的性能监测与分析工具，实时监控数据库系统的运行性能状况。当数据库的存储空间或响应时间等性能下降时，分析其原因，并及时采取措施优化数据库系统性能。例如，采用调整数据库系统配置参数、整理磁盘碎片、调整存储结构或重建数据库索引等方法，使数据库系统保持高效率的正常运作。

（3）扩展数据库系统处理能力

当业务数据量增长到一定程度后，原有数据库系统的处理能力就难以保证业务要求。因此，适时地对原有数据库系统的计算能力、存储容量、网络带宽进行扩展是十分必要的。

课堂讨论：本节重点与难点知识问题

1）什么是数据库应用系统？数据库应用系统主要有哪几种类型？

2）数据库应用系统有哪些架构模式？各适合什么应用场景？

3）数据库应用系统的生命周期有哪几个阶段？每个阶段主要有什么活动？

4）在数据库应用系统设计阶段，系统的数据库设计包括哪些内容？

5）在数据库应用系统实现阶段，为什么要准备测试数据？

6）在数据库应用系统投入运行后，为什么还需要 DBA 维护数据库系统？

1.4 数据库管理系统基础

数据库管理系统（DBMS）作为一种运行与管理数据库的软件系统，它与计算机操作系统一样，都属于核心基础系统软件。目前，IT 领域国内外已有 400 多种数据库管理系统的 DBMS 软件，既包括商业 DBMS 软件，也包括开源 DBMS 软件，这些 DBMS 软件在信息系统中得到广泛应用。学习者首先需要了解 DBMS 软件基本功能、DBMS 基本工作原理、DBMS 软件分类，以及主流 DBMS 软件特点，在此基础上学习理解 DBMS 技术实现原理，才能掌握数据库系统开发技术。

1.4.1 数据库管理系统软件基本功能

DBMS 是实现数据库运行与管理的系统软件，它不但提供了数据库执行引擎，还提供了不少数据库管理工具。作为数据库服务器的系统软件，DBMS 软件均具有数据库定义、数据操作访问、数据库运行控制、数据库组织与存储、数据库运维、数据库通信、数据库安全等大类功能，其基本功能结构如图 1-10 所示。

DBMS 软件在数据库应用系统中承担数据库操作访问与管理控制工作，它具有如下基本功能。

1）数据库定义：DBMS 软件为 DBA 用户提供数据库及其对象（表、索引、视图、约束、主键、外键等）的创建与管理功能。DBA 用户可以在 DBMS 服务器中执行数据定义语言语句，从而完成各种数据库对象的创建、修改、删除等功能，也可通过 DBMS 管理工具管理数据库对象。

2）数据操作访问：应用程序通过提交数据操作语句到 DBMS 服务器，DBMS 服务器执行该语句，实现数据库中数据的插入、删除、更新、查询等操作处理。

3）数据库运行控制：DBMS 软件为 DBA 用户提供数据库实例的运行控制管理功能，主要包括数据库实例的运行启停控制、多用户环境下数据库事务并发控制、数据库事务管理、数据库访问操作完整性检查、数据库系统运行日志管理等功能。使用这些 DBMS 管理功能，可以实现数据库系统运行管控，确保数据库系统的正常运行。

4）数据库组织与存储：DBMS 软件为 DBA 用户提供在数据库中进行数据组织与存储管理的功能，主要包括数据库文件存储、数据分区组织、数据索引组织、数据存取管理、缓冲区管理、存取路径管理等功能。数据组织与存储管理功能的目标就是实现合理的存储空间利用率和数据存取效率。

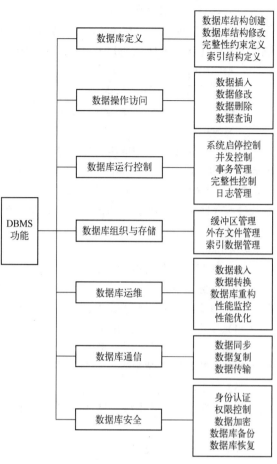

图 1-10　DBMS 软件的基本功能结构

5）数据库运维：DBMS 软件为 DBA 用户提供数据库运行维护管理功能，主要包括数据载入、数据转换、数据导出、数据库重构、数据库性能监控、数据库性能优化等管理功能。DBA 用户使用这些管理功能可保障数据库系统稳定可靠运行。

6）数据库通信：DBMS 软件为应用程序提供数据库通信管理功能，主要包括客户端程序与数据库服务器连接、不同数据库节点之间数据复制与数据同步等管理功能。应用程序使用这些管理功能实现在远程数据库服务器中进行存取访问，以及保障分布式数据库节点之间的数据一致性。

7）数据库安全：数据库中的数据是最重要的信息资产，确保数据库的数据安全至关重要。DBMS 软件为数据库安全保护提供了用户身份认证、存取权限控制、数据加密存储、数据库备份与恢复等管理功能。

1.4.2　数据库管理系统软件分类

DBMS 软件是计算机软件领域中发展较快的一类系统基础软件。自从 20 世纪 60 年代数据库管理系统软件诞生以来，业界先后推出了很多 DBMS 软件。DBMS 软件仍在多个维度上不断发展，如从关系数据库 DBMS 到对象-关系数据库 DBMS，从支持单一数据模型的 DBMS 到支持多种数据模型的 DBMS，从集中式 DBMS 到分布式 DBMS，从桌面级 DBMS 到企业级 DBMS，从通用

DBMS 到专业领域 DBMS，从商业 DBMS 到开源 DBMS。

（1）不同开发技术的 DBMS

DBMS 软件按照不同开发技术，可分为关系 DBMS（Relational DBMS，RDBMS）、面向对象数据库 DBMS（Object Oriented DBMS，OODBMS）、对象－关系 DBMS（Object Oriented Relational DBMS，OORDBMS）等。

（2）不同数据模型的 DBMS

除使用最多的关系数据库外，还有大量 NoSQL 数据库，它们采用不同的数据模型来实现数据库。NoSQL 数据库主要涉及面向对象（Object Oriented）数据模型 DBMS、键值存储（Key-value Stores）数据模型 DBMS、列存储（Column Stores）数据模型 DBMS、文档存储（Document Stores）数据模型 DBMS、事件存储（Event Stores）数据模型 DBMS、内容存储（Content Stores）数据模型 DBMS、图（Graph）数据模型 DBMS、时间序列（Time Series）数据模型 DBMS、资源描述框架存储（RDF Stores）数据模型 DBMS、搜索引擎（Search Engines）数据模型 DBMS、多值（Multivalue）数据模型 DBMS、本地 XML（Native XML）数据模型 DBMS、导航（Navigational）数据模型 DBMS 等。

（3）不同专业领域的 DBMS

与通用领域一样，在专业领域中也有不少 DBMS 软件，如地理空间 DBMS、多媒体 DBMS、移动计算 DBMS、并行计算 DBMS、嵌入式 DBMS 等。

（4）不同处理规模的 DBMS

DBMS 软件按照数据库处理能力与存储规模不同，可分为终端级 DBMS、桌面级 DBMS、部门级 DBMS、企业级 DBMS。

（5）不同部署方式的 DBMS

DBMS 软件按照数据库不同部署方式，可分为单机 DBMS、集中式 DBMS、分布式 DBMS、云服务 DBMS。

（6）不同许可类型的 DBMS

DBMS 软件按照不同许可类型，可分为商业 DBMS、有限开源 DBMS、完全开源 DBMS。

1.4.3　开源数据库管理系统软件

在数据库领域，开源 DBMS 软件越来越受到广大用户的欢迎。从 2024 年 2 月 DB-Engines 机构发布的各类 DBMS 流行程度统计排名来看，排名前 10 位的 DBMS 软件有 Oracle Database、MySQL、Microsoft SQL Server、PostgreSQL、MongoDB、Redis、ElasticSearch、IBM DB2、Snowflake、SQLite，其中开源 DBMS 占 7 成。在 417 种各类 DBMS 中，开源 DBMS 占 226 种，商业 DBMS 占 191 种。所有开源 DBMS 流行程度评分为 50.3%，而所有商业 DBMS 流行程度评分为 49.7%。这说明开源 DBMS 的受欢迎程度已经全面超越了商业 DBMS。了解与掌握开源 DBMS 软件是十分必要的。

1. 开源 DBMS 软件

开源 DBMS 软件是一类可免费使用或付少量费用即可获得许可的 DBMS 软件，其源码开放、可修改、可升级、可重新发布，但需遵从一定的开源许可限制。

2. 开源 DBMS 为什么受到不少用户偏爱

DBMS 软件是数据库应用系统最重要的组成部分，商业 DBMS 软件的购置成本和技术服务成本都是一笔不小的开销。开源 DBMS 软件作为一种可免费使用的 DBMS 软件，它们在计算机信息系统应用中，可以帮用户节省大量费用。目前，开源 DBMS 软件大都具有典型 DBMS 软件功能，可满足一般的数据库应用需求。对用户来说，使用开源 DBMS 是一种不错的选择。此外，数据库软件厂商基于开源 DBMS 推出自己的数据库软件产品，远比完全自主研发数据库软件产品容易很多。因此，开源 DBMS 软件受到用户和软件厂商的广泛欢迎。

3. 开源 DBMS 的许可协议类型

DBMS 软件的开源许可协议主要有两类：一类是以 GPL、MPL、LGPL 协议为代表的 Copyleft License，另一类是以 BSD、MIT、Apache、木兰开源协议为代表的 Permissive License。Copyleft License 要求用户严格遵循开源许可协议约束，不允许用户将修改后的 DBMS 代码闭源，其中 GPL 更是做了进一步的要求，不允许修改后的软件在发布时更改开源协议内容。Permissive License 则允许用户修改开源代码后闭源，因此，这类开源 DBMS 较受软件公司青睐。

近年来，由于云数据库托管服务的扩张，越来越多的数据库用户开始流向了云服务商，使得开源社区活跃度下降，开源软件开发者获利空间被进一步挤压，这给开源生态带来了较大挑战。对此，不少开源 DBMS 提供商（如 MongoDB、CockroachDB、Redis Labs、Elastic、Confluent 和 TimescaleDB 等）都采取了相应的措施，如对其研发的 DBMS 软件提出了更严格的许可协议，采用软件代码开源、技术服务收费模式。一些开源 DBMS 提供商提供社区版和企业版的 DBMS 软件。社区版 DBMS 软件仅提供基本功能，可以免费使用，而企业版 DBMS 软件提供完整功能，其中高级功能模块需要购买许可。

4. 开源 DBMS 与商业 DBMS 比较

开源 DBMS 与商业 DBMS 的区别体现在以下几个方面：①开源 DBMS 软件的源码是公开的，用户可以免费使用，或付少量许可费用便可使用开源 DBMS 软件；商业 DBMS 软件的源码不对用户公开，并且用户只有购买许可才能使用该软件。②开源 DBMS 提供商仅为用户提供有限的技术支持服务；商业 DBMS 提供商则为用户提供全面的技术支持服务。③开源 DBMS 软件由用户自己进行软件安装与升级处理；商业 DBMS 软件由提供商负责软件安装与升级处理。④开源 DBMS 软件通常仅提供基本功能服务；商业 DBMS 软件则提供更丰富的功能服务。

因此，开源 DBMS 与商业 DBMS 在数据库应用中各有优劣。开源 DBMS 没有昂贵的软件许可费用和技术服务费用，但在易用性、稳定性、配套能力、服务能力、版本更新方面存在一定的局限，此外还有部署、迁移等额外成本。商业 DBMS 通常需要用户付出昂贵的软件许可费用和技术服务费用，但它在易用性、稳定性、配套能力、服务能力、版本更新方面具有明显优势。因此，在数据库应用系统开发中，究竟选择开源 DBMS 软件，还是选择商业 DBMS，取决于应用系统的特性要求和用户需求。

5. 主流开源 DBMS 软件

为了使学习者了解主流的开源 DBMS 软件，下面介绍两种主流开源 DBMS 软件。

（1）MySQL

MySQL 是最流行的开源关系 DBMS 之一。它最早由瑞典 MySQL AB 公司开发研制，后被 Sun 公司收购，目前是 Oracle 公司旗下的开源软件。MySQL 数据库软件具有体积小、速度快、可靠性好、适应性强、软件免费使用、源代码开放等特点。MySQL 在互联网应用的数据库管理中得到广泛使用，同时也被许多业务处理要求不高的中小规模信息系统采用。

MySQL 是一个支持多用户、多线程的关系型 DBMS。该 DBMS 软件采用标准 SQL 语言对数据库进行操作。同时，MySQL 采用客户/服务器架构实现，它由一个服务器守护程序 mysqld 和若干不同的服务程序组成。通过使用复制、集群技术方案，MySQL 还可支持较大规模的数据库管理。

MySQL 的主要技术特点如下：

1）使用 C 和 C++代码编写，支持多种编译器处理程序，保证了源代码的可移植性。

2）支持 FreeBSD、Linux、macOS、Solaris、Windows 等多种操作系统。

3）为多种编程语言提供了 API。其中包括 C、C++、Python、Java、Perl、PHP、Eiffel、Ruby、.NET 和 TCL 等。

4）支持多线程运行，充分利用多核 CPU 资源。

5）提供优化 SQL 查询算法，可有效地提高查询速度。

6）为应用程序提供 ODBC 和 JDBC 等数据库标准接口连接途径。

7）为用户提供多种数据库管理与优化工具。

8）支持中等规模的数据库管理能力，可以处理拥有上千万条记录的大型数据表。

9）支持 GPL 协议，用户可以利用源码来开发自己的 MySQL 系统。

（2）PostgreSQL

PostgreSQL 是一种技术领先的开源对象-关系 DBMS，它不但具有关系数据库的功能特性，而且支持面向对象数据管理。PostgreSQL 是在加利福尼亚大学伯克利分校计算机系研制的 Postgres 数据库软件基础上开源演化而来的，得到了开源组织的不断升级完善，并按照宽松的木兰许可发行软件。PostgreSQL 作为一个功能强大、技术领先的对象-关系 DBMS，提供了很多企业级 DBMS 具有的高级功能特性，拥有良好的性能和很好的可扩展性。它是开源类型的企业级 DBMS 软件，支持许多大型信息系统的数据库应用。

PostgreSQL 的主要技术特点如下：

1）对 SQL 标准高度兼容，除支持 SQL 常规标准数据类型外，还支持数组、几何、枚举、组合、XML、JSON、UUID、对象标识、网络地址、大对象等复杂数据类型，并允许用户自定义数据类型。

2）支持时间点恢复（PITR）、表空间、异步复制、嵌套事务、在线热备、复杂查询、可更新视图、多版本并行控制（MVCC）、数据完整性检查等高级特性。

3）采用经典的客户/服务器架构，支持进程运行，具有较高系统运行稳定性。

4）支持用较多高级编程语言实现数据库应用开发，如 C/C++、Java、.Net、Perl、Python、Ruby、TCL 等，其中 Java、Perl、Python、Ruby、TCL、C/C++和自带的 PL/pgSQL 还支持数据库函数、存储过程、触发器编程。

5）支持广泛使用的操作系统平台，如 FreeBSD、HP－UX、Linux、NetBSD、OpenBSD、macOS X、Solaris、UNIX、Windows 等。

6）支持大规模数据存储、大用户量并发访问，具有企业级 DBMS 的高伸缩性、高稳定性。

7）具有继承机制，可以创建对象数据库表，并从"父表"继承其特征。

（3）MySQL 与 PostgreSQL 对比

MySQL 和 PostgreSQL 都是业界最受欢迎的开源 DBMS，它们各有优势与局限。哪个 DBMS 软件更好？哪个 DBMS 软件更适合具体应用系统？这取决于用户对它们的全面了解。下面从多个方面对 MySQL 和 PostgreSQL 进行比较，见表 1-1。

表 1-1 MySQL 与 PostgreSQL 比较

特 性 项	MySQL	PostgreSQL
当前状况	流行度最高的开源关系 DBMS	最先进的对象-关系 DBMS
运维机构	Oracle 公司	PostgreSQL 全球开发组
开源许可类型	GPL 许可，有限开源	BSD 许可，完全开源

（续）

特　性　项	MySQL	PostgreSQL
实现语言	C/C++	C
支持操作系统	FreeBSD、Linux、macOS X、Solaris、Windows	FreeBSD、HP-UX、Linux、NetBSD、OpenBSD、macOS X、Solaris、UNIX、Windows
支持接口	ADO. NET、JDBC、ODBC、专有原生（Proprietary native）API	ADO. NET、JDBC、原生 C 库（Native C Library）、ODBC、用于大对象的流式 API
支持 SQL 标准	部分支持标准，扩展较少	完整支持标准，并有较多扩展
支持非结构化数据	支持的非结构化数据类型有限	支持的非结构化数据类型非常丰富，如数组、几何、枚举、组合、UUID、XML、JSON、UUID、对象标识、网络地址、大对象等复杂数据类型
支持 ACID 事务	只有 innodb 引擎支持事务，支持 ACID 特性有限	支持事务的强一致性，事务保证性好，完全支持 ACID 特性
存储引擎	有多个，如 InnoDB、MyISAM、Memory、Merge、Archive、CSV、黑洞引擎（Blackhole）等多个	单个
第三方工具支持	较少	较多
索引支持	B+树、Hash、全文检索（Fulltext）、R-树	B 树、Hash、GiST、SP-GiST、GIN 和 BRIN 等
并行处理	支持并行复制，仅商业版本支持并行查询	支持并行复制、并行查询
并发控制	只有 innodb 引擎支持 MVCC	MVCC
数据复制	仅支持逻辑复制	支持物理复制和逻辑复制
功能扩展性	仅商业版本支持功能扩展	扩展功能集丰富
处理性能	在简单事务数据处理、低负载访问的数据库应用中，MySQL 的性能表现会更好	在复杂事务数据处理和高数据访问负载的数据库应用中，PostgreSQL 的性能表现更佳
外部数据源支持	无	通过外部数据封装器支持各种外部数据源

从以上技术特性对比来看，PostgreSQL 适合系统稳定性要求较高、复杂事务处理、数据访问负载较大的企业级应用，如金融、电信、ERP、CRM 等。此外，PostgreSQL 具有 JSON、JSONB、hstore 等数据格式，适合非结构化数据管理和一些大数据分析应用。MySQL 则适合简单事务处理、数据可靠性要求较低的互联网应用场景，如中小型 Web 信息系统、社交类系统等。不过，用户对于 MySQL 和 PostgreSQL 的选择，通常取决于应用的数据处理需求和用户对 DBMS 的熟练程度。

课堂讨论：本节重点与难点知识问题

1）按数据模型分类，主要有哪些类型的 DBMS？

2）桌面级 DBMS 与企业级 DBMS 有哪些区别？

3）集中式 DBMS 与分布式 DBMS 有何区别？

4）关系 DBMS 与对象-关系 DBMS 有何异同？

5）PostgreSQL 与 MySQL 比较，具有哪些优势？

6）目前有哪些国产 DBMS 软件？如何发展国产 DBMS 软件？

1.5　PostgreSQL 对象-关系数据库系统

PostgreSQL 对象-关系数据库系统软件是一种功能强大、技术领先的开源 DBMS 系统软件，其软件许可完全开放。开发者可以基于任何目的使用、复制、修改和重新发布这套软件以及文档，不需要任何费用与签订任何书面协议。与 MySQL 数据库软件面向中小型信息系统数据库管理定位不同，PostgreSQL 对象-关系数据库系统软件具有企业级数据库系统特性，适用于大型信息系统数据管理。用户在使用 PostgreSQL 数据库软件进行系统开发时，应对 PostgreSQL 数据库系统软件有所了解。

1.5.1　PostgreSQL 数据库系统架构

PostgreSQL 对象-关系数据库系统作为一个复杂的基础系统软件，它由很多功能程序组成。开发者在利用 PostgreSQL 数据库软件进行应用系统开发前，需要对 PostgreSQL 数据库系统架构有全面了解，其中包括数据库系统总体架构、系统运行架构、数据库逻辑与物理结构等。

1. 系统总体架构

PostgreSQL 数据库系统由客户端程序、PostgreSQL 接口、后端服务进程（如 Postmaster 主进程、辅助进程、服务进程）程序、共享内存区、数据库存储文件五个层次的构件组成，其系统总体架构如图 1-11 所示。

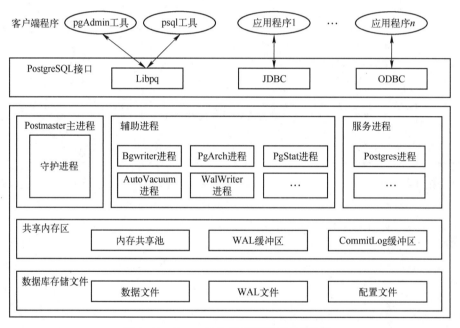

图 1-11　PostgreSQL 数据库系统总体架构

PostgreSQL 数据库系统采用典型的客户/服务器架构模式设计实现系统功能。客户端程序可以是数据库应用程序，也可以是数据库管理工具等。服务器端程序是 DBMS 各服务功能的进程程序。客户端程序通过网络协议连接数据库服务器，并通过数据库服务实例访问或管理数据库。

客户端程序一般采用 JDBC 或 ODBC 标准接口连接数据库服务实例，并通过它们实现对数据库的访问。客户端数据库管理工具（如 pgAdmin 4 或 psql）则采用 PostgreSQL 数据库系统自身提供的接口 Libpq 连接数据库服务实例，并通过它对数据库进行管理。

服务器端程序包括 Postmaster 主进程、辅助进程和服务进程等功能程序。它们负责数据库服务器运行管理、数据库操作访问、数据库权限控制、数据库缓冲区管理、文件存储管理等服务器端工作。当 PostgreSQL 数据库服务器上电后，Postmaster 主进程、辅助进程（Bgwriter、AutoVacuum、PgArch、WalWriter、PgStat、CheckPoint、Syslogger)、Postgres 服务进程均被启动运行。

Postmaster 主进程是一种守护进程,其主要负责控制数据库启停,监听客户端连接,为每个客户端连接请求 fork(系统调用)一个 Postgres 服务进程,管理数据库数据文件,管理辅助进程运行,在数据库访问会话出错后进行恢复处理等。

辅助进程用于协助 Postmaster 主进程、Postgres 服务进程管理数据库服务器运行和数据库访问。其中 Bgwriter 辅助进程负责将共享内存区中被修改的数据页写入磁盘文件;AutoVacuum 辅助进程负责对数据库表中垃圾数据进行自动清除处理;PgArch 辅助进程负责对预写式日志(Write Ahead Log,WAL)数据进行归档备份处理;WalWriter 辅助进程负责将 WAL 缓冲区的数据写入文件;PgStat 辅助进程负责收集处理数据库及其表对象的访问操作统计数据;CheckPoint 辅助进程负责将事务检查点前的数据写入磁盘文件;Syslogger 辅助进程负责将数据库运行日志信息写入系统日志文件。

Postgres 服务进程为客户端请求提供服务,如数据库对象创建、数据库访问、数据库控制等操作处理。客户端提交的 SQL 命令均通过 Postgres 服务进程来执行。Postgres 服务进程将处理结果通过接口返回客户端程序。

共享内存区是在 PostgreSQL 数据库服务器启动后分配的内存缓冲区,它为所有后端进程提供共享访问。共享内存区由共享内存池、WAL 缓冲区、CommitLog(事务提交日志)缓冲区组成。共享内存池存放数据表和索引页面数据,提供后端进程操作访问。WAL 缓冲区存放数据库预写式日志数据,由 WalWriter 辅助进程将缓冲区数据写入 WAL 文件。CommitLog 缓冲区存放事务运行状态数据,提供事务程序访问。

数据库存储文件是在数据库安装软件所指定的服务器系统目录中存放的,它包括数据文件、WAL 文件、配置文件、事务日志文件等。数据库服务器后端进程对系统目录中的各类文件进行存取访问。

2. 系统运行架构

PostgreSQL 数据库系统是一种采用典型客户/服务器架构模式实现的多进程软件系统。当数据库服务器启动时,首先运行 Postmaster 守护进程,该进程作为服务器主进程,将 fork 运行各个辅助进程(如 Bgwriter 后台写进程、AutoVacuum 自动清理进程、PgArch 预写日志归档进程、PgStat 统计数据收集进程、CheckPoint 检查点处理进程、WalWriter 预写式日志写进程、Syslogger 系统日志进程),对数据库服务器进行控制管理。当客户端进程连接数据库服务器后,服务器端 Postmaster 主进程将为每个客户端连接请求 fork 创建一个新的 Postgres 服务进程并与之交互,从而使得客户端进程通过 Postgres 服务进程实现数据库访问操作,其系统运行架构如图 1-12 所示。

PostgreSQL 数据库服务器可以同时支持不同运行环境的客户端程序访问数据库服务器。多个客户端程序可以并发访问数据库服务器。它们均通过请求/响应方式连接访问 PostgreSQL 数据库服务器。在客户端程序向数据库发起连接请求时,Postmaster 守护进程作为控制管理的主进程将会 fork 创建一个单独的 Postgres 服务进程以提供服务。若有多个客户端连接请求,守护进程 Postmaster 将创建多个 Postgres 服务进程来提供服务,以支持多个客户端程序的并发访问。

3. 数据库逻辑与物理结构

为了掌握数据库开发与管理技术,学习者还需要理解数据库逻辑与物理结构原理。数据库逻辑结构是指 DBMS 数据库服务器为应用程序提供存取访问数据库对象的数据结构,即从编程逻辑视角来看待的数据库结构。数据库物理结构是指数据库组织与数据存储的文件结构,它涉及存储数据库信息的各类文件目录及其文件,如数据文件、日志文件、配置文件等。

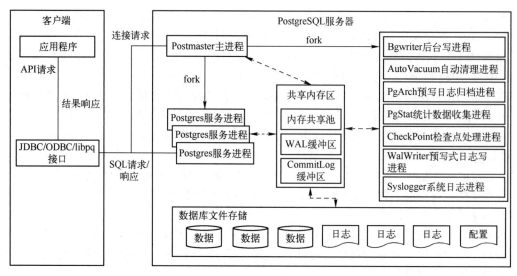

图 1-12　PostgreSQL 数据库系统运行架构

在 PostgreSQL 数据库系统中，每个数据库服务器都可以创建与运行管理多个数据库，即数据库集簇。数据库集簇（Database Cluster）是指单个 PostgreSQL 数据库服务实例管理的数据库集合。一个数据库集簇包含多个用户，每个用户都拥有一个或多个数据库。PostgreSQL 数据库的逻辑与物理结构如图 1-13 所示。

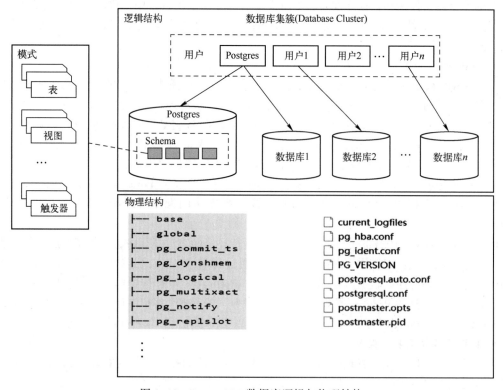

图 1-13　PostgreSQL 数据库逻辑与物理结构

在一个 PostgreSQL 数据库中，至少有一个名为 public 的默认模式。用户还可在数据库中创建自己的模式。模式可以理解为数据库中的用户目录，它用于组织和存储用户应用系统的数据库对象，如表、视图、索引、函数、存储过程、触发器等。例如，应用程序在存取访问数据库表时，通过"数据库名.模式名.表对象名"全称名在数据库逻辑结构中访问对象。在一个数据库中，不能有同名的多个模式。同样，在一个模式下也不能有相同名称的数据库对象。

数据库逻辑结构最终需要有对应的物理结构来实现。在 PostgreSQL 数据库服务器的 data 目录下，有不同子目录来物理存储数据文件、WAL 预写日志文件、系统运行日志文件、配置文件、控制文件等，见表 1-2。此外，data 目录下还有若干配置文件，见表 1-3。

表 1-2　PostgreSQL 数据库 data 目录的子目录

子目录	用　　途	子目录	用　　途
base	存储每个数据库对应子目录下的各类数据文件	pg_stat_tmp	存储统计信息子系统临时文件
		pg_subtrans	存储子事务状态数据文件
global	存储全局的系统表数据文件	pg_tblspc	存储表空间数据文件
pg_commit_ts	存储事务提交时间戳数据文件	pg_twophase	存储预备事务状态文件
pg_dynshmem	存储被动态共享所使用的数据文件	pg_wal	存储预写日志文件
pg_logical	存储用于逻辑复制的状态数据文件	pg_xact	存储事务提交状态数据文件
pg_multixact	存储多事务状态的数据文件	PG_VERSION	PostgreSQL 主版本号文件
pg_notify	存储 LISTEN/NOTIFY 状态数据文件	pg_hba.conf	客户端认证控制文件
pg_replslot	存储复制槽数据文件	pg_ident.conf	用户名映射文件
pg_serial	存储已提交的可序列化信息数据文件	postgresql.conf	参数配置文件
		postgresql.auto.conf	ALTER SYSTEM 参数配置文件
pg_snapshots	存储快照数据文件	postmaster.opts	记录服务器端上一次启动的命令行选项文件
pg_stat	存储统计信息数据文件		

表 1-3　PostgreSQL 数据库 data 目录下的配置文件

文　　件	用　　途
PG_VERSION	PostgreSQL 主版本号文件
pg_hba.conf	客户端认证控制文件
pg_ident.conf	用户名映射文件
postgresql.conf	参数配置文件
postgresql.auto.conf	ALTER SYSTEM 参数配置文件
postmaster.opts	记录服务器端上一次启动的命令行选项文件

1.5.2　PostgreSQL 数据库软件组成

PostgreSQL 数据库软件作为一类 DBMS 软件，它实现对象-关系 DBMS 的各个功能。由于 PostgreSQL 数据库软件采用客户/服务器架构模式实现，因此其软件程序分为客户端程序和服务器端程序。PostgreSQL 数据库软件的客户端程序和服务器端程序组成如下：

1. PostgreSQL 客户端程序

clusterdb：对 PostgreSQL 数据库中表进行重新聚簇。

createdb：创建一个新的 PostgreSQL 数据库。

createuser：创建一个新的 PostgreSQL 用户账户。

dropdb：删除一个 PostgreSQL 数据库。

dropuser：删除一个 PostgreSQL 用户账户。

ecpg：嵌入 SQL C 预处理器。

pg_amcheck：检查数据库之间的冲突。

pg_basebackup：获取 PostgreSQL 集簇的基础备份。

pgbench：在 PostgreSQL 上运行一个基准测试。

pg_config：检索已安装的 PostgreSQL 版本信息。

pg_dump：将一个 PostgreSQL 数据库转存到一个脚本程序或者其他归档文件中。

pg_dumpall：将一个 PostgreSQL 数据库集簇转储到一个脚本程序中。

pg_isready：检查 PostgreSQL 服务器的连接状态。

pg_receivewal：以流的方式从一个 PostgreSQL 服务器得到预写式日志。

pg_recvlogical：控制 PostgreSQL 逻辑解码流。

pg_restore：从 pg_dump 创建的备份文件中恢复 PostgreSQL 数据库。

pg_verifybackup：验证 PostgreSQL 集簇的基础备份的完整性。

psql：运行 PostgreSQL 交互终端。

reindexdb：重建 PostgreSQL 数据库索引。

vacuumdb：收集垃圾并分析 PostgreSQL 数据库。

2. PostgreSQL 服务器端程序

initdb：创建一个新的 PostgreSQL 数据库集簇。

pg_archivecleanup：清理 PostgreSQL WAL 归档文件。

pg_checksums：在 PostgreSQL 数据库集簇中启用、禁用或检查数据校验和。

pg_controldata：显示一个 PostgreSQL 数据库集簇的控制信息。

pg_ctl：初始化、启停控制一个 PostgreSQL 服务器。

pg_resetwal：重置一个 PostgreSQL 数据库集簇的预写式日志以及其他控制信息。

pg_rewind：将一个 PostgreSQL 数据目录与另一个从该目录中复制出来的数据目录同步。

pg_test_fsync：为 PostgreSQL 判断最快的 wal_sync_method。

pg_test_timing：度量计时开销。

pg_upgrade：升级 PostgreSQL 服务器实例。

pg_waldump：以可读形式显示一个 PostgreSQL 数据库集簇的预写式日志。

postgres：运行数据库服务器服务进程。

postmaster：运行数据库服务器守护进程。

1.5.3　PostgreSQL 数据库管理工具

对数据库进行开发或运行管理都需要有相应的数据库管理工具。实现 PostgreSQL 数据库管理的工具有不少，既有开源工具，也有产品工具。这里只介绍两种使用最广泛的 PostgreSQL 开源数据库管理工具。

1. psql 命令行工具

psql 是 PostgreSQL 数据库软件内置的一个客户端工具，该工具允许用户通过命令行交互方式实现 PostgreSQL 数据库管理。此外，它也允许执行 shell 脚本程序实现批量命令自动化处理。该工具的运行界面如图 1-14 所示。

图 1-14　psql 工具的运行界面

系统管理员使用 psql 命令行工具执行不同操作命令，便可完成所有数据库管理工作，但前提是必须熟悉操作命令及其参数格式。

2. pgAdmin 图形界面管理工具

pgAdmin 是一个广泛使用的 PostgreSQL 数据库图形界面管理工具，该工具可运行在多种操作系统平台上，如 Windows、Linux、FreeBSD、macOS 和 Solaris 等。pgAdmin 软件是与 PostgreSQL 数据库软件分开发布的，需要从 pgAdmin 官网下载。pgAdmin 工具支持连接多个 PostgreSQL 数据库服务器。不论 PostgreSQL 数据库服务器是什么版本，pgAdmin 均可访问与管理。当使用 pgAdmin 工具登录到 PostgreSQL 数据库服务器后，系统管理员便可对数据库服务器进行管理，如图 1-15 所示。

图 1-15　pgAdmin 工具运行的数据库管理界面

在 pgAdmin 数据库管理界面中，除了对数据库服务器中的各个数据库进行管理外，还可对数据库服务器的角色与权限、表空间、运行性能等进行管理；另外，也可以进行数据库编程开发，实现数据库存取访问操作。

1.5.4　PostgreSQL 数据库对象

在进行 PostgreSQL 数据库开发时，理解数据库的各类逻辑对象是对开发者的最基础要求。这里介绍几种基本数据库对象。

1. 模式

模式（Schema）是一种组织数据库对象的用户目录，它用于组织用户的各类数据库对象，如表、视图、序列、函数、存储过程、触发器等。一个数据库可以有多个模式用户目录对象，其中包括系统默认创建的 public 目录和用户自己创建的模式目录。当新建一个 PostgreSQL 数据库时，系统自动默认为其创建一个名为 public 的模式目录。

2. 表

表（Table）是一种存储数据的数据库对象。在 PostgreSQL 数据库中，表属于某个模式的下级对象，而模式本身又属于某个数据库的下级对象，从而构成了 PostgreSQL 数据库的 3 层逻辑结构。在 PostgreSQL 数据库中，表对象可以有 3 种类型：关系表、继承表、外部表。关系表是 PostgreSQL 数据库存储结构化数据的基本单元，继承表、外部表一般用于复杂数据对象或外部文件的存储结构单元，从中可以看出 PostgreSQL 数据库作为对象-关系数据库与普通关系数据库的不同之处。

3. 视图

视图（View）是一种基于虚拟表进行数据操作的数据库对象。与大多数关系数据库一样，PostgreSQL 数据库使用视图简化查询逻辑，当然也可使用视图更新基本表中的数据。此外，PostgreSQL 数据库还支持物化视图，可通过临时表来实现快速的数据库查询处理。

4. 序列

序列（Sequence）是一种为代理键列提供自动增量序列值的数据库对象。与 Oracle 数据库一样，PostgreSQL 数据库也可创建序列对象。用户可以自定义序列的初始值、增量值及序列值域范围。此外，PostgreSQL 数据库还支持多个表共享使用相同序列对象。

5. 函数

函数（Function）是一种使用 DBMS 内置编程语言实现函数功能程序的数据库对象。PostgreSQL 数据库函数执行结果可以是一个标量值，也可以是查询结果元组集。在 PostgreSQL 数据库中，可以使用系统内置函数，也可使用自定义函数。

6. 存储过程

存储过程（Procedure）是一种类似于函数的数据库对象。它与函数的区别在于存储过程不返回值，因此没有返回类型声明。函数可以作为一个查询或者 DML（Data Manipulation Language，数据操纵语言）命令的一部分被调用执行，但存储过程需要明确地使用 CALL 语句调用执行。数据库系统通常使用存储过程的程序来实现数据处理功能。

7. 触发器

触发器（Trigger）是一种事件触发存储过程程序自动执行的数据库对象。PostgreSQL 数据库与其他关系数据库一样，均支持多种类型触发器，如插入触发器、修改触发器、删除触发器，同时还可设置触发级别（语句级、行级），以及触发时机（修改前触发、修改后触发）。数据库系统通常使用触发器程序来实现业务规则的数据处理功能。

课堂讨论：本节重点与难点知识问题

1）客户端程序如何编程访问 PostgreSQL 数据库？

2）如何使用配置文件控制 PostgreSQL 数据库服务实例的基本行为？

3）PostgreSQL 数据库软件的客户端程序有哪些？

4）PostgreSQL 数据库软件的服务器端程序有哪些？

5）PostgreSQL 数据库管理工具主要有哪些？

6）PostgreSQL 数据库中可以创建哪些数据库对象？

1.6　思考与练习

1. 单选题

1）在数据管理技术发展阶段中，下面哪个阶段实现了数据共享？（　　）

　　A. 人工数据管理阶段　　　　　　　B. 文件系统管理阶段

　　C. 数据库管理阶段　　　　　　　　D. 以上阶段都可以

2）下面哪类数据库既可以管理结构化数据，又可管理非结构数据？（　　）

　　A. 关系数据库　　　　　　　　　　B. XML 数据库

　　C. NoSQL 数据库　　　　　　　　　D. NewSQL 数据库

3）在关系数据库中，哪种对象支持业务规则应用？（　　）

　　A. 用户表　　　　　　　　　　　　B. 系统表

　　C. 存储过程　　　　　　　　　　　D. 约束

4）在数据库领域技术中，下面哪种技术可以实现面向主题的数据集成？（　　）

　　A. XML 技术　　　　　　　　　　　B. 数据仓库技术

　　C. 数据挖掘技术　　　　　　　　　D. 商业智能技术

5）在数据库应用系统中，下面哪种系统架构适合银行业务系统？（　　）

　　A. 单用户架构　　　　　　　　　　B. 客户/服务器架构

　　C. 分布式架构　　　　　　　　　　D. 以上架构都可以

2. 判断题

1）PostgreSQL 是一种典型的关系数据库。（　　）

2）NoSQL 数据库可以支持大数据处理，它一定会取代关系数据库。（　　）

3）在数据库应用开发中，可以不进行数据模型设计，而直接创建数据库表。（　　）

4）在数据库应用系统中，需做到表之间没有冗余数据。（　　）

5）业务规则数据在数据库中是一种元数据。（　　）

3. 填空题

1）传统数据库的数据模型主要有层次数据模型、_____、关系数据模型、对象数据模型。

2）数据库应用系统包括_____、应用程序、数据库和数据库管理系统。

3）_____技术可以解决传统数据库管理软件不能有效解决的技术问题，如复杂数据类型、数据规模、数据处理成本之间的平衡问题。

4）_____技术是建立在数据仓库基础上，对大量数据进行分析、发现有商业价值信息的技术。

5）数据库应用系统的逻辑数据模型是在_____开发阶段的成果。

4. 简答题

1）什么是数据模型？关系数据库的数据模型与 NoSQL 数据库的数据模型有哪些区别？

2）数据库文件与普通数据文件有哪些区别？

3）一个数据库内部通常包含哪些对象？

4）数据库系统由哪些部分组成？

5）采用列表形式对比分析流行度排名前两位的国产数据库 DBMS 技术特性，并说明自己对解决基础系统软件"卡脖子"问题的认识，以及对发展国产数据库技术的建议。

5. 实践题

从 PostgreSQL 官网下载最新版数据库安装软件，在本地操作系统中安装，开展 PostgreSQL 数据库软件及其管理工具基本操作实践。

1）在自己的计算机中安装 PostgreSQL 数据库最新版 DBMS 软件及其管理工具 pgAdmin 4。

2）安装 PostgreSQL 数据库软件后，在管理工具 pgAdmin 4 中，以管理员用户角色连接和访问数据库服务器，熟悉默认数据库 postgres 的各类对象，如模式、表、视图、函数、存储过程、触发器等。

3）研究 PostgreSQL 数据库在表空间中如何组织表、索引等对象的数据存储。

第 2 章
数据库关系模型

关系模型是关系数据库组织数据所采用的数据模型。关系模型在数据库中应用了半个多世纪，至今它仍然是数据库管理结构化数据最简单、最有效的经典数据模型。领会关系模式有助于掌握关系数据库的基本原理。本章将介绍关系模型的关系概念、关系的数学描述，同时本章也对关系模型的数据结构、关系操作和关系完整性约束应用方式进行介绍。

本章学习目标如下：
1）了解关系模型的基本概念、关系的数学描述。
2）掌握关系模型的组成部分、关系运算原理。
3）理解关系的复合键、候选键、主键、外键的含义。
4）理解关系模型的实体完整性约束与参照完整性规则。

2.1 关系及其相关概念

早在 1970 年，IBM 公司研究员科德博士发表《大型共享数据库的关系模型》论文，首次提出了关系模型的概念。后来科德又陆续发表多篇文章，进一步完善关系模型研究，使关系模型成为关系数据库最重要的理论基础。在关系模型中，最基本的概念就是关系。那么关系是什么？如何理解关系？这些是学习关系模型首先需要解决的问题。为了便于读者理解，下面首先给出关系的通俗定义，然后再从集合论的角度给出关系的数学定义。

2.1.1 关系的通俗定义

为了描述一个现实系统中包含数据特征的事物对象及其关系，需要在概念层面进行建模抽象，从而刻画出事物对象之间的数据关系。在概念模型中，通常采用"实体"及"实体联系"来表示系统事物对象组成及数据关系。其中，实体（Entity）是包含数据特征的事物对象在概念模型世界中的抽象名称。例如，在大学教学管理系统中，可以抽象出"课程""教学资源""课程计划""学生""教师""班级"等实体名称，并可以通过特定的实体联系表示实体之间的关系，从而描述大学教学管理系统的事物对象及其数据关系。

为了在计算机系统中实现概念模型，还必须将概念模型依次转换为逻辑模型和物理模型，只有这样才能在程序中实现编程处理。关系模型作为一种计算机可以实现的物理数据模型，它采用二维表的数据结构形式存储实体及其实体间联系的数据。关系模型所采用的二维表应具有关系特征，并采用关系运算来操作数据。在数据库领域，把具有关系特征的二维表称为"关系表"，简称"关系"（Relation）。换言之，关系是一种由行和列组成的，用于组织与存储实体数据的二维表，该二维表需具有如下关系特征：

1）表中每行存储实体的一个实例数据。

2）表中每列表示实体的一项属性。

3）表中单元格只能存储单个值。

4）表中不允许有重复行。

5）表中不允许有重复列。

6）表中行顺序可任意。

7）表中列顺序可任意。

【例2-1】在图1-3中定义的"教师信息表""课程信息表""开课目录表"均具有上述关系特征，因此，它们都可被称为关系。

在关系模型中，与关系相关的概念还有：

1）元组（Tuple）：在关系二维表中的一行，称为一个元组。

2）属性（Attribute）：在关系二维表中的列，称为属性。

3）域（Domain）：属性列的取值范围。

4）基数（Radix）：一个值域的取值个数。

5）实体（Entity）：包含数据特征的事物抽象。

2.1.2 关系的数学描述

关系模型是建立在集合理论和关系代数等数学基础上的数据模型。下面将从集合论角度给出关系的数学描述。

1. 基本概念

定义1：域是属性列的取值集合。关系模型使用域来表示实体属性的取值范围。通常用 D_i 来表示某个域。

【例2-2】假设一个"学生"实体有3个属性列（学号、姓名、性别）。可以使用 D_1、D_2、D_3 域来定义各属性列取值范围，其取值集合如下：

$D_1 = \{2023010001, 2023010002, 2023010003\}$

$D_2 = \{刘京, 夏岷, 周小亮\}$

$D_3 = \{男, 女\}$

定义2：给定一组域 $D_1, D_2, \cdots, D_n$，这组域的笛卡儿积（Cartesian Product）为

$$D_1 \times D_2 \times \cdots \times D_n = \{(d_1, d_2, \cdots, d_n) | d_i \in D_i, i = 1, 2, 3, \cdots, n\}$$

其中，每一个向量 $(d_1, d_2, \cdots, d_n)$ 称为一个 n 元组，简称元组。向量中的每个 d_i 称为分量。若 $D_i(i=1, 2, \cdots, n)$ 为有限集，每个域的基数为 $m_i(i=1, 2, \cdots, n)$，则笛卡儿积 $D_1 \times D_2 \times \cdots \times D_n$ 的基数 M 为 $\prod_{i=1}^{n} m_i$。

例2-2中 D_1，D_2，D_3 的笛卡儿积为 $D_1 \times D_2 \times D_3 = \{(2023010001, 刘京, 男), (2023010001, 刘京, 女), (2023010001, 夏岷, 男), (2023010001, 夏岷, 女), \cdots, (2023010003, 周小亮, 女)\}$。

该笛卡儿积的基数应为 $3 \times 3 \times 2 = 18$，即结果集合的元素共有18个元组。将这组笛卡儿积放入一个二维表，见表2-1。

定义3：关系是 $D_1 \times D_2 \times \cdots \times D_n$ 笛卡儿积元组集合中有特定意义的子集合。它表示为 $R(D_1, D_2, \cdots, D_n)$，其中 R 为关系的名称，$D_1, D_2, \cdots, D_n$ 分别为 R 关系的属性，n 为关系属性的个数，称为"元数"或"度数"。

表 2-1　D_1、D_2 和 D_3 的笛卡儿积

学　　号	姓　　名	性　　别
2023010001	刘京	男
2023010001	刘京	女
2023010001	夏岷	男
2023010001	夏岷	女
⋮	⋮	⋮
2023010003	周小亮	男
2023010003	周小亮	女

【例 2-3】"学生"实体的关系定义，可使用"学生(学号,姓名,性别)"来表示。在"学生"关系中，度数 $n=3$，称该关系为 3 元关系。以此类推，n 个属性的关系称为 n 元关系。

关系是从 $D_1 \times D_2 \times \cdots \times D_n$ 笛卡儿积元组集合中提取的有实际意义的元组子集。关系中的元组数一般少于笛卡儿积的元组数。例如，在上面描述"学生"关系的笛卡儿积元组集合中，只有表 2-2 的元组子集才是"学生"关系中有实际意义的数据。

表 2-2　"学生"关系

学　　号	姓　　名	性　　别
2023010001	刘京	男
2023010002	夏岷	男
2023010003	周小亮	女

2. 关系特性

在关系的数学定义中，关系是 $D_1 \times D_2 \times \cdots \times D_n$ 笛卡儿积元组集合中有特定意义的子集合。由于笛卡儿积不满足交换律，即 $(d_1, d_2, \cdots, d_n) \neq (d_2, d_1, \cdots, d_n)$。这个特性不适合数据库实际应用处理要求，因此，需要对关系特性进行如下限制与约束：

1）无限元组集合的关系在数据库系统中是无实际意义的。关系中的元组集合必须是数量有限的元组集合。

2）为了使关系中的属性列在关系表中可任意顺序，即让关系满足交换律，需给各属性列定义不同列名，并消除元组属性列的有序性。

2.1.3　关系模式表示

由前面的关系定义，我们知道关系的数据结构实际上就是一个二维表，表中每行为一个元组，表中每列为一个属性列。关系是元组的集合，一个元组是该关系属性列笛卡儿积的一个结果向量。为了简洁地表示关系，可采用关系模式语句来表示，即

关系名(属性 1,属性 2,…,属性 x)

通常使用大写字母的英文单词给出关系名。例如，"学生"关系可以取名为 STUDENT。如果关系名是两个或多个单词的组合，可使用下划线连接这些单词。关系的各属性列名放入关系模式语句的括号中，使用逗号分隔。同样列名也使用英文单词，其首字母大写。如果列名是两个单词或多个单词的组合，则每个单词的首字母都大写。例如"学生"关系模式语句可表示为

STUDENT(StudentNum,StudentName,Sex)

2.1.4 关系键定义

在关系模型中，要求关系中任意两个元组不能完全相同。这可通过在关系的各个属性中，选出能够唯一标识不同元组的属性或属性组来约束元组数据。将这样的属性或属性组称为键（Key）。

【例2-4】 在表2-3的EMPLOYEE（员工）关系表中，EmployeeNumber（工号）属性列的取值是唯一的，可以把它定义为EMPLOYEE关系表的键。

表2-3 EMPLOYEE关系表

EmployeeNumber	Name	Department	Sex	Email
A01201	赵小刚	财务部	男	A01201@ some. com
A01202	李明菲	生产部	女	A01202@ some. com
A01203	王亚周	生产部	男	A01203@ some. com
⋮	⋮	⋮	⋮	⋮
A01285	吕正	生产部	男	A01285@ some. com
A01286	张迁	维修部	男	A01286@ some. com
A01287	周丽丽	销售部	女	A01287@ some. com

1. 复合键

在关系中，有时需要同时使用两个或更多个属性的组合值才能唯一标识不同元组，这种由多个属性所构成的键称为复合键（Compound Key）。在表2-3中，如果没有同姓名的员工在同一部门的情况，可以将"姓名"和"部门"属性组合在一起，其组合值可以唯一标识员工，即将Name和Department属性结合在一起，作为EMPLOYEE关系的复合键。

2. 候选键

在一个关系中可能有多个键存在，将每个键都称为候选键（Candidate Key）。例如，在表2-3中，若"EmployeeNumber""Email"属性列的取值都是唯一的，则它们均是关系的键，也都为候选键。

3. 主键

在一个关系中，不管它有多少个候选键，在定义数据库关系表时，都需要确定出一个最合适的键作为主键（Primary Key），它的不同取值用于在该关系表中唯一标识不同元组。例如，在表2-3中，可选定"EmployeeNumber"作为主键。

在关系数据库的设计中，每个关系表都必须确定一个主键。主键在关系数据库中具有如下作用：

1）主键属性列值可用来标识关系的不同行（元组）。

2）当表之间有关联时，主键可以作为表之间的关联属性列。

3）许多DBMS软件使用主键列索引顺序来组织表的数据块存储。

4）通过主键列的索引值可以快速检索关系中的行数据。

在关系模式表示中，可以在主键属性列添加下划线来标明主键。例如，在表2-3的EMPLOYEE关系表中，可以使用如下语句来表示该关系模式

EMPLOYEE（EmployeeNumber，Name，Department，Sex，Email）

课堂讨论：本节重点与难点知识问题

1) 如何理解"实体"和"关系"？它们分别是哪类模型的概念？
2) 什么是关系？什么是关系模型？关系数据库如何组织与存储数据？
3) 关系的数学定义是什么？关系具有哪些特性？
4) 在关系表中，为什么需要确定主键或复合键？
5) 在关系表中，主键有哪些作用？
6) 如何表示关系模式？

2.2　关系模型原理

关系模型是一种采用关系二维表存储实体及实体间联系信息的数据模型。关系模型决定了关系数据库的数据组织与数据存取方式。学习者掌握关系数据库的前提是理解关系模型原理。

2.2.1　关系模型组成

关系模型与其他数据模型一样，也是由数据结构、操作方式、数据约束 3 个部分组成的。

1. 数据结构

在关系模型中，采用具有关系特征的二维表数据结构来组织与存储数据。在关系数据库中，关系一般被称为关系表或表。一个关系数据库由若干关系表组成，并且表之间存在一定的关联，如图 2-1 所示。

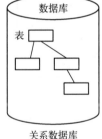

图 2-1　关系模型的数据结构

2. 操作方式

在关系模型中，对关系表的数据操作是按照集合关系运算方式来进行的。常用的关系运算包括选择（Select）、投影（Project）、笛卡儿积（Cartesian Product）、连接（Join）、除（Divide）、并（Union）、交（Intersection）、差（Difference）等数据查询操作，也包含插入（Insert）、更新（Update）、删除（Delete）等数据操纵。2.2.2 节将介绍关系模型的操作，3.3 节将详细介绍数据操纵 SQL 语句。

3. 数据约束

在关系模型中，关系模型的数据约束包括实体完整性约束、参照完整性约束和用户自定义完整性约束。其中，前两个约束是关系模型必须满足的限制条件，它们被关系 DBMS 默认支持。用户自定义完整性约束根据应用领域数据需遵循的业务规则，由具体业务的规则限定。

2.2.2 关系代数运算

在关系模型中，关系数据操作分为查询、插入、更新、删除等类型。其中查询数据有较多具体操作，如选择、投影、笛卡儿积、连接、除、并、交、差等，而插入、更新、删除操作类型相对单一。在关系模型中，关系数据操作采用关系代数方法或关系演算方法来实现。关系代数方法利用关系的代数运算来表达查询处理要求；关系演算方法利用谓词来表达查询处理要求。关系数据库使用一种介于关系代数和关系演算之间的数据操作语言（结构化查询语言）对关系表进行数据访问操作。结构化查询语言（Structured Query Language，SQL）作为关系数据库操作访问的标准数据操作语言，被广泛应用到各个关系数据库系统中。

关系模型的操作特点：数据操作的对象为关系中的元组，其操作结果也是元组。下面主要给出使用关系代数方法实现数据查询的操作原理。

关系代数是一种对关系进行查询操作的数学工具。关系代数的操作运算分为传统的集合运算和专门的关系运算两类。

1. 传统的集合运算

传统的集合运算是二目运算，即对两个关系进行集合运算，其操作包括并、差、交、笛卡儿积4种运算。

这里假设参与运算的两个关系分别为 R、S，关系 R 和关系 S 都有 n 个属性，并且它们的属性列相同。

【例2-5】关系 R 和关系 S 的数据初值如图2-2所示，以下分别对它们进行并、差、交、笛卡儿积运算。

A	B	C
A_1	B_1	C_2
A_2	B_2	C_1
A_3	B_1	C_1

a)

A	B	C
A_2	B_3	C_1
A_1	B_2	C_3
A_3	B_1	C_1

b)

图2-2 关系 R 和关系 S 的数据初值

a）关系 R b）关系 S

（1）并运算∪

关系 R 与关系 S 并运算的结果集合由属于 R 或属于 S 的元组组合而成，其运算结果仍为 n 元关系，记作式（2-1）。

$$R \cup S = \{t \mid t \in R \lor t \in S\} \tag{2-1}$$

式中，t 为元组。

关系并运算将两个表中元组进行合并，并消除重复元组。本例的运算结果如图2-3所示。

（2）差运算-

关系 R 与关系 S 的差运算结果集合由属于 R 而不属于 S 的所有元组组成，其运算结果仍为 n 元关系，记作式（2-2）。

$$R - S = \{t \mid t \in R \land t \notin S\} \tag{2-2}$$

A	B	C
A_1	B_1	C_2
A_2	B_2	C_1
A_3	B_1	C_1
A_2	B_3	C_1
A_1	B_2	C_3

图2-3 $R \cup S$ 关系的结果

关系的差运算对应于关系表的元组裁剪，即从关系 R 中删除与关系 S 相同的元组。本例的运算结果如图2-4所示。

（3）交运算∩

关系 R 与关系 S 的交运算结果集合由既属于 R 又属于 S 的所有元组组成，其结果关系仍为 n 元关系，记作式（2-3）。

$$R\cap S=\{t|t\in R\wedge t\in S\} \tag{2-3}$$

关系的交运算也可以用差来表示，即 $R\cap S=R-(R-S)$。本例的运算结果如图 2-5 所示。

A	B	C
A_1	B_1	C_2
A_2	B_2	C_1

图 2-4　$R-S$ 关系的结果

A	B	C
A_3	B_1	C_1

图 2-5　$R\cap S$ 关系的结果

（4）笛卡儿积×

假设关系 R 有 n 个属性、关系 S 有 m 个属性，则关系 R 和关系 S 的笛卡儿积是一个（$n+m$）列的元组集合。元组前 n 列是关系 R 的元组列，后 m 列是关系 S 的元组列。若 R 有 k_1 个元组，S 有 k_2 个元组，则关系 R 和关系 S 的笛卡儿积有 k_1k_2 个组合元组。针对本例，关系 R 和关系 S 的笛卡儿积的运算结果如图 2-6 所示。

关系 R 和关系 S 的笛卡儿积运算操作方式：从关系 R 的第一个元组开始，依次与关系 S 的每个元组组合，然后对关系 R 的下一个元组进行同样操作，直到关系 R 的最后一个元组进行同样操作，最后可得到 $R\times S$ 的全部元组。

2. 专门的关系运算

传统的集合运算仅仅从关系表的元组角度进行处理，没有考虑关系表中属性列的处理。专门的关系运算将对传统集合运算进行扩展，其操作包括选择、投影、连接、除等，这些操作均对关系表的列进行操作处理。为了描述这些专门的关系运算，首先引入如下数学符号定义：

$R.A$	$R.B$	$R.C$	$S.A$	$S.B$	$S.C$
A_1	B_1	C_2	A_2	B_3	C_1
A_1	B_1	C_2	A_1	B_2	C_3
A_1	B_1	C_2	A_3	B_1	C_1
A_2	B_2	C_1	A_2	B_3	C_1
A_2	B_2	C_1	A_1	B_2	C_3
A_2	B_2	C_1	A_3	B_1	C_1
A_3	B_1	C_1	A_2	B_3	C_1
A_3	B_1	C_1	A_1	B_2	C_3
A_3	B_1	C_1	A_3	B_1	C_1

图 2-6　$R\times S$ 关系的结果

1）设关系模式为 $R(A_1,A_2,\cdots,A_n)$。$t\in R$ 表示 t 是 R 的一个元组。$t[A_i]$ 则表示元组 t 中对应于属性 A_i 的一个分量。

2）设 $A=\{A_{i1},A_{i2},\cdots,A_{ik}\}$，其中 $A_{i1},A_{i2},\cdots,A_{ik}$ 是 $A_1,A_2,\cdots,A_n$ 中的一部分，则 A 称为部分属性列。$\overline{A}$ 则表示 $\{A_1,A_2,\cdots,A_n\}$ 中去掉 $\{A_{i1},A_{i2},\cdots,A_{ik}\}$ 后剩余的属性列。$t[A]=(t[A_{i1}],t[A_{i2}],\cdots,t[A_{ik}])$，表示元组 t 在部分属性列 A 上各分量的集合。

3）设 R 为 n 元关系，S 为 m 元关系。若 $t_r\in R$，$t_s\in S$，则 $t_r\infty t_s$ 表示为元组的连接。它是一个 $(n+m)$ 列的元组，前 n 个分量为 R 中的一个 n 元组，后 m 个分量为 S 中的一个 m 元组。

4）给定一个关系 $R(X,Y)$，X 和 Y 分别为 R 的属性组。当 $t[X]=x$ 时，x 在 R 中的象集记为式（2-4）。

$$Y_x=\{t[Y]|t\in R,t[X]=x\} \tag{2-4}$$

该式表示 R 中属性组 X 上值为 x 的各元组在 Y 上分量的集合。

（1）选择运算

选择运算是在关系 R 中选择出满足给定条件 C 的元组集输出，记作式（2-5）。

$$\sigma_C(R)=\{t|t\in R\wedge C(t)='真'\} \tag{2-5}$$

式中，C 表示选择条件，它是一个逻辑表达式，取逻辑值"真"或"假"；t 是 R 中任意一个元组，把它代入条件 C 中，如果代入的结果为真，则这个元组就是 $\sigma_C(R)$ 结果集中的一个元组，否则此元组就不在结果集中。

【例2-6】有一个TEACHER（教师）关系表，见表2-4。

表2-4 TEACHER 关系表

TeacherNumber	Name	Title	Sex	Email
A01201	赵小刚	副教授	男	A01201@ some. com
A01202	李明菲	讲师	女	A01202@ some. com
A01203	王亚周	教授	男	A01203@ some. com
A01204	吕正	副教授	男	A01204@ some. com
A01205	张迁	讲师	男	A01205@ some. com
A01206	周丽丽	教授	女	A01206@ some. com

若要从关系表中查询出职称（Title）为"教授"的教师信息，其选择条件可以定义为Title = '教授'，选择运算的结果集见表2-5。

表2-5 $\sigma_{Title='教授'}$（TEACHER）选择运算的结果集

TeacherNumber	Name	Title	Sex	Email
A01203	王亚周	教授	男	A01203@ some. com
A01206	周丽丽	教授	女	A01206@ some. com

（2）投影运算

投影运算是从关系 R 中选择出部分属性列输出一个结果集，记作式（2-6）。

$$\Pi_A(R) = \{t[A] \,|\, t \in R\} \tag{2-6}$$

式中，A 为 R 中的部分属性列。

【例2-7】在表2-4中，若需要查询出教师的联系邮箱（Email）信息，且其输出列表为 $A = \{TeacherNumber, Name, Email\}$，则投影运算的结果集见表2-6。

表2-6 $\Pi_{\{TeacherNumber, Name, Email\}}$（TEACHER）投影运算的结果集

TeacherNumber	Name	Email
A01201	赵小刚	A01201@ some. com
A01202	李明菲	A01202@ some. com
A01203	王亚周	A01203@ some. com
A01204	吕正	A01204@ some. com
A01205	张迁	A01205@ some. com
A01206	周丽丽	A01206@ some. com

（3）连接运算

关系的连接运算包括θ连接、自然连接和外连接。它们从两个关系的笛卡儿积中选取属性间满足一定条件的元组集合，然后输出结果集。

1）θ连接。θ连接运算是从 R 和 S 的笛卡儿积中选取关系 R 在 A 属性组上的值与关系 S 在 B 属性组上的值满足比较关系θ的元组集合输出，记作式（2-7）。

$$\sigma_{A\theta B}(R \times S) \tag{2-7}$$

式中，A 和 B 分别为 R 和 S 上度数相等且具有可以比较的属性组，θ为比较运算符，它包括{<，

$\leqslant$，=，>，$\geqslant$}。

【例 2-8】关系 R 的元组数据为求职人员的薪水要求信息，关系 S 的元组数据为公司招聘职位的薪水标准信息，如图 2-7 所示。现在，需要找出公司招聘职位的薪水标准满足求职人员薪水要求的候选面试人员列表。

ID	Name	Wage
0001	王平	3500
0002	刘一	3100
0003	张京	2800

a)

CompanyID	CompanyName	Salary
A0001	B_3	3200
A0002	B_2	2800
A0003	B_1	3000

b)

图 2-7　求职人员与公司招聘职位关系

a）关系 R（求职人员）　b）关系 S（公司招聘职位）

通过使用 θ 连接运算，即 $\sigma_{R.\,\text{Wage}\leqslant S.\,\text{Salary}}(R\times S)$，可以从关系 R 和关系 S 中得到所需的结果数据，其运算的结果集如图 2-8 所示。

ID	Name	Wage	CompanyID	CompanyName	Salary
0002	刘一	3100	A0001	B_3	3200
0003	张京	2800	A0001	B_3	3200
0003	张京	2800	A0002	B_2	2800
0003	张京	2800	A0003	B_1	3000

图 2-8　$\sigma_{R.\,\text{Wage}\leqslant S.\,\text{Salary}}(R\times S)$ 运算的结果集

当 θ 为 "=" 的连接运算符时，该 θ 连接运算又称为等值连接运算。它是从关系 R 与关系 S 的笛卡儿积中选取 A、B 属性值相等的那些元组构成结果集。

2）自然连接。自然连接是一种特殊的等值连接运算，它要求两个关系中进行比较的分量必须是相同的属性组，并且还要在结果集中把重复的属性列去掉，记作式（2-8）。

$$R \infty S \tag{2-8}$$

【例 2-9】关系 R 为员工元组数据集，关系 S 为部门元组数据集，如图 2-9 所示。现在需要通过关系 R 与关系 S 进行自然连接运算操作，从而获得员工部门信息关系表。

ID	Name	DepartName
0001	王平	财务
0002	刘一	生产
0003	张京	生产

a)

DepartName	Telphone
销售	3200021
财务	3200068
生产	3200073

b)

图 2-9　员工与部门关系

a）关系 R（员工）　b）关系 S（部门）

使用自然连接运算即 $R\infty S$，并在结果集中删除重复的属性列，其运算的结果集如图 2-10 所示。

θ 连接运算是从关系表的行角度进行运算的，而 ∞ 自然连接运算还消除了重复列，所以自然连接运算是同时从行和列的角度进行运算的。

3）外连接。前面提及的几个关系连接又被称为内连接，其运算操作结果集由两个关系中相匹配的元组组合而成。但在一些情况下，采用内连接关联操作的元组结果集，会丢失部分信息。

ID	Name	DepartName	Telphone
0001	王平	财务	3200068
0002	刘一	生产	3200073
0003	张京	生产	3200073

图 2-10　员工与部门关系自然连接运算的结果集

【例 2-10】关系 R 为员工地址元组数据，关系 S 为员工薪水元组数据，如图 2-11 所示。通过关系 R 与关系 S 自然连接操作得到员工地址、薪水信息关系表，如图 2-12 所示。

Name	Street	City
王平	$Addr_1$	CD
刘一	$Addr_2$	CQ
张京	$Addr_3$	GZ
赵高	$Addr_1$	CD

a)

Name	BranchName	Salary
王平	工行	6200
刘一	工行	6800
林平	交行	7400
赵高	建行	8000

b)

图 2-11　员工地址与员工薪水关系
a）关系 R（员工地址）　b）关系 S（员工薪水）

Name	Street	City	BranchName	Salary
王平	$Addr_1$	CD	工行	6200
刘一	$Addr_2$	CQ	工行	6800
赵高	$Addr_1$	CD	建行	8000

图 2-12　员工地址、薪水关系自然连接运算的结果集

从图 2-12 中不难发现，通过关系 R 与关系 S 自然连接运算操作，在所得到元组构成的新关系表中丢失了"张京"和"林平"的信息。其原因是关系 R 与关系 S 自然连接运算操作，去掉了在 Name 列中不匹配的元组数据。

外连接运算是内连接运算的扩展，它可以在内连接操作结果集的基础上，通过扩展关系中未匹配属性值的对应元组而形成最终结果集。使用外连接运算可以避免内连接运算可能带来的信息丢失。

外连接运算有 3 种形式，即左外连接、右外连接和全外连接。

① 左外连接。在左外连接运算中，针对与左侧关系不匹配的右侧关系元组，用空值（NULL）填充所有来自右侧关系的属性列，再把产生的连接元组添加到自然连接的结果集中。图 2-13 给出了例 2-10 按左外连接运算的结果集。

Name	Street	City	BranchName	Salary
王平	$Addr_1$	CD	工行	6200
刘一	$Addr_2$	CQ	工行	6800
赵高	$Addr_1$	CD	建行	8000
张京	$Addr_3$	GZ	NULL	NULL

图 2-13　员工地址、薪水的左外连接运算结果集

② 右外连接。在右外连接运算中，针对与右侧关系不匹配的左侧关系元组，用空值（NULL）填充所有来自左侧关系的属性列，再把产生的连接元组添加到自然连接的结果集中。图 2-14 给出了例 2-10 按右外连接运算的结果集。

③ 全外连接。在全外连接运算中，同时完成左外连接和右外连接运算，既使用空值（NULL）填充左侧关系中与右侧关系的不匹配元组，又使用空值填充右侧关系中与左侧关系的不匹配元组，再把产生的连接元组添加到自然连接的结果集中。图 2-15 给出了例 2-10 按全外连接运算的结果集。

Name	Street	City	BranchName	Salary
王平	Addr₁	CD	工行	6200
刘一	Addr₂	CQ	工行	6800
赵高	Addr₁	CD	建行	8000
林平	NULL	NULL	交行	7400

图 2-14 员工地址、薪水的右外连接运算结果集

Name	Street	City	BranchName	Salary
王平	Addr₁	CD	工行	6200
刘一	Addr₂	CQ	工行	6800
赵高	Addr₁	CD	建行	8000
张京	Addr₃	GZ	NULL	NULL
林平	NULL	NULL	交行	7400

图 2-15 员工地址、薪水的全外连接运算结果集

（4）除运算

在给定关系 $R(X, Y)$ 和关系 $S(Y, Z)$ 中，X、Y、Z 分别为部分属性组。R 中的 Y 与 S 中的 Y 可以有不同的属性名，但必须来自相同的域集。关系 R 与关系 S 的除运算将得到一个新的关系 $P(X)$，记为式（2-9）。

$$P(X) = R \div S = \{ t_r, [X] \mid t_r \in R \wedge \Pi_r(S) \subseteq Y_x \} \tag{2-9}$$

新关系 $P(X)$ 是 R 中满足式（2-9）条件的元组在 X 属性组上的投影；元组在 X 上分量值 x 的象集 Y_x 包含 S 在 Y 上投影的集合。

【例 2-11】关系 R、关系 S 数据如图 2-16 所示，试将它们进行除运算。

本例的关系除运算过程如下：

第 1 步：找出关系 R 和关系 S 中相同的属性，即 Y 属性和 Z 属性。在关系 S 中对 Y 属性和 Z 属性做投影，所得结果为 $\{(Y_2, Z_2), (Y_2, Z_1), (Y_3, Z_2)\}$。

X	Y	Z
X₁	Y₂	Z₂
X₂	Y₃	Z₃
X₃	Y₁	Z₄
X₁	Y₃	Z₂
X₂	Y₁	Z₂
X₁	Y₂	Z₁

a)

Y	Z	U
Y₂	Z₂	U₁
Y₂	Z₁	U₃
Y₃	Z₂	U₂

b)

图 2-16 关系 R 与关系 S
a）关系 R b）关系 S

第 2 步：被除关系 R 中与关系 S 中不相同的属性列是 X，关系 R 在属性 X 上做取消重复值的投影为 $\{X_1, X_2, X_3\}$。

第 3 步：求关系 R 中 X 属性对应的象集 Y 和 Z，根据关系 R 的数据，可以得到 X 属性各分量值的象集。

X_1 的象集为 $\{(Y_2, Z_2), (Y_3, Z_2), (Y_2, Z_1)\}$。

X_2 的象集为 $\{(Y_3, Z_3), (Y_1, Z_2)\}$。

X_3 的象集为 $\{(Y_1, Z_4)\}$。

第 4 步：判断包含关系，对比即可发现 X_2 和 X_3 的象集都不能包含关系 S 中属性 Y 和属性 Z 的所有值，所以排除掉 X_2 和 X_3；X_1 的象集包含了关系 S 中属性 Y 和属性 Z 的所有值，所以 $R \div S$ 的最终结果就是 X_1，如图 2-17 所示。

X
X₁

图 2-17 $R \div S$ 的结果

2.2.3 数据完整性约束

关系模型数据完整性是在关系数据模型中对关系数据实施的完整性约束规则，以确保关系数据的正确性和一致性。关系模型允许定义 3 种类型的数据完整性约束：实体完整性约束、参照

完整性约束和用户自定义完整性约束。其中，实体完整性约束和参照完整性约束是关系模型必须满足的完整性约束；用户自定义完整性约束是在应用领域实施的业务规则。

1. 实体完整性约束

在关系模型中，实体完整性约束是指在关系表中实施的主键取值约束，以保证关系表中的每个元组可标识。

约束规则：①每个关系表的主键属性列都不允许有空值（NULL），否则就不可能标识实体。②实体中各个实例靠主键值来标识，主键取值应该唯一，并区分关系表中的每个元组。

📖 空值是一种"未定义"或"未知"的值。空值可使用户简化不确定数据的输入。

例如，在员工关系表 EMPLOYEE(EmployeeID, Name, Department, Email)中，工号（EmployeeID）作为主键，不能取空值，并且其取值应唯一。同样，在成绩关系表 GRADE(StudentID, CourseID, Score, Note)中，(StudentID, CourseID)作为复合主键，其每个属性都不能为空，并且复合主键取值唯一。

实体完整性约束检查：①检查主键值是否唯一，如果不唯一，则拒绝插入或修改元组数据。②检查主键的各个属性是否为空，只要有一个为空就拒绝插入或更新元组数据。

【例 2-12】 在表 2-7～表 2-9 的成绩关系表中，请判断哪些表符合实体完整性约束，哪些表不符合实体完整性约束。

表 2-7　GRADE 关系表 1

StudentID	CourseID	Score	Note
202301001	A001	80	
202301002		93	
202301003	A001	78	
202301004	A001	48	
202301005	A001	86	
202301006	A001	84	

表 2-8　GRADE 关系表 2

StudentID	CourseID	Score	Note
202301001	A001	80	
202301002	A001	93	
202301001	A001	78	
202301004	A001	48	
202301005	A001	86	
202301006	A001	84	

表 2-9　GRADE 关系表 3

StudentID	CourseID	Score	Note
202301001	A001	80	
202301002	A001	93	
202301003	A001		缺考
202301004	A001	48	
202301005	A001	86	
202301006	A001	84	

在表 2-7 中，由于复合主键(StudentID, CourseID)在第 2 个元组中 CourseID 属性取值为空，因此，该关系表不满足实体完整性约束。

在表 2-8 中，由于第 1 个元组与第 3 个元组的主键取值重复，不能确定该学生课程成绩，因此，该关系表也不满足实体完整性约束。

在表 2-9 中，虽然第 3 个元组的学生成绩分数 Score 为空，但它不是主键，允许为空值，代表该生缺考。因此，该关系表满足实体完整性约束。

2. 参照完整性约束

在关系模型中，参照完整性约束是关系之间的联系需要遵守的约束，以保证关系之间关联列的数据一致性。

约束规则：若属性（或属性组）F 在关系 R 中作为外键，它与关系 S 的主键 K 相关联，则 R 中的每个元组在 F 的取值都应与关系 S 中的主键值匹配。

📖 在一种通过主键属性相关联的两个关系表中，该主键属性在一个表中作为主键，对应在另一个表中则作为外键。

例如，员工关系表 EMPLOYEE($\underline{\text{EmployeeID}}$, Name, *DepartName*, Email) 与部门关系表 DEPART-MENT($\underline{\text{DepartName}}$, TelePhone) 通过 DepartName 列进行关联。在 DEPARTMENT 关系表中，Depart-Name 属性作为主键，而在 EMPLOYEE 关系表中，DepartName 属性列作为外键。为了直观表示外键属性，通常在关系模式语句中，外键属性列名称采用斜体。

参照完整性约束检查：对存在通过主键列与外键列相关联的关系表中，无论是操作包含主键的关系表（主表）还是操作包含外键的关系表（子表）的元组数据，都应保证表之间关联列的数据一致性。下面情况会带来关联表的参照完整性问题：

1）修改主表中某元组的主键值后，子表对应的外键值未做相应改变，两表的关联列数据不一致。

2）删除主表的某元组后，子表中关联的元组未删除，致使子表中这些元组成为孤立元组。

3）在子表中插入新元组，所输入的外键值在主表的主键属性列中没有对应的值。

4）修改子表中的外键值，没有与主表的主键属性列值匹配。

因此，在关系模型中，需要根据实际应用需要，定义关联表之间的参照完整性约束规则。

【例 2-13】 在员工关系表 EMPLOYEE($\underline{\text{EmployeeID}}$, Name, *DepartName*, Email) 和部门关系表 DEPARTMENT($\underline{\text{DepartName}}$, TelePhone) 中，通过 EMPLOYEE 子表的外键（*DepartName*）参照 DEPARTMENT 主表的主键（DepartName），可实施如下约束规则：

1）在对子表进行数据操作时，外键（*DepartName*）的取值或变更必须与主键（DepartName）的列值一致。例如，当在 EMPLOYEE 中添加一个新员工元组数据时，其外键（*DepartName*）的取值必须是部门关系表 DEPARTMENT 的主键（DepartName）中已存在的值。此外，在 EMPLOYEE 中更新员工的部门信息时，外键（*DepartName*）的取值也必须是部门关系表 DEPARTMENT 的主键（DepartName）中已存在的值。

2）主表元组删除或主键值变更，子表中参照的外键值对应变更，要么取空值，要么引用主表中存在的主键值，以保持关联表数据一致。例如，删除 DEPARTMENT 主表中的一条元组，即删除一个部门名称，则子表 EMPLOYEE 中凡是外键值为该部门名称的元组也必须同时被删除，此操作被称为级联删除。如果更新 DEPARTMENT 主表中的主键值，则子表 EMPLOYEE 中相应元组的外键值也随之被更新，此操作被称为级联更新。

3. 用户自定义完整性约束

用户自定义完整性约束是指用户根据具体业务数据处理要求，对关系中属性施加的数据约束。通过在关系中自定义完整性约束，可以确保关系中的数据满足业务数据处理要求。

【例 2-14】 在表 2-10 的 GRADE 关系表中，业务要求 Score 的取值范围限定为 0～100 或空值，不允许输入其他数据值。

表 2-10　GRADE 关系表

StudentID	CourseID	Score	Note
202301001	A001	80	
202301002	A001	93	
202301003	A001	78	
202301004	A001		缓考
202301005	A001	86	
202301006	A001	84	

关系 DBMS 为用户提供了定义和检验完整性的机制，并提供统一的完整性处理功能，不需要用户额外的编程处理。关系 DBMS 可以允许用户实现如下自定义完整性约束：

1）定义域的数据类型与取值范围。

2）定义属性的数据类型与取值范围。

3）定义属性的默认值。

4）定义属性是否允许取空值。

5）定义属性取值的唯一性。

6）定义属性间的数据依赖性。

课堂讨论：本节重点与难点知识问题

1）关系模型的工作原理是什么？在国产关系数据库研发中，如何实现关系 DBMS 自主创新？

2）在关系模型中，对关系有哪些数据操作方式？

3）如何理解关系的选择运算操作、投影运算操作、连接运算操作？

4）关系之间的 θ 连接操作与自然连接操作有何区别？

5）关系之间的左外连接、右外连接、全外连接有何区别？

6）如何理解关系的实体完整性约束和参照完整性约束？

2.3 PostgreSQL 数据库关系模型应用

在第 1 章中，熟悉了 PostgreSQL 数据库管理工具软件及其数据库基本对象。本节进一步介绍 PostgreSQL 数据库的关系操作，讲解在数据库中如何创建关系表，如何定义关系表的实体完整性约束，如何实施参照完整性约束和用户自定义完整性约束。为了深刻理解关系模型原理，本节将围绕"选课管理系统"项目案例，给出在 PostgreSQL 数据库中创建关系表及其完整性约束的实践操作。

2.3.1 项目案例——选课管理系统

在大学选课管理系统中，需要对大学的开课计划、学院、课程、教师、学生、选课注册等信息进行数据管理。为实现选课管理系统的数据管理功能，首先需要创建选课管理数据库及其关系表，然后实现选课管理系统的功能逻辑，如添加、更新、查询、报表等应用程序功能。

在本项目案例中，定义选课管理数据库名称为 CurriculaDB。它主要由课程信息表（Course）、教师信息表（Teacher）、开课计划表（Plan）、学生信息表（Student）、选课注册表（Register）、学院信息表（College）组成，其表结构分别见表 2-11~表 2-16。

表 2-11 课程信息表（Course）

字 段 名 称	字 段 编 码	数 据 类 型	字 段 大 小	必 填 字 段	是 否 为 键
课程编号	CourseID	文本	4	是	主键
课程名	CourseName	文本	20	是	否
课程类别	CourseType	文本	10	否	否
学分	CourseCredit	数字	短整型	否	否
学时	CoursePeriod	数字	短整型	否	否
考核方式	TestMethod	文本	4	否	否

表 2-12　教师信息表（Teacher）

字 段 名 称	字 段 编 码	数 据 类 型	字 段 大 小	必 填 字 段	是 否 为 键
教师编号	TeacherID	文本	4	是	主键
姓名	TeacherName	文本	10	是	否
性别	TeacherGender	文本	2	否	否
职称	TeacherTitle	文本	6	否	否
所属学院	CollegeID	文本	3	否	外键
联系电话	TeacherPhone	文本	11	否	否

表 2-13　开课计划表（Plan）

字 段 名 称	字 段 编 码	数 据 类 型	字 段 大 小	必 填 字 段	是 否 为 键
开课编号	CoursePlanID	序列	长整型	是	代理键
课程编号	CourseID	文本	4	是	外键
教师编号	TeacherID	文本	4	是	外键
地点	CourseRoom	文本	30	否	否
时间	CourseTime	文本	30	否	否
备注	Note	文本	50	否	否

表 2-14　学生信息表（Student）

字 段 名 称	字 段 编 码	数 据 类 型	字 段 大 小	必 填 字 段	是 否 为 键
学号	StudentID	文本	13	是	主键
姓名	StudentName	文本	10	是	否
性别	StudentGender	文本	2	否	否
出生日期	BirthDay	日期	短日期	否	否
专业	Major	文本	30	否	否
手机号	StudentPhone	文本	11	否	否

表 2-15　选课注册表（Register）

字 段 名 称	字 段 编 码	数 据 类 型	字 段 大 小	必 填 字 段	是 否 为 键
注册编号	CourseRegID	序列	长整型	是	代理键
开课编号	CoursePlanID	数字	长整型	是	外键
学号	StudentID	文本	13	是	外键

表 2-16　学院信息表（College）

字 段 名 称	字 段 编 码	数 据 类 型	字 段 大 小	必 填 字 段	是 否 为 键
学院编号	CollegeID	文本	3	是	主键
学院名称	CollegeName	文本	40	是	否
学院介绍	CollegeIntro	文本	200	否	否
学院电话	CollegeTel	文本	30	否	否

表 2-11~表 2-16 中，定义了各关系表的结构组成，包括属性列的字段名称、字段编码、数据类型、是否必填（是否允许空值），以及是否为键。此外，它们也定义了一些表中属性列为外键，从而建立相关表之间的联系。表 2-13 和表 2-15 还定义了专门的代理键作为该表的主键。

📖 代理键指附加到关系表上作为主键的数值列，通常由 DBMS 自动提供唯一的数值。

为什么需要代理键呢？由第 1 章可知，每个关系表必须从其属性中选出一个列或若干个列作为主键。理想的主键是单列，并且其取值为简单的数值类型。但一些关系表只能使用由多个列组合而成的复合键。在表 2-13 中，若没有使用代理键，就必须使用由课程编号、教师编号、时间组成的复合主键。在数据库中，通过复合主键访问关系表的方案不是理想的方案。为了简化数据库表访问操作和提高处理性能，通常用代理键替代复合主键。代理键取值为自动增量的数字序列，由 DBMS 提供。在 PostgreSQL 数据库中，需要将代理键定义为 Serial 数据类型。例如，在开课计划表（Plan）中 CoursePlanID 代理键列设置为 Serial（序列）类型。此后，PostgreSQL 的 DBMS 就会在 Plan 表中插入第 1 行元组时，将 CoursePlanID 值置为 1，在插入第 2 行元组时，将 CoursePlanID 值置为 2，依次类推。

2.3.2　关系数据库创建

在开发选课管理系统时，使用 PostgreSQL 数据库软件创建一个关系数据库，并使用该数据库组织与管理数据。首先，使用数据库管理工具 pgAdmin 4 连接到 PostgreSQL 数据库服务器。然后，在 pgAdmin 4 主界面的左边列表窗口目录树中，选取"Databases"节点，单击右键菜单栏中的"Object→Create→Database"菜单命令，进入数据库创建对话框，如图 2-18 所示。

图 2-18　数据库创建对话框

在数据库创建对话框中，输入新建数据库名称（Database）"CurriculaDB"，以及数据库备注（Comment）等信息，其他参数暂且采用默认值。在单击"Save"按钮后，该工具完成数据库的创建，并将新建的数据库显示在目录树中，如图 2-19 所示。

在以上数据库创建中，除数据库名称参数外，其他参数均采用模板默认值。在实际应用中，可根据需求具体设定各个参数值。

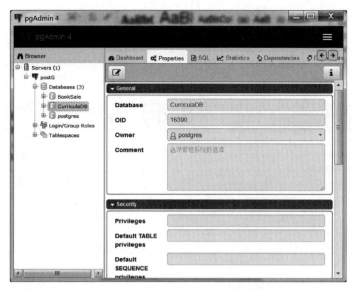

图 2-19　数据库 CurriculaDB 创建结果

2.3.3　关系表创建

在创建选课管理系统数据库 CurriculaDB 后，接下来要在该数据库中创建各个关系表。这里以创建学院信息表（College）为例，介绍 pgAdmin 4 数据库管理工具创建关系表的具体方法。

在 pgAdmin 4 数据库管理工具的主界面左边列表窗口目录树中，进入 schema 节点的 public 目录，先选取 "Table" 节点，然后单击右键菜单栏中的 "Object→Create→Table" 菜单命令，进入数据库表创建对话框。

在数据库表创建对话框中，填写表名称（Name），如图 2-20 所示，并切换标签页定义列属性，如列名（Name）、数据类型（Data type）、是否允许空值（Not NULL?）、是否为主键（Primary key?）等属性，具体如图 2-21 所示。

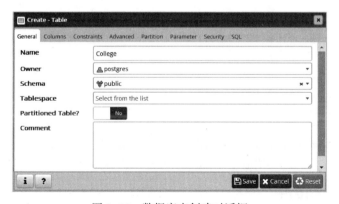

图 2-20　数据库表创建对话框

当表结构的列属性定义结束后，单击 "Save" 按钮，College 表创建完成，并出现在左边 Table 节点的目录中。类似地，在 pgAdmin 4 工具中，采用 GUI 操作方式，可以成功创建其他表。当选课管理系统数据库 CurriculaDB 的所有表都创建后，在 Schemas 的 Tables 目录中可以看到这些表，如图 2-22 所示。

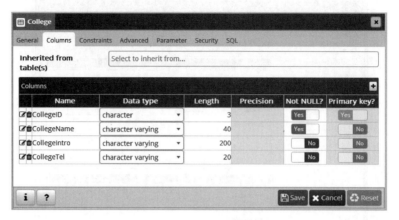

图 2-21　College 表的列属性定义

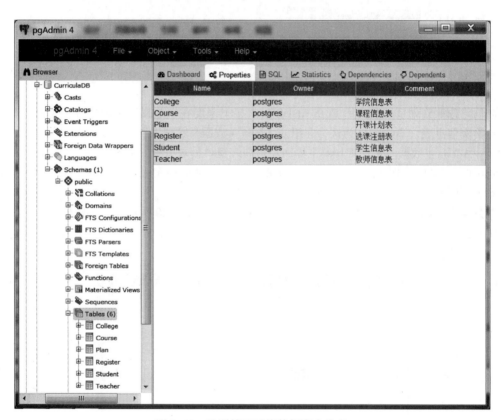

图 2-22　选课管理系统数据库中的表

2.3.4　实体完整性应用

在 PostgreSQL 数据库中创建关系表时，除了定义表结构的列属性外，还需要定义实体完整性约束，以确保关系表中数据的正确性。具体来讲，就是在定义各表主键或代理键时，实施实体完整性约束。例如，在定义学生信息表（Student）的主键列 StudentID 时，首先限定该列为非空，即主键列不允许空值（"Not NULL？"选择"Yes"），如图 2-23 所示。

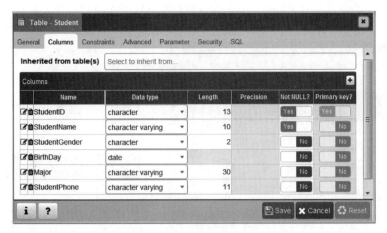

图 2-23　Student 表主键列非空约束定义

同时，还需要对该主键列 StudentID 建立唯一性"索引"约束（"Unique?"选择"Yes"），如图 2-24 所示。这样可确保主键取值唯一，从而实现本表数据遵从实体完整性约束。

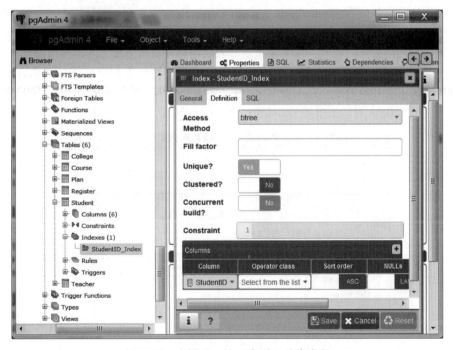

图 2-24　主键唯一性"索引"约束定义

在定义开课计划表（Plan）时，需要定义一个代理键 CoursePlanID 来替代复合主键（CourseID，TeacherID，CourseTime）作为 Plan 表的主键。其实体完整性约束定义界面如图 2-25 和图 2-26 所示。

代理键定义方法：在本表中，通过增加一个 CoursePlanID 属性列，数据类型为 Serial 类型，并定义它为主键，同时还需要对该代理键列创建唯一性"索引"。与此类似，在选课注册表（Register）中，使用同样的方法定义该表的代理键。

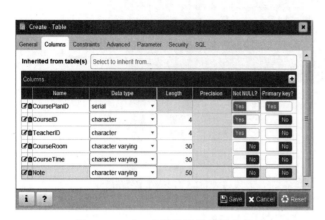

图 2-25　Plan 表结构及代理键定义　　　　　图 2-26　Plan 表代理键唯一性"索引"定义

2.3.5　参照完整性应用

在选课管理系统数据库 CurriculaDB 中，课程信息表（Course）、教师信息表（Teacher）、开课计划表（Plan）、学生信息表（Student）、选课注册表（Register）、学院信息表（College）之间存在主键与外键的关联。因此，需要定义这些表之间的外键与主键之间的参照完整性约束。例如，Teacher 表与 College 表存在关联，它们之间的参照完整性约束如下：在定义 Teacher 表的结构时，需要定义一个外键约束（Foreign Key）——Teacher_FK，该约束将本表的 CollegeID 列定义为外键，并参照 College 表的主键列 CollegeID。在 pgAdmin 中，操作界面如图 2-27 所示。

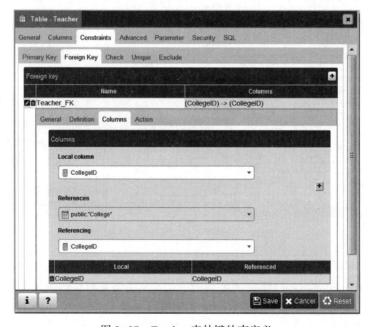

图 2-27　Teacher 表外键约束定义

同时，还需要定义该外键约束的相关操作规则。例如，College 表修改 CollegeID 主键值，需要同时级联（CASCADE）修改 Teacher 表中 CollegeID 外键列值。当 College 表删除某主键值时，若 Teacher 表中有对应数据，则需要限制（RESTRICT）删除，即不允许直接删除 College 表的该主键值。除非在 Teacher 表中先删除该学院所有教师，才允许在 College 表中删除该学院数据。在 pgAdmin 中，操作界面如图 2-28 所示。

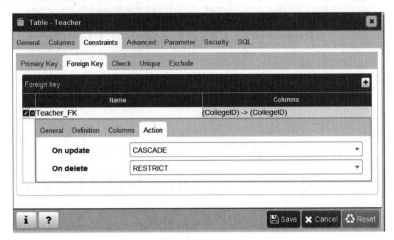

图 2-28　参照完整性约束定义

通过在 Teacher 表与 College 表之间建立参照完整性约束，可以实现如下业务规则：

1）Teacher 表中的所属学院编号 CollegeID 应与 College 表中的学院编号 CollegeID 保持一致。

2）当修改 College 表的某学院编号 CollegeID 时，级联修改 Teacher 表中的该学院编号 CollegeID。

3）当某学院还有教师时，不允许直接删除该学院信息。

类似地，可以建立选课管理系统数据库的其他表之间的参照完整性约束。当这些表间的联系都建立完后，表之间的关联结构如图 2-29 所示。

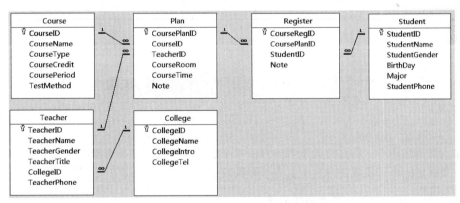

图 2-29　选课管理系统数据库中表的关联结构

2.3.6　自定义完整性应用

在创建关系表时，用户可根据应用业务需求，创建用户自定义完整性约束。例如，教务管理制度规定课程学分最少为1，最多为5。这可在 Course 表的 CourseCredit 列上实施用户自定义完整性的列值有效性检查（Check）约束。具体可以定义其检查规则约束“"CourseCredit" >= 1 AND "CourseCredit" <= 5”，如图 2-30 所示。

图 2-30 列值的有效性规则设置

此外，若教务规定课程考核默认为"闭卷考试"。在 Course 表中，可为列 TestMethod 设置默认值（Default Value）为"'闭卷考试'"，其操作界面如图 2-31 所示。

图 2-31 列值的默认值设置

总之，在数据库中，通过对关系表的列值唯一性、取值范围、是否允许空值、默认值等参数进行自定义设置，可以实现用户自定义完整性约束。

课堂讨论：本节重点与难点知识问题

1）在数据库系统开发中，如何发挥"大国工匠精神"？

2）如何使用 pgAdmin 4 数据库管理工具，在数据库中创建关系表？

3）在 PostgreSQL 数据库系统中，如何组织数据库的对象？

4）在 pgAdmin 4 数据库管理工具中，如何定义表的主键、代理键与外键？

5）在 pgAdmin 4 数据库管理工具中，如何定义表的实体完整性约束、参照完整性约束？

6）在 pgAdmin 4 数据库管理工具中，如何定义用户自定义完整性约束？

2.4　思考与练习

1. 单选题

1）在关系表中，下面哪项不是关系特征？（　　　）
　　A. 表中行顺序可任意　　　　　　　　B. 表中列顺序可任意
　　C. 表中单元格可存放多个值　　　　　D. 表中不允许有重复行

2）在关系模型中，关系表的复合键可由（　　　）组成。
　　A. 至多一个属性　　　　　　　　　　B. 多个属性
　　C. 一个或多个属性　　　　　　　　　D. 候选键

3）下面哪项不是主键的作用？（　　　）
　　A. 标识关系表中的不同元组　　　　　B. 作为表之间的关联属性列
　　C. 可通过主键列的索引快速检索行数据　D. 标识关系表中的不同列

4）在关系表的实体完整性约束中，不允许主键列值出现下面哪种情况？（　　　）
　　A. 空值　　　　　　　　　　　　　　B. 取值唯一
　　C. 数字值　　　　　　　　　　　　　D. 字符串

5）参照完整性是用来确保关系之间关联列（　　　）的。
　　A. 数据完整性　　　　　　　　　　　B. 数据一致性
　　C. 数据正确性　　　　　　　　　　　D. 以上都不是

2. 判断题

1）每个关系是一个二维表，但二维表不一定是关系。（　　　）

2）关系中的复合主键至少包含两个属性。（　　　）

3）代理键是为了唯一标识关系的不同元组，需要在表单或报表中显示出来。（　　　）

4）常用的关系查询操作包括选择、投影、连接、并、交等。（　　　）

5）实体完整性指关系表的属性组成必须是完整的。（　　　）

3. 填空题

1）关系的外连接形式有左连接、右连接和_____。

2）关系模型与其他数据模型一样，也是由数据结构、操作方式和_____3 个部分组成的。

3）在一个关系中，可能有多个键存在，每个键都被称为_____。

4）关系模型的完整性类型包括实体完整性、参照完整性和_____。

5）在关联的两个关系中，在一个关系中作为主键的属性列，在另一个关系中则作为_____。

4. 简答题

1）什么是关系？它有哪些主要特征？

2）主键与候选键是什么关系？在数据库中，主键有什么用途？

3）在什么情况下使用代理键？它是如何获得键值的？

4）如何定义空值？在什么情况下，可以使用空值？

5）数据库基础理论研究对促进国产数据库软件技术发展有何作用？

5. 应用题

1）关系 R 和关系 S 的数据表如图 2-32 所示。请分别计算如下关系代数表达式：① $R \times S$；② $R \div S$；③ $R \infty S$；④ $\sigma_{R.B=S.B \wedge R.C=S.C}(R \times S)$。

A	B	C
A_2	B_1	C_2
A_1	B_3	C_1
A_2	B_2	C_1
A_2	B_3	C_3
A_3	B_1	C_2

a)

B	C	D
B_1	C_2	D_3
B_2	C_1	D_1
B_3	C_3	D_3

b)

图 2-32　关系 R 和关系 S

a）关系 R　b）关系 S

2）在图书借阅管理系统中，读者信息表（READER）、图书信息表（BOOK）、借阅记录表（LOAN）的关系模式定义如下：

READER(PerID, Name, Age, TelePhone)

BOOK(ISBN, Title, Authors, Publisher)

LOAN(PerID, ISBN, Date, Type, Note)

给出实现如下信息查询的关系运算表达式：

1）查找馆内出版社（Publisher）为"机械工业出版社"的图书清单。

2）查找日期（Date）为 2024-03-06 读者借还了哪些图书？

3）查找年龄（Age）在 20 岁以下读者所借图书目录。

6. 实践题

采用 PostgreSQL 数据库软件，实现一个图书借阅管理系统数据库 BookDB，该数据库包含部门信息表（DEPARTMENT）、读者信息表（READER）、图书信息表（BOOK）、借阅记录表（LOAN），其表结构定义见表 2-17~表 2-20。

表 2-17　部门信息表（DEPARTMENT）

字 段 名 称	字 段 编 码	数 据 类 型	字 段 大 小	必 填 字 段	是 否 为 键
部门编号	DeptID	文本	3	是	主键
部门名称	DeptName	文本	30	是	否
部门电话	DeptTel	文本	20	否	否
部门负责人	DeptManager	文本	10	否	否

表 2-18　读者信息表（READER）

字 段 名 称	字 段 编 码	数 据 类 型	字 段 大 小	必 填 字 段	是 否 为 键
读者编号	ReaderID	文本	5	是	主键
读者姓名	ReaderName	文本	10	是	否
性别	Gender	文本	2	否	否
出生日期	BirthDay	日期		否	否
所在部门	DeptID	文本	3	否	外键
联系电话	Phone	文本	11	否	否

表 2-19　图书信息表（BOOK）

字 段 名 称	字 段 编 码	数 据 类 型	字 段 大 小	必 填 字 段	是 否 为 键
图书编号	BookID	序列		是	代理键
ISBN 编号	ISBN	文本	16	是	否
图书名称	BookName	文本	30	是	否
图书简介	BookIntr	文本	250	否	否
图书类型	BookType	文本	30	否	否
作者	Authors	文本	30	否	否
售价	Price	货币		否	否
出版社	Publisher	文本	30	否	否
出版日期	PubliDate	日期		否	否

表 2-20　借阅记录表（LOAN）

字 段 名 称	字 段 编 码	数 据 类 型	字 段 大 小	必 填 字 段	是 否 为 键
记录流水	RecordID	序列		是	代理键
读者编号	ReaderID	文本	5	是	外键
图书编号	BookID	长整型		是	外键
借还类别	OperType	文本	4	是	否
借还日期	OperDate	日期		否	否
备注	Note	文本	100	否	否

使用 PostgreSQL 数据库软件工具的 GUI 操作方式完成下述实践操作：

1）创建数据库及其关系表。

2）定义实体完整性约束、参照完整性约束和用户自定义完整性约束。

3）定义表间数据级联操作。

4）为数据库的关系表输入基本数据。

第3章
数据库 SQL 操作语言

访问操作任何数据库都需要有专门的操作语言。所有关系数据库系统均支持结构化查询语言（Structured Query Language，SQL）。SQL 是一种针对关系数据库操作的国际标准语言，它包括数据定义、数据操纵、数据查询、数据控制等操作类型语句。只有掌握了 SQL 语言，才能有效地访问操作关系数据库。本章将介绍 SQL 特点、语句类型和数据类型，并描述各类 SQL 语句的使用方法。

本章学习目标如下：

1）了解 SQL 特点、语句类型和数据类型。

2）掌握数据库对象（如数据库、数据库表、索引等）的 SQL 语句创建与维护方法。

3）掌握数据库表插入数据、删除数据、更新数据的 SQL 操作方法。

4）掌握数据库表的 SQL 查询方法及编程应用。

5）掌握数据库视图的 SQL 语句创建与应用方法。

6）掌握数据库对象访问权限的 SQL 语句控制与管理方法。

3.1 SQL 语言概述

SQL 是一种针对关系数据库的数据操作语言，它允许用户对关系数据库进行数据操作处理。在使用 SQL 语句操作数据库时，用户无须指定数据存取方法，也不需要了解具体的数据存储方式，用户仅仅使用简单的 SQL 语句即可完成数据库的操作访问。此外，SQL 语句还可以嵌套在许多程序设计编程语言中，实现应用程序对数据库的操作访问功能，从而实现灵活、强大的数据处理功能。

3.1.1 SQL 语言标准

20 世纪 70 年代，IBM 公司在研制数据库产品 System R 的过程中，开发出一种 Sequel 语言，用于关系数据库的操作。1980 年，IBM 公司将其改名为 SQL。1986 年，该语言被美国国家标准学会（ANSI）进行规范化处理，被制定为关系数据库的操作语言标准，命名为 ANSI X3.135-1986。1987 年，它又被国际标准化组织（International Organization for Standardization，ISO）采纳，成为关系数据库操作语言的国际标准。

此后，国际标准化组织对 SQL 标准一直进行修订与完善，陆续推出 SQL-89、SQL-92、SQL:1999、SQL:2003、SQL:2006、SQL:2008、SQL:2011、SQL:2016 等版本。正是由于 SQL 的标准化，所有关系数据库系统都支持 SQL。SQL 已经发展成为跨不同关系数据库平台，进行数据操作访问的标准语言。

3.1.2　SQL 语言特点

SQL 是关系数据库操作访问的标准语言，适用于各类关系数据库的操作。它具有如下特点：

1）一体化操作。SQL 语句集可以完成关系数据库中的所有操作，包括数据定义、数据操纵、数据查询、数据库控制、数据库管理等。

2）使用方式灵活。SQL 语句既可以用命令行交互方式操作数据库，也可以嵌入高级程序设计语言（如 C、C++、Java、Python、VB、PB 等）中编程操作数据库。

3）非过程化。不像程序设计语言的过程操作，SQL 语句对数据库的操作直接将操作命令提交 DBMS 执行。SQL 语句只需要告诉 DBMS"做什么"，而不需要告诉它"怎么做"。

4）语言语法简单。SQL 语言的操作语句不多，其语句命令的语法也较简单。语句命令接近英语，用户容易理解与使用。

3.1.3　SQL 语句类型

使用 SQL，用户可以对关系数据库进行各类操作。SQL 语言由数据定义、数据操纵、数据查询、数据控制、事务处理和游标控制等类型语言组成。

（1）数据定义语言

数据定义语言（Data Definition Language，DDL）类型语句用于创建与维护数据库对象，如数据库、数据库表、视图、索引、触发器、存储过程等。该类语句包括创建对象、修改对象和删除对象等语句。例如，在数据库中创建新表或删除表（CREATE TABLE 或 DROP TABLE）、创建或删除索引（CREATE INDEX 或 DROP INDEX）。

（2）数据操纵语言

数据操纵语言（Data Manipulation Language，DML）类型语句用于对数据库中的数据表或视图进行数据插入、数据删除、数据更新等处理。例如，使用 INSERT、UPDATE 和 DELETE 语句，分别在数据表中添加、更新或删除数据行。

（3）数据查询语言

数据查询语言（Data Query Language，DQL）类型语句用于从数据库表中查询或统计数据，但该语句不会改变数据库中的数据。例如，使用 SELECT 语句可从数据库表中查询数据。

（4）数据控制语言

数据控制语言（Data Control Language，DCL）类型语句用于对数据库对象的访问权限控制。例如，使用 GRANT 语句授权用户或角色对指定数据库对象的访问权限。

（5）事务处理语言

事务处理语言（Transaction Process Language，TPL）类型语句用于数据库事务的编程处理。例如，使用 BEGIN TRANSACTION、COMMIT 和 ROLLBACK 语句控制事务开始、事务提交、事务回退等处理。

（6）游标控制语言

游标控制语言（Cursor Control Language，CCL）类型语句用于数据库游标结构的使用。例如，DECLARE CURSOR、FETCH INTO 和 CLOSE CURSOR 用于数据库游标对象声明、提取游标所指向的缓冲区数据、关闭游标对象等。

本章只介绍前 3 类 SQL 语句，后 3 类 SQL 语句分别在第 5 章、第 6 章中介绍。

3.1.4　SQL 数据类型

在定义关系数据库表结构时，需要指定关系表中各个属性列的取值数据类型。SQL 支持如下几种基本数据类型。

（1）字符串型 varchar(n)、char(n)

字符串型为若干字符编码构成的字节数据。参数 n 定义字符串的字节长度。如果长度为零，则该字符串被称为空字符串。varchar(n)型是可变长度字符串，char(n)为固定长度字符串。varchar(n)型字段的一个特点是它可以比 char(n)型字段占用更少的内存和硬盘空间，但其检索速度不如 char(n)型字段快。

（2）整数型 int、smallint

整数型为整数数值。int 为整数类型，其值范围与 CPU 字长有关，CPU 字长为 16 位时，其 int 整数范围为−32768~32767；smallint 为小整数，通常为 8 位，表示范围为−128~127。

（3）定点数型 numeric(p,d)

numeric(p,d)为定点数，p 为定点数的总位数，d 为定点数的小数位数。该数据类型可以表示带小数的数值。

（4）浮点数型 real、double(n,d)

real 为单精度浮点数，double(n,d)为双精度浮点数。

（5）货币型 money

money 为货币数据类型，专门用于货币数据表示。

（6）逻辑型 bit

bit 型只能取两个值（0 或 1），用于表示逻辑"真"和"假"。

（7）日期型 date

date 用于表示日期数据的年/月/日。

关系 DBMS 除了支持基本 SQL 数据类型外，还支持一些扩展的数据类型。例如，PostgreSQL 数据库软件支持的主要数据类型见表 3-1。

表 3-1　PostgreSQL 数据库软件支持的主要数据类型

数 据 类 型	说　　明
smallint	小范围整数，2 字节，−32768~32767
integer	常用范围整数，4 字节，−2147483648~2147483647
bigint	大范围整数，8 字节，−9223372036854775808~9223372036854775807
decimal	带小数变长定点数，小数点前 131072 位，小数点后 16383 位
numeric	带小数变长定点数，小数点前 131072 位，小数点后 16383 位
real	单精度浮点数，4 字节
double precision	双精度浮点数，8 字节
smallserial	2 字节自增序列整数，1~32767
serial	4 字节自增序列整数，1~2147483647
bigserial	8 字节自增序列整数，1~9223372036854775807
money	货币数据，−92233720368547758.08~92233720368547758.07
character varying(n)	可变长度字符串，长度最大为 n
character(n)	固定长度字符串，长度最大为 n
date	日期数据，用于表示日期

（续）

数据类型	说　明
boolean	布尔逻辑数据，用于表示逻辑"真""假"
time	时间数据，用于表示 1 日内的时间值
timestamp	时间戳数据，带日期、时间的数据
其他数据类型	还支持"二进制数据""枚举数据""几何数据""网络地址数据""位串数据""文本搜索数据""UUID 数据""XML 数据""JSON 数据""Arrays 数据""复合数据""范围数据""对象标识符数据"等复杂数据类型

课堂讨论：本节重点与难点知识问题

1）SQL 是一种什么类型语言？它与 Java 语言有什么区别？

2）SQL 有哪些类型语句，每类语句可完成什么操作处理？

3）DBMS 内部如何执行 SQL 语句？

4）PostgreSQL 数据库软件除支持 SQL 固有数据类型外，还支持哪些数据类型？

5）在 PostgreSQL 数据库软件中，如何自定义对象数据类型？

6）PostgreSQL 数据库软件在哪些方面拓展了 SQL 功能？

3.2　数据定义 SQL 语句

在 SQL 中，数据定义语言（DDL）是一类用于创建与维护数据库对象（如数据库、数据库表、索引、视图、触发器、存储过程等）的 SQL 语句类型。DDL 语句分为 CREATE、ALTER 与 DROP 这 3 类语句，它们分别完成数据库对象的创建、修改、删除等操作处理。学习者要掌握数据库对象的 SQL 编程（如创建、修改、删除等）操作处理，则需要理解各个 DDL 语句的使用。

3.2.1　数据库对象定义

在数据库系统中，最大的数据库对象就是数据库本身。SQL 提供了数据库对象的创建与维护语句，包括数据库创建、数据库修改、数据库删除等。以下分别对这些语句进行说明：

1. 数据库创建 SQL 语句

基本语句格式为：

```
CREATE DATABASE  <数据库名>;
```

其中，CREATE DATABASE 为创建数据库语句的关键词，<数据库名>为被创建数据库的标识符名称。

【例 3-1】在 PostgreSQL DBMS 中，创建一个名称为"hr"的人事管理数据库。可在 PostgreSQL 数据库管理器工具中，执行如下数据库创建 SQL 语句：

```
CREATE  DATABASE hr;
```

其数据库创建 SQL 语句与执行结果界面如图 3-1 所示。

上面执行的数据库创建 SQL 语句为基本格式语句，它是按 DBMS 默认设置参数来创建数据库 hr 的。若用户需要在数据库创建时自己定义参数，可使用完整格式的数据库创建 SQL 语句，其 SQL 格式如下：

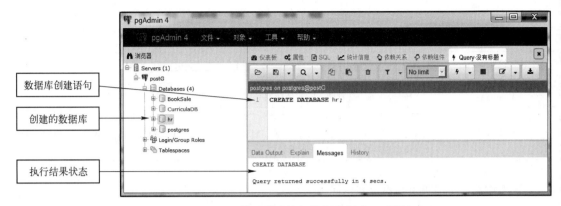

图 3-1   pgAdmin 管理器中执行数据库创建 SQL 语句

```
CREATE DATABASE name
   [ [ WITH ] [ OWNER [=] user_name ]        指定数据库用户
      [ TEMPLATE [=] template ]              指定数据库模板
      [ ENCODING [=] encoding ]              指定数据库使用的字符集编码
      [ LC_COLLATE [=] lc_collate ]          指定数据库的字符排序规则
      [ LC_CTYPE [=] lc_ctype ]              指定数据库的字符分类规则
      [ TABLESPACE [=] tablespace_name ]     指定数据库使用的表空间
      [ CONNECTION LIMIT [=] connlimit ] ]   指定数据库的并发连接数
```

当创建数据库的 SQL 语句中带有相应参数时，DBMS 将按照该参数要求创建数据库。否则，DBMS 将按照默认的模板数据库参数创建新数据库。

【例 3-2】在 PostgreSQL DBMS 中，创建一个图书借阅管理数据库 BookDB。假定该数据库的用户名为 BookApp，使用表空间 BookTabSpace。其数据库创建 SQL 语句与执行结果界面如图 3-2 所示。

图 3-2   使用带自定义参数的数据库创建 SQL 语句

2. 数据库修改 SQL 语句

使用 ALTER DATABASE 语句，可以修改数据库的属性。数据库修改语句包括更改数据库配置参数、数据库名称、数据库所有者、数据库默认表空间等。数据库修改 SQL 语句格式为：

```
ALTER DATABASE <数据库名> [ [ WITH ] option [...] ];
```

主要的属性修改语句如下。

```
ALTER DATABASE <数据库名> CONNECTION LIMIT connlimit;
ALTER DATABASE <数据库名> RENAME TO  <新数据库名>;
ALTER DATABASE <数据库名> OWNER TO   <新拥有者>;
ALTER DATABASE <数据库名> SET TABLESPACE  <新表空间名>;
ALTER DATABASE <数据库名> SET 配置参数 { TO | = } { value |DEFAULT };
ALTER DATABASE <数据库名> SET 配置参数 FROM CURRENT;
ALTER DATABASE <数据库名> RESET 配置参数;
ALTER DATABASE <数据库名> RESET ALL;
```

【例 3-3】将数据库 demoDB 换名为 MyDemoDB，其 SQL 操作语句为：

```
ALTER  DATABASE  demoDB  RENAME TO  <MyDemoDB>;
```

3. 数据库删除 SQL 语句

基本语句格式为：

```
DROP DATABASE <数据库名>;
```

其中，DROP DATABASE 为语句命令关键词，<数据库名>为服务器中已存在的数据库名称。此语句执行后，该数据库从数据库服务器中被删除。

【例 3-4】删除样本数据库 demoDB，其操作语句为：

```
DROP DATABASE demoDB;
```

📖 DROP DATABASE 语句不能用在存储过程、触发器、事务处理程序中。

3.2.2　数据库表对象定义

数据库表是数据库中最基本的数据存储对象。在 SQL 中，使用 DDL 语句可完成数据库表创建、表修改、表删除等操作。

1. 数据库表创建 SQL 语句

基本语句格式为：

```
CREATE TABLE  <表名>
 ( <列名 1>  <数据类型>  [列完整性约束],
   <列名 2>  <数据类型>  [列完整性约束],
   <列名 3>  <数据类型>  [列完整性约束],
   …
 );
```

其中，CREATE TABLE 为创建表语句的关键词，<表名>为将被创建的数据库表名称。一个数据库中不允许有同名的数据表。在一个表中，可以定义多个列，但不允许有两个属性列同名。针对表中每个属性列，都需要指定其取值的数据类型。在定义属性列时，有时还需要给出该列的完整性约束。

【例 3-5】在 2.3 节的选课管理系统数据库中，需要创建学生信息表（Student），其创建 SQL 语句如下：

```
CREATE  TABLE  Student
( StudentID     char(13)      PRIMARY  KEY,
  StudentName   varchar(10)   NOT  NULL,
  StudentGender char(2)       NULL,
```

```
    BirthDay              date              NULL,
    Majorvar              char(30)          NULL,
    StudentPhone          char(11)          NULL
);
```

在该表中，StudentID 列作为主键，由列约束关键词 PRIMARY KEY 定义。StudentName 列不允许空值，即必须有学生姓名数据。表中其他列可以为空值，由列约束关键词 NULL 定义。当列约束未给出时，默认该列允许空值。主键列默认必须有值，不允许为空。

在 PostgreSQL 数据库管理工具中，通过执行上述 SQL 语句，可以创建学生信息表，其运行结果界面如图 3-3 所示。

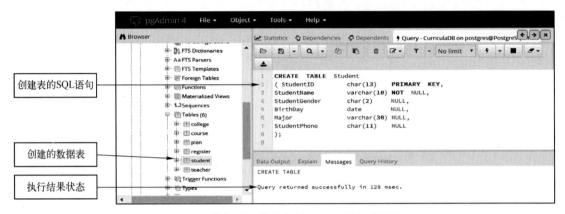

图 3-3　执行学生信息表创建 SQL 语句及结果

（1）列约束关键词

上面执行的数据表创建 SQL 语句，使用了基本的列约束 PRIMARY KEY、NOT NULL 和 NULL 关键词。除了这些基本列约束外，还可根据实际应用需要，使用 UNIQUE、CHECK、DEFAULT 等关键词分别约束列取值的唯一性、值范围和默认值。以下实例将使用这些关键词定义课程信息表（Course）的列约束。

【例 3-6】在 2.3 节的选课管理系统数据库中，需要创建课程信息表（Course），其创建 SQL 语句如下：

```
CREATE  TABLE  Course
( CourseID     char(4)          PRIMARY  Key,
  CourseName   varchar(20)      NOT  NULL  UNIQUE,
  CourseType   varchar(10)      NULL  CHECK(CourseType IN('基础课','专业','选修')),
  CourseCredit smallint         NULL,
  CoursePeriod smallint         NULL,
  TestMethod   char(10)         NOT  NULL  DEFAULT '闭卷考试'
);
```

在 PostgreSQL 数据库管理工具中，通过执行上述 SQL 语句，可以创建课程信息表，其运行结果界面如图 3-4 所示。

在创建课程信息表的过程中，使用关键词 UNIQUE 定义 CourseName 列取值唯一约束，使用 CHECK 关键词定义 CourseType 列取值范围为"基础课""专业""选修"，使用 DEFAULT 关键词定义 TestMethod 列的默认值为"闭卷考试"。

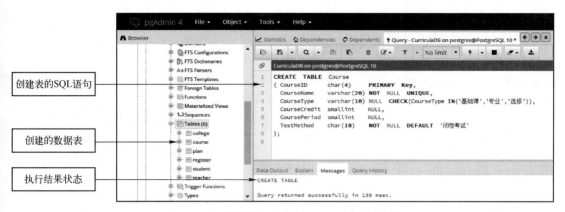

图 3-4 执行课程信息表创建 SQL 语句及结果

（2）表约束关键词

在前面的数据库表创建语句中，使用列约束关键词 PRIMARY KEY 定义表的主键列。这种方式只能定义单个列作为主键，若要定义由多个列构成的复合主键，则需要使用表约束方式。这可以通过在创建表的 SQL 语句中，加入 CONSTRAINT 关键词来标识表约束，并定义复合主键。

【例 3-7】在 2.3 节的选课管理系统数据库中，需要创建开课计划表（Plan），其创建 SQL 语句如下：

```
CREATE  TABLE  Plan
( CourseID        char(4)              NOT  NULL,
  TeacherID       char(4)              NOT  NULL,
  CourseRoom      varchar(30),
  CourseTime      varchar(30),
  Note            varchar(50),
  CONSTRAINT      CoursePlan_PK        PRIMARY Key(CourseID,TeacherID)
);
```

在 PostgreSQL 数据库管理工具中，通过执行上述 SQL 语句，可以创建开课计划表，其运行结果界面如图 3-5 所示。

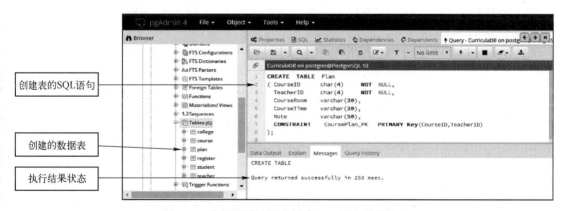

图 3-5 执行开课计划表创建 SQL 语句及结果 1

在使用表约束方式定义主键时，可以赋予约束名称，以便对约束进行标识。通常使用"_PK"作为主键约束名称后缀，如在本例中主键约束名称为 CoursePlan_PK，该约束定义（CourseID，

TeacherID)复合键作为 Plan 表的主键。

（3）表约束定义代理键

在数据库应用的一些情况下，使用代理键来替代复合主键，可以方便地对主键进行操作和提高处理性能。在 PostgreSQL 数据库管理工具中，可以使用表约束 CONSTRAINT 和自动递增序列数据类型 Serial 来定义代理键，同时自动在该表所在 Schema 中创建一个名为 tableName_columnName_seq 的序列，该序列为代理键提供值。不同 DBMS 定义代理键的方式有所不同，具体需参考该 DBMS 产品的技术文献。

【例3-8】在创建开课计划表（Plan）时，若定义代理键 CoursePlanID 为主键，其创建 SQL 语句如下：

```
CREATE    TABLE    Plan
( CoursePlanID    serial              NOT   NULL,
  CourseID        char(4)             NOT   NULL,
  TeacherID       char(4)             NOT   NULL,
  CourseRoom      varchar(30),
  CourseTime      varchar(30),
  Note            varchar(50),
  CONSTRAINT      CoursePlan_PK       PRIMARY Key(CoursePlanID)
);
```

在 PostgreSQL 数据库管理工具中，通过执行上述 SQL 语句，可以创建开课计划表，其运行结果界面如图 3-6 所示。

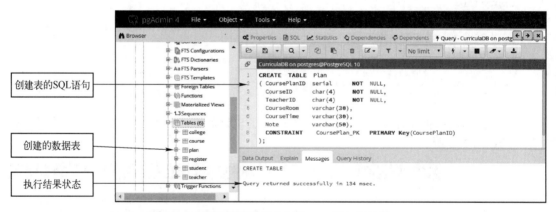

图 3-6　执行开课计划表创建 SQL 语句及结果 2

在图 3-6 所示的开课计划表创建 SQL 语句中使用代理键 CoursePlanID 取代原复合键（CourseID,TeacherID）作为主键。其中，CoursePlanID 列的数据类型设置为 serial，同时系统自动生成 plan_courseplanid_seq 序列为代理键列 CoursePlanID 提供值。

（4）表约束定义外键

在 SQL 数据定义语句中，通过表约束 CONSTRAINT 关键词，不但可以定义表的主键，也可以定义表中的外键。在执行 SQL 表创建语句时，也可以建立该表与其关联表的参照完整性约束，即约束本表中的外键列取值参照关联表的主键列值。

【例3-9】在 2.3 节的选课管理系统数据库中，创建选课注册表（Register），需要定义本表外键列，并参照其关联表的主键列，其创建 SQL 语句如下：

```
CREATE  TABLE  Register
( CourseRegID          serial              NOT  NULL,
  CoursePlanID         int                 NOT  NULL,
  StudentID            char(13),
  Note                 varchar(30),
  CONSTRAINT           CourseRegID_PK      PRIMARY Key(CourseRegID),
  CONSTRAINT           CoursePlanID_FK     FOREIGN Key(CoursePlanID)
     REFERENCES      Plan(CoursePlanID)   ON DELETE CASCADE,
  CONSTRAINT           StudentID_FK        FOREIGN KEY(StudentID)
     REFERENCES      Student(StudentID)   ON DELETE CASCADE
);
```

在 PostgreSQL 数据库管理工具中，通过执行上述 SQL 语句，可以创建选课注册表，其运行结果界面如图 3-7 所示。

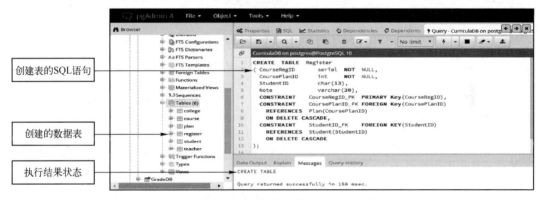

图 3-7　执行选课注册表创建 SQL 语句及结果

2. 数据库表修改 SQL 语句

基本语句格式为：

ALTER TABLE ＜表名＞＜修改方式＞;

其中，ALTER TABLE 为数据库表修改语句的关键词，＜表名＞为将被修改的数据库表名称，＜改变方式＞用于指定对表结构的修改方式，主要有如下几种修改方式：

1）ADD 修改方式。它用于增加新列或列完整性约束，其语法格式为：

ALTER TABLE ＜表名＞ ADD ＜新列名称＞＜数据类型＞[完整性约束];

2）DROP 修改方式。它用于删除指定列或列的完整性约束条件，其语法格式为：

ALTER TABLE ＜表名＞ DROP COLUMN ＜列名＞;
ALTER TABLE ＜表名＞ DROP CONSTRAINT ＜完整性约束名＞;

3）RENAME 修改方式。它用于修改表名称、列名称，其语法格式为：

ALTER TABLE ＜表名＞ RENAME TO ＜新表名＞;
ALTER TABLE ＜表名＞ RENAME ＜原列名＞ TO ＜新列名＞;

4）ALTER 修改方式。它用于修改列的数据类型，其语法格式为：

ALTER TABLE ＜表名＞ ALTER COLUMN ＜列名＞ TYPE ＜新的数据类型＞;

【例 3-10】学生信息表（Student）的原始数据如图 3-8 所示。当该表中需要增加一个

"Email"列时，可执行如下表修改 SQL 语句：

```
ALTER TABLE  Student  ADD  Email  varchar(20);
```

该 SQL 语句执行后，学生信息表的数据如图 3-9 所示。

	studentid [PK] character (13)	studentname character varying (10)	studentgender character (2)	birthday date	major character varying (30)	studentphone character (11)
1	2017220101101	赵东	男	1999-12-21	软件工程	139********
2	2017220101102	李静	女	2000-02-12	软件工程	135********
3	2017220101103	裴风	男	2000-03-16	软件工程	138********
4	2017220101104	冯玖	男	2000-04-19	软件工程	137********

图 3-8　学生信息表原始数据

	studentid [PK] character (13)	studentname character varying (10)	studentgender character (2)	birthday date	major character varying (30)	studentphone character (11)	email character varying (20)
1	2017220101101	赵东	男	1999-12-21	软件工程	139********	[null]
2	2017220101102	李静	女	2000-02-12	软件工程	135********	[null]
3	2017220101103	裴风	男	2000-03-16	软件工程	138********	[null]
4	2017220101104	冯玖	男	2000-04-19	软件工程	137********	[null]

图 3-9　学生信息表增添 Email 列后的数据

【例 3-11】在图 3-9 所示的学生信息表结构中。当需要删除表中的"StudentPhone"列时，可执行如下表修改 SQL 语句：

```
ALTER TABLE  Student  DROP  COLUMN  StudentPhone;
```

修改后的表数据如图 3-10 所示。

	studentid [PK] character (13)	studentname character varying (10)	studentgender character (2)	birthday date	major character varying (30)	email character varying (20)
1	2017220101101	赵东	男	1999-12-21	软件工程	[null]
2	2017220101102	李静	女	2000-02-12	软件工程	[null]
3	2017220101103	裴风	男	2000-03-16	软件工程	[null]
4	2017220101104	冯玖	男	2000-04-19	软件工程	[null]

图 3-10　学生信息表删除 StudentPhone 列后的数据

3. 数据库表删除 SQL 语句

基本语句格式为：

```
DROP TABLE  <表名>;
```

其中，DROP TABLE 为数据库表删除语句的关键词，<表名>为将被删除的数据库表名称。该语句执行后，会删除指定的数据表，包括表结构和表中数据。

需注意：DROP TABLE 不能直接删除有 FOREIGN KEY 约束或引用的表。只有先删除 FOREIGN KEY 约束或引用的表后，才能删除本表。

3.2.3　数据库索引对象定义

在数据库中，通常一些表包含大量数据，例如一个表中有上百万行记录数据。若要对这些表进行数据查询，最基本的搜索信息方式是全表搜索，即将所有行数据一一取出，与查询条件逐一对比，然后返回满足条件的行数据。这样的数据查询会消耗大量的数据库系统时间，并造成大量磁盘 I/O 操作。因此，需要在数据表中建立类似于图书目录的索引结构，并将索引列的值及索引指针数据保存在索引结构中。此后在对数据表进行数据查询时，首先在索引结构中查找符合条件的索引指针值，然后再根据索引指针快速找到表中对应的数据记录，这样可快速检索数据记录。

📖 索引是一种针对表中指定列的值进行排序的存储结构，使用它可以加快表中数据记录的查询速度。

在 SQL 中，使用 DDL 语句可完成索引对象的创建、修改、删除等操作。

1. 索引对象创建 SQL 语句

基本语句格式为：

```
CREATE INDEX <索引名>　ON <表名> <(列名[,…,])>;
```

其中，CREATE INDEX 为创建索引语句的关键词，<索引名>为在指定表中针对指定列创建索引的名称。该语句执行后，系统在表中为指定列创建其列值的索引，使用索引可实现对数据表的快速查询。

【例 3-12】在学生信息表（Student）中，为出生日期（BirthDay）列创建索引，以便支持按出生日期快速查询学生信息，其索引创建 SQL 语句为：

```
CREATE  INDEX  BirthDay_Idx  ON  Student (BirthDay);
```

在 PostgreSQL 数据库管理工具中，通过执行上述语句，可以创建学生信息表的 BirthDay_Idx 索引，其运行结果界面如图 3-11 所示。

图 3-11　执行学生信息表中 BirthDay_Idx 索引创建 SQL 语句及结果

在数据库表中，创建索引主要有如下好处：①可以大大加快数据的检索速度，这也是创建索引的最主要原因。②可以加速表和表之间的连接，特别是在实现数据的参考完整性方面特别有意义。③在使用分组和排序子句进行数据检索时，同样可以显著缩短查询中分组和排序的时间。

当然，在数据库表中，创建索引也会带来开销：①创建索引和维护索引要耗费时间，这种时间会随着数据量的增大而增加。②除了数据库表数据占用存储空间之外，索引数据也要占用一定的存储空间。③当对表中数据进行增加、删除和修改时，索引也需要动态维护，这样会降低数据的维护速度。

因此，在数据库系统开发中，需根据实际应用需求，仅对需要快速查询的数据库表相应列建立索引。此外，在数据库中，一般需要为每个表的主键列创建索引。

需要说明：CREATE INDEX 语句所创建的索引，其索引值可能会有重复值。如果在应用中不允许有重复的索引值，则需要在创建索引的 SQL 语句中使用 UNIQUE 关键词，其格式如下：

```
CREATE  UNIQUE  INDEX <索引名>  ON <表名> <(列名[,…,])>;
```

2. 索引对象修改 SQL 语句

使用 SQL 语句可以对索引对象进行修改操作，其中索引换名修改语句格式为：

```
ALTER INDEX <索引名>  RENAME TO <新索引名>;
```

其中，ALTER INDEX 为索引对象修改语句的关键词，<索引名>为在数据库表中创建索引的名称，RENAME TO 为索引换名关键词。该语句执行后，原有索引被换名为新名称。

【例 3-13】在学生信息表（Student）中，将原索引 BirthDay_Idx 更名 BDay_Idx，其索引修改 SQL 语句为：

```
ALTER INDEX BirthDay_Idx  RENAME  TO  BDay_Idx;
```

3. 索引对象删除 SQL 语句

基本语句格式为：

```
DROP INDEX  <索引名>;
```

其中，DROP INDEX 为删除索引语句的关键词，<索引名>为被指定的索引名称。该语句执行行后，系统会从表中删除该索引。

【例 3-14】在学生信息表（Student）中，删除 BirthDay_Idx 索引，其索引删除 SQL 语句为：

```
DROP  INDEX  BirthDay_Idx;
```

> **课堂讨论：本节重点与难点知识问题**
> 1）在创建表的 SQL 语句中，如何定义代理键？
> 2）在创建表的 SQL 语句中，如何定义数据库表对象的实体完整性？
> 3）在创建表的 SQL 语句中，如何定义关联表的参照完整性？
> 4）在 SQL 中，如何使用 DDL 语句维护关系表？
> 5）在数据库表中是否创建索引，取决于哪些因素？
> 6）PostgreSQL 数据库支持哪些索引类型？

3.3 数据操纵 SQL 语句

在 SQL 中，数据操纵语言（DML）是一类对数据库表中数据进行操作的语句集。DBMS 服务器执行 DML 中的 INSERT、UPDATE、DELETE 语句实现对数据库表的数据操纵，分别完成数据的插入、更新与删除处理。

3.3.1 数据插入 SQL 语句

数据插入语句是一种将数据插入数据库表中的指令，它对数据库表进行数据记录添加处理。

1. 单行数据插入

每执行一个 INSERT INTO 语句，就会在表中插入一个行数据，其语句基本格式为：

```
INSERT INTO  <基本表>[<列名表>]  VALUES(列值表);
```

其中，INSERT INTO 为插入语句的关键词；<基本表>为被插入数据的数据库表；<列名表>给出在表中插入哪些列。若没有给出列名表，则为数据库表插入所有列；VALUES 关键词后括号中给出被插入的各个列值。

【例 3-15】 在学生信息表（Student）中，原有数据如图 3-10 所示。若在此表中插入一个新的学生数据，如 2017220101105、柳因、女、1999-04-23、软件工程、liuyin@163.com。其数据插入 SQL 语句如下：

```
INSERT INTO Student VALUES ('2017220101105','柳因','女','1999-04-23','软件工程',
'liuyin@163.com');
```

该语句执行后，学生信息表的数据如图 3-12 所示。

	studentid [PK] character (13)	studentname character varying (10)	studentgender character (2)	birthday date	major character varying (30)	email character varying (20)
1	2017220101101	赵东	男	1999-12-21	软件工程	[null]
2	2017220101102	李静	女	2000-02-12	软件工程	[null]
3	2017220101103	裴凤	男	2000-03-16	软件工程	[null]
4	2017220101104	冯孜	男	2000-04-19	软件工程	[null]
5	2017220101105	柳因	女	1999-04-23	软件工程	liuyin@163.com

图 3-12　插入新学生后的学生信息表数据

📖 在 INSERT INTO 数据插入语句中，使用的 integer 和 numeric 等类型数值不使用引号标注，但 char、varchar、date 和 datetime 等类型必须使用单引号标注。

2. 多行数据插入

在数据插入操作中，还可以通过执行一个数据插入 SQL 语句，在表中插入多行数据。

【例 3-16】 在学生信息表（Student）中，一次插入多个学生数据，其数据插入 SQL 语句如下：

```
INSERT INTO Student VALUES
('2017220101106','张亮','男','1999-11-21','软件工程','zhangl@163.com'),
('2017220101107','谢云','男','1999-08-12','软件工程','xiey@163.com'),
('2017220101108','刘亚','女','1999-06-20','软件工程',NULL);
```

这些语句执行后，学生信息表的数据如图 3-13 所示。

	studentid [PK] character (13)	studentname character varying (10)	studentgender character (2)	birthday date	major character varying (30)	email character varying (20)
1	2017220101101	赵东	男	1999-12-21	软件工程	[null]
2	2017220101102	李静	女	2000-02-12	软件工程	[null]
3	2017220101103	裴凤	男	2000-03-16	软件工程	[null]
4	2017220101104	冯孜	男	2000-04-19	软件工程	[null]
5	2017220101105	柳因	女	1999-04-23	软件工程	liuyin@163.com
6	2017220101106	张亮	男	1999-11-21	软件工程	zhangl@163.com
7	2017220101107	谢云	男	1999-08-12	软件工程	xiey@163.com
8	2017220101108	刘亚	女	1999-06-20	软件工程	[null]

图 3-13　插入多个新学生的学生信息表数据

📖 在 INSERT INTO 插入数据语句中，若某些列的值不确定，可以在该列位置使用空值（NULL），但主键、非空列不允许使用空值。此外，若表中主键为代理键，它不需要出现，因该值由 DBMS 自动提供。

3.3.2 数据更新 SQL 语句

数据更新语句是依据给定条件,对数据库表中的指定数据进行更新处理,其语句基本格式为:

```
UPDATE   <表名>
SET    <列名 1>=<表达式 1> [,<列名 2>=<表达式 2>,…]
[WHERE    <条件表达式>];
```

其中,UPDATE 为数据更新语句的关键词,<表名>为被更新数据的数据库表名称,SET 关键词指定对哪些列设定新值,WHERE 关键词给出需要满足的条件表达式。

【例 3-17】在学生信息表(Student)中,学生"赵东"的原有 Email 数据为空,现需要更新为"zhaodong@163.com"。其数据更新 SQL 语句为:

```
UPDATE   Student
SET   Email='zhaodong@163.com'
WHERE   StudentName='赵东';
```

该语句执行后,学生信息表的数据如图 3-14 所示。

	studentid [PK] character (13)	studentname character varying (10)	studentgender character (2)	birthday date	major character varying (30)	email character varying (20)
1	2017220101101	赵东	男	1999-12-21	软件工程	zhaodong@163.com
2	2017220101102	李静	女	2000-02-12	软件工程	[null]
3	2017220101103	裴凤	男	2000-03-16	软件工程	[null]
4	2017220101104	冯攽	男	2000-04-19	软件工程	[null]
5	2017220101105	柳因	女	1999-04-23	软件工程	liuyin@163.com
6	2017220101106	张亮	男	1999-11-21	软件工程	zhangl@163.com
7	2017220101107	谢云	男	1999-08-12	软件工程	xiey@163.com
8	2017220101108	刘亚	女	1999-06-20	软件工程	[null]

图 3-14 修改后的学生信息表数据

在数据更新语句中,不能忘记 WHERE 条件,否则该语句将更新表中所有行的该列的值。

UPDATE 数据更新语句也可以同时更新表中多个列值。例如,如果需要同时将学生"刘亚"的出生日期和 Email 分别更新为"1999-11-15""liuy@163.com",其数据修改 SQL 语句如下:

```
UPDATE   Student
SET   BirthDay='1999-11-15', Email='liuy@163.com'
WHERE   StudentName='刘亚';
```

3.3.3 数据删除 SQL 语句

数据删除语句将从指定数据库表中删除满足条件的数据行,其语句基本格式为:

```
DELETE FROM <表名>
[WHERE    <条件表达式>];
```

其中,DELETE FROM 为数据删除语句的关键词,<表名>为被删除数据的数据库表,WHERE 关键词给出需要满足的条件表达式。

【例 3-18】学生信息表(Student)原始数据如图 3-14 所示。若要删除姓名为"张亮"的学生数据,其数据删除 SQL 语句如下:

```
DELETE FROM  Student
WHERE  StudentName='张亮';
```

该语句执行后，学生信息表的数据如图 3-15 所示。

	studentid [PK] character (13)	studentname character varying (10)	studentgo character	birthday date	major character varying (30)	email character varying (20)
1	2017220101101	赵东	男	1999-12-21	软件工程	zhaodong@163.com
2	2017220101102	李静	女	2000-02-12	软件工程	[null]
3	2017220101103	裴风	男	2000-03-16	软件工程	[null]
4	2017220101104	冯玫	男	2000-04-19	软件工程	[null]
5	2017220101105	柳因	女	1999-04-23	软件工程	liuyin@163.com
6	2017220101107	谢云	男	1999-08-12	软件工程	xiey@163.com
7	2017220101108	刘亚	女	1999-11-15	软件工程	liuy@163.com

图 3-15　删除后的学生信息表数据

📖 在数据删除语句中，不能忘记 WHERE 条件，否则该语句将删除表中所有行数据。

课堂讨论：本节重点与难点知识问题

1）在数据插入 SQL 语句中，对于当前值还不确定的列，如何在语句中提供值？
2）在数据插入 SQL 语句中，如何从其他表获取数据？
3）在数据修改 SQL 语句中，如何对表中指定行列进行数据修改？
4）在数据修改 SQL 语句中，如何对表中多行数据进行修改？
5）在数据删除 SQL 语句中，如何对表中数据进行快速删除？
6）在进行数据库数据删除时，如何同步删除关联表数据？

3.4　数据查询 SQL 语句

在 SQL 中，数据查询语言（DQL）是一种对数据库表进行数据查询访问的语句，它在数据库 SQL 访问中是使用最多的语句。

3.4.1　查询语句基本结构

在 SQL 中，对数据库表进行数据查询处理的语句只有 SELECT 语句。虽然只有一种语句，但该类语句功能丰富、组合条件灵活。所有数据查询操作都可以通过 SELECT 语句实现，其基本语句格式为：

```
SELECT [ALL |DISTINCT]  <目标列>[,<目标列>,…]
[ INTO <新表> ]
FROM  <表名>[,<表名>,…]
[ WHERE <条件表达式> ]
[ GROUP BY <列名> [HAVING <条件表达式> ]
[ ORDER BY <列名> [ ASC |DESC ] ];
```

SELECT 语句可以由多种子句组成，每类子句的作用如下：

1）SELECT 子句，作为 SELECT 语句的必要子句，用来指明从数据库表中需要查询输出的目标列。ALL 关键词是查询默认操作，即从表中获取满足条件的所有数据行；DISTINCT 关键词用来去掉结果集中的重复数据行；<目标列>为被查询表的指定列名，可以有多个。若查询表中所有列，一般使用 * 号表示。

2）INTO 子句，用来将查询的结果集数据写入新表。

3）FROM 子句，用来指定查询的数据来自哪个表或哪些表。若有多表关联查询，使用逗号分隔。

4）WHERE 子句，用来给出查询的检索条件。只有满足条件的数据行才允许被检索出来。

5）GROUP BY 子句，用来对查询结果分组，可以在分组中进行统计等处理。在分组中，还可以使用 HAVING 关键词定义分组处理的条件。

6）ORDER BY 子句，用来对查询结果集排序。ASC 关键词约定按指定列的数值升序排列查询结果集。DESC 关键词约定按指定列的数值降序排列查询结果集。若子句中没有给出排序关键词，默认按升序排列查询结果集。

从 SELECT 语句的操作结果来看，<目标列>实现对关系表的投影操作，WHERE <条件表达式>实现对关系表的元组选择操作。

3.4.2 从单表读取指定行和列

在 SQL 查询语句中，还可以从一个数据表中读取指定行与指定列范围内的数据，即同时完成关系数据的行列投影操作，其基本语句格式为：

```
SELECT   <目标列>[,<目标列>,…]
FROM   <表名>
WHERE   <条件表达式>;
```

【例 3-19】学生信息表（Student）原始数据如图 3-16 所示。

	studentid [PK] character (13)	studentname character varying (10)	studentgender character (2)	birthday date	major character varying (30)	email character varying (20)
1	2017220101101	赵东	男	1999-12-21	软件工程	zhaodong@163.com
2	2017220101102	李静	女	2000-02-12	软件工程	lijing@163.com
3	2017220101103	裴凤	男	2000-03-16	软件工程	peif@163.com
4	2017220101104	冯孜	男	2000-04-19	软件工程	fengz@163.com
5	2017220101105	柳因	女	1999-04-23	软件工程	liuyin@163.com
6	2017220101107	谢云	男	1999-08-12	软件工程	xiey@163.com
7	2017220101108	刘亚	女	1999-11-15	软件工程	liuy@163.com
8	2017220201201	廖京	男	2000-02-21	计算机应用	liaojin@163.com
9	2017220201202	唐明	男	2000-03-17	计算机应用	tm@163.com
10	2017220201203	林琳	女	2000-05-23	计算机应用	linglin@163.com

图 3-16 学生信息表原始数据

若要从学生信息表中读取专业为"软件工程"，性别为"男"的学生部分列，即学号（StudentID）、姓名（StudentName）、性别（StudentGender）、专业（Major）数据，其数据查询 SQL 语句如下：

```
SELECT  StudentID,StudentName,StudentGender,Major
FROM  Student
WHERE  Major='软件工程'  AND  StudentGender='男';
```

该语句执行后，其查询操作结果如图 3-17 所示。

	studentid character (13)	studentname character varying (10)	studentgender character (2)	major character varying (30)
1	2017220101107	谢云	男	软件工程
2	2017220101101	赵东	男	软件工程
3	2017220101104	冯玫	男	软件工程
4	2017220101103	裴风	男	软件工程

图 3-17　单表指定行列 SQL 查询结果

在上面的 SQL 查询语句中，WHERE 子句通过条件来选择行，使用指定列名来输出列值。

3.4.3　WHERE 子句条件

在 SQL 查询语句的 WHERE 子句条件中，可以使用 BETWEEN…AND…关键词来限定列值范围。

【例 3-20】学生信息表（Student）原始数据如图 3-16 所示。若要从学生信息表中查询出生日期为"2000-01-01"到"2000-12-30"的学生数据，其 SQL 查询语句如下：

```
SELECT  *
FROM  Student
WHERE  BirthDay  BETWEEN  '2000-01-01'  AND  '2000-12-30';
```

该语句执行后，其查询操作结果如图 3-18 所示。

	studentid character (13)	studentname character varying (10)	studentgender character (2)	birthday date	major character varying (30)	email character varying (20)
1	2017220101102	李静	女	2000-02-12	软件工程	lijing@163.com
2	2017220101104	冯玫	男	2000-04-19	软件工程	fengz@163.com
3	2017220101103	裴风	男	2000-03-16	软件工程	peif@163.com
4	2017220201203	林琳	女	2000-05-23	计算机应用	linglin@163.com
5	2017220201202	唐明	男	2000-03-17	计算机应用	tm@163.com
6	2017220201201	廖京	男	2000-02-21	计算机应用	liaojin@163.com

图 3-18　单表 SQL 范围查询结果

上述 SQL 查询还可以使用比较运算符大于等于（>=）和小于等于（<=）来完成相同操作，其 SQL 查询语句如下：

```
SELECT  *
FROM  Student
WHERE  BirthDay >= '2000-01-01'  AND  BirthDay <='2000-12-30';
```

在 SQL 中，查询条件表达式可使用的比较运算符除">="和"<="外，还有等于（=）、大于（>）、小于（<）、不等于（<>）等运算符。

在 SQL 查询语句的 WHERE 子句中，除使用 BETWEEN…AND…关键词来限定列值范围外，还可以使用关键词 LIKE 与通配符来限定查询范围。

📖 在 SQL 中，通配符用于代表字符串数据模式中的未知字符，在查询条件语句中使用。

SQL 查询语句的常用通配符有下画线（_）和百分号（%）。下画线（_）通配符用于代表一

个未指定的字符。百分号（%）通配符用于代表一个或多个未指定的字符。

【例 3-21】学生信息表（Student）原始数据如图 3-16 所示。若要从学生信息表中查询姓氏为"林"的学生数据，其数据查询 SQL 语句如下：

```
SELECT   *
FROM  Student
WHERE  StudentName  LIKE  '林_';
```

该语句执行后，其查询操作结果如图 3-19 所示。

	studentid character (13)	studentname character varying (10)	studentgender character (2)	birthday date	major character varying (30)	email character varying (20)
1	2017220201203	林琳	女	2000-05-23	计算机应用	linglin@163.com

图 3-19 LIKE 单字符通配 SQL 范围查询结果

【例 3-22】学生信息表（Student）原始数据如图 3-16 所示。若要从学生信息表中查询专业名包含"计算机"的学生数据，其数据查询 SQL 语句如下：

```
SELECT   *
FROM  Student
WHERE Major  LIKE  '计算机%';
```

该语句执行后，其查询操作结果如图 3-20 所示。

	studentid character (13)	studentname character varying (10)	studentgender character (2)	birthday date	major character varying (30)	email character varying (20)
1	2017220201203	林琳	女	2000-05-23	计算机应用	linglin@163.com
2	2017220201202	唐明	男	2000-03-17	计算机应用	tm@163.com
3	2017220201201	廖京	男	2000-02-21	计算机应用	liaojin@163.com

图 3-20 LIKE 多字符通配 SQL 范围查询结果

在 SQL 中，通配符除了使用 LIKE 关键词外，还可以使用 NOT LIKE 关键词用于给出不在范围内的条件。在例 3-22 中，若要从学生信息表中查询专业为非"计算机"的学生数据，其数据查询 SQL 语句如下：

```
SELECT   *
FROM  Student
WHERE  Major  NOT  LIKE  '计算机%';
```

3.4.4 查询结果排序

SQL 查询的返回结果数据集一般是按文件存储块中存放数据记录顺序来输出结果集。如果用户希望能按照指定列对结果集排序，则可以在查询语句中使用 ORDER BY 关键词。

【例 3-23】学生信息表（Student）原始数据如图 3-16 所示。若要从学生信息表中按学生出生日期升序输出学生数据，其数据查询 SQL 语句如下：

```
SELECT   *
FROM  Student
ORDER  BY  BirthDay;
```

该语句执行后，其查询操作结果如图 3-21 所示。

	studentid character (13)	studentname character varying (10)	studentgender character (2)	birthday date	major character varying (30)	email character varying (20)
1	2017220101105	柳因	女	1999-04-23	软件工程	liuyin@163.com
2	2017220101107	谢云	男	1999-08-12	软件工程	xiey@163.com
3	2017220101108	刘亚	女	1999-11-15	软件工程	liuy@163.com
4	2017220101101	赵东	男	1999-12-21	软件工程	zhaodong@163.com
5	2017220101102	李静	女	2000-02-12	软件工程	lijing@163.com
6	2017220201201	廖京	男	2000-02-21	计算机应用	liaojin@163.com
7	2017220101103	裴凤	男	2000-03-16	软件工程	peif@163.com
8	2017220201202	唐明	男	2000-03-17	计算机应用	tm@163.com
9	2017220101104	冯孜	男	2000-04-19	软件工程	fengz@163.com
10	2017220201203	林琳	女	2000-05-23	计算机应用	linglin@163.com

图 3-21　按出生日期升序输出 SQL 查询结果

在默认情况下，SQL 查询的结果集按指定列值的升序排列。在 SQL 查询语句中，可以使用关键词 ASC 和 DESC 选定排序是升序或降序。在本例中，若要按出生日期降序排列学生，其 SQL 查询语句如下：

```
SELECT   *
FROM  Student
ORDER  BY  BirthDay  DESC;
```

以上只是按单列进行 SQL 查询结果集排序。在 SQL 中，还可以同时按多列进行 SQL 查询结果集排序输出。

【例 3-24】学生信息表（Student）原始数据如图 3-16 所示。若要从学生信息表中查询学生数据，并首先按专业名升序排列，然后按出生日期降序排列，其数据查询 SQL 语句如下：

```
SELECT   *
FROM  Student
ORDER  BY  Major ASC,  BirthDay DESC;
```

该语句执行后，其查询操作结果如图 3-22 所示。

	studentid character (13)	studentname character varying (10)	studentgender character (2)	birthday date	major character varying (30)	email character varying (20)
1	2017220201203	林琳	女	2000-05-23	计算机应用	linglin@163.com
2	2017220201202	唐明	男	2000-03-17	计算机应用	tm@163.com
3	2017220201201	廖京	男	2000-02-21	计算机应用	liaojin@163.com
4	2017220101104	冯孜	男	2000-04-19	软件工程	fengz@163.com
5	2017220101103	裴凤	男	2000-03-16	软件工程	peif@163.com
6	2017220101102	李静	女	2000-02-12	软件工程	lijing@163.com
7	2017220101101	赵东	男	1999-12-21	软件工程	zhaodong@163.com
8	2017220101108	刘亚	女	1999-11-15	软件工程	liuy@163.com
9	2017220101107	谢云	男	1999-08-12	软件工程	xiey@163.com
10	2017220101105	柳因	女	1999-04-23	软件工程	liuyin@163.com

图 3-22　按多列排序 SQL 查询结果

3.4.5　内置函数的使用

在 SQL 中，可以使用函数对 SELECT 查询结果集数据进行处理。这些函数可以是 DBMS 所提供的内置函数，也可以是用户根据需要自定义的函数。典型 DBMS 提供的内置函数主要有聚合函数、算术函数、字符串函数、日期时间函数、数据类型格式化函数等。

1. 聚合函数

聚合函数又称为统计函数，它是对表中的一些数据列进行计算并返回一个结果数值的函数。常用的聚合函数见表 3-2。

表 3-2 常用的聚合函数

聚 合 函 数	功 能 说 明
AVG( )	计算结果集指定列数据的平均值
COUNT( )	计算结果集行数
MIN( )	找出结果集指定列数据的最小值
MAX( )	找出结果集指定列数据的最大值
SUM( )	计算结果集指定列数据的总和

【例 3-25】学生信息表（Student）原始数据如图 3-16 所示。若要统计学生信息表中的学生人数，可以在 SELECT 语句中使用 COUNT( )函数，其 SQL 查询语句如下：

```
SELECT  COUNT(*)
FROM  Student;
```

该语句执行后，其查询操作结果如图 3-23 所示。

上面查询语句的执行结果为数值 10，该数值为表中的学生人数。但在结果集中，没有对应的列名称。在 SQL 中，用户可以使用 AS 关键词给计算结果命名一个列名。例如，上例的 SQL 查询语句可重新编写为：

```
SELECT  COUNT(*)  AS 学生人数
FROM  Student;
```

该语句执行后，其查询操作结果如图 3-24 所示。

图 3-23 学生信息表人数统计 SQL 查询结果 1   图 3-24 学生信息表人数统计 SQL 查询结果 2

在以上的 SELECT 查询语句中，使用 COUNT( )函数统计数据表中所有元组的行数。此外，使用 COUNT( )函数还可以按指定列统计满足条件的元组行数。

【例 3-26】学生信息表（Student）原始数据如图 3-16 所示。若要统计学生信息表中的学生专业数目，可以在 SELECT 语句中使用 COUNT( )函数，其 SQL 查询语句如下：

```
SELECT  COUNT(Major)  AS 学生专业数
FROM  Student;
```

该语句执行后，其查询操作结果如图 3-25 所示。

上面的查询语句执行结果为数值 10，该结果不正确。其原因是查询统计中包含了若干个相同专业的学生行。若需要统计不同专业数目，可在指定列上使用关键词 DISTINCT 消除结果集中的重复行，其 SQL 查询语句可重新编写为：

```
SELECT  COUNT(DISTINCT  Major)  AS 学生专业数
FROM  Student;
```

该语句执行后，其查询操作结果如图 3-26 所示。

图 3-25 学生信息表中专业数统计 SQL 查询结果   图 3-26 学生信息表中不同专业数统计 SQL 查询结果

【例 3-27】学生信息表（Student）原始数据如图 3-16 所示。若要找出学生信息表中年龄最大和年龄最小的学生的出生日期，其 SQL 查询语句如下：

```
SELECT  COUNT(*)
FROM  Student;
```

该语句执行后，其查询操作结果如图 3-27 所示。

	最大年龄出生日期 date	最小年龄出生日期 date
1	1999-04-23	2000-05-23

图 3-27　学生信息表中年龄最大和年龄最小的出生日期 SQL 查询结果

2. 算术函数

在 SQL 中，可使用算术函数对数值型列进行算术运算操作。如果此函数正常运行，将返回一个计算结果值；否则，将返回 NULL 值。常用的算术函数见表 3-3。

表 3-3　常用的算术函数

算 术 函 数	功 能 说 明
SIN( )	计算角度的正弦
COS( )	计算角度的余弦
TAN( )	计算角度的正切
COT( )	计算角度的余切
ASIN( )	计算正弦的角度
ACOS( )	计算余弦的角度
ATAN( )	计算正切的角度
DEGRESS( )	将弧度转换为角度
RADIANS( )	将角度转换为弧度
EXP( )	计算表达式的指数
LOG( )	计算表达式的对数
SQRT( )	计算表达式的平方根
CEILING( )	返回大于等于表达式的最小整数
FLOOR( )	返回小于等于表达式的最大整数
ROUND( )	四舍五入取整
ABS( )	取绝对值
SIGN( )	返回数据的符号
PI( )	返回π值
RANDOM( )	返回 0~1 的随机浮点数据

【例 3-28】学生课程成绩表（Grade）原始数据如图 3-28 所示。

	studentid [PK] character (13)	studentname character varying (10)	coursename character varying (20)	grade numeric (4,1)
1	2017220201201	廖京	数据库原理及应用	90.8
2	2017220201202	唐明	数据库原理及应用	85.6
3	2017220201203	林琳	数据库原理及应用	92.4

图 3-28　学生课程成绩表原始数据

当需要对成绩（grade）列数据进行四舍五入处理时，可以使用 ROUND( )算术函数，其 SQL 查询语句如下：

```
SELECT studentid, studentname, coursename, ROUND(grade,0) AS Grade
FROM Grade;
```

该语句执行后，其查询操作结果如图 3-29 所示。

	studentid character (13)	studentname character varying (10)	coursename character varying (20)	grade numeric
1	2017220201201	廖京	数据库原理及应用	91
2	2017220201202	唐明	数据库原理及应用	86
3	2017220201203	林琳	数据库原理及应用	92

图 3-29　四舍五入后成绩的 SQL 查询结果

3. 字符串函数

在 SQL 中，可以使用字符串函数对字符串表达式进行处理。这类函数输入数据的类型可以是字符串，也可以是数值。常用的字符串函数见表 3-4。

表 3-4　常用的字符串函数

字符串函数	功 能 说 明
ASCII( )	返回字符表达式最左端字符的 ASCII 码值
CHR( )	将输入的 ASCII 码值转换为字符
LOWER( )	将输入的字符串转换为小写字符串
UPPER( )	将输入的字符串转换为大写字符串
LENGTH( )	返回字符串的长度
LTRIM( )	去掉字符串前面的空格
RTRIM( )	去掉字符串后面的空格
OVERLAY( )	替换子字符串
POSITION( )	指定子字符串的位置
SUBSTRING( )	截取子字符串
REVERSE( )	将指定的字符串的字符排列顺序颠倒
REPALCE( )	返回被替换了指定子串的字符串

【例 3-29】 学生信息表（Student）原始数据如图 3-16 所示。若要计算出学生信息表中各个学生的 Email 字符串长度，其 SQL 查询语句如下：

```
SELECT StudentID, StudentName, Email, LENGTH(Email) AS 邮箱长度
FROM Student;
```

该语句执行后，其查询操作结果如图 3-30 所示。

在处理字符串时，空格也会作为一个字符。若要去掉字符串中的空格，需要使用 LTRIM( )、RTRIM( )等空格处理函数。

4. 日期时间函数

在 SQL 中，可使用日期时间函数对日期、时间类型数据进行处理。输入数据为日期时间类型，输出结果可以是日期、时间、字符串或数值类型数据。常用的日期时间函数见表 3-5。

	studentid character (13)	studentname character varying (10)	email character varying (20)	邮箱长度 integer
1	2017220101105	柳因	liuyin@163.com	14
2	2017220101107	谢云	xiey@163.com	12
3	2017220101101	赵东	zhaodong@163.com	16
4	2017220101108	刘亚	liuy@163.com	12
5	2017220101102	李静	lijing@163.com	14
6	2017220101104	冯孜	fengz@163.com	13
7	2017220101103	裴凤	peif@163.com	12
8	2017220201203	林琳	linglin@163.com	15
9	2017220201202	唐明	tm@163.com	10
10	2017220201201	廖京	liaojin@163.com	15

图 3-30　学生信息表 SQL 查询字符串长度结果

表 3-5　常用的日期时间函数

日期时间函数	功 能 说 明
AGE(timestamp, timestamp)	返回两个时间戳之间的间隔
AGE(timestamp)	返回指定时间戳与当前时间戳的间隔
CLOCK_TIMESTAMP()	返回当前时间戳数据
CURRENT_DATE	返回当前日期
CURRENT_TIME	返回当前时间
DATE_PART(text, timestamp)	返回时间戳数据的指定部分
DATE_TRUNC(text, timestamp)	返回时间戳数据的指定精度

【例 3-30】读取系统当前日期数据，然后分别显示系统日期的年、月、日数据，其 SQL 查询语句如下：

```
SELECT date_part('year', current_date) as 年,date_part('month', current_date) as 月,date_part('day', current_date) as 日;
```

该语句执行后，其查询操作结果如图 3-31 所示。

	年 double precision	月 double precision	日 double precision
1	2017	8	4

图 3-31　执行系统日期时间函数结果

上例的系统日期 SQL 处理使用了 current_date 函数获取当前日期数据，然后使用 date_part 函数，分别提取当前日期的年、月、日数据。

5. 数据类型格式化函数

为了便于数据处理，SQL 提供了不同数据类型之间的格式化（FORMAT）转换函数。常用的数据类型格式化转换函数见表 3-6。

表 3-6　常用的数据类型格式化转换函数

数据类型格式化转换函数	功 能 说 明
TO_CHAR()	将各种类型数据转换为字符串类型

数据类型格式化转换函数	功能说明
TO_DATE( )	将字符串数据转换为日期数据
TO_NUMBER	将字符串数据转换为数字数据
TO_TIMESTAMP	将字符串数据转换为时间戳

【例 3-31】在例 3-28 的学生课程成绩表中，分数（grade）列数据类型为 Numeric(4,1)，其列数据中带有 1 位小数。为了将该分数数据转换为不带小数的 2 位字符输出，可以使用数据类型转换函数处理，其 SQL 查询语句如下：

```
SELECT  StudentID, StudentName, CourseName, TO_CHAR(Grade,'99') AS  Grade
FROM  Grade;
```

该语句执行后，其查询操作结果如图 3-32 所示。

	studentid character (13)	studentname character varying (10)	coursename character varying (20)	grade text
1	2017220201202	唐明	数据库原理及应用	86
2	2017220201201	廖京	数据库原理及应用	91
3	2017220201203	林琳	数据库原理及应用	92

图 3-32　数据类型分数格式化转换为字符串输出

在 SQL 中，格式化函数把各种数据类型转换成格式化的字符串，以及反过来将格式化的字符串转换成指定的数据类型。这些函数都遵循一个公共的调用习惯：第一个参数是待格式化的值，第二个参数是定义输出或输入格式的模板。具体格式化模板见相应 DBMS 技术手册。

3.4.6　查询结果分组处理

在 SQL 中，内置函数通常还可用于查询结果集的分组数据统计。这可以在 SELECT 语句中加入 GROUP BY 子语句来实现。该子语句的作用是通过一定的规则将一个数据集划分成若干个组，然后针对每组数据进行统计运算处理。

【例 3-32】学生信息表（Student）原始数据如图 3-16 所示。若要分专业统计学生信息表中的学生人数，在 SELECT 语句中可以使用 GROUP BY 分组子语句完成统计，其 SQL 查询语句如下：

```
SELECT  Major  AS专业, COUNT(StudentID)  AS学生人数
FROM  Student
GROUP  BY  Major;
```

该语句执行后，其查询操作结果如图 3-33 所示。

	专业 character varying (30)	学生人数 bigint
1	计算机应用	3
2	软件工程	7

图 3-33　学生信息表中各专业学生人数统计 SQL 查询结果 1

在上面的分组统计 SQL 查询语句中，还可以使用 HAVING 子语句限定分组统计的条件。例如，在统计各专业学生人数时，限定只显示人数大于 3 的专业及学生人数。这需要在分组统计

SQL 语句中加入限定条件，其 SQL 查询语句可重新编写如下：

```
SELECT  Major  AS 专业,  COUNT(StudentID)  AS 学生人数
FROM  Student
GROUP  BY  Major
HAVING  COUNT(*)>3;
```

该语句执行后，其查询操作结果如图 3-34 所示。

	专业 character varying (30)	学生人数 bigint
1	软件工程	7

图 3-34　学生信息表中各专业学生人数统计 SQL 查询结果 2

在 SQL 查询语句中，还可以同时使用 HAVING 子语句和 WHERE 子语句分别限定查询条件。在标准 SQL 中，若同时使用这两个条件子语句，应先使用 WHERE 子语句过滤数据集，然后再使用 HAVING 子语句限定分组数据。

【例 3-33】学生信息表（Student）原始数据如图 3-16 所示。若要分专业统计学生信息表中男生人数，但限定只显示人数大于 2 的专业及学生人数，其 SQL 查询语句如下：

```
SELECT  Major  AS 专业,  COUNT(StudentID)  AS 学生人数
FROM  Student
WHERE  StudentGender='男'
GROUP  BY  Major
HAVING  COUNT(*)>2;
```

该语句执行后，其查询操作结果如图 3-35 所示。

	专业 character varying (30)	学生人数 bigint
1	软件工程	4

图 3-35　学生信息表中"男生多于 2 人"的专业及学生人数统计 SQL 查询结果

3.4.7　使用子查询处理多表

前面仅仅讨论了在单个数据表中如何使用 SQL 语句进行数据查询处理，但在实际应用中，往往需要关联多表才能获得所需的信息。这里可在 SELECT 查询语句中，使用子查询方式，实现多表关联查询。

【例 3-34】在选课管理系统数据库中，希望检索出"计算机学院"的教师名单。该操作需要关联教师信息表（Teacher）和学院信息表（College）。这里可以采用子查询方法实现两表关联查询，其 SQL 查询语句如下：

```
SELECT  TeacherID, TeacherName, TeacherTitle
FROM  Teacher
WHERE  CollegeID  IN
(SELECT  CollegeID
FROM  College
WHERE  CollegeName='计算机学院')
ORDER BY TeacherID;
```

该语句执行后，其查询操作结果如图 3-36 所示。

	teacherid character (4)	teachername character varying (10)	teachertitle character varying (6)
1	T001	张键	副教授
2	T002	万佐	教授
3	T003	青迎	副教授
4	T004	马敏	教授
5	T005	赵微	讲师

图 3-36 "计算机学院"教师名单 SQL 查询结果

以上 SELECT 子查询处理多表数据，仅仅在 SELECT 语句的 WHERE 子语句中嵌套了一层 SELECT 子查询语句。子查询还可以嵌套 2 层、3 层 SELECT 子查询语句。但在实际应用中，受限于 DBMS 处理 SQL 语句的性能，SQL 查询语句不宜嵌套过多层次的子查询。

3.4.8　使用连接查询多表

在 SQL 中，还可以使用连接查询实现多表关联查询。连接查询的基本思想是将关联表的主键值与外键值进行匹配比对，从中检索出符合条件的关联表信息。针对例 3-34 中的"计算机学院"的教师名单查询，还可采用连接查询方式处理，其 SQL 查询语句如下：

```
SELECT  TeacherID, TeacherName, TeacherTitle
FROM  Teacher, College
WHERE Teacher.CollegeID=College.CollegeID AND College.CollegeName='计算机学院'
ORDER BY TeacherID;
```

该语句执行后，其查询操作结果与例 3-34 子查询方式的结果相同。这说明在处理多表关联查询时，连接查询可以实现子查询的相同功能。需要注意的是 SELECT 子查询只有在最终查询数据结果来自一个表的情况下才有用。如果 SQL 查询所输出的信息来自多个表，SELECT 子查询就不能满足要求，这时必须采用连接查询。

【例 3-35】在选课管理系统数据库中，希望得到各个学院的教师人数信息。该操作需要关联教师信息表（Teacher）和学院信息表（College），查询学院名称（CollegeName）、教师人数，输出按学院名称降序排列。这时需要采用连接查询方法实现两表关联查询，其 SQL 查询语句如下：

```
SELECT  College.CollegeName AS 学院名称, COUNT(Teacher.CollegeID) AS 教师人数
FROM  Teacher, College
WHERE Teacher.CollegeID=College.CollegeID
GROUP  BY  College.CollegeName
ORDER  BY  College.CollegeName  DESC;
```

该语句执行后，其查询操作结果如图 3-37 所示。

	学院名称 character varying (40)	教师人数 bigint
1	软件学院	5
2	计算机学院	5

图 3-37　学院及其教师人数 SQL 查询结果

上面的连接查询使用了 GROUP BY 子语句和内置函数 COUNT( ) 对教师按学院分组统计人数，同时也使用 ORDER BY 子语句对结果集按学院名称排序。需要注意的是分组列名与排序列名需要一致。

在多表连接查询 SQL 语句中，可以使用 AS 关键词给查询输出的列名赋予一个中文别名，同样也可以给表名赋予一个简单的别名。

【例 3-36】在选课管理系统数据库中，希望得到各个学院的教师信息。这需要关联教师信息表（Teacher）和学院信息表（College），查询学院名称（CollegeName）、教师编号（TeaherID）、姓名（TeacherName）、性别（TeacherGender）、职称（TeacherTitle）等信息，按学院名称、编号（即教师编号）分别排序输出，其 SQL 查询语句如下：

```
SELECT  B.CollegeName AS 学院名称, A.TeacherID  AS 编号,A.TeacherName  AS 姓名,
A.TeacherGender  AS 性别,A.TeacherTitle  AS 职称
FROM  Teacher  AS  A,College  AS  B
WHERE  A.CollegeID=B.CollegeID
ORDER  BY  B.CollegeName,A.TeacherID;
```

该语句执行后，其查询操作结果如图 3-38 所示。

	学院名称 character varying (40)	编号 character (4)	姓名 character varying (10)	性别 character (2)	职称 character varying (6)
1	计算机学院	T001	张键	男	副教授
2	计算机学院	T002	万佐	男	教授
3	计算机学院	T003	青迎	女	副教授
4	计算机学院	T004	马敏	男	教授
5	计算机学院	T005	赵微	女	讲师
6	软件学院	T006	汪明	男	副教授
7	软件学院	T007	傅超	男	副教授
8	软件学院	T008	李力	男	教授
9	软件学院	T009	杨阳	女	副教授
10	软件学院	T010	楚青	女	副教授

图 3-38 各学院教师信息 SQL 查询结果

在上面的连接查询中，使用 AS 关键词给教师信息表赋予一个简单的别名 A，给学院信息表赋予一个简单的别名 B。在引用这些表中的列时，就可以使用简单的别名限定各列。

3.4.9 SQL JOIN…ON 连接

在 SQL 中，实现多表关联查询还可以使用 JOIN…ON 关键词的语句格式。其中两表关联查询的 JOIN…ON 连接语句格式为：

```
SELECT  <目标列>[,<目标列>,…]
FROM  <表名1>  JOIN  <表名2>  ON <连接条件>;
```

【例 3-37】在例 3-36 中的 SQL 查询语句，可以使用 JOIN…ON 关键词语句格式重新编写如下：

```
SELECT  B.CollegeName AS 学院名称, A.TeacherID  AS 编号,A.TeacherName  AS 姓名,
A.TeacherGender  AS 性别, A.TeacherTitle  AS 职称
FROM  Teacher  AS  A JOIN  College  AS  B
ON  A.CollegeID=B.CollegeID
ORDER  BY  B.CollegeName,A.TeacherID;
```

该语句的执行结果与前面例 3-36 的连接查询结果是一样的。使用 JOIN…ON 关联查询语句，还可以实现两个以上的表关联查询，其中 3 表关联查询的 JOIN…ON 连接语句格式如下：

```
SELECT   <目标列>[,<目标列>,…]
FROM   <表名 1>  JOIN   <表名 2>  ON <连接条件 1>  JOIN  <表名 3>  ON <连接条件 2>;
```

【例 3-38】在选课管理系统数据库中，希望查询课表信息。这需要关联教师信息表（Teacher）、课程信息表（Course）、开课计划表（Plan）、学院信息表（College），查询课程名称（CourseName）、教师姓名（TeacherName）、上课地点（CourseRoom）、上课时间（CourseTime）、开课学院（CollegeName）等信息，按开课计划编号（CoursePlanID）排序输出，其 SQL 查询语句如下：

```
SELECT C.CourseName AS 课程名称, T.TeacherName AS 教师姓名, P.CourseRoom  AS 地点,
P.CourseTime  AS 时间, S.CollegeName AS 开课学院
FROM  Course AS C JOIN  Plan AS  P  ON  C.CourseID=P.CourseID JOIN  Teacher
   AS  T  ON  P.TeacherID=T.TeacherID
JOIN  College  AS  S  ON  S.CollegeID=T.CollegeID
ORDER  BY  P.CoursePlanID;
```

该语句执行后，其查询操作结果如图 3-39 所示。

	课程名称 character varying (20)	教师姓名 character varying (10)	地点 character varying (30)	时间 character varying (30)	开课学院 character varying (40)
1	数据库原理及应用	汪明	二教302	周一1~2节, 周三3~4节	软件学院
2	操作系统基础	傅超	二教108	周二3~4节, 周四5~6节	软件学院
3	数据结构与算法	李力	二教203	周三1~2节, 周五3~4节	软件学院
4	软件工程基础	杨阳	二教205	周二5~6节, 周四1~2节	软件学院
5	C语言程序设计	楚青	二教301	周一5~6节, 周三3~4节	软件学院
6	面向对象程序设计	汪明	二教202	周三1~2节, 周五5~6节	软件学院
7	系统分析与设计	傅超	二教105	周一7~8节, 周三5~6节	软件学院
8	软件测试	李力	二教203	周二7~8节, 周四3~4节	软件学院

图 3-39 课表信息 SQL 查询结果

上面的连接查询使用课程信息表的主键与开课计划表的外键进行匹配关联，同时也使用教师信息表的主键与开课计划表的外键进行匹配关联，此外还使用学院信息表的主键与教师信息表的外键进行匹配关联。这样便实现了 4 表关联查询。

1. 内连接

在以上 JOIN…ON 连接查询中，只有关联表相关字段的列值满足等值连接条件时，才从这些关联表中提取相关数据输出为结果集，这样的连接被称为 JOIN…ON 内连接。

【例 3-39】在选课管理系统数据库中，希望查询所有开设课程的学生选课情况，包括开设课程名称、选课学生人数。这需要关联课程信息表（Course）、开课计划表（Plan）、选课注册信息表（Register）。若使用内连接查询，该 JOIN…ON 连接查询的 SQL 查询语句如下：

```
SELECT C.CourseName AS 课程名称, T.TeacherName AS 教师, COUNT(R.CoursePlanID)  AS
选课人数
FROM  Course  AS  C  JOIN  Plan  AS  P
ON  C.CourseID=P.CourseID
JOIN  Teacher  AS  T  ON  P.TeacherID=T.TeacherID
JOIN  Register  AS  R  ON  P.CoursePlanID=R.CoursePlanID
GROUP  BY C.CourseName, T.TeacherName;
```

该语句执行后，其查询操作结果如图 3-40 所示。在上面的内连接查询中，只能检索出有学生注册的课程名称和选课人数，而不能找出没有学生注册的课程名称和选课人数。

图 3-40　选课人数 SQL 内连接查询结果

2. 外连接

在 SQL 应用中，有时候也希望检索出那些不满足连接条件的元组数据。这时，可使用 JOIN…ON 外连接方式实现。其实现方式有如下 3 种：

1）LEFT JOIN：左外连接，即使右表中没有匹配，也从左表返回所有的行。

2）RIGHT JOIN：右外连接，即使左表中没有匹配，也从右表返回所有的行。

3）FULL JOIN：全外连接，只要其中一个表中存在匹配，就返回行。

【例 3-40】在选课管理系统数据库中，希望查询所有开设课程的学生选课情况，包括开设课程名称、选课学生人数。这需要关联课程信息表（Course）、开课计划表（Plan）、选课注册表（Register）。若使用左外连接查询，该 JOIN…ON 连接查询的 SQL 查询语句如下：

```
SELECT C.CourseName AS 课程名称,T.TeacherName AS 教师,COUNT(R.CoursePlanID) AS 选课人数
FROM Course AS C JOIN Plan AS P
ON C.CourseID=P.CourseID
JOIN Teacher AS T ON P.TeacherID=T:TeacherID
LEFT JOIN Register AS R ON P.CoursePlanID=R.CoursePlanID
GROUP BY C.CourseName, T.TeacherName;
```

该语句执行后，其查询操作结果如图 3-41 所示。

图 3-41　选课人数 SQL 左外连接查询结果

在上面的左外连接查询中，不但可以找出有学生注册的课程名称和选课人数，也能找出没有学生注册的课程名称和选课人数。

课堂讨论：本节重点与难点知识问题

1）在 SQL 查询语句中，什么情况下使用内置函数？

2）在 SQL 查询语句中，如何对查询结果进行分组统计？

3）在什么情况下，使用 SQL 嵌套子查询？

4）在什么情况下，使用 SQL 多表关联查询？

5）在什么情况下，使用 SQL 左外连接查询处理关联表数据？

6）在 DBMS 中，SQL 查询处理分哪几个阶段完成？

3.5 视图 SQL 语句

在 SQL 语言中，视图作为一种对象被应用在数据库的数据查询访问中，该对象可以解决一些数据访问处理的复杂问题。

3.5.1 视图概念

在 SQL 中，视图（View）是一种建立在 SELECT 查询结果集上的虚拟表。视图可以基于数据库表或其他视图来构建，它没有自己的数据，而是使用了存储在基础表中的数据。基础表中的任何改变都可以在视图中看到，同样若在视图中对数据进行了修改，其基础表的数据也会发生变化。对视图的操作，其实是对它所基于的数据库表的操作，其操作方式如图 3-42 所示。

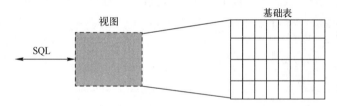

图 3-42　SQL 视图的操作方式

视图一旦被定义，它便作为对象存储在数据库中，但视图本身并不存储数据，而是通过其虚拟视窗映射基础表中的数据。对视图的操作与对数据库表的操作是一样的，可以对视图数据进行查询和一定约束的修改与删除。

3.5.2 视图创建与删除

1. 视图创建

视图由一个或几个基础表（或其他视图）的 SELECT 查询结果创建生成。它被创建后，即作为一种数据库对象存放在数据库中，其语句格式为：

```
CREATE VIEW <视图名>[(列名1),(列名2),…] AS <SELECT 查询>;
```

其中，CREATE VIEW 为创建视图语句的关键词，<视图名>为将被创建的视图名称。同一个数据库不允许有同名视图。在视图名称后，可以定义组成视图的各个列名。若没有指定列名，则默认采用基础表查询结果集的所有列名作为视图列名。AS 关键词后为基础表的 SELECT 查询语句，其结果集为视图的数据。

【例 3-41】在选课管理系统数据库中，若需要建立一个由基础课程数据构成的视图 Basic-

CourseView，其 SQL 创建语句如下：

```
CREATE VIEW BasicCourseView AS
SELECT CourseName, CourseCredit, CoursePeriod, TestMethod
FROM Course
WHERE CourseType='基础课';
```

当该语句执行后，系统在数据库中创建了一个名称为 BasicCourseView 的数据库视图对象，如图 3-43 所示。

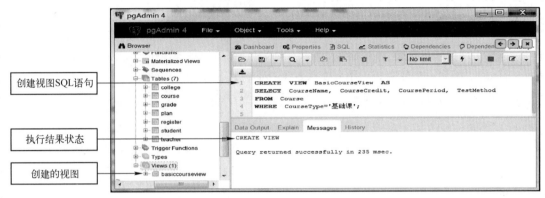

图 3-43　BasicCourseView 视图创建结果

当视图在数据库中创建完成后，用户可以像操作访问数据表一样去操作访问视图。例如，使用 SELECT 语句查询该视图数据，并按课程名称排序输出，其 SQL 查询语句如下：

```
SELECT *
FROM BasicCourseView
ORDER BY CourseName;
```

该语句执行后，其查询操作结果如图 3-44 所示。

	coursename character varying (20)	coursecredit smallint	courseperiod smallint	testmethod character (4)
1	操作系统基础	3	48	闭卷考试
2	数据结构与算法	4	64	闭卷考试
3	数据库原理及应用	4	64	闭卷考试

图 3-44　BasicCourseView 视图查询结果

在上面的视图查询结果中，返回的信息取决于视图中定义的列，而非基础表的所有信息。返回的行顺序也是按视图所指定的 CourseName 列而升序排列的，而非按基础表中的行顺序输出的。

2. 视图删除

当数据库不再需要某视图时，可以在数据库中删除该视图，视图删除语句的格式为：

```
DROP VIEW <视图名>;
```

其中，DROP VIEW 为视图删除语句的关键词，<视图名>为将被删除的视图名称。

【例 3-42】在数据库中，若需要删除名称为 BasicCourseView 的视图，SQL 语句为：

```
DROP VIEW BasicCourseView;
```

该语句执行后，BasicCourseView 视图对象被从数据库中删除，由该视图导出的其他视图也将失效。

3.5.3 视图应用

从上面对视图的介绍，可以知道视图是一种由从基础数据库表中获取的数据所组成的虚拟表。在数据库中只存储视图的结构定义，而不存储视图所包含的数据。对视图的操作访问如同对表的操作访问。在数据库应用中使用视图对象，用户可以获得如下好处。

1. 简化复杂 SQL 查询操作

通过视图，数据库开发人员可以将复杂的 SQL 查询语句封装在视图内，使外部程序可以使用简单方式访问该视图，便可获取所需要的数据。

【例 3-43】 在选课管理系统数据库中，希望查询选修"数据库原理及应用"课程的学生名单。这需要关联课程信息表（Course）、开课计划表（Plan）、选课注册表（Register）、学生信息表（Student），编写一个复杂 SQL 语句实现数据查询，其 SQL 查询语句如下：

```
SELECT C.CourseName AS 课程名称, S.StudentID AS 学号, S.StudentName AS 姓名
FROM  Course AS C,Plan AS P, Register  AS  R,Student  AS  S
WHERE  C.CourseID=P.CourseID AND  C.CourseName='数据库原理及应用'  AND
       P.CoursePlanID=R.CoursePlanID  AND  R.StudentID=S.StudentID;
```

这个 SQL 语句较复杂和冗长，为了让外部程序简单地实现查询，可以先定义一个名称为 DataBaseCourseView 的视图，其 SQL 创建语句如下：

```
CREATE  VIEW DataBaseCourseView  AS
SELECT C.CourseName AS 课程名称, S.StudentID AS 学号, S.StudentName AS 姓名
FROM  Course AS C, Plan AS P, Register  AS  R,Student  AS  S
WHERE  C.CourseID = P.CourseID  AND  C.CourseName ='数据库原理及应用'  AND
P.CoursePlanID=R.CoursePlanID  AND  R.StudentID=S.StudentID;
```

当 DataBaseCourseView 视图被创建完成后，外部程序就可以通过一个简单的 SELECT 语句查询视图数据，其操作语句如下：

```
SELECT  *  FROM DataBaseCourseView;
```

该语句执行后，其查询操作结果如图 3-45 所示。

	课程名称 character varying (20)	学号 character (13)	姓名 character varying (10)
1	数据库原理及应用	2017220201203	林琳
2	数据库原理及应用	2017220101102	李静
3	数据库原理及应用	2017220101101	赵东
4	数据库原理及应用	2017220101104	冯玫
5	数据库原理及应用	2017220101103	裴凤
6	数据库原理及应用	2017220101107	谢云
7	数据库原理及应用	2017220101105	柳因
8	数据库原理及应用	2017220101108	刘亚
9	数据库原理及应用	2017220201202	唐明
10	数据库原理及应用	2017220201201	廖京

图 3-45　DataBaseCourseView 视图查询结果

从上面的视图查询可看到，视图访问操作可以获得与数据库表直接访问操作同样的结果，

但视图可以让外部程序使用简单的 SQL 查询语句，而非编写复杂的 SQL 语句。

2. 提高数据访问安全性

通过视图可以将基础数据库表中部分敏感数据隐藏起来，外部用户无法得知数据库表的完整数据，这可以降低数据库被攻击的风险。此外，通过视图访问，用户只能查询或修改他们被允许见到的数据，这可以保护数据库中的隐私数据。

【例 3-44】在选课管理系统数据库中，除教务管理部门用户外，其他用户只能浏览教师的基本信息，如编号（TeacherID）、教师姓名（TeacherName）、性别（TeacherGender）、职称（TeacherTitle）、所属学院（CollegeName），教师的其他信息被隐藏。对此可定义视图来处理信息，视图创建 SQL 语句如下：

```
CREATE VIEW BasicTeacherInfoView AS
SELECT T.TeacherID AS 编号,T.TeacherName AS 教师姓名,T.TeacherGender AS 性别,
       T.TeacherTitle AS 职称, C.CollegeName AS 所属学院
FROM Teacher AS T, College AS C
WHERE T.CollegeID=C.CollegeID;
```

当 BasicTeacherInfoView 视图被创建完成后，外部程序就可以通过一个简单的 SELECT 语句查询视图数据，其操作语句如下：

```
SELECT * FROM BasicTeacherInfoView
ORDER BY 所属学院,编号;
```

该语句执行后，其查询操作结果如图 3-46 所示。

	编号 character (4)	教师姓名 character varying (10)	性别 character (2)	职称 character varying (6)	所属学院 character varying (40)
1	T001	张健	男	副教授	计算机学院
2	T002	万佐	男	教授	计算机学院
3	T003	青迎	女	副教授	计算机学院
4	T004	马敏	男	教授	计算机学院
5	T005	赵微	女	讲师	计算机学院
6	T006	汪明	男	副教授	软件学院
7	T007	傅超	男	副教授	软件学院
8	T008	李力	男	教授	软件学院
9	T009	杨阳	女	副教授	软件学院
10	T010	楚青	女	副教授	软件学院

图 3-46　BasicTeacherInfoView 视图查询结果

上面的视图仅仅输出教师的基本信息，其他涉及隐私的信息被视图过滤掉了。在视图使用中，也可以对视图查询的列排序，如在上例视图查询中，先按所属学院（CollegeName）排序，再按编号（TeacherID）排序。

3. 实现一定程度的数据逻辑独立性

视图可提供一定程度的数据逻辑独立性。当数据表结构发生改变，只要视图结构不变，应用程序可以不做修改。

【例 3-45】在选课管理系统数据库中，如果教师信息表（Teacher）的结构进行了改变，增加了"出生日期"字段，其表结构为（TeacherID，TeacherName，TeacherGender，BirthDay，TeacherTitle，CollegeID，TeacherPhone）。但只要定义教师基本信息的视图 BasicTeacherInfoView 的结构不变，则使用该视图的外部程序不需要变动。

4. 提供用户感兴趣的特定数据

视图可以将部分用户不关心的数据过滤掉，仅仅提供他们感兴趣的数据。

【例3-46】在选课管理系统数据库中，教务部门希望查询出没有被学生选修的课程名称及其教师信息。这里可以创建一个查询该信息的视图 NoSelCourseView，其视图创建 SQL 语句如下：

```
CREATE  VIEW  NoSelCourseView AS
  SELECT C.CourseName AS 课程名称, T.TeacherName AS 教师,
    COUNT(R.CoursePlanID)  AS 选课人数
  FROM  Course  AS  C JOIN  Plan  AS  P
    ON  C.CourseID=P.CourseID
    JOIN  Teacher  AS  T  ON  P.TeacherID=T.TeacherID
    LEFT  JOIN  Register  AS  R  ON  P.CoursePlanID=R.CoursePlanID
    GROUP  BY C.CourseName, T.TeacherName;
```

当 NoSelCourseView 视图创建完成后，外部程序就可以通过一个简单的 SELECT 语句查询视图数据，其操作语句如下：

```
SELECT 课程名称,教师 FROM  NoSelCourseView
    WHERE 选课人数=0;
```

该语句执行后，其查询操作结果如图3-47所示。

	课程名称 character varying (20)	教师 character varying (10)
1	软件测试	李力
2	系统分析与设计	傅超

图 3-47　NoSelCourseView 视图查询结果

从视图查询结果可以看到，视图可以过滤掉用户不关心的数据，仅仅提供用户需要的数据。

3.5.4　物化视图

视图在数据库应用中具有较多优点，如降低编程复杂性、提高数据库访问安全性、实现数据独立性、提供用户感兴趣的数据等。不过在数据库中使用视图也会带来一定的性能开销。在特定情况下，这种开销是比较大的，若不有效解决，难以满足用户性能需求。例如，通过多表关联查询的视图会用较长时间执行数据查询处理。这是因为 DBMS 将视图查询转换为对基本表查询处理会消耗时间，同时连接多表进行关联查询也会消耗较多时间，特别是当视图被频繁访问时，这会给数据库服务器带来较大负载。目前解决此类问题的一个有效办法是使用物化视图，当物化视图被创建后，在数据库中不仅会保存视图对象本身，也会将视图查询数据保存在临时表中。此后，对物化视图数据进行存取访问，就不再消耗时间进行转换处理，也无须消耗时间进行多表关联查询，而是直接对物化视图的临时表进行存取访问，因此，物化视图访问数据速度可以快不少。

1. 物化视图创建

在 SQL 语言中，创建物化视图与创建普通视图一样，都需要定义查询 SELECT 语句，并对查询结果数据集进行限制访问。创建物化视图的基本语句格式如下：

```
CREATE  MATERIALIZED VIEW  <视图名>[(列名1),(列名2),…]
AS  <SELECT 查询> [ WITH [ NO ] DATA ];
```

其中，CREATE MATERIALIZED VIEW 为创建物化视图语句的关键词，<视图名>为将被创建

的物化视图名称。在视图名称后，可以定义组成视图的各个列名。若没有指定列名，则默认采用基础表查询结果集的所有列名作为视图列名。AS 关键词后为基础表的 SELECT 查询语句，其结果集为视图查询的数据。如果物化视图创建语句带有［WITH DATA］选项，那么该 SQL 语句执行后，查询结果集数据同时被写入物化视图临时表。反之，如果物化视图创建语句带有［WITH NO DATA］选项，则只创建物化视图对象，不将查询结果集数据写入物化视图临时表。此后，在访问物化视图时，若视图临时表有数据，可直接读取。若没有数据，则需先执行 REFRESH MATERIALIZED VIEW 语句刷新该视图数据，然后才可读取。

2. 物化视图刷新

物化视图与普通视图在数据查询访问方面存在一定的差异。对普通视图执行 SQL 数据查询，随时都可以获得基础表最新数据。对物化视图执行 SQL 数据查询，并不一定能获取基础表最新数据。这是因为基础表数据被修改后，修改后的数据并没有同步到物化视图临时表中。只有对物化视图进行刷新处理，才能将基础表修改后数据复制到物化视图临时表。物化视图刷新的基本语句格式如下：

```
REFRESH MATERIALIZED VIEW   <视图名>;
```

其中，REFRESH MATERIALIZED VIEW 为物化视图刷新语句的关键词，<视图名>为物化视图名称。

3. 物化视图删除

在数据库中，若不再需要某个物化视图对象，则可将其删除。删除物化视图的基本语句格式如下：

```
DROP MATERIALIZED VIEW [ IF EXISTS ]<视图名> [ CASCADE |RESTRICT ];
```

其中，DROP MATERIALIZED VIEW 为删除物化视图语句的关键词，<视图名>为存在的物化视图名称。若删除语句带有 IF EXISTS 关键词选项，即使该物化视图在数据库中不存在，也不会抛出错误，而是发出一个提示。若删除语句带有 CASCADE 关键词选项，则自动删除依赖于该物化视图的对象。若删除语句带有 RESTRICT 关键词选项，当有任何依赖于该物化视图的对象存在时，拒绝删除物化视图。

4. 物化视图性能分析

在数据库应用中，为了实现高性能的 SQL 视图编程，可以采用物化视图方案。物化视图能够提升多少性能，取决于该 SQL 语句查询计划及其查询优化。不少 DBMS 软件都提供了 SQL 语句执行计划解释器功能模块以帮助开发者对 SQL 语句进行优化处理。例如，在 PostgreSQL 数据库软件中，可以运行 EXPLAIN 命令对 SQL 语句执行计划进行性能分析处理。

【例 3-47】为了对比物化视图与普通视图的查询处理性能。针对例 3-46 的 NoSelCourseView 普通视图查询功能，本例采用物化视图实现相同查询处理。这里创建一个查询相同数据的物化视图 NoSelCourseMView，其视图创建 SQL 语句如下：

```
CREATE  MATERIALIZED VIEW  NoSelCourseMView  AS
  SELECT C.CourseName AS 课程名称, T.TeacherName AS 教师,
    COUNT(R.CoursePlanID)  AS 选课人数
  FROM  Course  AS  C  JOIN  Plan  AS  P
   ON  C.CourseID=P.CourseID
   JOIN  Teacher  AS  T  ON  P.TeacherID=T.TeacherID
   LEFT  JOIN  Register  AS  R  ON  P.CoursePlanID=R.CoursePlanID
   GROUP  BY C.CourseName, T.TeacherName;
```

这个物化视图创建语句执行后，在选课管理系统数据库中可以看到其物化视图对象，如图 3-48 所示。

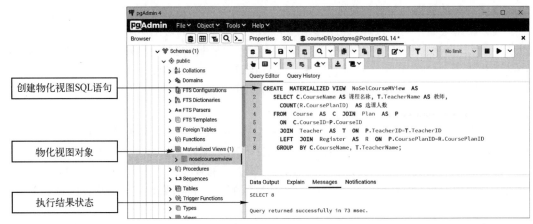

图 3-48　物化视图 NoSelCourseMView 创建结果

下面采用 EXPLAIN［ANALYZE］查询性能分析命令分别对普通视图 NoSelCourseView 查询语句和物化视图 NoSelCourseMView 查询语句的执行计划时间（Planning Time）与实际执行时间（Execution Time）进行分析，其执行结果数据如图 3-49 所示。

从图 3-49 的查询性能分析数据来看，普通视图 NoSelCourseView 查询语句的执行计划时间为 0.410 ms、实际执行时间为 0.217 ms，物化视图 NoSelCourseMView 查询语句的执行计划时间为 0.074 ms、实际执行时间为 0.034 ms。从中可以看到，物化视图相对普通视图明显提高了数据查询性能。

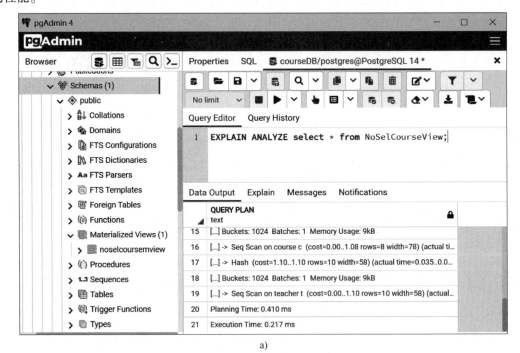

a）

图 3-49　物化视图与普通视图的查询性能对比

a）普通视图 NoSelCourseView 查询性能

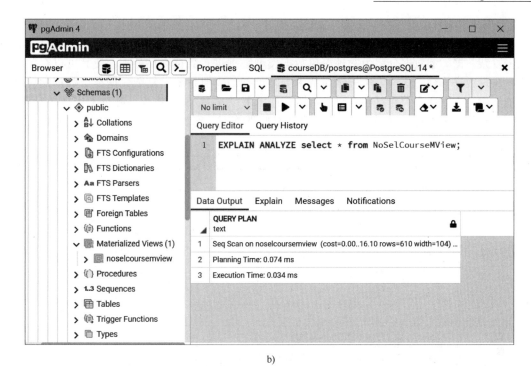

b)

图 3-49　物化视图与普通视图的查询性能对比（续）

b）物化视图 NoSelCourseMView 查询性能

课堂讨论：本节重点与难点知识问题

1）如何提高复杂视图的数据查询访问性能？

2）如何对物化视图的 SQL 查询做进一步优化？

3）如何使用视图对象提高数据访问安全性？

4）如何使用视图，集中展示用户感兴趣的数据？

5）如何使用视图简化前端编程的复杂 SQL 查询？

6）在 SQL 视图编程中，如何遵从职业道德实现用户隐私数据保护？

3.6　PostgreSQL 面向对象扩展

PostgreSQL 作为一种对象-关系数据库 DBMS 软件，它在关系数据库基础上扩展了对象管理功能。PostgreSQL 数据库相对普通关系数据库，增加了对象数据管理功能，使得对象数据可以在数据库中直接存储与访问处理，从而可方便地支持复杂数据类型的数据库应用。本节主要介绍 PostgreSQL 数据库在 SQL 语言中扩展的面向对象元素，如复杂数据类型、用户自定义数据类型、具有复用表结构的继承表、处理外部数据源访问的外部表等。

3.6.1　复杂数据类型

在数据库应用中，除了使用常规的简单数据类型（如字符类型、整型、序列类型、浮点类型、日期时间类型、货币类型等）对系统数据进行管理外，也需要使用非常规的复杂数据类型

（如数组类型、集合类型、空间类型、文档类型等）对系统数据进行管理。一般关系 DBMS 软件只支持常规数据类型的数据管理。若应用系统需要对一些复杂类型数据进行管理，则只能利用函数将复杂数据类型数据分解为常规简单数据类型数据进行数据存储处理，使其可以在关系数据库中实现数据管理。这种方法虽然在技术上是可行的，但系统对复杂数据类型数据的管理效率是低下的，不太适合大量复杂应用的数据管理需求。PostgreSQL 作为一种技术先进的对象-关系 DBMS 软件，可以直接支持多种复杂数据类型数据管理，见表 3-7。

表 3-7　PostgreSQL 主要数据类型

分　　类	类型名称	类型说明	示　　例
几何类型	point	平面上的点	(x,y)
	line	无限长的线	{A,B,C}
	lseg	有限线段	((x1,y1),(x2,y2))
	box	矩形框	((x1,y1),(x2,y2))
	path	开放路径	[(x1,y1),…]
	polygon	多边形	((x1,y1),…)
	circle	圆	<(x,y),r>
网络地址类型	cidr	IPv4 和 IPv6 网络地址	192.168.0.0/24
	inet	IPv4 和 IPv6 主机以及网络	::ffff:1.2.3.0/128
	macaddr	6 字节 MAC 地址	'08:00:2b:01:02:03'
	macaddr8	8 字节 MAC 地址	'08:00:2b:01:02:03:04:05'
文本搜索类型	tsvector	全文搜索文档	'a:1 b:2'::tsvector
	tsquery	文本查询	'fat | rat'::tsquery
xml 数据类型	xml	存储 XML 数据	'<foo>bar</foo>'::xml
uuid 类型	uuid	存储通用唯一标识符（UUID）	{a0eebc99-9c0b4ef8-bb6d6bb9-bd380a11}
JSON 类型	json	存储 JSON（JavaScript Object Notation）数据	'{"bar":"baz","balance":7.77,"active":false}'::json
	jsonb	存储 JSON（JavaScript Object Notation）二进制数据	'{"bar":"baz","balance":7.77,"active":false}'::jsonb
数组类型	类型名[ ]	存储一组相同数据类型的数据	integer[3][3]
范围类型	int4range	integer 的范围	int4range(110, 200)
	int8range	bigint 的范围	Int8range(10000, 200000)
	numrange	numeric 的范围	numrange(12.1, 32.7)
	tsrange	不带时区的 timestamp 的范围	'[2023-09-01 10:30, 2023-09-01 12:30)'
	tstzrange	带时区的 timestamp 的范围	'[2023-09-01 10:30 +08:00, 2023-09-01 12:30 +08:00)'
	daterange	date 的范围	'[2023-09-01, 2023-09-02]'
对象标识符类型	oid	数字形式的对象标识符	478693
pg_lsn 类型	pg_lsn	存储 LSN（日志序列号）数据	16/B374D848

3.6.2　自定义数据类型

PostgreSQL 数据库除了使用以上内置的复杂数据类型管理数据外,还允许用户自定义数据类型,如枚举类型、复合类型和域类型。这样可以更好地满足用户对复杂数据类型数据管理的需求。

1. 枚举类型

枚举（Enum）类型是由基础成员值集合构成的数据类型。高级程序设计语言普遍支持枚举类型。PostgreSQL 数据库扩展的 SQL 语言也支持枚举类型,不过它需要用户自定义枚举类型,其定义的 SQL 语句格式如下:

```
CREATE  TYPE  <用户枚举类型名>  AS  ENUM (值1,值2,…,值 n);
```

其中,CREATE TYPE 为创建自定义数据类型的关键词,<用户枚举类型名>为将被创建的自定义枚举类型名称,AS ENUM 关键词后为该枚举类型的取值列表数据。

【例 3-48】为了在用户表（person）中记录用户的情绪数据,需要首先自定义一个反映情绪状态的枚举类型 mood,其后在用户表创建过程中定义一个 mood 枚举类型列,随后便可对用户表进行数据插入与查询处理。其 SQL 语句如下:

```
CREATE TYPE mood AS ENUM ('悲伤','平静','高兴');
CREATE TABLE person (
    name varchar(20),
    current_mood mood
);
INSERT INTO person VALUES ('李丽','高兴'),('傅超','平静');
SELECT * FROM person;
```

以上 SQL 语句执行完成后,其运行结果界面如图 3-50 所示。

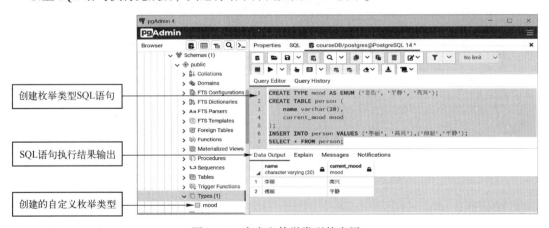

图 3-50　自定义枚举类型的应用

从本例 SQL 语句运行结果界面可以看出,该 SQL 语句不但创建了用户自定义的枚举类型 mood,而且在数据库表中存取访问了 mood 数据列存储的用户情绪数据。

2. 复合类型

复合类型（又称组合类型）是一种自定义结构的数据类型,它由若干数据域组成,每个域都是简单数据类型。复合类型用于表示结构体数据,如表示记录结构。复合类型也需要采用自定义数据类型方式声明，其定义的 SQL 语句格式如下：

```
CREATE TYPE <用户复合类型名> AS (域名 1 基本类型,…,域名 n 基本类型);
```

其中，CREATE TYPE 为创建自定义数据类型的关键词，<用户复合类型名>为将被创建的自定义复合类型名称，AS 关键词后的列表为结构体的域名及其数据类型。

【例 3-49】为了在作者表（author）中记录作者的个人信息，需要自定义一个复合类型 person。该复合类型由（姓名，年龄，性别）结构体组成。当创建好作者表后，对该表进行数据插入和查询访问处理，其 SQL 语句如下：

```
CREATE TYPE person AS (
    name varchar(20),
    age integer,
    gender char(2)
);
CREATE TABLE author (
    id integer,
    personInfo person,
    book varchar(50)
);
INSERT INTO author VALUES
(1,'("李力",36,"男")','数据库系统原理'),
(2,'("汪明",45,"男")','数据库设计');
SELECT (personInfo).name,book FROM author;
```

以上 SQL 语句执行完成后，其运行结果界面如图 3-51 所示。

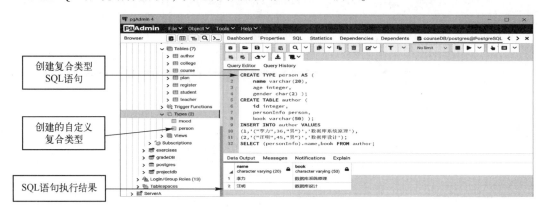

图 3-51　自定义复合类型的应用

3. 域类型

域类型是一种自定义取值约束的数据类型，它在底层数据类型基础上施加取值约束。若域类型没有施加取值约束，它的数据取值集合就与底层数据类型一样。任何适用于底层类型的操作符或函数对在其之上的域类型均有效。底层类型可以是任何内建或者用户自定义的数据类型，如枚举类型、数组类型、组合类型、范围类型等。域类型定义的 SQL 语句格式如下：

```
CREATE DOMAIN <域类型名> AS 底层数据类型
[DEFAULT 默认值]
[CHECK 取值约束];
```

其中，CREATE DOMAIN 为创建域类型的关键词，<域类型名>为将被创建的域类型名称，AS 关键词后为系统已有的数据类型，可以带有默认值选项，以及取值约束选项。

【例 3-50】在员工表（employee）中，性别（gender）列要求取值限定为"男"或"女"，并且默认取值为"男"。此外，邮编（postcode）列要求取值限定为 6 位数字编码。在创建员工表前，应先创建好 genderType 域类型和 postcodeType 域类型。此后，对员工表进行数据插入和查询访问处理，其 SQL 语句如下：

```
CREATE DOMAIN genderType AS char(2)
    DEFAULT '男'
    CHECK (VALUE IN('男','女'));
CREATE DOMAIN postcodeType AS char(6)
    CHECK (VALUE ~ '^\d{6}$');
CREATE TABLE employee (
    id integer primary key,
    name varchar(20),
    gender genderType,
    postcode postcodeType );
INSERT INTO employee VALUES
(1,'李力','男','610001'),
(2,'汪明','男','610002');
SELECT * FROM employee;
```

以上 SQL 语句执行完成后，其运行结果界面如图 3-52 所示。

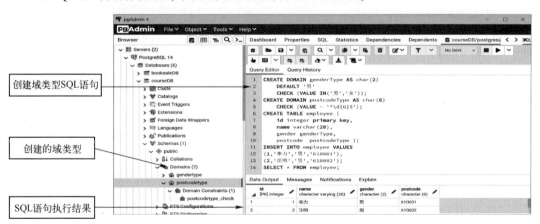

创建域类型SQL语句

创建的域类型

SQL语句执行结果

图 3-52　自定义域类型的应用

从本例 SQL 语句运行结果界面可以看到，该 SQL 语句不但创建了用户自定义的域类型 genderType、postcodeType，而且在数据库表中应用了这些域类型的数据取值约束规则，如在员工表中，gender 列实施数据约束规则 CHECK（VALUE IN('男','女')），postcode 列实施数据约束规则 CHECK(VALUE ~'^ \ d{6} $')。

3.6.3　继承表

在 PostgreSQL 数据库中，可以通过继承表来实现面向对象数据管理功能。继承表通常作为子表，它可以将父表结构（如字段、约束等）继承下来，避免重复定义相同结构。此外，父表结构一旦发生变化，继承表（子表）结构也会自动同步变化。所有父表的检查约束和非空约束都会自动被所有子表继承，不过其他约束（唯一约束、主键、外键）则不会被继承。这样的继承关系有利于数据库表结构复用与一致性管理。实现继承表创建的 SQL 语句格式如下：

```
CREATE TABLE 继承表名 (
( <列名 1>   <数据类型>   [列完整性约束],
  <列名 2>   <数据类型>   [列完整性约束],
  <列名 3>   <数据类型>   [列完整性约束],
  ...
) INHERITS (父表名,…,父表 n);
```

其中，INHERITS 为继承主表的关键词，其他项与创建一般数据库表的定义相同。

【例 3-51】研究生表（graduate）与学生表（student）之间有一种继承关系，研究生表可以在学生表基础上增加研究方向（research）列和导师（tutor）列。在创建研究生表这个继承表后，分别对研究生表与学生表做数据插入操作。然后，对学生表做数据查询处理，其 SQL 语句如下：

```
CREATE TABLE graduate (
    research varchar(30),
    tutor varchar(30)
  ) INHERITS (student);
INSERT INTO graduate VALUES
('2023093041011','万峰','男','2020-06-12','计算机应用','wf@163.com','人工智能','李明');
INSERT INTO student VALUES
('2023072076001','王静','女','2023-03-22','计算机应用','wj@163.com');
SELECT * FROM student where major='计算机应用';
```

以上 SQL 语句执行完成后，其运行结果界面如图 3-53 所示。

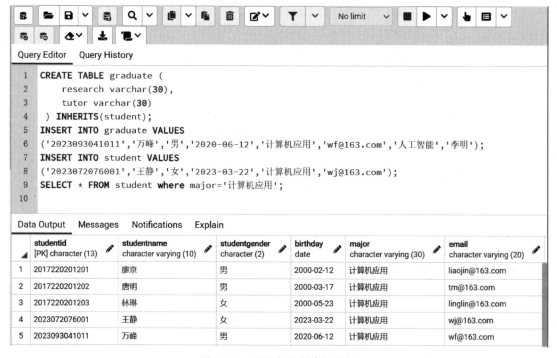

图 3-53　继承表的创建与访问

从本例 SQL 语句运行结果界面可以看到,当在继承表研究生表中插入数据后,该数据在父表学生表查询中也能看到,不过只有父表字段的数据。修改对父表学生表的查询语句,加入限制关键词 only,查询语句执行结果如图 3-54 所示。

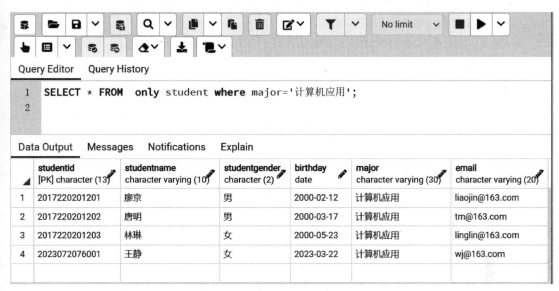

图 3-54 only 关键词限定父表查询访问

从图 3-54 程序运行结果界面可以看到,当加入限制关键词 only 后,父表查询结果只能看到学生表本身插入的数据记录,在继承表研究生表中插入的数据记录不出现在父表查询结果中。下面继续对继承表研究生表进行查询处理,其运行界面如图 3-55 所示。

图 3-55 继承表查询访问

从图 3-55 程序运行结果界面可以看到,当对继承表做查询时,执行结果只能看到继承表本身插入的数据记录,而父表数据记录不出现在继承表查询结果中。

从父表与继承表的访问关系来看,对父表和继承表所做的数据修改操作(INSERT、UPDATE、DELETE),在父表数据查询中都能查看到操作后数据。若只想查看父表本身数据,则需要在父表查询语句中加入 only 关键词。在继承表数据查询中,只能查看到自身数据。当一个继承表从多个父表继承时,同名的字段在继承表中只能出现一次。此外,父表的唯一约束、外键作用域不会被继承表继承。

> **课堂讨论：本节重点与难点知识问题**
> 1）对象–关系数据库与关系数据库的主要区别有哪些？
> 2）PostgreSQL 数据库为什么支持大量复杂数据类型？
> 3）复杂数据类型与复合数据类型有何关系？
> 4）PostgreSQL 数据库如何自定义数据类型？
> 5）PostgreSQL 数据库为什么有继承表？
> 6）继承表与父表的数据存取访问有何关系？

3.7 PostgreSQL 数据库 SQL 应用实践

PostgreSQL 是一种开源的、先进的、可扩展的、高性能的对象–关系 DBMS 软件，广泛地应用在电子商务、办公管理和企业应用等信息系统中。本节通过"工程项目管理系统"案例来讲解 PostgreSQL 数据库中的 SQL 应用实践，使读者深入理解本章所介绍的各类 SQL 语句的功能与使用方法。

3.7.1 项目案例——工程项目管理系统

某公司为了实现对各部门的工程项目的业务信息管理，将开发一个工程项目管理系统，以实现公司的工程项目管理目标。在该工程项目管理系统中，相关人员将使用 PostgreSQL DBMS 工具创建一个工程项目数据库 ProjectDB。该数据库包含部门表（Department）、员工表（Employee）、项目表（Project）和任务表（Assignment）。各个数据库表的字段结构见表 3-8～表 3-11。

表 3-8 部门表（Department）

字段名称	字段编码	数据类型	字段大小	必填字段	备注
部门编号	DepartmentCode	char	3	是	主键
部门名称	DepartmentName	varchar	30	是	
部门简介	DepartmentIntro	varchar	200	否	
部门地点	DepartmentAddr	varchar	50	否	
部门电话	DepartmentTel	varchar	20	否	

表 3-9 员工表（Employee）

字段名称	字段编码	数据类型	字段大小	必填字段	备注
员工编号	EmployeeID	serial		是	主键
员工姓名	EmployeeName	varchar	10	是	
性别	Gender	char	2	是	默认值为"男"
所属部门	Department	char	3	是	外键
学历	Degree	char	6	否	"本科""研究生""其他"
出生日期	BirthDay	date		否	
联系电话	Phone	char	11	否	
邮箱	Email	varchar	20	是	取值唯一

表 3-10　项目表（Project）

字段名称	字段编码	数据类型	字段大小	必填字段	备注
项目编号	ProjectID	serial		是	主键
项目名称	ProjectName	varchar	50	是	
所属部门	Department	char	3	是	外键
估算工时	EstimateHours	int		是	
开始日期	StartDate	date		否	
结束日期	EndDate	date		否	

表 3-11　任务表（Assignment）

字段名称	字段编码	数据类型	字段大小	必填字段	备注
项目编号	ProjectID	int		是	主键，外键
员工编号	EmployeeID	int		是	主键，外键
完成工时	FinishedHours	int		是	
工时成本	Cost	int		是	

以上数据表设计了各个数据库表的字段名称、字段编码、字段数据类型、字段大小、字段数据是否允许空，以及属性列的约束等信息，从而确定了数据库表结构及其数据完整性约束。

3.7.2　数据库创建

在实现工程项目数据库表对象前，首先需要创建一个新的 PostgreSQL 数据库，并将它命名为 ProjectDB。其操作过程如下：

1）在 Windows 操作系统下，单击"开始"→"所有程序"→"pgAdmin 4"菜单命令。系统将启动 PostgreSQL 数据库管理工具，并打开 SQL 脚本程序编辑窗口，如图 3-56 所示。

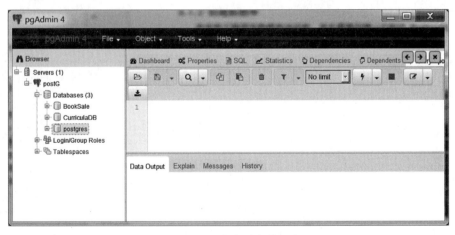

图 3-56　SQL 脚本程序编辑窗口

2）在脚本程序编辑窗口中输入创建 ProjectDB 数据库的 SQL 语句"CREATE DATABASE ProjectDB;"，并单击执行命令按钮，即可新建一个名称为 ProjectDB 的数据库，其结果如图 3-57 所示。

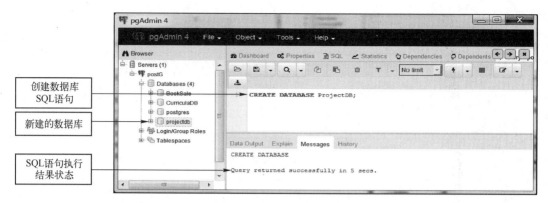

图 3-57 执行 SQL 语句创建数据库

在上述执行创建数据库的 SQL 语句中，系统使用默认参数创建 ProjectDB 数据库。在 pgAdmin 4 工具的左侧数据库目录中，选取 Databases 目录的右键菜单命令"刷新"（Refresh），将在数据库目录下看到新建的 ProjectDB 数据库。

3.7.3 数据库表定义

刚刚创建的 ProjectDB 数据库是一个空数据库，该数据库内部还没有对象内容。按照项目设计要求，需在 ProjectDB 数据库中，创建部门表（Department）、员工表（Employee）、项目表（Project）、任务表（Assignment），其 SQL 程序如下：

```
CREATE  TABLE       Department (
    DepartmentCode      char(3)         NOT NULL,
    DepartmentName      varchar(30)     NOT NULL;
    DepartmentIntro     varchar(200)    NULL,
    DepartmentAddr      varchar(50)     NULL,
    DepartmentTel       varchar(20)     NULL,
    CONSTRAINT          Department_PK PRIMARY KEY (DepartmentCode)
    );
CREATE  TABLE       Employee (
    EmployeeID          serial          NOT NULL,
    EmployeeName        varchar(10)     NOT NULL,
    Gender              char(2)         NOT NULL  DEFAULT '男',
    Department          char(3)         NOT NULL,
    Degree              char(6)         NULL  CHECK (Degree IN ('本科','研究生','其他')),
    BirthDay            date            NULL,
    Phone               char(11)        NULL,
    Email               varchar(20)     NOT NULL UNIQUE,
    CONSTRAINT          Employee_PK   PRIMARY KEY (EmployeeID),
    CONSTRAINT          EMP_DEPART_FK FOREIGN KEY (Department)
                        REFERENCES Department (DepartmentCode)
                        ON UPDATE CASCADE
    );
CREATE  TABLE           Project (
    ProjectID           serial          NOT NULL,
    ProjectName         varchar(50)     NOT NULL,
```

```
Department          char(3)          NOT NULL,
EstimateHours       int              NOT NULL,
StartDate           date             NULL,
EndDate,            date             NULL,
CONSTRAINT          Project_PK       PRIMARY KEY (ProjectID),
CONSTRAINT          PROJ_DEPART_FK   FOREIGN KEY (Department)
                    REFERENCES Department (DepartmentCode)
                    ON UPDATE CASCADE
);
CREATE  TABLE       Assignment (
ProjectID           int              NOT NULL,
EmployeeID          int              NOT NULL,
FinishedHours       int              NOT NULL,
Cost                int              NOT NULL,
CONSTRAINT          Assignment_PK    PRIMARY KEY (ProjectID, EmployeeID),
CONSTRAINT          ASSIGN_PROJ_FK   FOREIGN KEY (ProjectID)
                    REFERENCES Project (ProjectID)
                    ON UPDATE NO ACTION
                    ON DELETE CASCADE,
CONSTRAINT          ASSIGN_EMP_FK    FOREIGN KEY (EmployeeID)
                    REFERENCES Employee (EmployeeID)
                    ON UPDATE NO ACTION
                    ON DELETE NO ACTION
);
```

将上述 SQL 程序输入 pgAdmin 工具的 SQL 编辑器，然后执行，其运行结果如图 3-58 所示。

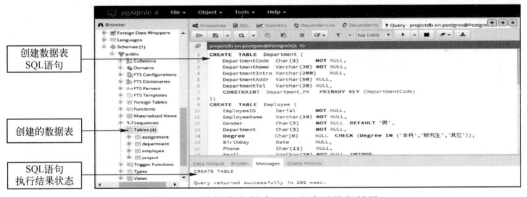

图 3-58　数据库表创建 SQL 程序及执行结果

从图 3-58 所示运行窗口可看到，系统可以一起执行由多条 SQL 语句构成的程序，同时创建多个数据库表。需要注意：在执行有关联表的 SQL 语句时，需要按照一定的顺序完成数据表的创建。例如，在创建上面的 4 个表时，需要首先执行 SQL 语句创建部门表，然后再执行 SQL 语句创建员工表和项目表，最后执行 SQL 语句创建任务表。这是因为表与表之间存在约束关系，首先需要创建部门表，然后才能创建其关联的其他表。

到此为止，ProjectDB 数据库的 4 个数据表创建完成，可以提供给用户使用了。

3.7.4　数据库表数据插入操作

在 PostgreSQL 中创建了数据库表后，就可以在 DBMS 中执行由 INSERT INTO 语句构成的数据插入 SQL 程序，以完成对 ProjectDB 数据库的 4 个表的数据插入操作。其数据插入 SQL 程序示例如下：

```
/***** Department 表数据插入 ************************ /
INSERT INTO Department VALUES('A01', '人力资源',NULL, 'A 区-100', '8535-6102');
INSERT INTO Department VALUES('A02','法律部', NULL, 'A 区-108', '8535-6108');
INSERT INTO Department VALUES('A03','会计部', NULL, 'A 区-201', '8535-6112');
INSERT INTO Department VALUES('A04','财务部', NULL, 'A 区-205', '8535-6123');
INSERT INTO Department VALUES('A05','行政部', NULL, 'A 区-301', '8535-6138');
INSERT INTO Department VALUES('A06','生产部', NULL, 'B 区-101', '8535-6152');
INSERT INTO Department VALUES('A07','市场部', NULL, 'B 区-201', '8535-6158');
INSERT INTO Department VALUES('A08','IT 部', NULL, 'C 区-101', '8535-6162');
/***** Employee 表数据插入 ************************ /
INSERT INTO Employee (employeename,gender,department,degree,birthday,phone,email)
VALUES(
    '潘振', '男','A07', '本科', '1985-12-10','139********','PZ@ ABC.com');
INSERT INTO Employee (employeename,gender,department,degree,birthday,phone,email)
VALUES(
    '张志','男','A02', '研究生', '1973-06-23','139********','ZZ@ ABC.com');
INSERT INTO Employee (employeename,gender,department,degree,birthday,phone,email)
VALUES(
    '刘鸿', '女','A03', '本科', '1976-02-17','139********','LH@ ABC.com');
INSERT INTO Employee (employeename,gender,department,degree,birthday,phone,email)
VALUES(
    '廖宇', '男','A04', '本科', '1989-11-13','139********','LY@ ABC.com');
INSERT INTO Employee (employeename,gender,department,degree,birthday,phone,email)
VALUES(
    '刘梦', '女','A05', '其他', '1987-05-19','139********','LM@ ABC.com');
INSERT INTO Employee (employeename,gender,department,degree,birthday,phone,email)
VALUES(
    '朱静', '女','A08', '本科', '1978-08-30','139********','ZJ@ ABC.com');
INSERT INTO Employee (employeename,gender,department,degree,birthday,phone,email)
VALUES(
    '谢剑', '男','A03', '研究生', '1990-02-11','139********','XJ@ ABC.com');
INSERT INTO Employee (employeename,gender,department,degree,birthday,phone,email)
VALUES(
    '丁成', '男','A06', '本科', '1982-09-23','139********','DC@ ABC.com');
INSERT INTO Employee (employeename,gender,department,degree,birthday,phone,email)
VALUES(
    '严刚', '男','A07','本科', '1988-11-18','139********','YG@ ABC.com');
INSERT INTO Employee (employeename,gender,department,degree,birthday,phone,email)
VALUES(
    '杨盛', '男','A06','本科', '1975-06-09','139********','YS@ ABC.com');
INSERT INTO Employee (employeename,gender,department,degree,birthday,phone,email)
VALUES(
    '王伦', '男','A01', '本科', '1968-07-30','139********','WL@ ABC.com');
INSERT INTO Employee (employeename,gender,department,degree,birthday,phone,email)
VALUES(
    '汪润', '女','A04', '本科', '1965-11-19','139********','WR@ ABC.com');
```

```
/***** Project 表数据插入 *****************************/
INSERT INTO Project(projectname,department,estimatehours,startdate,enddate)
VALUES(
    '新产品推荐', 'A07',220, '2014-03-12', '2014-05-08');
INSERT INTO Project(projectname,department,estimatehours,startdate,enddate)
VALUES(
    '第 2 季度经营分析', 'A04',150, '2014-06-05', '2014-07-10' );
INSERT INTO Project(projectname,department,estimatehours,startdate,enddate)
VALUES(
    '上年度增值税上报', 'A03', 80, '2014-02-12', '2014-03-01');
INSERT INTO Project(projectname,department,estimatehours,startdate,enddate)
VALUES(
    '产品市场分析', 'A07', 135, '2014-03-20', '2014-05-15');
INSERT INTO Project(projectname,department,estimatehours,startdate,enddate)
VALUES(
    '产品定型测试', 'A06', 185, '2014-05-12', '2014-07-15');
/***** Assignment 表数据插入 *************************/
INSERT INTO Assignment VALUES(15,50,50,50);
INSERT INTO Assignment VALUES(15,52,100,50);
INSERT INTO Assignment VALUES(16,53,60,50);
INSERT INTO Assignment VALUES(16,55,80,50);
INSERT INTO Assignment VALUES(17,56 45,50);
INSERT INTO Assignment VALUES(17,57,75,50);
INSERT INTO Assignment VALUES(18,58,55,60);
INSERT INTO Assignment VALUES(18,59,70,60);
INSERT INTO Assignment VALUES(19,50,70,60);
INSERT INTO Assignment VALUES(19,60,30,60);
/*************************************************************/
```

上述 SQL 程序在 pgAdmin 工具的 SQL 编辑器中执行完成后，其运行结果如图 3-59 所示。

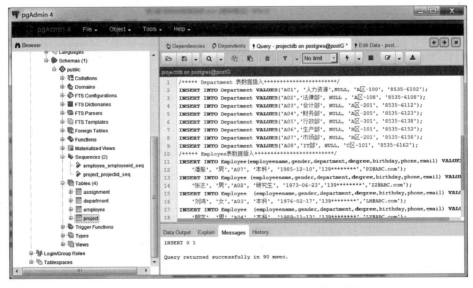

图 3-59　数据库表数据插入 SQL 程序及执行结果

数据库系统原理与实践

这些由多条 INSERT INTO 语句构成的 SQL 程序成功执行后，各个表中就有数据内容了。需要注意：在对多个有关联的表做数据插入时，需要按照一定的顺序执行 INSERT INTO 语句。例如，在上面的 4 个表数据插入时，需要首先执行部门表数据插入语句，然后再执行员工表和项目表数据插入语句，最后执行任务表数据插入语句。

到此为止，ProjectDB 数据库的 4 个数据表中都有了基本数据，如图 3-60~图 3-63 所示。

	departmentcode [PK] character (3)	departmentname character varying (30)	departmentintro character varying (200)	departmentaddr character varying (50)	departmenttel character varying (20)
1	A01	人力资源	[null]	A区-100	8535-6102
2	A02	法律部	[null]	A区-108	8535-6108
3	A03	会计部	[null]	A区-201	8535-6112
4	A04	财务部	[null]	A区-205	8535-6123
5	A05	行政部	[null]	A区-301	8535-6138
6	A06	生产部	[null]	B区-101	8535-6152
7	A07	市场部	[null]	B区-201	8535-6158
8	A08	IT部	[null]	C区-101	8535-6162

图 3-60　部门表数据

	employeeid [PK] integer	employeename character varying (10)	gender character (2)	department character (4)	degree character (6)	birthday date	phone character (11)	email character varying (20)
1	49	潘振	男	A07	本科	1985-12...	139********	PZ@ABC.com
2	50	张志	男	A02	研究生	1973-06...	139********	ZZ@ABC.com
3	51	刘鸥	女	A03	本科	1976-02...	139********	LH@ABC.com
4	52	廖宇	男	A04	本科	1989-11...	139********	LY@ABC.com
5	53	刘梦	女	A05	其他	1987-05...	139********	LM@ABC.com
6	54	朱静	女	A08	本科	1978-08...	139********	ZJ@ABC.com
7	55	谢剑	男	A03	研究生	1990-02...	139********	XJ@ABC.com
8	56	丁成	男	A06	本科	1982-09...	139********	DC@ABC.com
9	57	严刚	男	A07	本科	1988-11...	139********	YG@ABC.com
10	58	杨盛	男	A06	本科	1975-06...	139********	YS@ABC.com
11	59	王伦	男	A01	本科	1968-07...	139********	WL@ABC.com
12	60	汪润	女	A04	本科	1965-11...	139********	WR@ABC.com

图 3-61　员工表数据

	projectid [PK] integer	projectname character varying (50)	department character (4)	estimatehours integer	startdate date	enddate date
1	15	新产品推荐	A07	220	2014-03-12	2014-05-08
2	16	第2季度经营分析	A04	150	2014-06-05	2014-07-10
3	17	上年度增值税上报	A03	80	2014-02-12	2014-03-01
4	18	产品市场分析	A07	135	2014-03-20	2014-05-15
5	19	产品定型测试	A06	185	2014-05-12	2014-07-15

图 3-62　项目表数据

	projectid [PK] integer	employeeid [PK] integer	finishedhours integer	cost integer
1	15	50	50	50
2	15	52	100	50
3	16	53	60	50
4	16	55	80	50
5	17	56	45	50
6	17	57	75	50
7	18	58	55	60
8	18	59	70	60
9	19	50	70	60
10	19	60	30	60

图 3-63　任务表数据

3.7.5　多表关联查询

当 ProjectDB 数据库各个表中都有数据后，就可以实现工程项目管理的数据库信息查询处理了。这里给出若干多表关联的数据库信息查询实例。

【例 3-52】基于工程项目管理系统数据库 ProjectDB，管理部门希望了解各个项目参与员工的任务工时情况。要实现该信息查询处理，需要关联员工（Employee）表、项目（Project）表和任务（Assignment）表。查询输出内容应包含项目名称（ProjectName）、员工姓名（EmployeeName）、实际工时（FinishedHours），其 SQL 语句如下：

```
SELECT  ProjectName  AS 项目名称,EmployeeName  AS 员工姓名,FinishedHours AS 实际
工时
FROM  Employee  AS  E,Project  AS  P, Assignment  AS  A
WHERE  E.EmployeeID=A.EmployeeID  AND  P.ProjectID=A.ProjectID
ORDER BY  P.ProjectID,A.EmployeeID;
```

以上语句执行完成后，查询结果如图 3-64 所示。

上面的多表关联 SELECT 查询分别使用员工表的主键与任务表的外键、项目表的主键和任务表的外键关联，找出符合条件的员工完成工时（FinishedHours）数据。其查询输出数据首先按项目编号（ProjectID）排序，在同一项目中再按员工编号（EmployeeID）排序，采用默认升序输出。

【例 3-53】基于工程项目管理系统数据库 ProjectDB，管理部门希望进一步了解各个参与员工的总工时情况。要实现该信息查询统计，需要关联员工表和任务表，输出内容包含员工编号（EmployeeID）、员工姓名（EmployeeName）、完成总工时（FinishedHours 的累计），其 SQL 语句如下：

```
SELECT  E.EmployeeID AS 员工编号,  EmployeeName  AS 员工姓名,SUM(FinishedHours)
  AS 完成总工时
FROM  Employee  AS  E,  Assignment  AS  A
WHERE  E.EmployeeID=A.EmployeeID
GROUP  BY  E.EmployeeID,EmployeeName
ORDER  BY  E.EmployeeID;
```

以上语句执行完成后，其查询结果如图 3-65 所示。

	项目名称 character varying (50)	员工姓名 character varying (10)	实际工时 integer
1	新产品推荐	张志	50
2	新产品推荐	廖宇	100
3	第2季度经营分析	刘梦	60
4	第2季度经营分析	谢剑	80
5	上年度增值税上报	丁成	45
6	上年度增值税上报	严刚	75
7	产品市场分析	杨盛	55
8	产品市场分析	王伦	70
9	产品定型测试	张志	70
10	产品定型测试	汪润	30

图 3-64　各项目参与员工的任务工时情况

	员工编号 integer	员工姓名 character varying (10)	完成总工时 bigint
1	50	张志	120
2	52	廖宇	100
3	53	刘梦	60
4	55	谢剑	80
5	56	丁成	45
6	57	严刚	75
7	58	杨盛	55
8	59	王伦	70
9	60	汪润	30

图 3-65　各项目参与员工的完成总工时情况

上面的关联表 SELECT 查询使用员工表的主键与任务表的外键关联，找出符合条件的员工完

成工时数据，并按员工（EmployeeID 和 EmployeeName）分组统计总工时。其列表数据按员工编号升序输出。

【例 3-54】基于工程项目管理系统数据库 ProjectDB，管理部门还希望了解各个项目的预计成本（EstimateHours 与 Cost 相乘）和当前实际发生成本（FinishedHours 与 Cost 相乘），并找出哪些项目的成本超出预算。这需要关联项目表和任务表，统计输出各个项目的成本信息，其输出内容包含项目名称（ProjectName）、预计成本、实际成本，其 SQL 语句如下：

```
SELECT  ProjectName  AS 项目名称,  (EstimateHours * Cost)  AS 预计成本,
SUM(FinishedHours * Cost)  AS 实际成本
FROM  Project,Assignment
WHERE  Project.ProjectID=Assignment.ProjectID
GROUP BY  ProjectName,EstimateHours,Cost;
```

以上语句执行完成后，其查询结果如图 3-66 所示。

	项目名称 character varying (50)	预计成本 integer	实际成本 bigint
1	新产品推荐	11000	7500
2	上年度增值税上报	4000	6000
3	产品市场分析	8100	7500
4	第2季度经营分析	7500	7000
5	产品定型测试	11100	6000

图 3-66　各项目的预计成本和实际成本

上面的多表关联 SELECT 查询使用项目表的主键和任务表的外键关联，找出匹配的数据进行计算。按项目名称分组统计各项目的预计成本和实际成本。由计算结果可知，"上年度增值税上报"项目的实际成本超出了预算。

3.7.6　视图应用

在工程项目管理系统中，为了降低编程人员使用查询 SQL 语句的复杂度，同时也为了系统数据得以安全使用，应用视图的处理功能，从而更好地实现数据库信息的访问。

【例 3-55】基于工程项目管理系统数据库 ProjectDB，管理部门希望得到员工通讯簿。为了保护员工的隐私信息，可以采用视图方式查询并输出，其输出内容包含员工编号（EmployeeID）、员工姓名（EmployeeName）、手机（Phone）、邮箱（Email）。该视图的创建 SQL 语句和视图查询SQL 语句如下：

```
CREATE VIEW ContactView AS
SELECT EmployeeID AS 员工编号,EmployeeName AS 员工姓名,Phone AS 电话,Email AS 邮箱
FROM  Employee;
SELECT *
FROM  ContactView
ORDER BY EmployeeID;
```

以上 SQL 语句在数据库中执行完成后，其查询操作结果如图 3-67 所示。

在上面的 SQL 语句中，首先创建视图 ContactView，然后对该视图进行查询，并按员工编号升序输出。

	员工编号 integer	员工姓名 character varying (10)	电话 character (11)	邮箱 character varying (20)
1	49	潘振	139********	PZ@ABC.com
2	50	张志	139********	ZZ@ABC.com
3	51	刘鸿	139********	LH@ABC.com
4	52	廖宇	139********	LY@ABC.com
5	53	刘梦	139********	LM@ABC.com
6	54	朱静	139********	ZJ@ABC.com
7	55	谢剑	139********	XJ@ABC.com
8	56	丁成	139********	DC@ABC.com
9	57	严刚	139********	YG@ABC.com
10	58	杨盛	139********	YS@ABC.com
11	59	王伦	139********	WL@ABC.com
12	60	汪润	139********	WR@ABC.com

图 3-67　员工通讯簿

【例 3-56】基于工程项目管理系统数据库 ProjectDB，管理部门希望找出实际工期超出预期的项目信息。这时需要关联项目表和任务表进行查询处理，计算各个项目的实际工时（Finished-Hours 的累计），并与预期工时（EstimateHours）比较，找出工期超出预期的项目信息。输出内容包含项目名称（ProjectName）、预期工时、实际工时，其 SQL 语句如下：

```
SELECT  ProjectName  AS 项目名称,EstimateHours  AS 预期工时,SUM(FinishedHours)
  AS 实际工时
FROM   Project  AS  P,Assignment  AS  A
WHERE  P.ProjectID=A.ProjectID  AND  SUM(FinishedHours) > EstimateHours
GROUP BY  ProjectName;
```

当以上语句在 PostgreSQL 数据库中执行时，系统会提示错误，不允许将内置函数作为 WHERE 子句的一部分。因此，直接使用 SELECT 语句无法完成上述查询操作。

这里可以先构建一个包含该内置函数的视图，然后在视图查询 SQL 语句中使用 WHERE 子句条件，检索超期的项目，其视图创建 SQL 语句和视图查询 SQL 语句如下：

```
CREATE  VIEW  ProjectFinishedHours  AS
SELECT  ProjectName  AS 项目名称,  EstimateHours  AS 预期工时,
SUM(FinishedHours)  AS 实际工时
FROM   Project  AS  P,  Assignment  AS  A
WHERE  P.ProjectID=A.ProjectID
GROUP BY  ProjectName,EstimateHours;
SELECT  *
FROM ProjectFinishedHours
WHERE  实际工时 > 预期工时
ORDER BY 项目名称;
```

上述 SQL 语句执行完成后，其查询结果如图 3-68 所示。

	项目名称 character varying (50)	预期工时 integer	实际工时 bigint
1	上年度增值税上报	80	120

图 3-68　超期项目信息查询

在上面的超期项目信息查询中，首先创建计算项目实际工时的视图 ProjectFinishedHours，然后对该视图进行条件查询，查询结果数据按项目名称升序输出。

课堂讨论：本节重点与难点知识问题

1）在工程项目管理系统开发中，如何执行 SQL 语句创建 ProjectDB？

2）在工程项目管理系统开发中，如何执行 SQL 语句创建各个数据库表？

3）在工程项目管理系统开发中，如何对 ProjectDB 进行数据的插入、更新、删除？

4）在工程项目管理系统开发中，如何关联多表以实现数据查询？

5）在工程项目管理系统开发中，如何降低应用程序对数据库操作的复杂性？

6）在工程项目管理系统开发中，如何实现数据库 SQL 访问的安全性？

3.8　思考与练习

1. 单选题

1）在 SQL 中，下面哪个语句属于 DDL 类型语句？（　　　）

　　A. SELECT 语句　　　　　　　　B. UPDATE 语句

　　C. CREATE 语句　　　　　　　　D. DELETE 语句

2）下面哪个关键词可以约束数据库表字段取值为唯一？（　　　）

　　A. SORT　　　　　　　　　　　B. DISTINCT

　　C. UNIQUE　　　　　　　　　　D. ORDER BY

3）在学生成绩表中，"分数"字段取值类型一般应为（　　　）。

　　A. 字符串　　　　　　　　　　　B. 整数

　　C. 正整数　　　　　　　　　　　D. 浮点数

4）在 SQL 中，下面哪种数据类型最适合作为身份证字段数据？（　　　）

　　A. int　　　　　　　　　　　　B. text

　　C. char　　　　　　　　　　　　D. varchar

5）在 SQL 中，删除表中数据的语句是（　　　）。

　　A. DROP 语句　　　　　　　　　B. DELETE 语句

　　C. CLEAR 语句　　　　　　　　　D. REMOVE 语句

2. 判断题

1）SQL 是一种数据操作语言，通用于任何类型数据库。（　　　）

2）SELECT 查询操作对应于关系模型的选择操作。（　　　）

3）与表操作相同，视图也可以任意更新数据库中的数据。（　　　）

4）可以使用单个 INSERT INTO 语句对数据库表插入多个元组数据。（　　　）

5）在多表关联查询时，如果最终结果来自单表，则可使用子查询实现。（　　　）

3. 填空题

1）SQL 在 20 世纪 70 年代被＿＿＿＿＿＿＿＿＿＿＿公司发明。

2）在 SQL 中，能够在数据库表中添加数据的语句是＿＿＿＿＿＿＿＿。

3）对数据库表结构进行修改，应使用＿＿＿＿＿＿＿＿＿语句。

4）在 SQL 中，可使用＿＿＿＿＿＿＿＿＿内置函数实现数据列求和。

5）在多表关联查询中，为实现左连接查询，需要使用＿＿＿＿＿＿关键词。

4. 简答题

1）SQL 与程序设计语言有何区别？

2）如何使用子查询与连接查询？

3）数据完整性是指什么？在 SQL 中如何定义数据完整性？

4）什么是列约束？什么是表约束？如何应用它们？

5）在数据库 SQL 程序编程开发中，如何实现用户隐私数据保护？

5. 实践题

在一个房产信息管理系统中，其数据库（EstateDB）包括业主表（Owner）、房产表（Estate）、产权登记表（Registration）。各数据表的字段结构设计见表 3-12～表 3-14。

表 3-12　业主表（Owner）

字段名称	字段编码	数据类型	字段大小	必填字段	备注
身份证号	PersonID	char	18	是	主键
业主姓名	Name	varchar	20	是	
性别	Gender	char	2	是	
职业	Occupation	varchar	20	是	
身份地址	Addr	varchar	50	是	
电话	Tel	varchar	11	是	

表 3-13　房产表（Estate）

字段名称	字段编码	数据类型	字段大小	必填字段	备　注
房产编号	EstateID	char	15	是	主键
房产坐落	EstateName	varchar	50	是	
所在城市	EstateCity	varchar	60	是	
房产类型	EstateType	char	4	是	取值范围："住宅""商铺""车位""别墅"
产权面积	PropertyArea	numeric	（5,2）	是	
使用面积	UsableArea	numeric	（5,2）	是	
竣工日期	CompletedDate	date		是	
产权年限	YearLength	int		是	默认值为 70
备注	Remark	varchar	100	否	

表 3-14　产权登记表（Registration）

字段名称	字段编码	数据类型	字段大小	必填字段	备注
登记编号	RegisterID	Serial	32	是	代理键
身份证号	PersonID	char	18	是	外键
房产编号	EstateID	char	15	是	外键
购买金额	Price	money		是	
购买日期	PurchasedDate	date		是	
交付日期	DeliverDate	date		是	

根据以上数据库表结构及其数据完整性约束编写 SQL 语句，并在 PostgreSQL 服务器中完成该数据库对象创建及其访问操作，具体要求如下：

1）编写并运行 SQL 语句，创建数据库 EstateDB。

2）编写并运行 SQL 语句，创建各个数据库表。

3）编写并运行 SQL 语句，对各个数据库表插入不少于 10 条样本数据。

4）编写并运行 SQL 语句，查询类别为"商铺"的房产信息，其输出列表包括"房产编号""房产坐落""业主姓名""产权面积"。

5）编写并运行 SQL 语句，查询竣工日期为 2024 年 12 月 1 日后，产权面积 90 m² 以上的"住宅"的房产信息，其输出列表包括"房产编号""房产坐落""业主姓名""产权面积""竣工日期""产权年限"。

6）编写并运行 SQL 语句，查询个人拥有两套以上住宅的业主基本信息，其输出列表包括"身份证号""业主姓名""房产编号""房产坐落""所在城市""房产类型""产权面积""购买日期"。

7）编写并运行 SQL 语句，统计 2024 年度各类房产销售面积。

8）编写并运行 SQL 语句，统计 2024 年度各类房产销售金额。

9）创建 SQL 视图，通过视图查询指定身份证号下，该业主的购置房产信息（业主姓名、房产编号、房产坐落、房产类型、产权面积、购买金额、购买日期、房产城市），并按日期降序排列。

10）创建 SQL 视图，分组统计 2024 年度各城市的住宅销售套数与总销售金额。

第 4 章
数据库设计与实现

数据库设计与实现是数据库应用系统开发的重要组成部分。数据库设计质量不但决定了应用系统利用数据库管理数据的有效性，而且决定了应用系统处理业务的性能。在设计与实现应用系统的数据库时，开发者需要采用软件工程方法设计与实现数据库。本章将介绍数据库建模原理、数据库设计理论、数据库建模设计方法、数据库模型实现方法及其设计工具应用，同时也介绍基于函数依赖理论的关系数据库规范化设计方法以及设计优化。

本章学习目标如下：

1）了解数据库设计过程。

2）理解 E-R 模型的原理及方法。

3）掌握系统概念数据模型、逻辑数据模型、物理数据模型的设计方法。

4）理解关系数据库规范化设计理论与方法。

5）掌握数据库设计模型的实现方法。

6）掌握主流数据库设计工具的应用方法。

4.1 数据库设计概述

任何应用系统都离不开数据库的应用。在应用系统的开发过程中，数据库设计是系统开发的核心内容之一。在 IT 领域，数据库设计是指为了满足用户数据需求而进行数据库方案设计过程，其设计方案支持系统的应用开发和数据管理。

4.1.1 数据库设计方案

数据库应用系统开发所需要的数据库设计方案主要体现为数据库设计模型及其设计报告。数据库设计的核心任务就是给出各种数据库设计模型，如数据库应用架构模型、数据库结构模型（系统概念数据模型、系统逻辑数据模型、系统物理数据模型），同时也给出数据库设计报告。典型的数据库设计方案框架如图 4-1 所示。

在数据库设计方案中，设计者需要明确给出数据库任务目标、数据库设计思路、数据库设计约束、数据库命名规则、数据库应用架构、数据库结构模型、数据库应用访问方式等。

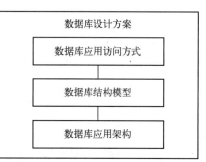

图 4-1　典型的数据库设计方案框架

在开发复杂的数据库应用系统时，为了抓住系统本质及其关键要素，设计者必须对待开发系统进行分析与设计建模。通过系统分析与设计建模，可以对客观事物及其联系进行抽象描述，从而有效地分析与设计数据库应用系统。在数据库设计中，设计者需要创建不同层次的数据模型来抽象表示系统中的数据对象组成及其关系，即建立数据库结构模型。数据库结构模型由概念数据模型、逻辑数据模型和物理数据模型组成。

1. 概念数据模型

概念数据模型（Conceptual Data Mode，CDM）是一种将业务系统的内在数据关系映射到信息系统数据实体联系的顶层抽象，同时也是数据库设计人员与用户之间进行交流的数据模型载体。它使数据库设计人员的注意力能够从复杂业务系统的内在数据关系细节中解脱出来，关注业务系统最重要的信息数据结构及其处理模式。概念数据模型必须是用户与数据库设计人员都能理解的数据模型，并作为用户与数据库设计人员之间交流的媒介。概念数据模型设计是数据库设计中非常关键的环节，它应确保能够满足用户数据需求。

在概念数据模型中，系统数据对象被抽象为"实体"，并以实体–联系模型图的形式反映业务领域的数据对象及其关系。不过概念数据模型只需反映业务领域数据对象组成以及对象之间内在联系，无须定义这些数据对象在数据库系统中如何表示。

2. 逻辑数据模型

逻辑数据模型（Logic Data Mode，LDM）是概念数据模型在系统设计角度的延伸，它使整个系统的实体联系更加完善及规范，并将高层概念模式映射到数据库软件可实现的数据模型（如关系数据模型），以便所设计数据模型能在特定类型数据库中实现，同时又不依赖于具体的DBMS产品。

在逻辑数据模型中，系统的数据对象依然体现为"实体"和"联系"等形式，但该数据模型是从系统设计角度描述系统的数据对象组成及其关系的，并考虑这些数据对象在数据库系统中的逻辑结构表示。

3. 物理数据模型

物理数据模型（Physical Data Model，PDM）从系统设计实现角度描述数据模型在特定DBMS中的具体设计实现方案。

在实现系统数据库及其对象前，设计者需要针对系统所选定的DBMS进行物理数据模型设计。例如，在关系数据库系统的物理数据模型设计中，设计者需要考虑实体如何转换为数据库表，实体联系如何转换为参照完整性约束，以及索引定义、视图定义、触发器定义、存储过程定义等设计内容。

从上面介绍的数据库设计方案中可以看到，数据库建模设计分为概念数据模型设计、逻辑数据模型设计、物理数据模型设计3个层次。各层次数据模型元素之间的对应关系见表4-1。

表4-1 各层次数据模型元素之间的对应关系

概念数据模型	逻辑数据模型	物理数据模型
实体（Entity）	实体（Entity）	表（Table）
属性（Attribute）	属性（Attribute）	列（Column）
标识符（Identifier）	标识符（Primary Identifier/ Foreign Identifier）	键（Primary key/ Foreign key）
联系（Relationship）	联系（Relationship）	参照完整性约束（Reference）

由表4-1可知，各层次数据模型的基本元素有差别，但逻辑数据模型元素与概念数据模型元素差别不大。数据库设计就利用这些模型元素对系统数据结构进行设计建模。

无论是概念数据模型、逻辑数据模型，还是物理数据模型，它们都应满足数据库设计模型的3 个基本原则：①真实地模拟现实世界的数据关系；②数据模型形式容易被用户理解；③数据模型便于在计算机上实现。单一层次的数据模型难以同时满足这 3 个基本原则。因此，在数据库设计中，设计者需要分别在概念数据模型、逻辑数据模型和物理数据模型层次进行建模设计。

4.1.2 数据库设计过程与策略

1. 数据库设计过程

按照软件工程思想，数据库设计是指依据用户在系统需求分析阶段的数据需求，开展数据库建模设计。数据库设计经历概念设计、逻辑设计及物理设计 3 个阶段，其创建的数据库结构模型分别被称为系统概念数据模型、系统逻辑数据模型和系统物理数据模型。数据库设计完成后，便可开展数据库的实现。应用系统的数据库设计过程如图 4-2 中虚框部分所示。

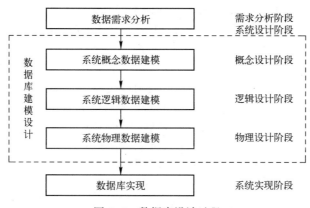

图 4-2　数据库设计过程

在数据库应用系统需求分析阶段，需求分析人员从业务分析中获取数据处理需求，从中抽象出数据实体，分析这些实体的数据特征及其约束关系，并采用数据字典等工程方法对系统数据需求进行具体描述。该系统数据需求文档将作为系统数据库设计的依据。

在数据库应用系统设计阶段，设计人员首先从业务领域角度，对应用系统的数据库结构进行概念设计，得到系统概念数据模型。在此基础上，再从系统软件设计角度，对系统的数据库结构进行逻辑设计，得到系统逻辑数据模型。系统逻辑数据模型应反映本系统针对特定数据库类型设计的系统数据结构。此后，系统设计人员基于所选型的 DBMS 实现要求，对系统的数据库结构进行物理设计，得到系统物理数据模型。系统物理数据模型应反映本系统数据库在特定 DBMS中的具体设计方案，如数据库存储结构、文件组织形式和索引结构等。

在数据库应用系统实现阶段，开发人员依据系统物理数据模型实现数据库及其对象创建，并对所实现的数据库进行测试验证，以得到可运行的数据库系统。在这个阶段，开发人员应同时进行数据库后端程序开发，以及前端应用程序的数据库编程访问。

数据库应用系统开发是一个不断完善的迭代的过程，上述各个阶段相互影响、相互依赖、闭环反馈。因此，数据库设计也需要不断迭代完善。

2. 数据库设计策略

数据库设计是为了适应组织机构的信息数据处理需求和支持组织机构的业务数据管理而设计数据库方案及其数据模型的过程。数据库设计的目的是为数据库应用系统实现提供设计蓝图。通常应用系统的数据信息庞大、数据类型繁多、数据规则繁杂，其数据库设计较复杂，因此，设计者需采取一定的策略进行应用系统数据库设计。

（1）自底向上策略

设计者首先具体分析各业务数据需求，并抽象各业务的数据实体及其关系，设计操作层业务的数据模型；然后设计管理层业务的数据模型；最后设计决策层业务的数据模型。在数据库设计过程中，设计者需要不断地概括、分类与规范数据模型，并建立反映整个组织机构的全局数据模型。自底向上的数据库设计策略比较适合于组织机构规模较小、业务数据关系较简单的应用系统数据库设计，而不太适合于具有大量业务机构、业务数据关系错综复杂的应用系统数据库设计。

（2）自顶向下策略

设计者首先从组织机构全局角度，规划设计组织机构顶层业务的数据模型，然后从上向下分别对组织机构各层级所涉及的业务数据进行建模设计。在数据库设计过程中，设计者自顶向下逐步细化设计组织机构的全局数据模型。自顶向下的数据库设计策略适合于组织机构规模较大、业务数据关系错综复杂的数据库建模设计，但该设计策略的实施有较大挑战性，系统设计者在项目初始阶段从全局角度设计数据模型是有难度的。

（3）由内至外策略

设计者首先确定组织机构的核心业务，对核心业务数据进行建模设计，然后逐步扩展到其他外围业务的数据模型设计。在数据库设计过程中，设计者要解决不同业务数据模型之间的实体冲突、实体共享、实体冗余、模型不完整等问题。由内至外策略是自底向上策略的特例，它首先确定组织机构关键业务的数据模型，然后向外扩展考虑相关业务的数据模型。

（4）混合设计策略

混合设计策略融合以上多种设计策略对系统数据库进行建模设计，即同时应用多种设计策略对组织机构系统的数据模型进行设计，可避免单一设计策略导致的数据库建模设计局限。例如，针对大型组织机构的复杂数据库建模设计，首先可采用自顶向下策略分解组织机构的业务数据范围，为每个业务建立一个数据模型，然后在每个业务数据模型设计中采用自底向上策略，最后采用由内至外策略解决各业务数据模型之间的实体冲突、实体共享、实体冗余、模型不完整等问题。

4.1.3 数据库建模设计工具

目前，常用的数据库建模设计工具有 Power Designer 和 ERwin。下面分别对这两个工具做简单介绍。

1. Power Designer 建模工具

Power Designer 是 SAP Sybase 公司的系统建模工具集。设计者使用它可以方便地对信息系统进行分析与设计，并对系统开发过程进行建模管理。Power Designer 用于数据库开发时，可以构建系统数据流程图、概念数据模型、逻辑数据模型、物理数据模型，并可将设计模型转化为各类典型 DBMS 的数据库对象创建 SQL 脚本程序，还可对数据模型进行规则检查，也能对团队设计模型进行版本控制。

Power Designer 建模工具提供了完整的数据库开发解决方案。业务人员、系统分析人员、系统设计人员、数据库管理人员和开发人员都可以在系统建模中得到满足他们特定需求的模型视图。其模块化的结构为系统扩展提供了极大的灵活性，从而使开发者可以根据其项目的规模和范围来使用他们所需要的工具组件。Power Designer 灵活的分析和设计特性允许设计人员使用工程方法有效地创建数据库或数据仓库，而不局限于特定的方法学。Power Designer 提供了直观的图形符号，使数据库模型易于理解，并支持建模语言标准，可实现开发人员的技术交流与共享。

2. ERwin 建模工具

ERwin（ERwin Data Modeler）是 CA Technologies 公司 AllFuusin 品牌下的数据建模工具，该工具支持各主流数据库系统设计。

ERwin 是一种功能强大、易于使用的数据库建模工具。它极大地提高了设计、生成、维护数据库的工作效率。从描述信息需求和商务规则的概念模型，到针对特定目标数据库优化的物理模型，ERwin 均以可视化方式确定合理的结构、关键元素，以及数据库模型。

ERwin 既是数据库设计工具，也是功能强大的数据库开发工具，它能为主流的 DBMS 数据库自动生成数据库表、视图、存储过程和触发器等对象创建代码。ERwin 同样也支持以数据为中心的应用开发。

课堂讨论：本节重点与难点知识问题

1）数据库设计过程分为哪几个阶段？用户可以在哪个阶段参与？
2）数据库应用架构与数据库内部结构分别是指什么？
3）概念数据模型、逻辑数据模型、物理数据模型之间是什么关系？
4）在数据库应用系统实现阶段，数据库开发涉及哪些活动？
5）针对特定数据库应用系统，如何确定数据库设计策略？
6）在数据库设计中，如何遵从工程伦理与职业道德规范？

4.2　E-R 模型

E-R 模型是"实体-联系模型"（Entity-Relationship Model）的简称。它是一种描述现实世界概念数据模型、逻辑数据模型的有效方法。E-R 模型最早由 Peter Chen（陈品山）于 1976 年提出，该模型在数据库设计领域得到了广泛的使用。大部分数据库设计工具产品均支持使用 E-R 模型进行数据库概念数据模型与逻辑数据模型的设计。

4.2.1　模型基本元素

E-R 模型主要定义了实体、属性、联系 3 种基本元素，并使用这些元素符号建模系统的数据对象组成及其数据关系。在系统 E-R 模型设计中，其模型图形主要有 Chen 氏表示法、Crow Feet 表示法和 UML（Unified Modeling Language，统一建模语言）表示法。本书采用数据库建模工具普遍支持的 Crow Feet 表示法给出 E-R 模型元素符号。

1. 实体

实体（Entity）是包含数据特征的事物对象在概念模型世界中的抽象名称。实体可以是人，如"客户""读者""经理"等，也可以是物品，如"图书""商品""设备"等，还可以是机构单位，如销售部门、配送部门、仓储部门等。总之，凡是包含数据特征的对象均可被定义为实体。

在 E-R 模型图中，实体符号通常使用两栏矩形方框表示，并在上栏方框内填写实体的名称。实体名一般采用以大写字母开头的英文名词表示。建议实体名在概念模型设计阶段使用中文表示，而在物理模型设计阶段转换成英文名形式，这样既便于设计人员与用户就建模进行交流，也便于编程人员对设计模型进行开发实现。例如，"客户"实体表示如图 4-3 所示。

图 4-3　"客户"
实体表示

2. 属性

每个实体都有自己的一组数据特征，这些描述实体的数据特征被称为实体的属性（Attribute）。例如，"客户"实体具有客户编号、客户姓名、性别、手机等属性。不同实体的属性是不同的。

在E-R模型图中，实体图下栏区域给出实体的各个属性名。例如，"客户"实体的属性表示如图4-4所示。

在实体中，能够唯一标识不同实体实例的属性或属性集被称为标识符。在图4-4所示的"客户"实体中，"客户编号"属性值可以唯一标识不同客户实例，它可以作为客户实体的标识符。如果实体中找不到任何单个属性可以作为标识符，就必须选取多个属性的组合作为标识符，这类标识符被称为复合标识符。例如，"订单明细"实体需要使用"订单编号"和"商品编号"属性作为复合标识符。

在E-R模型图中，作为标识符的属性名需带有下划线。如果是复合标识符，则构成该复合标识符的所有属性名都需带有下划线，如图4-5所示。

图4-4 "客户"实体的属性表示　　　　图4-5 实体标识符的表示

3. 实体间的联系

可以使用联系（Relationship）表示一个或多个实体之间的关联关系。现实世界的事物总是存在这样或那样的联系，这种联系必然要在信息世界中得到反映。联系是实体之间的一种关联行为，一般用动词来命名，如"管理""查看""订购"等。

在Crow Feet表示法的E-R模型图中，用带有形似鸟足的连线符号表示实体之间的联系，并在线上标记名称以表示联系的行为语义，如图4-6所示。

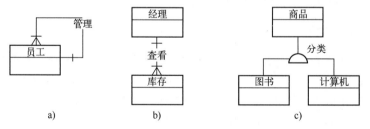

图4-6 实体之间的联系示例

a）一元联系　b）二元联系　c）三元联系

实体之间关联的数目被称为元。实体自己与自己之间的联系被称为一元联系，也被称为递归联系，即一个实体集内部实体之间的联系。例如，"员工"实体之间存在上下级管理关系，其一元联系表示如图4-6a所示。两个实体之间的联系被称为二元联系。例如，"经理"实体与"库存"实体之间存在的查看联系，其二元联系表示如图4-6b所示。3个实体之间的联系被称为三元联系。例如，商品、图书、计算机3个实体存在一种分类联系，其三元联系表示如图4-6c所示。虽然在现实世界中也存在三元以上的联系，但在E-R模型中较少使用。在实际应用中，二元联系是最常见的实体联系。

4.2.2　实体联系类型

实体联系类型是实体之间不同约束的联系形式。在 E-R 模型中，实体联系可以按多重性、参与性、继承性等特性进行分类。

1. 按多重性分类

实体联系多重性指一个实体实例与另一个关联实体实例的数目对应关系。例如，二元实体联系类型按照多重性可以分为如下 3 种联系。

（1）一对一联系

如果实体 A 中的每一个实例在实体 B 中至多有一个实例与之联系，反之亦然，则称实体 A 与实体 B 具有一对一联系，记为 1:1。例如，一个学生只能办理一个学生证，而一个学生证也只能对应于一个学生，学生和学生证之间建立起对应联系。这种联系就是"一对一"类型的联系，如图 4-7a 所示。

（2）一对多联系

如果实体 A 中的每一个实例在实体 B 中有 N（$N \geq 1$）个实例与之联系，而实体 B 中的每一个实例在实体 A 中至多有一个实例与之联系，则称实体 A 与实体 B 具有一对多联系，记为 1:N。例如，一个班级有多名班级干部，而一个班级干部只能隶属于一个班级，则班级与班级干部之间建立起的这种"拥有"联系就是"一对多"类型的联系，如图 4-7b 所示。

（3）多对多联系

如果实体 A 中的每一个实例在实体 B 中有 N（$N \geq 1$）个实体与之联系，而实体 B 中的每一个实例在实体 A 中有 M（$M \geq 1$）个实体与之联系，则称实体 A 与实体 B 具有多对多联系，记为 M:N。例如，一名教师可以讲授多门课程，一门课程也可以由多名教师讲授，因此课程和教师之间的这种"教学"联系就是"多对多"类型的联系，如图 4-7c 所示。

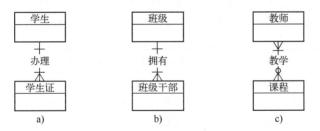

图 4-7　二元实体联系类型

a）1:1 联系　b）1:N 联系　c）M:N 联系

2. 按参与性分类

二元实体联系除了有"一对一""一对多"和"多对多"的联系类型外，每种联系实体还可根据参与性分成两种类型，即可选的联系和强制的联系。为了更精确地描述参与实例的数目约束，还可具体指定各实体参与联系的基数。在 E-R 模型中，基数是关联实体可能参与联系的实例数量。例如，学校规定对于全校公选课，学生每学期至少选修 1 门课程，最多选修 3 门课程；每门课程最少要有 10 个人选，最多不能超过 120 人。在"学生""课程"实体的联系约束中，"学生"实体的基数范围是［10,120］，"课程"实体的基数范围是［1,3］。实体联系的基数范围可用［min,max］形式表示，其中 min 表示最小基数，max 表示最大基数。如果最小基数为 0，则表示联系中的实体参与是可选的。如果最小基数为 ≥ 1 的值，则表示联系中的实体参与是强制性的。

在图4-7中，实体之间使用了不同的联系符号，并在连线中给出了联系名称用于定义联系的语义，此外在实体两端还可以分别标记联系的最小基数和最大基数。图4-7a中的联系符号表示一个学生只能办理一个学生证，且最多只能有一个学生证，即"学生""学生证"实体的最小基数均为1，最大基数也均为1。图4-7b中的联系符号表示一个班级干部只能属于一个班级且必须属于一个班级，即"班级"实体的最大基数为1，最小基数为1；一个班级至少有一个班级干部，最多可以有 N 个班级干部，即"班级干部"实体的最小基数为1，最大基数为 N。图4-7c中的联系符号表示一个教师可以不授课或授课多达 M 门，1门课程至少由一个教师讲授，也可以由 N 个教师讲授，即"教师"实体的最小基数为1，最大基数为 N，"课程"实体的最小基数为0，最大基数为 M。

总之，在E-R模型中可以使用多种不同的符号表示实体联系的多重性及参与性，本书所用图形符号见表4-2。

表4-2　不同二元联系的表示符号

联系符号	含　义
$\underset{0,1}{—\!\!○}$	实体联系为可选，最小基数为0，最大基数为1
$\underset{1,1}{—\!\!+}$	实体联系为强制，最小基数为1，最大基数为1
$\underset{0,N}{—\!\!○\!\!<}$	实体联系为可选，最小基数为0，最大基数为 N
$\underset{1,N}{—\!\!+\!\!<}$	实体联系为强制，最小基数为1，最大基数为 N

3. 按继承性分类

实体之间除了上述基本联系外，还可以有继承联系。继承联系用于表示实体之间的相似性关系。在实体继承联系中，一端是具有公共属性的实体，被称为父实体；另一端是与父实体具有相似属性，同时也具有特殊属性的一个或多个实体，被称为子实体。

例如，在图4-8所示的"学生""大学生""中小学生"实体联系中，"学生"实体是父实体，它具有所有学生的共性，"大学生"实体和"中小学生"实体则是子实体，它们代表不同类别的学生。

在继承联系中，可以按照互斥继承联系与非互斥继承联系进行分类。在互斥继承联系中，父实体中的一个实例只能属于某个子实体，不能同时属于多个子实体。例如，"课程"父实体下的"必修课程"与"选修课程"两个子实体之间的联系是互斥的，如图4-9所示。

<table>
<tr><td align="center">图4-8　继承联系的示例</td><td align="center">图4-9　互斥继承联系的示例</td></tr>
</table>

在非互斥继承联系中，父实体的一个实例可以属于多个子实体。例如，"教职工"父实体下的"干部"与"教师"子实体之间属于非互斥继承联系，其原因是某教职工有可能既是干部，也是教师，如图4-10所示。

除了互斥和非互斥继承联系分类外，继承联系还可以按照完整继承和非完整继承进行分类。

如果父实体中的实例完整地被各个子实体分别继承，则为完整继承联系，否则为非完整继承联系。

例如，"研究生"实体有"硕士研究生"和"博士研究生"两个子实体。这两个子实体完整概括了研究生的类型，因此该继承联系为完整继承联系，如图 4-11 所示。

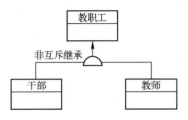

图 4-10　非互斥继承联系的示例

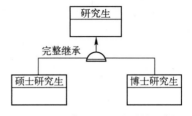

图 4-11　完整继承联系的示例

另外，"大学生"实体有"本科生"和"研究生"两个子实体，每个"大学生"实体的实例可以是"本科生"或"研究生"，但是除了本科生和研究生外，还有自考和网络教育等大学生，因此该继承联系是非完整继承联系，如图 4-12 所示。

总之，实体之间的继承联系按照互斥性与完整性的不同，可以分为 4 种，分别是非互斥继承联系、互斥继承联系、完整继承联系、非完整继承联系，其对应的模型符号见表 4-3。

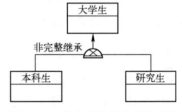

图 4-12　非完整继承联系的示例

表 4-3　4 种继承联系的模型符号

继承联系类型	模型符号
非互斥继承联系	⌓
互斥继承联系	⌓⨯
完整继承联系	⌓
非完整继承联系	⌓⨯

4.2.3　强弱实体

在 E-R 模型中，按照实体之间的语义关系，可以将实体分为弱实体和强实体。在现实世界中，某些实体对另一些实体有逻辑上的依赖联系，即一个实体的存在必须以另一个实体的存在为前提，依赖的实体（前者）就被称为弱实体，而被依赖的实体（后者）被称为强实体。例如，在"学生""学校"实体联系中，"学生"实体必须依赖于"学校"实体而存在。因此，在该实体联系中，"学生"为弱实体，"学校"为强实体，其实体联系如图 4-13 所示。

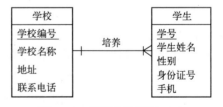

图 4-13　强弱实体联系（1）

在建立的系统 E-R 模型中，当给出一个弱实体时，也必须给出它所依赖的强实体，从而完整地反映系统的实体组成结构。在一些情况下，一个实体既可能是弱实体，又可能是强实体，这取决于该实体与其他实体之间的联系。例如，在"学校""学生""课程""成绩表"实体联系中："学生"实体必须依赖于"学校"实体而存在，其中"学生"实体为弱实体；"成绩表"实体作为弱实体又依赖于"学生"实体，这时"学生"又为强实体。它们之间的实体联系如图 4-14 所示。

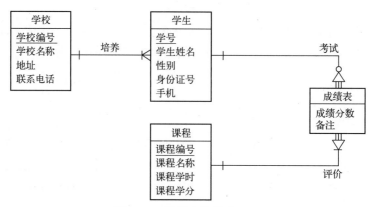

图 4-14　强弱实体联系（2）

在 E-R 模型中，区分强弱实体是为了确定实体之间的依赖联系，同时也是为了在系统模型设计时确保模型实体的完整性。

4.2.4　标识符依赖实体

在 E-R 模型中，根据弱实体在语义上对强实体依赖程度的不同，弱实体又分为标识符（ID）依赖弱实体和非标识符（非 ID）依赖弱实体两类。

1. 标识符（ID）依赖弱实体

如果弱实体的标识符含有所依赖实体的标识符，则该弱实体被称为标识符依赖弱实体。在图 4-14 中，"成绩表"实体在语义上依赖于"学生""课程"实体而存在，如果没有"学生""课程"实体，则不会有"成绩表"实体，因此"成绩表"实体是弱实体。同时，"成绩表"实体的标识符含有所依赖的"学生""课程"实体的标识符，因此，"成绩表"实体是标识符依赖弱实体。

2. 非标识符（非 ID）依赖弱实体

在有依赖联系的弱实体中，并非所有弱实体都是标识符依赖弱实体，它们可以有自己的标识符，这样的弱实体即非标识符依赖弱实体。例如，在图 4-15 所示的"客户""订单""商品"实体联系中，"订单"实体在语义上依赖于"客户""商品"实体而存在。但是"订单"实体有自己的标识符，没有将"客户""商品"实体的标识符作为自身标识符的组成部分。因此，"订单"实体为非标识符依赖弱实体。

以上示例所给出的标识符依赖弱实体和非标识符依赖弱实体均为一对多联系，标识符依赖弱实体和非标识符依赖弱实体在其他示例中也可为一对一联系或多对多联系。

在 E-R 模型中，标识符依赖弱实体和非标识符依赖弱实体的联系连线图形符号是不同的。标识符依赖弱实体的联系连线图形符号，在弱实体一侧有一个三角形的符号，如图 4-14 所示。非标识符依赖弱实体的联系连线图形符号，在弱实体一侧仅为基本鸟足符号，如图 4-15 所示。

图 4-15　非标识符依赖弱实体示例

4.2.5 E-R 模型图

采用 E-R 模型元素所描述的系统数据结构图形，被称为 E-R 模型图。使用以上 E-R 模型的元素符号，可以构建任何信息系统的数据模型，从而描述该信息系统的数据实体组成及实体之间的联系。

【例 4-1】使用 E-R 模型元素，设计图书馆业务系统的 E-R 模型图，如图 4-16 所示。

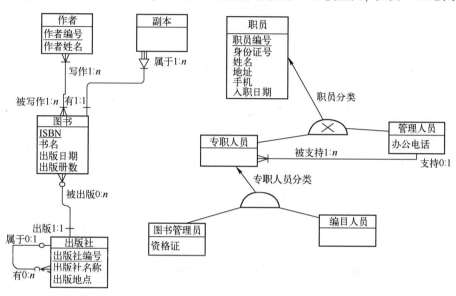

图 4-16 图书馆业务系统 E-R 模型图示例

课堂讨论：本节重点与难点知识问题

1）E-R 模型与概念数据模型、逻辑数据模型之间是什么关系？

2）在 E-R 模型图中，如何理解实体联系的多重性？

3）在 E-R 模型图中，如何表示实体之间的继承联系？

4）在 E-R 模型图中，如何理解强弱实体？

5）在 E-R 模型图中，如何理解标识符依赖弱实体和非标识符依赖弱实体？

6）在 E-R 模型图中，如何理解实体继承联系的互斥性约束、完整性约束？

4.3 数据库建模设计

由 4.1 节可知，数据库设计分为概念设计、逻辑设计和物理设计 3 个阶段，设计人员在各个阶段分别进行概念数据模型设计、逻辑数据模型设计和物理数据模型设计。

4.3.1 概念数据模型设计

数据库设计的第一阶段就是设计一个满足系统数据需求的概念数据模型。该数据模型是一种将现实世界数据及其关系映射到信息世界数据实体及其关系的顶层抽象，同时也是数据库设计人员与用户之间进行交流的数据模型载体。它使设计人员的注意力能够从复杂应用系统的数据内在关系细节中解脱出来，关注应用系统最重要的信息数据架构。

在概念数据模型设计中，设计人员通常采用 E-R 模型来定义和描述系统的数据对象组成结构，即采用 E-R 模型图的实体及其联系等模型符号，以可视化方式描述系统的数据结构关系。系统概念数据模型设计步骤如下。

1. 抽取与标识实体

设计人员分析系统需求规格说明书，从中抽取数据需求对象，并将它们标识为实体。

【例 4-2】针对一个图书销售管理系统数据需求，可以抽取出"图书""商店""销售""折扣""作者""出版社"实体，并将它们在 E-R 模型图中标识出来，如图 4-17 所示。

以上实体均是包含数据信息的对象，它们反映了图书销售管理系统的基本数据对象组成。在 E-R 模型图中，设计者可以使用实体符号及其名称标识这些实体。需要注意的是在 E-R 模型中，实体名称必须唯一，且有明确意义。

图 4-17　图书销售管理系统实体

2. 分析与标识实体联系

设计者通过分析实体对象之间在业务系统中的相关性，标识实体之间的联系。数据库设计者应仔细分析系统需求规格说明书中关于数据之间的联系说明，然后采用 E-R 模型的联系元素符号标识这些实体之间的联系。

【例 4-3】针对例 4-2 的图书销售管理系统，可以分析出"图书"实体与"出版社""作者""销售"实体均有联系。同样，"商店"实体与"销售""折扣"实体也有联系。进一步，还可以分析出这些实体间联系的多重性、参与性、继承性等约束。随后，可使用 E-R 模型的联系元素符号将它们连接起来，如图 4-18 所示。

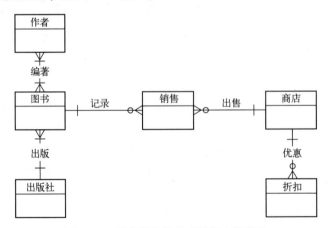

图 4-18　图书销售管理系统的实体联系

在标识实体联系时，设计者不但需要给出实体之间的联系连接线，而且需要给出该联系的名称，并准确反映实体间的语义。在 E-R 模型图中，实体联系符号需要体现出实体间的多重性、参与性、继承性等约束关系。此外，需要注意的是在 E-R 模型中，联系名称也必须唯一，并且是有明确意义的名称。

3. 定义实体属性与标识符

设计者在以上概略的 E-R 模型图基础上进一步细化设计，确定各个实体的属性。具体来讲，设计者要分析实体的数据特征，并将它们在实体中定义出来。在进行属性定义时，设计者需要给出属性名称、数据类型、取值约束等说明；同时，设计者还需要从实体的各个属性中，选出一个有代表性的属性作为实体的标识符。该标识符类似主键，要求其值唯一，且不允许空值。针对一些属性的取值业务规则，设计者还需要定义属性值域，以限定属性的取值范围。

【例 4-4】针对例 4-3 中的图书销售管理系统，可以对各个实体进行实体属性定义，并确定其标识符，其细化后的模型如图 4-19 所示。

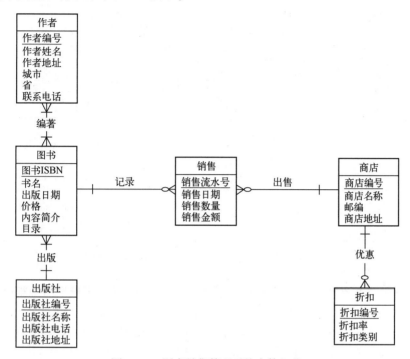

图 4-19　图书销售管理系统实体细化

当 E-R 模型中各个实体的属性及标识符都被定义后，该系统的初步概念数据模型就设计出来了。在系统概念数据模型中，除了需要在 E-R 图中展示设计内容外，还需要在模型中定义一些隐藏的信息，如属性的数据类型、属性的值域、属性是否允许空值、属性的默认值、属性值检查规则等。

4. 检查与完善概念数据模型

较大规模系统或复杂系统的概念数据模型设计不可能一步完成，需要通过设计、检查、完善的多次迭代，才能得到符合用户需求的概念数据模型。

在系统概念数据模型检查中，通常需要检查模型中是否存在实体、属性及联系的冲突问题、冗余问题、遗漏问题、错误关联问题等。设计者还需要从业务数据处理角度，检验模型是否支持业务处理。当模型出现任何问题时，设计者都需要对模型进行完善。

【例 4-5】对图 4-19 所示的图书销售管理系统 E-R 模型，可以分析出该模型存在实体及联系遗漏情况，如用户在数据库中无法了解某商店有哪些图书，也无法了解各商店中图书的库存。因此，需要对该 E-R 模型进行完善，增加"库存"实体，并在"图书""商店"实体之间建立联系。此外，为了便于客户按图书类别浏览或查询商品信息，在原数据模型基础上，再增加"图书类别"实体，并将它与"图书"实体建立联系。完善之后的系统 E-R 模型如图 4-20 所示。

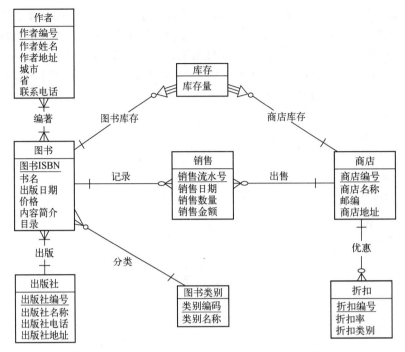

图 4-20　完善之后的图书销售管理系统 E-R 模型

针对一个较大规模系统或复杂系统的概念数据模型设计，在一个模型图中难以完整反映系统数据库结构的设计方案，通常需要设计多个概念数据模型图或多个子模型图，以便完整地描述系统数据结构。不同模型图分别反映不同业务的系统数据结构。在这些模型之间，需要解决实体、属性、联系等元素可能出现的冲突、冗余、遗漏等问题，并支持模型之间共享数据实体。

4.3.2　逻辑数据模型设计

在面向用户视角的系统概念数据模型设计完成之后，设计人员接下来要从系统设计视角进行逻辑数据模型设计。逻辑数据模型是概念数据模型在系统设计角度的延伸，它既要体现数据库实现的数据模型针对性（如关系数据库设计），又要不依赖于具体的 DBMS 产品。

在逻辑数据模型设计阶段，同样采用 E-R 模型来定义和描述系统的逻辑数据模型，即采用 E-R 图的实体、属性、联系等模型符号以可视化方式描述系统的数据结构关系设计。系统逻辑数据模型设计步骤如下。

1. 概念数据模型对逻辑数据模型的转换

逻辑数据模型设计所要完成的基本任务是将概念数据模型进一步转换设计为适合特定数据库类型的数据模型，并根据数据库设计的准则、数据的语义约束、规范化理论等要求对数据模型进行适当的调整和优化，形成符合设计规范的系统逻辑数据模型。逻辑数据模型与概念数据模型的主要区别如下：

1）逻辑数据模型比概念数据模型对信息系统数据结构的描述更具体，不但有业务实体，也有新增的、便于信息化处理的数据实体。

2）逻辑数据模型将概念数据模型的多对多实体联系转化为易于关系数据库实现的一对多实体联系。

3）逻辑数据模型将概念数据模型中的标识符依赖实体进一步细化，并区分出主键标识符和外键标识符，以便于数据模型规范化处理。

【例 4-6】将图 4-20 所示的图书销售管理系统概念数据模型转换设计为逻辑数据模型，如图 4-21 所示。

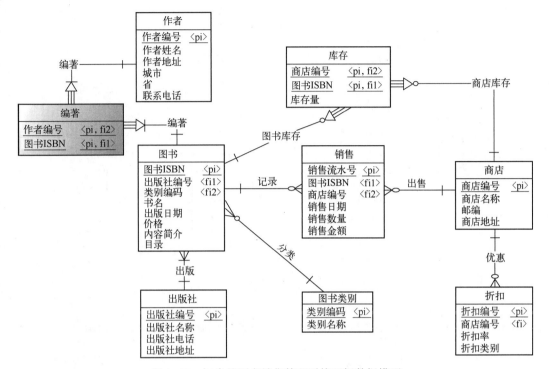

图 4-21　初步的图书销售管理系统逻辑数据模型

从图 4-21 可以看到，与概念数据模型一样，图书销售管理系统逻辑数据模型也采用 E-R 模型图给出数据库结构模型设计。逻辑数据模型可以更加具体地给出实体属性定义，如在每个实体中分别标识主键标识符（pi）及外键标识符（fi）。此外，它将概念数据模型中存在的实体间多对多联系，转换为关联实体（如"编著"实体）与原实体（"作者""图书"）之间的一对多联系，从而便于在关系数据库中实现。

2. 规范化与完善逻辑数据模型设计

按照概念数据模型与逻辑数据模型转换规则得到的系统逻辑数据模型，可能存在一些不规范的问题，如新导出的关联实体属性不完整、实体对应的关系表不符合数据库设计标准范式等。在逻辑数据模型设计中，一项重要工作就是对数据模型进行规范化与完善设计，使其符合所采用数据库的数据模型要求。例如，针对关系数据库的逻辑数据模型设计，通常需要各个实体符合关系数据库设计规范的第三范式（3NF），即实体中非键属性仅依赖于主键属性。否则，需要对实体进行规范化处理。

【例 4-7】通过分析图 4-21 所示的图书销售管理系统逻辑数据模型，可以看到该模型的"作者"实体不符合关系数据库设计规范的 3NF，其中的"省""城市"属性存在传递依赖。此外，新引入的关联实体"编著"的名称不太确切，其属性只有所依赖实体的标识符，缺少自身属性。因此，需要对该逻辑数据模型进行规范化与完善设计，其设计结果如图 4-22 所示。

完善后的图书销售管理系统逻辑数据模型，增加了"地区表"实体，并将它与"作者"实体建立联系，同时删除"作者"实体中的"省""城市"属性，从而在"作者"关系表中可通过"地区编码"实现一致的地区名称输入。此外，修订关联实体"编著"名称为"编著排名"，并增加"排位顺序"属性，从而使该实体数据具有实际意义。

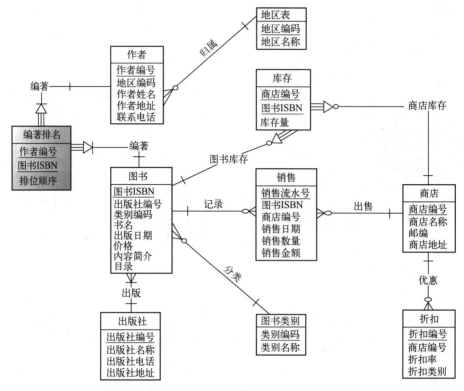

图 4-22 完善后的图书销售管理系统逻辑数据模型

4.3.3 物理数据模型设计

当确定系统所使用的具体 DBMS 软件后，设计人员就可以针对系统所选定的 DBMS 进行物理数据模型设计。在系统物理数据模型设计中，不再使用 E-R 图来描述数据库结构模型，而是采用 DBMS 所使用的数据模型来设计系统物理数据模型，如在关系数据库设计中，考虑将实体转换为关系表、实体联系转换为参照完整性约束，并进行索引定义、视图定义、触发器定义、存储过程定义等设计。

在基于关系数据库的物理数据模型设计中，采用关系模型图元素符号（如关系表、参照完整性约束、主键、外键、视图、触发器、存储过程等）来描述系统物理数据模型，其设计步骤如下：

1）将 E-R 模型图中每一个实体对应转换成一个关系表，实体属性转换为对应表的列，实体标识符转换为对应表的主键。

2）将实体联系转换为关系表之间的主、外键关系，并定义表之间的参照完整性约束。

3）完善系统的关系模型图，并在模型中扩展视图、索引、存储过程及触发器等数据库对象。

下面分别对 E-R 模型转换为关系模型的各类处理进行说明。

1. 实体到关系表的转换

将 E-R 模型转换为关系模型的基本方式是将实体转换为关系表。首先为每个实体定义一个关系表，其表名与实体名相同；然后将实体的属性转换为表中的列，实体的主键标识符转换为主键，外键标识符转换为外键。

【例 4-8】图 4-23a 中的"学生"实体包含如下属性：学号、姓名、性别和专业。将该实体对应转换为"学生"关系表，将实体的属性转换为表中的列，将实体的标识符转换为表中的主键，结果如图 4-23b 所示。其中，<pk>表示主键。

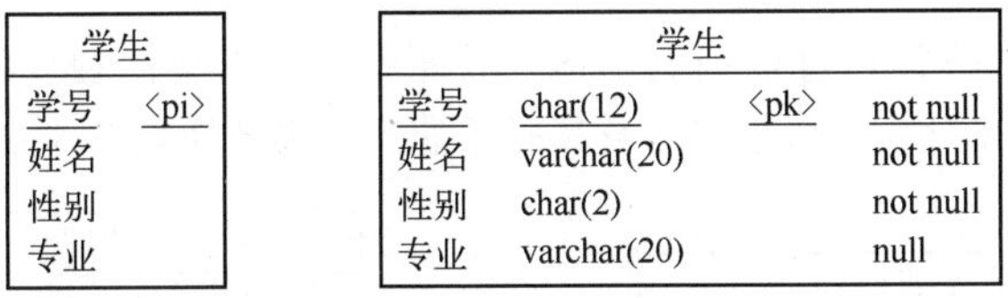

图 4-23　实体转换为关系表

a）实体　b）关系表

在进行实体到关系表的转换时，可能还需要进行以下工作。

（1）代理键设置

在关系数据库设计中，当关系表中的候选键都不适合作为主键时（如候选键的数据类型为复杂数据或者候选键由多个属性组成），就可以使用代理键作为主键。代理键由 DBMS 自动提供序列值，且值永不重复，可以唯一标识关系表中不同的元组。

（2）列特性设置

在将实体的属性转换为关系表的列时，必须为每个列定义特性，包括数据类型、空值状态、默认值及取值约束。

数据类型：每个 DBMS 都有自己的数据类型定义，对关系表的每一列，应指明该列的数据类型。

空值状态：在表中插入新行时，某些列要求必须有值。对于这样的列，需要给出列约束为 not null。某些列若允许空值，可给出列约束为 null。例如，在图 4-23b 中，"学号""姓名"和"性别"列要求必须有值，其列约束为 not null。"专业"列允许空值，可给出列约束为 null。

默认值：当关系表中某列设定了默认值后，若用户没有在该列输入值，则由 DBMS 自动将预先设定的默认值写入该列。例如，对学生表的"性别"列，可以设置其默认值为"男"。当程序插入新的学生信息时，如果没有给该学生性别列提供值，系统将自动设置其值为"男"。需要注意的是，只有设置了 not null 约束，才可以设置默认值。

取值约束：若列有取值范围的限制，则可使用取值约束来实施限制。例如，学生的性别列数据只能是"男"或者"女"，因此可以在学生表的性别列使用 Check 约束来限制该列的取值范围。

2. 弱实体到关系表的转换

前面描述的实体转换为关系表的方式适用于 E-R 模型的所有实体类型，但弱实体转换为关系表还需要特别的处理。当弱实体非标识符依赖于一个强实体时，设计者应在弱实体转换的关系表中加入强实体标识符作为外键列。当弱实体标识符依赖于一个强实体时，设计者不但应在弱实体转换的关系表中加入强实体标识符作为外键列，而且要将其作为该表的主键列。

【例 4-9】图 4-24 中的"销售订单"实体在逻辑上依赖于"销售员"实体。它们之间的实体联系为一对多。

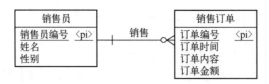

图 4-24　非标识符依赖弱实体

"销售订单"实体是非标识符依赖弱实体，其原因是它有自己独立的标识符"订单编号"。在进行物理数据模型设计时，这两个实体及其联系的关系表转换如图 4-25 所示。

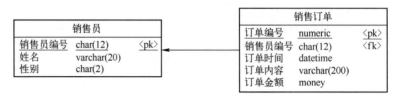

图 4-25　非标识符依赖弱实体的关系表转换

在弱实体转换的"销售订单"关系表中，"订单编号"作为主键，"销售员编号"作为外键，并参照约束于"销售员"表的主键"销售员编号"。

【例 4-10】图 4-26 中的"订单明细"实体标识符依赖于"销售订单"实体。它们之间的实体联系为一对多。在弱实体"订单明细"实体转换为关系表时，它所标识符依赖的强实体的标识符不但在"订单明细"关系表中作为主键，而且也作为外键，并与"订单明细"实体的标识符"订单明细编号"共同构成复合主键，如图 4-27 所示。

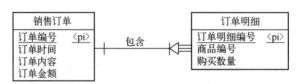

图 4-26　标识符依赖弱实体

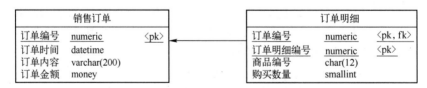

图 4-27　标识符依赖弱实体的关系表转换

3. 实体联系的转换

在 E-R 模型设计中，实体联系用来描述实体之间的语义关系。在将 E-R 模型转换设计为关系模型时，除了将实体转换为关系表外，还需要将实体联系转换为表之间的参照完整性约束。

由 4.2 节可知，实体之间除了存在一般的联系外，还可能存在继承联系和递归联系等形式。在这些实体联系转换为关系模型中表之间的参照完整性约束时，其转换方法有所不同。

（1）1:1 实体联系的转换

1:1 实体联系是二元实体联系中最简单的一种形式，即一个实体的实例与另一个实体的实例一一对应相关。在将 E-R 模型转换为关系模型时，1:1 实体联系的实体分别转换为关系表，并将其中一个表的主键放入另一个表中作为外键。

【例 4-11】 在图 4-28 所示的 E-R 模型中，"学生"实体与"助研金发放账号"实体存在 1:1 实体联系。

在将 E-R 模型转换为关系模型时，先将"学生"实体转换为"学生"关系表，再将"助研金发放账号"实体转换为"助研金发放账号"关系表，最后将一个表的主键放入另一个表中作为外键。

图 4-28　1:1 实体联系

针对该例，可以有两种转换方案：一种是将"学生"表的主键"学号"放入"助研金发放账号"表中作为外键，如图 4-29a 所示。另一种是将"助研金发放账号"表的主键"账号"放入"学生"表中作为外键，如图 4-29b 所示。这两种方案均是可行的，设计人员可根据应用情况自主做出选择。

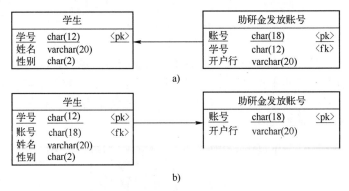

图 4-29　1:1 实体联系的关系转换
a)"学号"作为外键　b)"账号"作为外键

(2) 1:N 实体联系的转换

1:N 实体联系是 E-R 模型中使用最多的一种联系。在将 E-R 模型转换为关系模型时，先将 1:N 实体联系的实体分别转换为关系表，再将 1 端关系表的主键放入 N 端关系表中作为外键。

【例 4-12】 在图 4-30 所示的 E-R 模型中，"班级"实体与"学生"实体存在 1:N 实体联系。

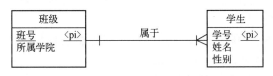

图 4-30　1:N 实体联系

当将 E-R 模型转换为关系模型时，先将"班级"实体转换为"班级"关系表，再将"学生"实体转换为"学生"关系表，最后将"班级"关系表的主键放入"学生"关系表中作为外键，如图 4-31 所示。

在 1:N 实体联系中，如果存在标识符依赖弱实体，在将 E-R 模型转换为关系模型时，需要将 1 端关系表的主键放入 N 端关系表中，既作为外键，也作为主键。

(3) M:N 实体联系的转换

针对 M:N 实体联系，相关联的两个实体的实例在另一个实体中都有多个实体实例与之相对

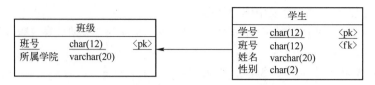

图 4-31　1:N 实体联系的关系转换

应。在将 E-R 模型转换为关系模型时，除了关联的实体均转换为对应的关系表外，还增加一个关联表，并将关联表与关系表建立参照约束。

【例 4-13】在图 4-32 所示的 E-R 模型中，"课程"实体与"学生"实体存在 $M:N$ 联系。

图 4-32　$M:N$ 实体联系

$M:N$ 实体联系不能像 1:1 和 1:N 实体联系那样直接转换关系表。将任意一个实体关系表的主键放置到另一个实体关系表中作为外键，均是不正确的。为此，需要增加一个关联表，用于与"学生"关系表和"课程"关系表建立参照关系。新增的关系表名称反映所关联实体的语义联系。本例转换的关系模型如图 4-33 所示。

图 4-33　$M:N$ 实体联系的关系转换

新增的关联表共有两个列，分别来自"学生"表的主键和"课程"表的主键。这两个列构成关联表的复合主键，同时它们也是外键。

在图 4-33 所示的关系模型中，可以将关联表命名为"选修"关系表，用于存放学生课程选修注册数据，同样也可将关联表命名为"课程成绩"关系表，用于存放学生课程成绩数据。在使用关联表时，还必须对该表的属性列进行完善，如增加"分数"列。

（4）实体继承联系的转换

在 E-R 模型中，实体继承联系用来描述实体之间的相似性。在 E-R 模型转换为关系模型时，父实体及其子实体都各自转换为关系表，其属性均转换为表的列，并且父表主键属性应放到子表中既作为外键也作为主键。

【例 4-14】在图 4-34 所示的 E-R 模型中，"本科生""研究生"实体与"学生"实体存在分类继承联系。

在该 E-R 模型转换为关系模型时，"学生"实体转换为"学生"关系表，"研究生"实体和"本科生"实体转换为"研究生"关系表和"本

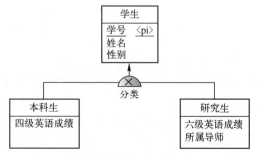

图 4-34　实体继承联系

科生"关系表,各个实体属性转换为关系表中的列。在处理继承联系转换时,将父表中的主键放置到子表中,既作为主键又作为外键。该实体继承联系转换为关系模型的一种方案如图 4-35 所示。

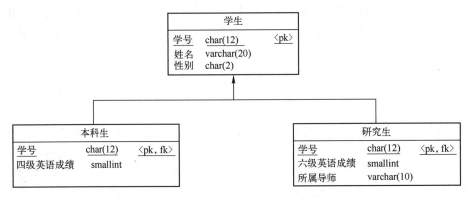

图 4-35　实体继承联系的关系转换方案 1

在该转换方案生成的关系模型图中,"研究生"关系表包含"学号""六级英语成绩"和"导师"列,"本科生"关系表包含"学号""四级英语成绩"列。它们公共的属性放置在"学生"关系表内。这种转换方案可以减少表之间的冗余数据,但进行学生信息查询时,只有关联父表和子表才能完成。此外,设计者还可以采用图 4-36 所示的另一种转换方案。

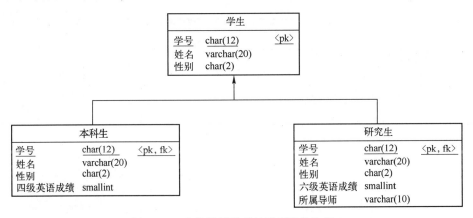

图 4-36　实体继承联系的关系转换方案 2

在该转换方案中,"学生"关系表的数据列同时也在"本科生"关系表和"研究生"关系表中出现。父表的主键放入子表中既作为主键又作为外键。这种方案存在表间数据冗余,但针对本科生或研究生的信息查询只需要在子表中完成,效率较高。以上实体继承联系转换方案的选择可以根据实际应用需求来确定。

（5）实体递归联系的转换

递归联系是同一实体集内所发生的联系。在 E-R 模型转换为关系模型时,递归实体转换为关系表,其属性均转换为表的列,并且在表中加入另一个外键属性参照本表主键属性。

【例 4-15】在图 4-37 所示的 E-R 模型中,"顾客"实体为递归实体,该递归实体之间为 1:N 实体联系。

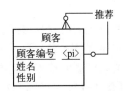

图 4-37　1:N 实体递归联系

该 E-R 模型描述了"顾客"实体之间存在的 1:N 递归联系,即每个顾客都可以推荐新顾客,推荐新顾客的数目不受限制。每个顾客最多只能为一个顾客所推荐。在很多会员制的消费场所,这种情况是比较普遍的。

在将 1:N 的实体递归联系转换为关系模型时,首先将递归实体转换为关系表,将其属性转换为列,将标识符转换为主键。然后在该关系表中增加一个外键,其值参照约束于主键。转换完成后的关系模型如图 4-38 所示。

当将 M:N 的实体递归联系转换为关系模型时,需要增加关联表来参照约束原实体关系表。

【例 4-16】在图 4-39 所示的 E-R 模型中,"医生"实体为递归实体,该递归实体之间为 M:N 实体联系。

该模型反映医生相互之间有治疗的关系,即每个医生都可能会给其他医生看病,自己也可能接受其他医生的治疗,这是一个多对多的实体递归联系。按照前面对 M:N 实体联系的转换处理,首先将关系两端的实体分别转换为表,再派生出一个新的关联表,其表名是联系的名称。在递归联系的情况下,关系两端的表是同一个表,故只有一个实体转换形成的表。在本例中,医生实体被转换为"医生"表。多对多关系派生出一个以关系命名的新表,例如派生出"治疗"表。然后将关系两端表的主键共同加入派生表作为复合主键。递归关系两端是同一个表,因此需要将该表的主键加入派生表两次,以构成复合主键。在本例中,"医生"表的主键"医生编号"加入治疗表中两次并构成复合主键。由于在同一个表中列名唯一,因此需要更改对应的列名。转换结果如图 4-40 所示。

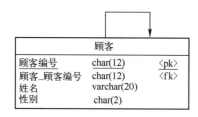

图 4-38　1:N 实体递归联系的关系转换

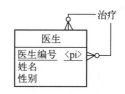

图 4-39　M:N 实体递归联系

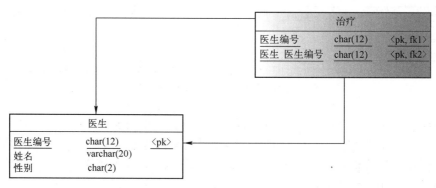

图 4-40　M:N 实体递归联系的关系转换

在以上的物理数据模型设计中,针对 E-R 模型转换为关系模型,给出了各个模型元素转换的基本原理及方案。为了展示一个完整的系统物理数据模型设计,下面给出将一个 E-R 模型转换为关系模型的整体系统物理数据模型设计。

【例 4-17】在图 4-22 所示的图书销售管理系统逻辑数据模型基础上,进行 E-R 模型到关系模型的转换,从而给出图书销售管理系统的物理数据模型设计方案,其设计结果如图 4-41 所示。

以上所设计的图书销售管理系统物理数据模型，只有两种模型符号——"关系表""参照完整性"符号，这些符号将数据库表对象的组成结构描述出来。该模型是数据库表对象的可视化展现。通过物理数据模型图可以直观地了解数据库的表结构设计，以及表间关系。

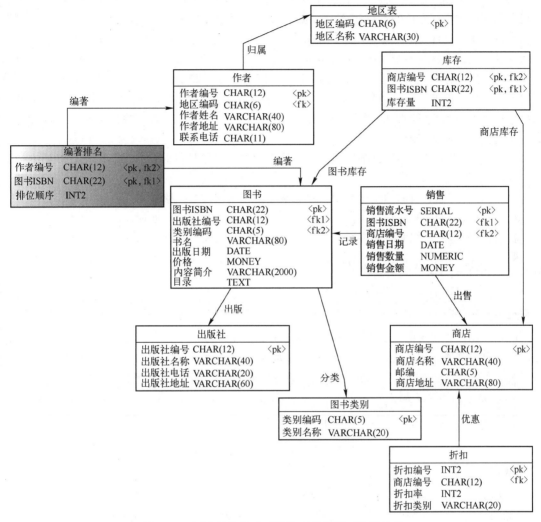

图 4-41　图书销售管理系统物理数据模型设计结果

课堂讨论：本节重点与难点知识问题

1）针对复杂系统，如何设计概念数据模型？

2）在 CDM/LDM 转换设计后，还需要对数据模型进行哪些处理？

3）在物理数据模型设计中，需要进行哪些完善设计工作？

4）在物理数据模型设计中，如何处理 $M:N$ 实体联系？

5）在物理数据模型设计中，如何处理实体继承联系？

6）在物理数据模型设计中，如何处理 $1:N$ 实体递归联系？

4.4 数据库规范化设计

数据库规范化设计是一种在数据库中采用合理的数据结构组织与存储数据、减少数据冗余、实现数据完整性与一致性的设计技术。数据冗余指一组数据重复在数据库的多个表中出现。在数据库设计中，设计者应尽量避免表间的重复数据列。例如，数据库中含有客户电话信息，客户电话信息不应该存储在多个表中，因为电话号码是客户表的属性之一，仅存储于客户表中即可。

在数据库中存在冗余数据，不仅会占用计算机更多的存储空间，而且会带来保持数据一致性的维护成本。例如，当电话号码发生变化时，存储于多个表的电话号码必须同步改变，这就要求程序对多个表的数据进行更新，否则就会导致多个表中数据不一致。规范化数据库设计将为数据库系统带来如下好处：

1）冗余数据被减少到最低限度，同一数据在数据库中尽量仅保存一份，可有效降低维护数据一致性的工作量。

2）设计合理的表数据约束、表间依赖关系，便于实现数据完整性和一致性。

3）设计合理的数据库结构，便于系统对数据库进行高性能访问处理。

4）设计规范的数据库关系表，可以避免出现数据访问操作异常问题。

4.4.1 非规范化关系表的问题

为了说明数据库规范化设计的必要性，下面分析一个非规范化关系表在数据访问操作时存在的各类问题。

【例4-18】在机构的人力资源信息管理系统中，开发者设计一个"雇员"关系表，用于存放雇员信息及其所在部门信息，该关系表结构如下：

雇员 (雇员编号,姓名,职位,工资,所属部门,部门地址)

以上的"雇员"关系表由反映雇员基本信息的多项属性组成，其中"雇员编号"作为该关系表的主键。"雇员"关系表已存储了数据，见表4-4。

表4-4 "雇员"关系表数据

雇员编号	姓名	职位	工资	所属部门	部门地址
E0001	萧静	财务经理	8700	财务部	A 幢 202
E0002	赵玲	会计	6300	财务部	A 幢 202
E0003	汪力	产品经理	9200	产品部	D 区 1 栋
E0004	徐丰	工程师	8400	产品部	D 区 1 栋
E0005	黄刚	质检员	7500	质检部	A 幢 303
E0006	万里	销售经理	8300	营销部	A 幢 101
E0007	龚放	销售业务员	6500	营销部	A 幢 101
...	...	...	...	...	...

对"雇员"关系表进行插入、删除、修改数据时，有可能出现如下问题。

1. 插入数据异常

在"雇员"关系表中插入一个新雇员数据时，除了写入雇员基本信息外，还需写入该雇员所属部门及部门地址信息。例如，新入职的雇员"李青"被分配到"产品部"。当在"雇员"

关系表中插入雇员"李青"的信息时，还需输入该雇员所属部门"产品部"、部门地址"D 区 1 栋"。这要求必须确保每个雇员的所属部门信息是正确的，否则就会导致数据不一致的状况。若数据库实施了数据一致性检查机制，系统就会拒绝不一致的数据插入数据库。反之，不一致的数据插入就会导致数据库插入数据异常。

此外，还可能出现另一种插入数据异常。例如，当公司增加一个部门（如售后部），其部门信息需要插入"雇员"关系表进行存储，但此时该部门还没有雇员，而"雇员编码"作为主键，其值不允许为空，因此，无法将带有空值的雇员数据及新增部门数据插入关系表中。

2. 删除数据异常

当从"雇员"关系表中删除一个元组时，若该元组是唯一含有某部门信息的雇员元组，则删除该雇员后，对应部门信息也从关系表中删除掉了。例如，从"雇员"关系表中，删除雇员编号为"E0005"的元组数据后，在该关系表中，"质检部"信息就再也没有了，这就是所谓的删除数据异常。

3. 修改数据异常

当修改"雇员"关系表中某部门的某个属性数据时，应同步修改该表中所有包含该属性的数据，否则表中会出现数据不一致问题。为确保一致性的数据修改操作，还会带来数据库修改操作的复杂性及性能开销。例如，在"雇员"关系表中，修改"财务部"地址为新地址"A 幢 201"。为了避免数据修改遗漏，必须将关系表所有元组的"所属部门"列值与"财务部"比较，凡是相同数据的元组都需要将"部门地址"列值修改为"A 幢 201"；若有遗漏，则"财务部"的地址数据将不一致，这就是所谓的修改数据异常。

以上非规范化关系问题的根本原因是一个关系表中有两个或多个主题信息数据，如"雇员"关系表既包含"雇员"自身主题属性数据，也包含"部门"主题属性数据。在包含多个主题数据的关系表中，无论是进行数据插入、数据删除，还是进行数据修改，均会导致数据操作异常。此外，该关系表还存在冗余数据情况，如相同部门的雇员元组均重复存储了该部门的地址数据。冗余数据修改带来了操作复杂性，还可能导致数据不一致问题，同时也浪费了系统存储空间。

在关系数据库设计中，要避免以上数据库操作问题，就必须消除关系表中存在的多个主题数据及冗余数据，同时还需要确保数据一致性、数据完整性，这就是数据库规范化设计需要解决的基本问题。

4.4.2　函数依赖理论

数据库规范化设计目标是分析关系属性之间的依赖关系，使用一定的范式规则确定关系的属性组合，从而尽量减少关系中不合理的属性依赖，并实现数据访问操作正确性。函数依赖（Functional Dependency）是指关系中一个属性或属性集与另外一个属性或属性集之间的依赖性，亦即属性或属性集之间存在的约束。在关系数据库规范化设计中，设计者可以利用函数依赖理论来描述一个关系表中属性（列）之间在语义上的联系。

在函数依赖理论中，定义下列符号：R 表示一个关系的模式，$U=\{A_1, A_2, \cdots, A_n\}$ 是 R 所有属性的集合，r 是具有 R 模式的关系，$t[X]$ 表示元组 t 在属性 X 上的取值。数据库设计者根据对关系 r 中属性的语义理解，确定关系 r 的函数依赖集，并获知属性间的语义关联。

1. 函数依赖的定义

定义：设有一关系模式 $R(U)$，X 和 Y 为其属性 U 的子集，即 $X\subseteq U$，$Y\subseteq U$。设 t、s 是关系 r 中的任意两个元组，如果 $t[X]=s[X]$，且 $t[Y]=s[Y]$，那么称 Y 函数依赖于 X，或称 X 作为决定因子决定 Y，即称 $X\rightarrow Y$ 在关系模式 $R(U)$ 上成立。

一个函数依赖要得以成立，不但要求关系的当前值满足函数依赖条件，而且要求关系的任一可能值都满足函数依赖条件。对当前关系 r 的任意两个元组，如果 X 值相同，则要求 Y 值也相同，即有一个 X 值就有一个 Y 值与之对应，或者说，Y 值由 X 值决定，那么这种依赖称为函数依赖。

函数依赖的左部称为决定因子，右部称为函数依赖。决定因子和函数依赖都是属性的集合。如果属性 Y 函数依赖于属性 X，用数学符号表示为 $X \rightarrow Y$。函数依赖的图形表示方法：用矩形表示属性，用箭头表示依赖。$X \rightarrow Y$ 的函数依赖如图 4-42 所示。

确认一个函数依赖，需要弄清属性数据间的语义，而语义是现实世界的客观反映，不是主观的臆断。如果 $Y \subseteq X$，显然 $X \rightarrow Y$ 成立，将该依赖称为平凡函数依赖（Trivial Functional Dependency）。平凡函数依赖必然成立，它不反映新的语义。例如，$\{X, Y\} \rightarrow \{X\}$。

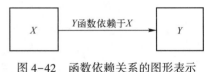

图 4-42　函数依赖关系的图形表示

所有关系都满足平凡函数依赖。例如，包含属性 X 的所有关系都满足 $X \rightarrow X$。平凡函数依赖在实际的数据库模式设计中是不使用的。通常消除平凡函数依赖可以减少函数依赖的数量。我们平常所指的函数依赖一般都指非平凡函数依赖（Nontrivial Functional Dependency）。

如果 Y 不依赖于 X，则记为 $X \nrightarrow Y$。如果 $X \rightarrow Y$ 且 $Y \rightarrow X$，则 X 与 Y 一一对应，可记为 $X \leftrightarrow Y$。

2. 部分函数依赖

定义：设 X、Y 是某关系的不同属性集，如 $X \rightarrow Y$，且不存在 $X' \subset X$，使 $X' \rightarrow Y$，则称 Y 完全函数依赖（Full Function Dependency）于 X，记为 $X \xrightarrow{f} Y$；否则称 Y 部分函数依赖（Partial Functional Dependency）于 X，记为 $X \xrightarrow{p} Y$。

完全函数依赖用来表明函数依赖决定因子的最小属性集。也就是说，如果满足下列两个条件，则属性集 Y 完全函数依赖于属性集 X，反之称属性集 Y 部分函数依赖于属性集 X。

1）Y 函数依赖于 X。

2）Y 函数不依赖于 X 的任何真子集。

【例 4-19】对关系 $R(\underline{X}, \underline{Y}, N, O, P)$，其中 $\{X, Y\}$ 是主键，故 $\{X, Y\} \rightarrow N$，则该关系中属性间约束为完全函数依赖，反之，如果有 $X \rightarrow N$，则 $\{X, Y\} \xrightarrow{p} N$，即该关系中属性间约束为部分函数依赖。

3. 传递函数依赖

定义：设 X、Y、Z 是某关系的不同属性集，如果 $X \rightarrow Y$，$Y \nrightarrow X$，$Y \rightarrow Z$，则称 Z 对 X 存在函数传递依赖（Transitive Functional Dependency）。

在上述定义中，由于有了条件 $Y \nrightarrow X$，因此 X 与 Y 不是一一对应的；否则，$X \leftrightarrow Y$，Z 就直接函数依赖于 X，而不是传递函数依赖于 X 了。

【例 4-20】对关系 $R(\underline{X}, N, O, P)$，如果有 $X \rightarrow N$，$N \nrightarrow X$，$N \rightarrow O$，则 O 对 X 存在函数传递依赖。

4. 多值依赖

定义：设 U 是关系模式 R 的属性集，X 和 Y 是 U 的子集，$Z = U - X - Y$，x、y、z 分别表示属性集 X、Y、Z 的值。对 R 的关系 r，在 r 中存在元组 (x, y_1, z_1) 和 (x, y_2, z_2) 时，也存在元组 (x, y_1, z_2) 和 (x, y_2, z_1)，那么称多值依赖（Multivalued Dependency，MVD），即 $X \rightarrow\rightarrow Y$ 在模式 R 上成立。

【例 4-21】关系 Teaching（Course，Teacher，Book）的属性有课程（Course）、教师（Teacher）

和参考书（Book），其属性间约束的语义：一门课程可以有多个任课教师，也可以有多本参考书；每个任课教师可以任意选择他的参考书。例如，存在(课程 A,教师 1,参考书 1)、（课程 A,教师 2,参考书 2)、（课程 A,教师 1,参考书 2)和(课程 A,教师 2,参考书 1)等元组，即该关系存在多值依赖 Course→→Teacher，Course→→Book。简单来说，对任意确定的课程都有一组教师的取值与之对应，同样每个课程都有一组参考书与之对应，而教师的取值与参考书的取值是相互独立的。

4.4.3　规范化设计范式

关系规范化是一种基于函数依赖理论对关系进行分析及分解处理的形式化技术，它将一个有异常数据操作的关系分解成更小的、结构良好的关系，并尽量减少关系数据冗余。关系规范化给设计者提供了对关系属性进行合理定义的指导。有了规范化关系设计，数据库表就可以实现高效的、正确的操作。

关系规范化技术涉及一系列规则，实施这些规则，可以确保关系数据库被规范到相应程度。规范化范式（Normal Forma，NF）是关系表符合特定规范化程度的模式。规范化范式的种类与函数依赖有着直接的联系。当关系中存在不合理的函数依赖时，就有可能引出数据操作异常现象，难以保持数据一致性。实施某种范式的规范化处理，可以确保关系数据库中没有各种类型的数据操作异常和数据不一致。

目前，关系数据库的规范化有 6 种范式：第一范式（1NF）、第二范式（2NF）、第三范式（3NF）、巴斯-科德范式（Boyce-Codd NF，BCNF）、第四范式（4NF）和第五范式（5NF）。满足最低规则要求的范式是第一范式（1NF）。在第一范式的基础上进一步满足更多规则要求的称为第二范式（2NF），其余范式依次类推。高级范式包含低级范式的全部规则要求。

数据库应用一般只需满足第三范式或巴斯-科德范式就足够了，使用第四范式和第五范式的情形很少。

1. 第一范式

在关系数据库中，第一范式是对关系表的基本要求，不满足第一范式的二维表不是关系表。第一范式指关系表的属性列不能重复，并且每个属性列都是不可分割的基本数据项。若一个关系表存在重复列或可细分属性列，则该关系表不满足规范化的第一范式，该表存在冗余数据，对该表进行数据操作访问也必然会出现异常。规范化设计的基本方法就是对关系进行分解处理，直到分解后的每个关系都满足规范化为止。

【例 4-22】在图 4-43a 所示的"学生"关系表中，"联系方式"属性是一个不明确的数据项，用户可以填写电话数据，也可以填写邮箱数据，即该属性列可以再细分为"电话""Email"等。因此，该关系表不满足关系规范化的第一范式。

若要使该关系表满足第一范式，则必须对"联系方式"属性列进行分解处理，如将"联系方式"拆分为"电话""Email"属性后，"学生"关系表将满足第一范式，如图 4-43b 所示。

2. 第二范式

如果关系满足第一范式，并消除了关系中的属性部分函数依赖，该关系满足第二范式。第二范式规则要求关系表中所有非主键属性都要与主键属性有完全函数依赖。如果一个关系中某些属性数据只与主键的部分属性存在依赖关系，该关系就不符合第二范式。例如，关系(A,B,N,O,P)的复合主键为(A,B)，那么 N、O、P 这 3 个非主键属性都不存在只依赖 A 或只依赖 B 的情况，则该关系满足第二范式。反之，该关系不满足第二范式。为了使关系满足第二范式，必须为那些部分依赖主键的属性分解出单独的关系表。

【例 4-23】 在图 4-43b 所示的"学生"关系表中，其主键为复合键（学号，课程号），非键属性与主键的依赖关系如下：除成绩属性完全依赖复合主键外，姓名、系名、住址、电话、Email 属性只依赖于复合主键中的学号，即该关系存在部分函数依赖，不满足第二范式。

为了将图 4-43b 所示的"学生"关系表规范化为满足第二范式，其处理办法就是消除该关系中的部分函数依赖，将部分函数依赖的属性从原关系中移出，并放入一个新关系中，同时将这些属性的决定因子作为主键放到新关系中。具体就是将原"学生"关系表分解为"学生""课程成绩"关系表，每个关系表均满足第二范式，如图 4-44 所示。

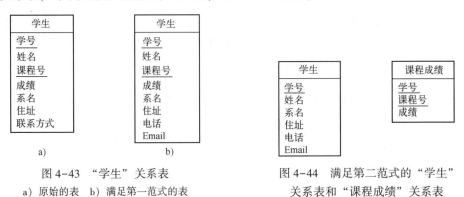

图 4-43 "学生"关系表
a）原始的表 b）满足第一范式的表

图 4-44 满足第二范式的"学生"关系表和"课程成绩"关系表

3. 第三范式

满足第二范式的关系表在进行数据访问操作时，依然可能存在数据操作异常问题。例如，更新图 4-44 中"学生"关系表中某学生的"住址"，而其他同系学生的住址没有更新，则会出现数据不一致问题。此时的数据更新异常是因为"学生"关系表中存在属性传递函数依赖，该表不满足第三范式。

第三范式要求关系先满足第二范式，并且所有非主键属性均不存在传递函数依赖。例如，关系(A,N,O,P)的主键为 A，若非键属性 N、O 或 P 都不能由单个的 N、O、P 或它们的组合所决定，则该关系满足第三范式。

【例 4-24】 图 4-44 所示的"学生"关系表虽然满足第二范式，但存在如下属性传递依赖：学号→系名，系名→住址，故学号→住址。

因此，该"学生"关系表不满足第三范式。若要使"学生"关系表满足第三范式，则需要对该关系表进行分解处理，并使每个关系均不存在属性传递函数依赖。现将原"学生"关系表拆分为"学生""系信息"新关系表。由于"课程成绩"关系表本身不存在传递函数依赖，它无须分解处理。图 4-45 所示的关系表均满足第三范式。

图 4-45 满足第三范式的关系表

4. 巴斯-科德范式

一个关系即使满足第三范式，也仍然有可能存在一些会引起数据操作异常的属性依赖。因此，需要进一步将关系规范化到更高程度，即满足巴斯-科德范式。该范式是在第三范式基础上，要求关系中所有函数依赖的决定因子都必须是候选键。

【例 4-25】在图 4-45 所示的"学生""系信息""课程成绩"关系表中，所有属性之间的函数依赖决定因子均是该关系的主键，因此，它们均满足巴斯-科德范式。

5. 第四范式

一个满足巴斯-科德范式的关系，可能存在多值依赖的情况，依然会出现数据操作异常。当一个关系满足巴斯-科德范式并消除了多值依赖时，该关系就满足第四范式。

【例 4-26】图 4-45 所示的"学生""系信息""课程成绩"关系表均满足巴斯-科德范式。但在"系信息"关系表中，存在如下多值依赖：系编号→→办公电话，系编号→→学生住址，即一个系有多个办公电话，一个系有多处学生住址。可见，该关系存在多值依赖，不满足第四范式。为使"系信息"关系表满足第四范式，需要将其进一步拆分为"系编码""电话目录"和"学生住址"关系表。图 4-46 所示的关系表均满足第四范式。

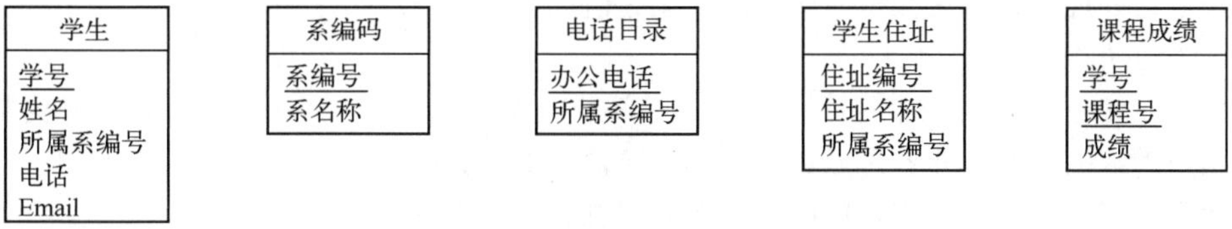

学生	系编码	电话目录	学生住址	课程成绩
学号 姓名 所属系编号 电话 Email	系编号 系名称	办公电话 所属系编号	住址编号 住址名称 所属系编号	学号 课程号 成绩

图 4-46 满足第四范式的关系表

6. 第五范式

如果一个关系为了消除其中的连接依赖，进行投影分解，所分解的各个关系均包含原关系的一个候选键，则这些分解后的关系满足第五范式。连接依赖是函数依赖的一种形式，其定义如下：对于关系 R 及其属性的子集 $A,B,C,\cdots,Z$，当且仅当 R 的每个合法元组都与其在 $A,B,C,\cdots,Z$ 上投影的连接结果相同时，则称关系 R 满足连接依赖。

【例 4-27】图 4-45 所示的"系信息"关系表满足巴斯-科德范式。但该关系中存在连接依赖（系编号，系名称）、（系编号，办公电话）、（系编号，学生住址）。为该关系消除连接依赖，进行关系投影分解，得到图 4-47 所示关系表。

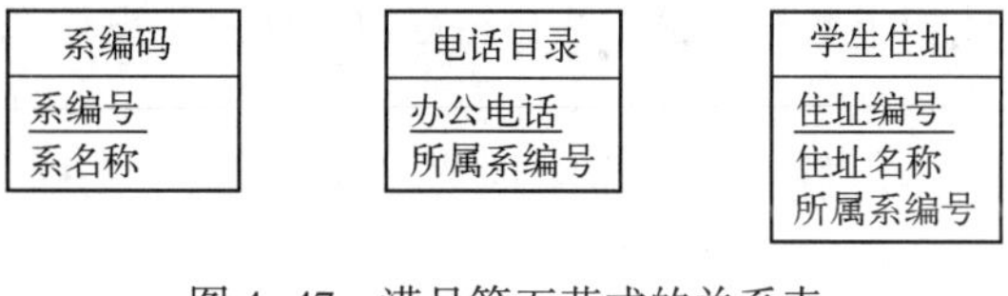

系编码	电话目录	学生住址
系编号 系名称	办公电话 所属系编号	住址编号 住址名称 所属系编号

图 4-47 满足第五范式的关系表

从关系分解的结果来看，它们既满足第四范式，同时又满足第五范式。

4.4.4 逆规范化处理

数据库规范化可以最大限度地减少数据冗余，并确保数据完整性与一致性，但规范化也会因多表关联查询导致数据库的访问性能降低，因此，在数据库规范化设计时要平衡两者的关系。

在某些情况下，为了优化数据库操作访问性能，在满足业务需求前提下，适当降低关系表的规范化程度，允许数据库有一定的数据冗余，这就需要进行逆规范化处理。

1. 逆规范化处理的方案

逆规范化处理的目的是实现数据库访问的性能优化，主要有以下几种方案。

（1）合并关系表

针对 1:1 实体联系的两个关系表，如果它们在业务中经常一起被访问，可以将它们合并为一个关系表。对单个表的查询处理比关联两个表的查询处理效率更高。

（2）增加冗余列

如果数据库查询操作中需要关联其他表中的数据，则在进行表设计时，可将关联表的相应列放入当前表中，允许一定的表间数据冗余，此后数据库查询只需要对单表进行查询操作访问，而非多表关联查询。例如，在 1:N 实体联系中，可以复制非键属性到子表中，以减少连接操作。同样，在 M:N 实体联系中，也可以复制属性到单表，以减少连接操作。

（3）应用中间表

为了避免在业务高峰访问时段运行涉及多个关系连接操作的报表，减少访问数据库开销，设计者可以将一些时效性要求不高的报表数据提前放进独立创建的中间表中。此后，用户访问报表可以直接对中间表进行操作，而无须关联多表去实时运行报表，这样可以提高报表数据访问的速度，并减少数据库性能的开销。

2. 逆规范化处理的问题

逆规范化处理可以优化数据库访问的性能，但也会给数据库带来以下问题。

（1）存在冗余数据

逆规范化使一个关系表中存在多个主题，不同主题数据混合在一起导致关系表更加复杂，增加了用户理解的难度，并容易导致数据操作异常，出现数据不一致的风险。同时，应用数据库的耦合程度会提高，这不利于日后应用版本的演进和功能提升。

（2）降低数据库完整性

逆规范化设计的最大问题是导致了维持数据库中数据一致性的难度，存在破坏数据一致性的风险，而这也是要进行规范化设计的基本原因。规范化设计不但避免了数据冗余，而且确保了数据库的完整性。

（3）降低数据库更新操作的性能

逆规范化设计可以优化数据库的查询访问速度，但因关系表复杂或不规范，数据更新操作速度反而变慢。

由以上数据库设计的介绍可知，规范化设计和逆规范化设计均需考虑合理性与性能平衡问题。在数据库设计中，设计者应根据需解决问题的场景进行合理设计，一般遵循如下设计原则：

1）在进行数据库设计时要以设计范式为基础，力争设计一个关系规范、性能合理的物理数据模型。在大多数联机事务处理（Online Transaction Processing，OLTP）类型的数据库应用场景下，达到第三范式或巴斯-科德范式就足以满足规范化设计需求。

2）不要把数据库的规范化设计与逆规范化设计对立起来。策略是以规范化设计手段对具体功能模块数据库关系表结构进行调整，以达到局部优化效果，再通过逆规范化有效地减少数据访问的复杂度及关系表的连接操作次数。

3）对联机分析处理（Online Analysis Processing，OLAP）类型数据库应用，采用低程度规范化的星形模式或雪花模式设计数据库；对 OLTP 类型数据库应用，采用较高程度的规范化设计数据库。

课堂讨论：本节重点与难点知识问题

1）如何理解完全函数依赖与部分函数依赖？

2）如何理解传递函数依赖与多值函数依赖？

3）一个非规范关系表在数据操作中会出现哪些问题？

4）出现非规范关系表的主要原因是什么？

5）如何理解不同程度的规范化设计范式？

6）为解决数据库访问性能问题，可采取哪些逆规范化处理方案？

4.5 数据库设计模型的 SQL 实现

在完成数据库设计方案后，开发者就可以在选定的 DBMS 中实现数据库及其对象了。具体到关系 DBMS，需要依据物理数据模型创建数据库、数据库表、索引、视图、存储过程、触发器等对象。创建数据库有如下两种方式。

1. 利用 GUI 方式创建数据库

通常每个 DBMS 软件都提供了一个自带的数据库管理工具。用户使用数据库管理工具可以连接到数据库服务器，在数据库服务器中创建数据库及其对象。所有这些功能操作均可在数据库管理工具的界面中通过 GUI（图形用户界面）方式实现。除此之外，开发者也可以使用第三方数据库管理工具，连接数据库服务器，完成同样功能的数据库管理及访问。用 GUI 方式创建数据库及其对象的优点：直观的可视化操作，开发者不需要记忆繁杂的 SQL 语句，操作过程有导航及提示。因此，这种方式非常适合初学者使用。

2. 执行 SQL 脚本程序创建数据库

基于数据库管理工具的 GUI 可以容易地、直观地实现数据库创建及管理，但所有对象的操作都必须通过用户操作完成。当需要创建的数据库对象有很多时，通过用户 GUI 方式操作是很耗时的，效率较低，并且难以直接实现数据库设计模型。为此，在这种情况下，可以先将物理数据模型转换为 SQL 脚本程序，然后在 DBMS 服务器中执行该 SQL 脚本程序，创建数据库及其对象。目前，专业的数据库建模设计工具均可以将数据库物理数据模型直接转换为指定 DBMS 支持的 SQL 脚本程序。在 DBMS 服务器中执行该 SQL 脚本程序，可以自动创建数据库及其对象。这种实现方式高效、快速，并支持迭代开发。

【例 4-28】4.3.3 节所设计的图书销售管理系统物理数据模型如图 4-41 所示。当依据该设计模型实现 PostgreSQL 数据库时，可使用建模设计工具自动将物理数据模型转换为图 4-48 所示的 SQL 脚本程序。当在 DBMS 执行该 SQL 脚本程序后，图书销售管理系统数据库对象将被创建，如图 4-49 所示。

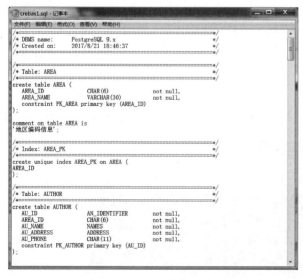

图 4-48 SQL 脚本程序

图 4-49 图书销售管理系统数据库对象

课堂讨论：本节重点与难点知识问题

1）数据库设计的实现有哪些方式？

2）用 GUI 方式创建数据库与执行 SQL 程序创建数据库有何不同？

3）物理数据模型转换为 SQL 脚本程序需要注意哪些问题？

4）在执行 SQL 脚本程序创建数据库对象时，如何解决原有对象冲突问题？

5）当 DBMS 改变后，如何重新将设计模型转换为 SQL 脚本程序？

6）在执行 SQL 脚本程序创建数据库对象后，如何验证数据库对象的正确性？

4.6　基于 Power Designer 的数据库设计建模实践

利用系统建模工具进行应用系统数据库模型设计是开发数据库应用的专业方法。本节将使用主流的系统建模工具 Power Designer 设计实现一个具体应用系统的数据库。

4.6.1　项目案例——图书借阅管理系统

基于图书借阅管理业务的基本数据需求分析，使用 Power Designer 系统建模工具设计图书借阅管理系统数据库的各类数据模型，并将该系统的物理数据模型转换为 SQL 脚本程序，在 PostgreSQL 数据库系统中实现图书借阅管理数据库。基本设计与实现步骤如下：

1）设计图书借阅管理系统概念数据模型。分析图书借阅管理业务的基本数据需求，使用 Power Designer，设计图书借阅管理系统概念数据模型。

2）设计图书借阅管理系统逻辑数据模型。针对关系数据库设计，在 Power Designer 中，将图书借阅管理系统概念数据模型转换为逻辑数据模型，并进行规范化处理。

3）设计图书借阅管理系统物理数据模型。针对 PostgreSQL 的 DBMS，在 Power Designer 中，将图书借阅管理系统逻辑数据模型转换为物理数据模型。

4）生成数据库创建的 SQL 脚本程序。在 Power Designer 中，将图书借阅管理系统物理数据模型转换为 SQL 脚本程序。

5）创建数据库及其对象。在 PostgreSQL 数据库服务器中，执行以上 SQL 脚本程序，创建图书借阅管理系统数据库对象。

4.6.2　系统概念数据模型设计

在操作系统中，运行 Power Designer 程序，进入 Power Designer 初始界面，如图 4-50 所示。

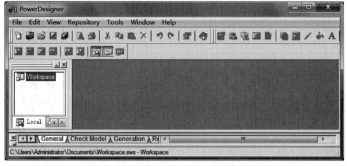

图 4-50　Power Designer 初始界面

单击"File"（文件）中的"New Model"（新建模型）菜单项，弹出模型定义对话框。选取"Conceptual Data Model"（概念数据模型）类型，并定义"Model name"（模型名称），如图 4-51 所示。

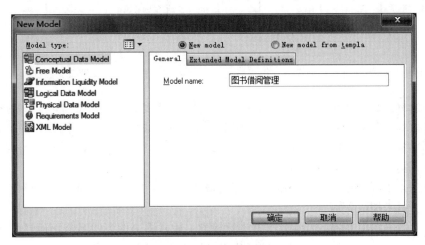

图 4-51　创建概念数据模型

概念数据模型设计建模的基本步骤如下：

1）从业务中抽取实体。

2）确定实体的属性。

3）确定实体的标识符。

4）确定所抽取实体与模型中原有实体间的关系。

5）重复步骤 1）直到所有实体都已被抽取出。

分析图书借阅管理业务的数据需求，其中"图书"和"借阅者"是两个最基本的数据对象。因此，首先可以抽取出这两个实体。

"借阅者"实体，其基本属性信息包括借阅者姓名、借阅者地址、借阅者电话和身份证号，其中身份证号可以唯一标识每个借阅者，可作为标识符。

"图书"实体，其基本信息包括图书名称、图书 ISBN、作者、出版社、出版日期、价格。由于同一本图书在图书馆中可能被收藏多本，以上各个属性都不适合唯一标识每本图书，因此引入一个新的属性"图书编号"，并将其作为图书实体的标识符。

在 Power Designer 模型空间中，创建这两个实体及其属性，如图 4-52 所示。

接下来确定"图书"实体与"借阅者"实体之间的联系。从业务领域来看，每个借阅者可以从图书馆借阅多本书，也可能一本书都没有借阅。每本书可以被多个借阅者借阅，也可能没有被任何借阅者借阅过。因此，"图书"和"借阅者"这两个实体之间是多对多的联系。"图书"实体的最小基数为 0，最大基数不限。"借阅者"实体的最小基数为 0，最大基数不限。因此，可以将这两个实体的多对多联系在模型图中表示出来，如图 4-53 所示。

关于多对多实体联系的表示，可以直接在两个相关实体间建立多对多的联系连线，由于存在多对多实体联系的两个关系表无法用外键直接建立关联，因此在设计中需要派生出一个关联实体以体现该多对多实体联系。如果采用这种方法，当从概念数据模型进一步生成逻辑数据模型时，需要对该关联实体进行定义。

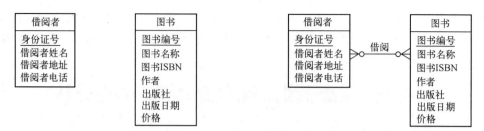

图 4-52 图书借阅管理概念数据模型（第 1 版）　　　图 4-53 图书借阅管理概念数据模型（第 2 版）

在本系统概念数据模型设计中，"图书"和"借阅者"之间的这种多对多实体联系是通过图书借还来建立的。每次图书借还都会形成相应的操作记录，即借还记录，因此，可以从这种多对多实体联系中抽取出借还记录实体。我们进一步完善图 4-53 所示模型，加入"借还记录"实体，并关联该实体，如图 4-54 所示。

在得到图 4-54 的概念数据模型后，我们完成了从步骤 1）到步骤 4）的完整过程，接着继续通过需求分析来抽取实体。

借阅者到图书馆借书时，需要对图书进行检索，检索图书的方式通常是通过图书的类别及书名进行查找。因此，在图 4-54 所示的概念数据模型中，可抽取出新的"图书目录"实体，并确定其属性和标识符。扩展之后的系统概念数据模型如图 4-55 所示。

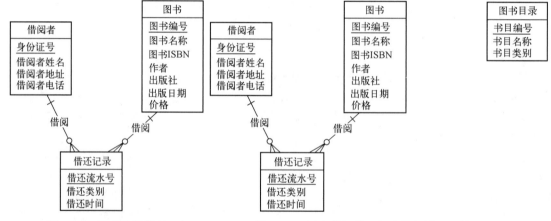

图 4-54　图书借阅管理　　　　图 4-55　图书借阅管理概念数据模型（第 4 版）
概念数据模型（第 3 版）

接着我们需要确定新加入的"图书目录"实体和原有 3 个实体之间的联系。通过对业务数据需求的分析，"图书目录"实体只与"图书"实体之间存在联系。每本图书都属于某个书目类别，且只能属于该书目类别。一个书目类别下至少有一本图书，还可以有任意多本图书。因此，这两个实体间是一对多的关系。将该关系添加到概念数据模型后得到图 4-56 所示的概念数据模型。

进一步分析系统需求，了解到借阅者在图书借阅系统中可以预定图书。一本图书可以被多次预定，借阅者可以预定多本图书。在处理图书借阅和预定时，还需要标记图书是否在库。因此，在系统概念数据模型设计中，可以定义"借阅者"实体与"图书"实体之间为多对多实体联系，并命名为"预定"关系。至此，系统概念数据模型如图 4-57 所示。

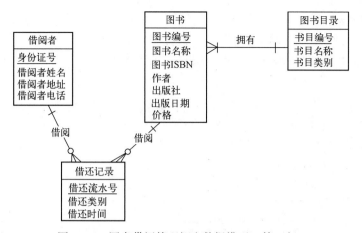

图 4-56　图书借阅管理概念数据模型（第 5 版）

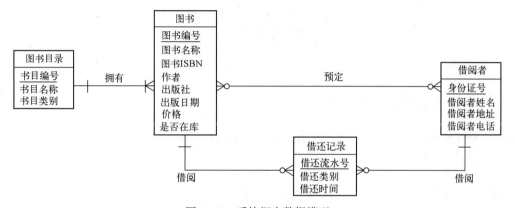

图 4-57　系统概念数据模型

在完成图 4-57 所示的概念数据模型设计后，需要对其进行模型检查，确保概念数据模型的定义正确。此时可单击 Power Designer 工具菜单栏的 "Tools" → "Check Model" 菜单命令，系统弹出 "Check Model Parameters"（检查模型参数）对话框，如图 4-58 所示。

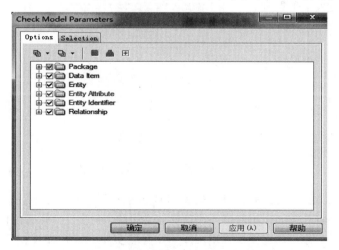

图 4-58　概念数据模型检查模型参数设置

在该对话框中设置参数。单击"确定"按钮后，系统开始进行模型检查，并输出检查结果消息框，如图 4-59 所示。如果模型有问题，消息框将输出错误与警告信息。在模型检查反馈错误信息后，系统设计人员需根据错误信息对数据模型进行修正，并再次检查，直到没有任何错误为止。

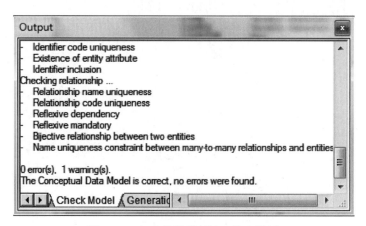

图 4-59　概念数据模型输出检查结果

4.6.3　系统逻辑数据模型设计

为了在计算机应用系统中实现面向用户视角的概念数据模型，需要先将它转换为逻辑数据模型。在转换后的逻辑数据模型中，设计人员还需要对该数据模型进行完善。

在 Power Designer 建模工具中，单击"Tools"→"Generate Logic Data Model…"菜单命令，可以将当前系统概念数据模型自动转换为逻辑数据模型。例如，图书借阅管理系统概念数据模型（CDM）转换后的逻辑数据模型（LDM），如图 4-60 所示。

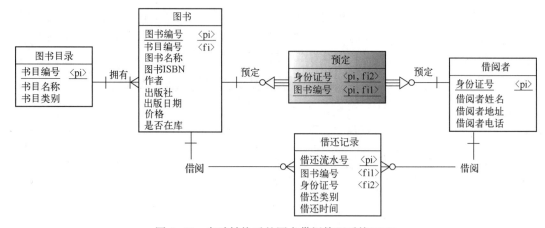

图 4-60　自动转换后的图书借阅管理系统 LDM

从图 4-60 中可以看到，LDM 与 CDM 都使用 E-R 图符号进行模型描述，但 LDM 与 CDM 存在区别，主要体现在两个方面：①LDM 不再有实体之间的多对多实体联系，而是将 CDM 的多对多实体联系转换为一对多实体联系，并增加了一个关联实体，与原有两个实体建立一对多实体联系。②在 LDM 中，各个实体需要明确标识符类型，即区分主键标识符与外键标识符。

这里需要说明，利用建模工具将 CDM 自动转换而得到的 LDM，并不一定是理想的 LDM。例如，在图 4-60 所示的图书借阅管理系统 LDM 中，自动产生的"预定"关联实体只有"身份证号"和"图书编号"属性，缺少必要的属性数据，如"预定时间"等。因此，系统设计人员还需要对自动转换得到的 LDM 进行完善。

进一步优化完善 LDM，可对"预定"实体重新定义一个代理键"预定流水号"，并将其作为标识符，同时增加"预定时间"属性。此外，"预定"实体与"图书"实体、"借阅者"实体的联系被修改为非标识符依赖联系。此外，按照关系数据库规范化设计要求，需要对"图书"实体进行分解，将出版社和作者信息从中分解出来，单独作为"出版社""作者"实体，并建立相应关联。最后得到的改进后 LDM，如图 4-61 所示。

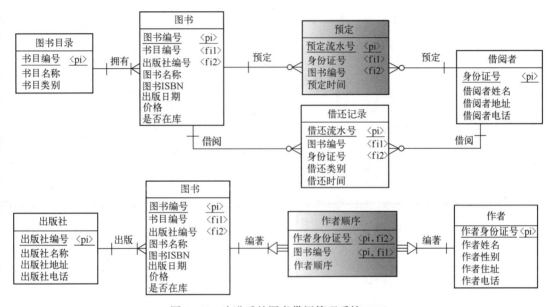

图 4-61　改进后的图书借阅管理系统 LDM

4.6.4　系统物理数据模型设计

为了在选定的 DBMS 中实现数据库设计模型，开发者还需要将所设计的 CDM 或 LDM 转换为支持 DBMS 的物理数据模型（PDM）。设计人员同样也需要对转换后的 PDM 进行完善。

在 Power Designer 建模工具中，单击"Tools"→"Generate Physical Data Model…"菜单命令，可以将当前 LDM（或 CDM）自动转换为 PDM。图书借阅管理系统 LDM 转换后的 PDM 如图 4-62 所示。

从图 4-62 可以看到，PDM 只有关系表及其表间参照依赖元素。模型中的关系表实现后为数据库中的表对象，模型中的表间依赖实现后为数据库中表间的参照完整约束。此外，PDM 也定义了表内各个列的数据类型及其完整性约束。总之，PDM 完整反映了待创建的数据库对象的组成结构。

同样，在 PDM 设计中，系统设计人员也需要在自动转换后的 PDM 基础上进行完善。例如，在"图书"关系表的"图书名称"列设计索引，以便针对"图书名称"查询时，可以使数据库有较高的查询速度。另外，设计人员还可以设计定义触发器、存储过程、视图、约束等对象，实现业务中数据处理及满足规则要求。

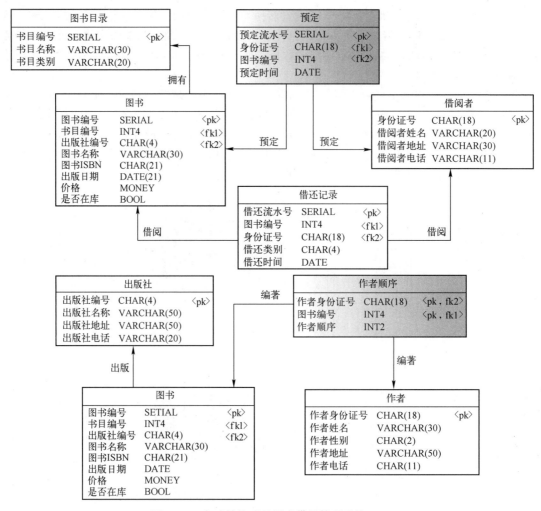

图 4-62　自动转换后的图书借阅管理系统 PDM

　　在数据库中实现系统 PDM 前，需要对系统 PDM 设计做验证检查，以发现系统 PDM 设计中的错误，如模型中可能存在表中列没有定义数据类型、表间主外键依赖关系不合适等问题。

　　单击 Power Designer 工具菜单栏的"Tools"→"Check Model"菜单命令，对该 PDM 设计进行检查，系统弹出的对话框如图 4-63 所示。

图 4-63　PDM 检查模型参数设置

在该对话框中设置参数。单击"确定"按钮后，即可开始进行模型检查，并输出检查结果消息框，如图 4-64 所示。如果模型有问题，消息框将输出错误和警告信息。当模型检查反馈错误信息后，系统设计人员需要根据错误信息对数据模型进行修正，并再次检查，直到没有任何错误和警告为止。

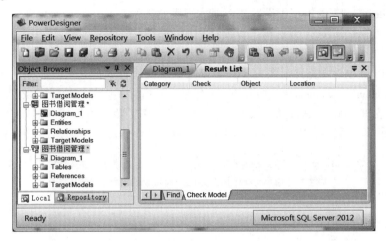

图 4-64　PDM 输出检查结果

4.6.5　PostgreSQL 数据库实现

当完成系统 PDM 检查后，可以对该模型在特定 DBMS 中创建数据库对象，如对本例在 Post-greSQL 数据库中实现对象创建。在 Power Designer 建模工具的菜单栏中，单击"Database"→"Generate Database..."菜单命令执行数据库创建操作。当单击该菜单命令后，系统弹出"Database Generation"（数据库创建）设置对话框，如图 4-65 所示。

图 4-65　数据库创建设置对话框

在该对话框中，用户既可选择"Script generation"（SQL 脚本程序）创建数据库对象，也可选择"Direct generation"直接创建数据库对象。

创建 SQL 脚本程序是一种简单的数据库设计模型实现方式。该方式将设计的系统 PDM 转换为 SQL 脚本程序，随后在 DBMS 中运行该 SQL 脚本程序，实现数据库对象的创建。当用户在数据库创建设置对话框中选择了"Script generation"选项后，PDM 将被转换为指定数据库 DBMS 的 SQL 脚本程序。在本例中，PDM 将被转换为 PostgreSQL 数据库实现。在对话框中，用户还需要设置若干基本选项。

1）在"Directory"下拉列表中设置 SQL 脚本程序生成的目录位置。

2）在"File name"编辑框中设置 SQL 脚本程序的名称。

3）选择"Check model"复选框，设置对 PDM 进行检查。

4）选择"Automatic archive"复选框，设置对 PDM 进行归档。

此外，在 PDM 创建数据库对象前，还可以根据需要设置其他选项，如分别选择"Options""Format""Selection""Summary""Preview"标签，然后对其中的选项进行设置。设置完成后，单击"确定"按钮，Power Designer 工具就开始将系统 PDM 转换为创建数据库对象 SQL 脚本程序。当转换结束后，系统弹出"Generated Files"（SQL 脚本程序）对话框，如图 4-66 所示。

图 4-66 SQL 脚本程序对话框

单击"Edit…"按钮，可直接打开生成的 SQL 脚本程序，如图 4-67 所示。

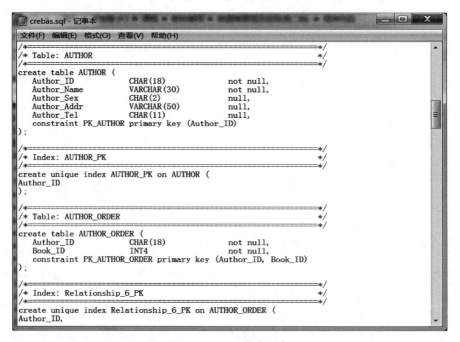

图 4-67 SQL 脚本程序

在 DBMS 服务器中，执行该 SQL 脚本程序后，便可创建数据库对象。例如，在 pgAdmin 4 工具中，打开并载入该 SQL 脚本程序，如图 4-68 所示。

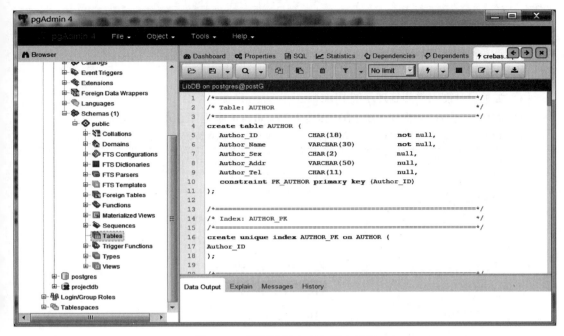

图 4-68　打开并载入 SQL 脚本程序

在执行该 SQL 脚本程序后，系统将在数据库 LibDB 中创建图书借阅管理数据库对象，如图 4-69 所示。

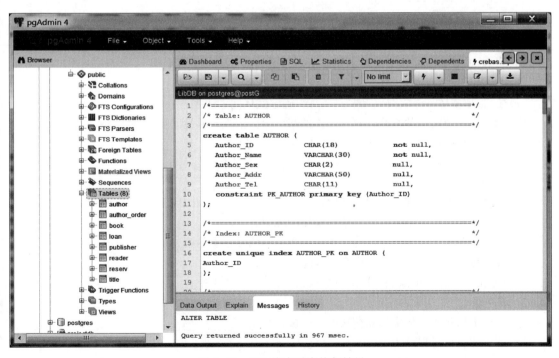

图 4-69　SQL 脚本程序执行结果

从 SQL 脚本程序执行结果可以看到，系统已经在图书借阅管理数据库 LibDB 中创建了模型所定义的数据库对象。数据库建模开发可以到此结束，随后便是数据库应用程序的编写开发工作。

> **课堂讨论：本节重点与难点知识问题**
> 1）如何设计图书借阅管理系统 CDM？
> 2）如何设计图书借阅管理系统 LDM？
> 3）如何设计图书借阅管理系统 PDM？
> 4）如何将图书借阅管理系统 PDM 转换为 PostgreSQL 数据库 SQL 脚本程序？
> 5）在 PostgreSQL 数据库中，如何创建图书借阅管理系统数据库对象？
> 6）在 PostgreSQL 数据库中，如何测试验证设计与实现的数据库？

4.7　思考与练习

1. 单选题

1）下面哪个符号在 E-R 模型的二元联系中表示可选的多？（　　）

A. $\underset{0,1}{\longrightarrow}\!\!\circ$　　　　　B. $\underset{1,1}{\longrightarrow}\!\!+$

C. $\underset{0,N}{\longrightarrow}\!\!\prec$　　　　　D. $\underset{1,N}{\longrightarrow}\!\!\prec$

2）下面哪个不是 E-R 模型的基本元素？（　　）

A. 实体　　　　　　　　B. 视图
C. 属性　　　　　　　　D. 联系

3）下面哪个符号表示完整继承联系？（　　）

A. ⌒　　　　　　　　B. ⌒
C. ⌐×⌐　　　　　　　　D. ⌐×⌐

4）自底向上的 CDM 设计策略的第一个步骤是（　　）。

A. 设计系统局部 CDM　　　　B. 综合局部模型构建全局 CDM
C. 抽取实体　　　　　　　　D. 确定实体间的关系

5）满足第三范式的关系是在第二范式的基础上，消除了属性间哪种函数依赖？（　　）

A. 属性部分依赖　　　　　　B. 属性传递依赖
C. 多值依赖　　　　　　　　D. 平凡函数依赖

2. 判断题

1）E-R 模型只能用于描述系统 CDM。（　　）
2）弱实体的标识符中含有它所依赖实体的标识符。（　　）
3）在第二范式之上，消除属性间传递函数依赖的关系满足第三范式。（　　）
4）关系数据库设计的规范性程度越高越好。（　　）
5）在 LDM 设计中可以加入视图对象元素。（　　）

3. 填空题

1）逻辑上依赖于其他实体而存在的实体被称为＿＿＿＿＿＿＿。
2）数据库设计过程分为＿＿＿＿＿＿、＿＿＿＿＿＿及＿＿＿＿＿3 个阶段。
3）二元实体之间的联系有 3 种类型，即＿＿＿＿、＿＿＿＿和＿＿＿＿。

4）弱实体又可以分为＿＿＿＿＿＿＿＿和＿＿＿＿＿＿＿＿两类。

5）函数依赖的左部被称为＿＿＿＿＿＿＿＿，函数依赖的右部被称为＿＿＿＿＿＿＿＿。

4. 简答题

1）在数据库设计过程中，各层次数据模型的用途分别是什么？

2）针对复杂信息系统的数据库建模设计，应采用什么设计策略？

3）非规范化的数据库设计会导致哪些问题？

4）在系统 PDM 设计中，需要设计哪些数据库要素？

5）在数据库设计中，如何保护用户数据隐私？

5. 实践题

针对房屋租赁管理系统，设计其系统数据库，实现业务数据管理。

1）分析房屋租赁管理系统业务的基本数据需求，使用 Power Designer 建模工具，设计房屋租赁管理系统 CDM。

2）针对关系数据库设计，在 Power Designer 建模工具中，将房屋租赁管理系统 CDM 转换为系统 LDM，并进行规范化处理。

3）针对 PostgreSQL 数据库实现，在 Power Designer 建模工具中，将房屋租赁管理系统 LDM 转换为系统 PDM。

4）在 Power Designer 建模工具中，将房屋租赁管理系统 PDM 转换为 SQL 脚本程序。

5）在 PostgreSQL 数据库服务器中，执行该 SQL 脚本程序，创建房屋租赁管理系统数据库对象。

第5章
数据库管理

数据库管理是保障数据库系统正常运行的重要技术手段。典型的数据库管理涉及用户对数据库系统的运行维护、事务管理、性能调优、安全管理、故障恢复等活动。为了做好数据库管理，不但需要理解数据库管理系统（DBMS）的功能技术原理，也需要掌握数据库管理的技术方法。本章将介绍数据库管理系统的核心功能技术原理、数据库管理技术方法、数据库管理工具实践应用方法。

本章学习目标如下：

1）了解数据库管理目标与内容。

2）理解数据库管理功能的技术原理。

3）领会数据库管理技术方法。

4）掌握主流数据库管理工具，能够实现数据库管理任务。

5.1 数据库管理概述

数据库系统规模越大，其内部构成要素的关系就越复杂，其系统运行的稳定性、安全性、性能效率就愈发重要。特别是分布式数据库系统，其各个节点之间存在数据分布、计算处理分布问题，分布式数据库系统内部关系变得更加复杂，需要解决的关键技术问题更多。若没有一个系统化的数据库管理机制，数据库系统就难以稳定地运行。数据库管理（DataBase Management，DBM）是指为保证数据库系统的安全稳定运行，并维持数据库存取访问性能而开展的系统管理活动。实施数据库系统管理任务的人员被称为数据库管理员（DataBase Administrator，DBA）。数据库管理员不但需要清楚数据库管理的目标与内容、领会数据库管理技术方法、掌握主流数据库管理工具，以实现数据库管理任务，而且需要深入理解数据库系统管理功能的技术实现原理，以达到优化数据库管理活动的目标。

5.1.1 数据库管理目标与内容

在大型数据库应用系统运维管理中，需要有专门的数据库管理部门及 DBA 来保障数据库系统的正常运行。数据库管理活动的任务目标如下：

1）保障数据库系统正常稳定运行和数据库存取访问性能。

2）充分发挥数据库系统的软硬件处理能力。

3）确保数据库系统安全和用户数据隐私性。

4）有效管控数据库系统用户及其角色权限。

5）解决数据库系统性能优化、系统故障与数据损坏等问题。

6）最大限度地发挥数据库对其所属机构的信息资产作用。

数据库管理的任务内容主要包括 DBMS 运行管理、数据库性能监控、事务并发控制、数据库存储管理、数据库索引管理、数据库性能调优、数据库角色管理、数据库用户管理、对象访问权限管理、数据安全管理、数据库备份、数据库故障恢复处理等。

5.1.2　数据库管理工具

DBA 除需要理解数据库管理系统的技术实现原理、掌握数据库管理技术方法外，还需要借助 DBMS 软件的相应管理工具高效完成数据库管理任务。几乎每种 DBMS 软件都提供了相应管理工具。这些管理工具大都是基于 GUI 的可视化软件工具，也有一些是采用命令行的程序工具。例如，微软公司的 SQL Server Management Studio、ISQL，甲骨文公司的 Oracle SQL Developer、PL/SQL Plus，开源数据库软件 PostgreSQL 的 pgAdmin、psql 等。此外，还有不少第三方数据库管理工具，如 PowerStudio for Oracle、Navicat Premium、CoolSQL、Aqua Data Studio 等。这些工具的基本作用就是帮助 DBA 高效完成数据库管理任务。学习者应掌握一些主流的数据库管理工具的实践应用方法。

5.1.3　DBMS 软件系统结构

为了理解 DBMS 软件的数据库管理技术实现原理，学习者首先需要了解 DBMS 软件系统结构。DBMS 软件系统通常由 4 个层次的软件功能模块组成，其软件系统结构如图 5-1 所示。

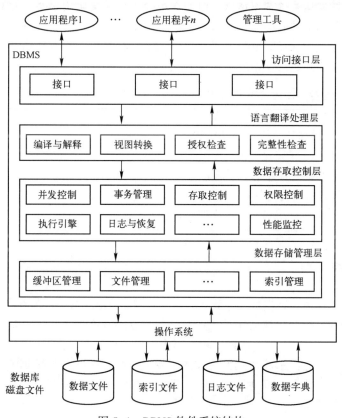

图 5-1　DBMS 软件系统结构

1. 访问接口层

数据库应用程序可以通过 DBMS 接口层提供的 API 实现数据库实例的连接与操作访问，同样数据库管理工具也是通过接口层提供的 API 实现数据库系统管理操作。

2. 语言翻译处理层

语言翻译处理层由 SQL 语句编译及事务命令解释、视图转换、授权检查、完整性检查等功能模块组成。

3. 数据存取控制层

数据存取控制层负责语言翻译处理层的 SQL 命令执行，对各种数据库对象进行逻辑存取操作访问，并实现多用户环境事务并发访问控制、数据库事务管理、执行引擎操作、权限控制、系统日志管理、数据库恢复管理、性能监控等功能操作。本层各功能模块处理的结果数据和状态将返回语言翻译处理层的调用模块。

4. 数据存储管理层

数据存储管理层负责对数据库对象的文件、索引、记录进行物理存取操作访问，并对数据块与系统缓冲区进行管理，然后通过操作系统的系统调用接口对数据库文件进行 I/O 操作。本层各功能模块处理的结果数据和状态将返回数据存取控制层的调用模块。

在数据库应用系统中，应用程序、数据库管理工具都需要通过数据库软件接口访问 DBMS。客户端程序通过接口发送 SQL 语句或操作命令到 DBMS 服务器；DBMS 服务器收到数据访问请求后，执行 SQL 语句和管理命令，实现对数据库的访问操作与管理。同时，DBMS 服务器本身还需要向底层的操作系统发送系统调用请求，由操作系统执行系统调用来实现对数据库文件的存取访问。操作系统对数据文件的访问处理结果还需要返回 DBMS 服务器。同样，DBMS 服务器对数据库的操作处理结果或读取数据也将通过接口返回客户端程序。所有数据库访问操作和管理操作均需要通过这些接口来实现调用控制和数据传送。

课堂讨论：本节重点与难点知识问题

1）DBMS 为什么采用层次架构设计？

2）DBMS 在管理数据库时，如何执行各类 SQL 命令？

3）数据库管理工具有哪几种类型？

4）DBMS 软件主要有哪些基本功能？

5）DBMS 软件逻辑结构有何特点？

6）集中式 DBMS 与分布式 DBMS 有哪些区别？

5.2 存储管理

在数据库逻辑结构中，数据都是存放在表中的。例如，应用数据存储在各个用户表中，而定义数据库对象结构的元数据和数据库系统运行数据均存储在系统表中。不过，这些表的数据物理上还是存储在数据文件中的。在 DBMS 服务器中，无论是对数据库进行数据存取访问，还是对数据库进行对象管理，它们都涉及数据缓冲区、数据库物理文件（如数据文件、索引文件、控制文件）的存储管理。为了更好地开发数据库系统，DBA 和数据库开发者都需要对数据库的存储管理技术原理有所了解。

5.2.1　数据库存储结构

在数据库系统中，数据库存储结构可以分为逻辑存储结构和物理存储结构。数据库逻辑存储结构是面向数据库编程用户的存储结构。数据库物理存储结构是面向 DBA 用户的存储结构。典型关系数据库逻辑存储结构如图 5-2 所示。

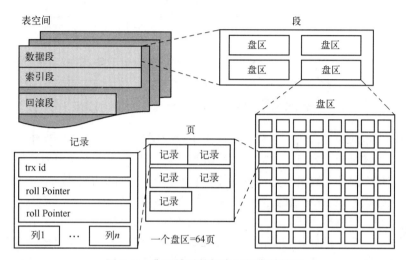

图 5-2　典型关系数据库逻辑存储结构

在关系数据库系统中，一个数据库在逻辑上是由若干个存放数据的表空间（Tablespace）组成的。每个表空间又由若干个分类组织数据的段（Segment）组成，常见的段有数据段、索引段、临时段、回滚段等。每个段又由若干盘区（Extent）组成，盘区是指在内存中连续多页的存储空间。每个盘区又由若干内存页（Page）组成，页是数据库中内存缓冲区与磁盘存储空间交换数据的最小单位，默认页大小为 8 KB。每个页又由若干数据记录（Row）组成，数据记录即关系表中的元组。

一个数据库在物理上是将数据存储在若干数据文件中。这些数据文件在操作系统的文件目录中组织与存储数据。典型的关系数据库物理存储结构如图 5-3 所示。

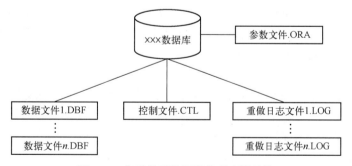

图 5-3　典型关系数据库物理存储结构

在数据库系统中，每个数据库至少有数据文件、控制文件、重做日志文件三种文件类型。数据文件用于存储数据库系统的应用数据和元数据。控制文件用于存储 DBMS 运行与数据库管理的配置项信息。重做日志文件用于存储事务程序访问数据库的操作信息。

在关系数据库系统中，数据库逻辑存储结构和物理存储结构从不同视角定义同一数据库的结构组成，它们之间的关系如图 5-4 所示。

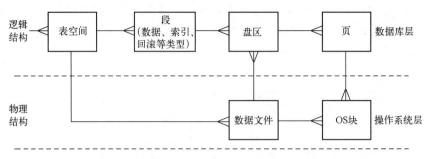

图 5-4　数据库逻辑存储结构与物理存储结构的关系

一个数据库表空间至少依托一个数据文件用于存储数据。当表空间已使用的存储数据量增加到一个数据文件容量的上限时，则需要扩展数据文件，即在一个表空间内再添加数据文件以支持更多存储容量。另外，数据库也允许用户增加自己的表空间及其数据文件，从而进一步扩展数据库容量。在数据库中，一个数据文件在内存中可能占用多个盘区，每个盘区又由多个内存页组成存储空间。在进行数据库存取操作时，内存缓冲区与磁盘存储空间交换数据是以页为单位进行存取处理的。一个内存页对应操作系统磁盘数据文件的一个块或多个块。这意味着数据库一次存取访问涉及数据文件的一个块或多个块中数据记录访问。

5.2.2　数据文件组织

从数据库逻辑存储结构来看，存取访问数据库的基本单位是内存页。从数据库物理存储结构来看，存取数据文件的基本单位是操作系统文件块（OS 块）。无论是逻辑存储结构中的页，还是物理存储结构中的块，它们都是由若干数据记录组成的。学习者需了解在数据库物理存储结构中如何将记录数据组织为数据文件。

在数据库中，数据文件用于物理存储数据库的数据记录。DBMS 通过操作系统以块为单位存取访问数据文件中的数据记录。大多数数据库默认的数据文件块大小为 4 KB 到 8 KB，磁盘扇区大小一般为 4 KB。在数据库系统中，通常将数据文件块大小设置为扇区大小×2^n（$n \geqslant 1$）。一个数据文件由多个块组成，每个块存储多条数据记录。如果一个数据记录中包含了大对象类型数据，如图像类型数据，它在数据文件块中就无法直接存放。大对象数据通常采用单独文件方式存储，并将其指针放入数据库的数据文件块中存储。

1. 数据文件记录结构

在关系数据库中，不同关系表的数据记录长度是不一样的。如果关系表的记录中包含变长数据项，该关系表的数据记录长度也会不一样。因此，数据文件组织数据记录的存储方案需考虑定长记录和变长记录两类情况。

（1）定长记录

在定长记录数据存储方案中，将每个表定义为一个数据文件，在该数据文件中存储多条固定长度记录。换言之，在数据文件中，所有记录均分配相同长度的存储空间，即便一些记录没有使用存储空间，也会占用相同长度的存储空间。定长记录的格式如图 5-5 所示，它在文件块中的存储结构如图 5-6 所示。

定长记录一般分为记录头和记录数据区两个部分。记录头用于存放记录的字段信息、时间戳信息、指针信息等。记录数据区用于存放记录的各个字段数据。在数据文件中，记录是存放在数据文件块中的。每个文件块除了存放数据库表的记录外，还有一个块头区和可能存在的空闲区。块头区用于存放与其他块的链接指针、块最近修改时间戳等信息。空闲区为文件块中没有存放记录的区域。定长记录在数据文件中的实现较简单，但需解决如下两个问题：

图 5-5　定长记录的格式

图 5-6　定长记录在文件块中的存储结构

1）当数据文件块的数据区大小不是定长记录大小的整数倍时，会出现一个定长记录在数据文件块中因空闲空间不够而存放不下的情况。

2）在数据文件中删除记录后，文件块中空闲出来的记录空间应允许后续插入的其他记录使用，其实现记录删除和插入的算法应高效。

针对第一个问题，解决方案是只有在文件块中有足够空间时，才能将定长记录存储到当前文件块内。若当前文件块没有存储完整记录的空间，则需将该记录存储到另一空闲的文件块内。

【例 5-1】在选课管理数据库 CurriculaDB 中，学生信息（Student）表的创建 SQL 语句如下：

```
CREATE  TABLE  Student
(StudentID          char(13)          PRIMARY  KEY,
 StudentName        varchar(10)       NOT NULL,
 StudentGender      char(2)           NULL,
 BirthDay           date              NULL,
 Major              varchar(30)       NULL,
 StudentPhone       char(11)          NULL
);
```

在数据文件中，要求 Student 表采用定长记录方式存储多个学生数据，其存储方案如下：Student 表的 StudentID 字段，分配 13 个字节；StudentName 字段，分配 10 个字节；StudentGender 字段，分配 2 个字节；BirthDay 字段，分配 3 个字节；Major 字段，分配 30 个字节；StudentPhone 字段，分配 11 个字节。再加上记录头 12 个字节，该表中每个记录将固定使用 81 个字节。

假设数据文件块大小为 4 KB（4096 字节），块头区占用 12 字节，则每个文件块可以存放 50 个学生记录，块中空闲区为 34 字节。若 Student 表要存放 8120 个学生记录，则数据文件将使用 163 个文件块，前 162 个文件块都存放 50 个学生记录，最后一个文件块存储 20 个学生记录。Student 表在数据文件中的存储块结构如图 5-7 所示。

针对第二个问题，可以采用如下方案：当表中一个记录被删除时，可以将紧随其后的记录移动到被删除记录先前占用的存储空间中，其他记录也依次移动；当表中插入一个记录时，只需在文件末尾添加。这种方案虽然可行，但会涉及大量记录移动操作，给系统带来较大开销。为此，一种改进方案是在记录被删除时，将数据文件的最后一条记录移动到被删除记录先前占用的存储空间中，这种方案仅涉及一条记录移动，其开销较小。不过，通过移动记录来使用被删除记录所释放空间的方案并不理想，因为这种方案始终需要额外的块操作访问。

文件头
记录1
记录2
…
记录50
空闲区
块头区2
记录51
记录52
…
记录100
空闲区
块头区162
记录8051
记录8052
…
记录8100
空闲区
块头区163
记录8101
记录8102
…
记录8120
空闲区

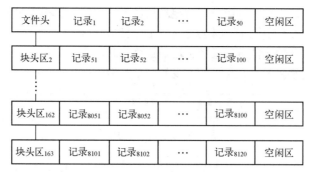

图 5-7　Student 表的数据文件定长记录存储结构

下面给出一种无须在每次删除记录时移动记录的数据文件定长记录方案：在数据文件的第一个块头区定义文件头中，存储自由链表指针。该自由链表指针指向被删除的第一个记录的地址。该记录头中也存储第二个被删除记录的地址。以此类推，在数据文件中，形成一个被删除记录的自由链表。

【**例 5-2**】在存储 Student 表的数据文件中，经过一系列数据删除操作后，其数据文件的自由链表如图 5-8 所示。

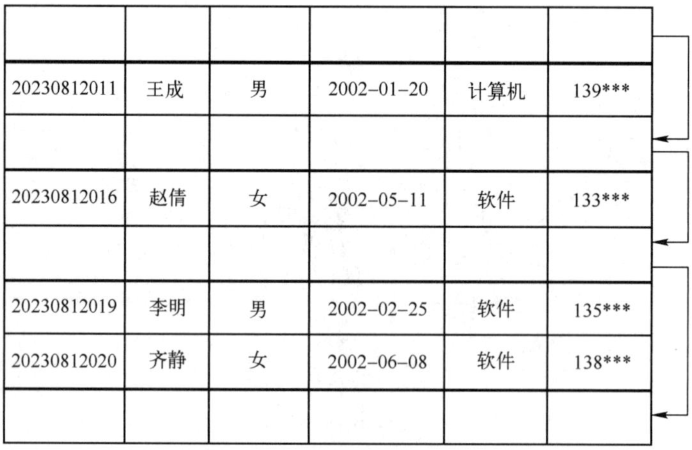

20230812011
王成
男
2002-01-20
计算机
139***
20230812016
赵倩
女
2002-05-11
软件
133***
20230812019
李明
男
2002-02-25
软件
135***
20230812020
齐静
女
2002-06-08
软件
138***

图 5-8　Student 表数据文件的自由链表

当表中插入一个新记录时，可以使用文件头指针所指向的记录地址，在其记录空间中插入记录数据，并改变文件头指针以指向下一个空闲记录地址。当自由链表中没有空闲记录时，则在文件末尾添加新记录。

（2）变长记录

在变长记录数据存储方案中，数据文件存储的各数据记录长度是不一样的。在该数据文件中，分配给每个数据记录的存储空间是不同的，它们都按照实际存储需求被分配存储空间。实现变长记录数据存储有多种技术，但这些技术都需要解决如下两个问题：

1）如何设计记录格式，使得记录的各字段可以直接定位访问。

2）如何在数据文件块中存储变长记录，使得文件块中的记录易于访问。

针对第一个问题，可以将变长记录格式分为记录固定区和记录变长区。所有固定长度的字段放到记录固定区存储空间，各变长字段在记录中的偏移量和长度信息也被放入记录固定区存储空间。关系表中所有记录的固定区结构都一样。记录变长区则因各记录实际存储数据变化而变化，变长记录的格式如图 5-9 所示。

图 5-9　变长记录格式

在记录固定区中，空值位图的二进制位用于标记记录内各字段是否为空值，如某记录的空值位图中第 1 位二进制位为"1"，则表示对应字段为空值。对于取空值的字段，在记录空间中不存储该字段值。固定长度字段集用于存放有固定长度的各字段数据值。记录的变长字段则依次存放在记录变长区中，它们在记录空间的偏移量和实际长度值存放于记录固定区的变长字段偏移集中。在例 5-1 中，假设 Student 表采用变长记录格式存储一个学生数据（20230812022，刘庆，男，2002-03-12，软件，NULL），其变长记录存储如图 5-10 所示。

图 5-10　Student 表的变长记录存储示例

在 Student 表变长记录格式中，学号（StudentID）、性别（StudentGender）、出生日期（Birth-Day）、电话（StudentPhone）字段为固定长度值，被放入记录固定区；姓名（StudentName）、专业（Major）字段为变长字符串，放入记录变长区。在记录固定区中，空值位图值为"000001"，表示该记录的电话（StudentPhone）字段为空值，其他字段为非空值。各固定长度字段占用指定字符长度的字节空间，各变长字段占用实际数据长度的字节空间。各个变长字段偏移值和长度值分别占 1 个字节空间。

在访问记录字段时，可以通过记录头信息在记录存储空间中定位访问到各固定长度字段数据，同样通过记录固定区中的各变长字段偏移值和长度值，可以访问到各变长字段数据。

针对第二个问题，可以在文件块中采用分槽结构组织变长记录存储，文件块的分槽结构存储变长记录如图 5-11 所示。

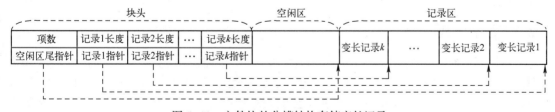

图 5-11　文件块的分槽结构存储变长记录

在文件块分槽结构中，块头的"项数"单元记录文件块中存储的记录数，同时在块头区分配项数个记录指针单元和记录长度单元，它们分别用于存放各个变长记录的指针和长度值。此外，在块头区还有一个空闲区尾指针单元，用于存放文件块中的空闲区尾地址。在文件块的记录区中从块尾开始依次存储各个变长记录数据。

当插入一条新记录时，在空闲区的尾部开始存放该变长记录数据，并将该记录的长度和初始位置添加到块头区中。同时块头区的空闲区尾指针也需要进行相应修改。当删除某记录时，需将块头区中的项数减一，并在块头区移动其后的指针单元和长度单元，同时在记录区移动其后的变长记录，以释放文件块中所删除记录的占用空间。此外，还需重新调整空闲区尾指针。为了降低删除记录带来的系统处理开销，可以仅仅将删除记录在块头区的记录长度标记为特殊值（如-1），并不把该记录在记录区占用的空间释放。该方法是以空间代价获得文件处理性能和效率的提高。

2. 数据文件的记录组织

在了解关系数据库的数据文件记录结构后，学习者还需了解数据文件的记录组织方式，即如何将大量记录组织为数据文件，以便 DBMS 对数据文件进行数据记录访问。由于数据文件有不同的记录组织方式，因此其检索、存储、更新记录的效率是不同的。

（1）堆文件组织

在堆文件组织方式下，记录可存放在数据文件中的任意位置，如可以在文件末尾插入新记录，也可以在空闲区插入新记录。其优点是数据记录插入的处理效率高，缺点是在检索、更新和删除记录时，需要从文件中读取大量记录，直到定位到指定记录的位置，其开销较大。此外，频繁删除记录后，还需要移动记录来消除文件存储中的碎片空间。

（2）顺序文件组织

在顺序文件组织方式下，按照关系表的特定字段值顺序，在数据文件中组织与存储记录。其优点是按照排序字段进行数据查询时，查询数据记录的处理效率高，缺点是在关系表中插入与删除记录后，需要重新对数据文件中的记录进行排序处理，这种重排数据文件中记录顺序的代价较高。

（3）多表聚簇文件组织

在多表聚簇文件组织方式下，将多个关系表的相关记录存储在一个块中，以便进行多表关联查询时，可以快速地从数据库中检索出这些数据记录。优点是可提高多表查询速度，缺点是会降低单表查询效率。

（4）Hash 文件组织

在 Hash 文件组织方式下，可以将记录某字段或字段组的值作为输入，通过一个散列函数来计算该记录应存放的位置，如桶（Bucket）号。其优点是随机检索或存取记录的速度快，缺点是不支持范围查询，此外，散列函数较难确定。

5.2.3 数据字典存储

在数据库系统中，数据库除了存储应用系统数据外，还需要存储数据库对象自身信息、用户管理信息、系统运行状态信息等元数据，以便 DBMS 运行处理。数据库元数据需要由单独的系统数据库表存储，并提供给 DBMS 服务器进程进行数据库管理访问。在数据库系统中，存放数据库元数据的系统数据库表及其视图称为数据字典（Data Dictionary），也称为系统目录（System Catalog）。数据字典主要存储如下类型的元数据。

1. 数据库表、视图的结构数据

在数据库中，每个表都需要有元数据来定义其结构，如表名、属性名、属性域、完整性约束、主键、外键、所属表空间、所属方案、存储组织类型、拥有者等元数据。每个视图都需要有元数据来定义其结构，如视图名、视图类型、视图定义的 SQL 查询语句等元数据。

2. 系统角色、用户数据

在每个数据库中，通常会创建多个角色，每个角色需定义角色名、所属方案、角色密码、角色权限等元数据。每个数据库也需要定义若干个用户，每个用户需定义用户名、用户所属角色、用户密码、用户权限等元数据。

3. 索引数据

在数据库中，对关系表进行数据查询处理，通常需要使用该表定义的索引数据。每个索引对象都需要有索引名、被索引表名、被索引的属性名、索引类型等元数据。

在数据库中，除以上对象在创建时需定义元数据外，其他对象（如数据库表空间、函数、存储过程、触发器、序列、自定义数据类型等）也需要定义元数据。此外，在数据库系统运行中，还需要在系统表中记录运行状态、选项配置、信息统计等元数据。例如，在 PostgreSQL 数据库的数据字典中有 62 个系统表用于存储元数据，并有 72 个系统视图用于提供元数据访问。系统表中元数据通常是由 DBMS 服务器进程在数据库访问操作中自动维护的，用户进程只能通过系统视图对元数据进行查询处理。

5.2.4　存储引擎

在数据库系统中，数据库存储管理功能是由 DBMS 软件的存储引擎来实现的。数据库存储引擎也称存储管理器，它负责数据库中数据存储、数据检索和数据更新等处理，其原理结构如图 5-12 所示。

在数据库系统中，数据库常常需要有大量存储空间来存放数据。由于计算机内存容量有限，无法存放整个数据库的数据内容，因此需要有容量较大、成本较低的外部存储器（简称外存）来存储数据库数据。此外，计算机内存是易失性存储部件，当计算机断电或系统崩溃时，内存中数据会丢失。为了长久保存数据库中的内容，需要将数据库信息以数据文件方式存储在外存，如磁盘存储器中。通常将这类数据库称为磁盘数据库。磁

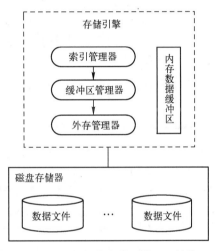

图 5-12　数据库存储引擎原理结构

盘数据库具有存储容量大、单位存储成本低、可长久保存信息等优点，但磁盘数据库的数据存取访问涉及磁盘寻道、磁盘扇区读写等操作，其数据读写速度比内存数据读写速度慢很多。为此，在数据库存储管理系统中，为了提高磁盘数据库的访问速度，使用了部分内存作为数据库缓存，即使用内存数据缓冲区来存储当前访问的数据库表内容，以满足应用程序对数据库存取访问的性能要求。针对一些数据记录量很大的大表访问，数据库存储管理系统提供了索引机制，可以支持 DBMS 服务器快速检索数据库表中记录，实现高效访问。为实现以上目标，在数据库存储管理系统中，必须借助数据库存储引擎的索引管理器、内存管理器、外存管理器、内存数据缓冲区等模块来实现相应功能处理。

1. 外存管理器

在存储引擎中，外存管理器向上层模块提供对磁盘数据文件操作的统一接口，并负责管理数据库磁盘存储空间的分配、数据文件的存储管理。

2. 内存数据缓冲区

数据库存储引擎为了提高数据存取速度，需要使用内存数据缓冲区来存放系统当前访问的关系表数据。DBMS 在运行数据库实例时，会在内存设置一些存储空间作为缓冲区，用于存储当前系统

访问数据库文件的磁盘块数据副本。后续的数据库存取请求可以在缓冲区中找到这些数据，不需要读取磁盘数据文件。内存数据缓冲区中被修改的数据块由后台进程写入磁盘数据文件。

3. 缓冲区管理器

在数据库存储引擎中，负责缓冲区管理的模块称为缓冲区管理器。它负责将数据从磁盘数据文件读取到内存数据缓冲区，并将修改后的数据块写回磁盘数据文件。此外，缓冲区管理器还负责内存数据缓冲区空间分配、缓冲区查找、存储块替换、共享访问锁管理等。

4. 索引管理器

索引管理器对数据库的索引对象进行管理，包括索引创建、索引检索、索引定位、索引维护。

课堂讨论：本节重点与难点知识问题

1）数据库存储管理涉及哪些要素？
2）数据库存储系统结构为何分逻辑结构和物理结构？
3）数据库为什么需要有多个表空间？
4）大对象数据在数据库中如何存储？
5）比较数据文件的定长记录与变长记录存储方案的优缺点。
6）说明数据库存储引擎的工作原理。

5.3 索引结构

在数据库查询访问中，很多查询仅仅涉及关系表中少部分数据记录。如果要读取整个表中每条记录，逐一比较查询条件来获取满足条件值的结果集记录，这样的查询实现方式是低效的。特别是关系表中数据记录量非常大时，这种全表扫描的查询开销难以满足应用需求。因此，在数据库查询中，需要采用索引结构技术来解决查询性能问题。

5.3.1 索引结构原理

在关系数据库中，索引是一种数据记录定位结构，它将查询条件键值作为输入，能快速从索引结构（如索引表）获取该条件键值对应数据记录的位置指针，通过位置指针从关系表中找出结果集记录。索引的作用相当于图书的目录，我们可以根据目录中的页码快速找到所需的内容。关系表索引机制的原理如图5-13所示。

图5-13 关系表索引机制的原理

为了在关系表中实现快速查询记录，可以针对关系表中经常查询的一个列或多个列建立索引，其索引将该列的列值与数据记录指针建立映射，并存储在索引结构（如索引表）中。当查询关系表数据时，将查询条件提供的搜索值作为输入，从索引结构查找匹配该列值的数据记录指针，通过指针可快速定位到关系表的数据记录，从而得到满足查询条件的结果数据记录输出。

在关系数据库中，对关系表中的特定属性列建立索引，用户可以获得如下好处：

1）可以大大加快数据的查询速度，这也是创建索引的最主要动因。
2）可以加快表与表之间的连接速度，特别是在实现多表关联查询方面意义重大。

3）在使用分组或排序子句进行数据查询时，同样可以显著缩短查询中分组和排序的时间，提高查询处理效率。

虽然索引技术对于提高数据库查询速度是至关重要的，但应用索引会给数据库管理系统服务器处理带来如下开销：

1）创建索引和维护索引均需要耗费系统时间，所耗费时间会随着数据量的增大而增加。

2）索引需要占系统额外数据存储空间，数据库表的每一个索引都需要一定的数据存储空间。当数据库表记录增加时，索引表的数据也会同步增加，索引数据存储空间会逐步增大。

3）每当对表中数据进行插入、删除和修改时，也需要动态维护操作索引，这样会降低数据表的访问速度。

因此，在数据库系统开发中，根据实际应用需求，考虑应对哪些关系表查询的列建立索引，哪些列不适合建立索引。一般来说，在如下情况中，可以建立索引：

1）在每个关系表的主键列上建立唯一性索引。这有利于关系表数据记录在文件中顺序存储，同时也可基于主键快速查询数据。

2）在关系表的外键列上建立索引。因为多表关联查询需要借助本表外键与关联表主键连接，外键列的索引可以加快连接的速度。

3）在关系表中经常被查询的数据列上建立索引。业务应用时常对一些关系表中的列进行数据查询。针对这种数据列建立索引，可以加快业务应用的数据查询速度。

4）在关系表中需要根据范围进行查询的数据列上创建索引。因为可以对建立的索引排序，所以基于该索引能实现快速的范围值查询。

5）在关系表中经常需要排序查询输出的列上创建索引。如果建立的索引已经排序，那么可以加快关系表的排序查询。

6）在关系表查询中，经常使用 WHERE 子句的列也适合创建索引，这可以加快 WHERE 条件的判断速度。

既然数据库索引应用也会带来系统运行开销，在数据库中应尽量减少不必要的索引使用。一般来说，在如下情况中，不适合建立索引：

1）在关系表中，较少查询的列不适合创建索引。既然这些列很少用到，创建该列索引就没有多大意义。相反，创建该列索引，反而会降低了关系表访问速度和增大了空间需求。

2）在关系表中，只有少数值的列不适合创建索引，如"性别"列，只有男、女两个值。对这种列创建索引，并不能加快查询速度，因为查询结果记录数占比非常高。

3）在关系表中，大对象类型列不适合创建索引，如照片、视频、大文本等数据列。因为这些列的数据量很大，所以不适合索引处理。

4）在关系表中，修改数据性能要求较高的列不适合创建索引。若该列创建索引，虽然查询速度得以提高，但是会导致该列的数据修改代价上升，降低该列的数据修改性能。

目前，已有不少索引技术用在数据库中，如 B 树索引、B+树索引、散列表索引、位图索引、时空数据索引等。下面仅介绍使用最多的 B+树和散列表索引技术的原理。

5.3.2 B+树索引

B+树是一种广泛用于数据库索引的平衡多叉树索引结构。它是 B 树的变体，其树结构由根节点、中间层子节点和叶节点组成。B+树的根节点和中间层子节点只保存索引的搜索键值以及下层节点指针，而叶节点不但保存索引的搜索键值，还保存对应的数据记录（Rowid）指针和链表指针。B+树索引结构示例如图 5-14 所示。

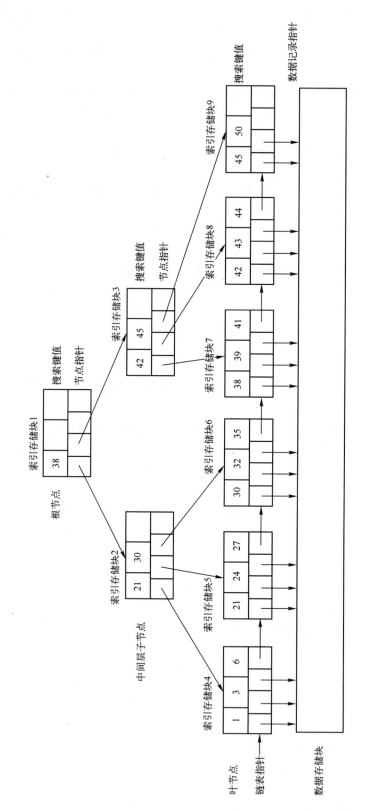

图 5-14　B+树索引结构示例

一棵 n 阶的 B+树具有如下特性：

1）从根节点到叶节点的每条路径长度相同，树中每个非叶节点均有 $n/2$ 到 n 个子节点，而根节点有 2 到 n 个子节点。其中 n 为阶数，即节点可存储的搜索键最大数量。

2）B+树的每个非叶节点不保存数据记录，它只存储搜索键值及下层节点指针。所有数据记录指针都保存在叶节点中。每个节点可存储 n 个搜索键值及 $n+1$ 个指针。各节点的指针指向下层节点。

3）B+树的叶节点不仅包含搜索键字，还包括键值对应的数据记录指针和节点链表指针。每个节点可存储 n 个搜索键值及 n 个数据记录指针。各叶节点的数据记录指针指向数据存储块中数据记录的位置。叶节点之间还有一个链表，按照搜索键值大小，自小而大顺序链接在一起。叶节点链表便于数据记录查找。

通常 B+树索引结构有两个头指针，一个指向根节点，一个指向搜索键值最小的叶节点。这样便于 B+树索引结构的搜索算法处理。

1. B+树的记录查询处理

在 B+树索引结构中，查找搜索键为 K 的数据记录。首先读取根节点索引数据，判断搜索键值为 K 的数据记录在哪个中间层子树分支。在读取中间层子节点索引数据后，继续判断搜索键值为 K 的数据记录在哪个叶节点。在读取叶节点索引数据后，找出搜索键值为 K 的数据记录指针。通过该数据记录指针从数据存储块中读取结果数据记录。

【例 5-3】在图 5-14 所示的 3 阶 B+树索引结构中，查询搜索键值等于 41 的数据记录，它在 B+树索引结构中的查询处理过程如下：

1）从根节点开始，第 1 次 I/O 读取该节点存储块 1 数据。从读取的搜索键值来看，该根节点只有一个键值存储，其值为 38。本查询输入的搜索键值 41 大于存储块 1 的搜索键值 38，其数据记录应在根节点的第 2 个键值指针所指向的中间层子树中。

2）对键值指针所指向的中间层子树节点存储块 3 进行第 2 次 I/O 读取，获取该层节点的搜索键值为 42、45。本查询输入的搜索键值 41 小于存储块 3 的搜索键值 42，其数据记录应在该节点的第 1 个键值指针所指向的下层叶节点中。

3）对键值指针所指向的下层叶节点存储块 7 进行第 3 次 I/O 读取，获取该节点的搜索键值为 38、39、41。本查询输入的搜索键值 41 匹配存储块 7 的搜索键值 41，依据该键值对应的数据记录指针，在数据存储块中可以定位读取该数据记录。

B+树索引结构不仅可以支持 WHERE 子句条件的单值查询处理，还可支持 WHERE 子句条件的范围值查询处理。

【例 5-4】在图 5-14 所示的 3 阶 B+树索引结构中，查询满足 WHERE k>=21 AND k<=35 条件的数据记录，其查询过程如下：

1）从根节点开始，第 1 次 I/O 读取该节点存储块 1 数据。从读取的搜索键值来看，该根节点只有一个键值存储，其值为 38。本查询的最小搜索键值 21 小于存储块 1 的搜索键值 38，其数据记录应在根节点的第 1 个键值指针所指向的中间层子树中。

2）对键值指针所指向的中间层子树节点存储块 2 进行第 2 次 I/O 读取，获取该节点的搜索键值为 21、30。本查询输入的搜索键值匹配存储块 2 的搜索键值 21，其数据记录应在该节点的第 2 个键值指针所指向的下层叶节点中。

3）对键值指针所指向的下层叶节点存储块 5 进行第 3 次 I/O 读取，获取该节点的搜索键值为 21、24、27。本查询输入的搜索键值 21 匹配存储块 5 的搜索键值 21，依据该键值对应的数据记录指针，在数据存储块中可以定位读取该数据记录。同样，依据键值 24、27 对应的数据记录指针，在数据存储块中可以定位读取这两个数据记录。

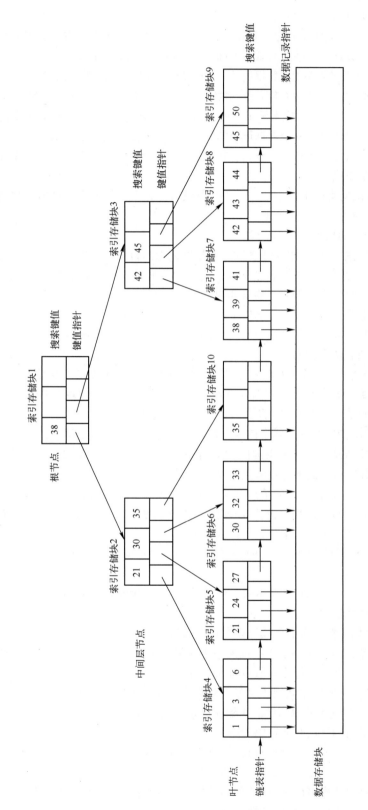

图 5-15 插入键值 33 的数据记录后的 B+树索引结构

4）通过索引存储块 5 的链表指针，对索引存储块 6 进行第 4 次 I/O 读取，获取该节点的搜索键值为 30、32、35。这些搜索键值均在本次查询的 k 值范围内。依据这些键值对应的数据记录指针，在数据存储块 6 中可以定位读取各数据记录。到此为止，本范围查询的所有数据记录均已被读取出。

2. B+树的记录插入处理

当对关系表进行数据记录插入时，需要同时对该关系表的 B+树索引结构进行更新处理，使新加入关系表的数据记录在该表索引结构中保存对应搜索键值对（搜索键值，数据记录指针）。B+树的记录插入处理基本过程如下：

1）新插入数据记录的索引数据（搜索键值对数据）需要插入在 B+树的叶节点中。在插入前，应先找到要插入的叶节点。

2）如果找到的叶节点有空闲的搜索键槽，即当前含有的搜索键数量小于阶数 n，则直接将新插入数据记录的索引数据在该节点的搜索键槽中按从小到大的顺序插入。

3）如果找到的叶节点没有空闲的搜索键槽，即当前含有的搜索键数量等于阶数 n，则需要将该叶节点分裂为两个新的节点，每个节点包含 $n/2$（向上取整）个搜索键槽，并将现有搜索键值对数据分别放入这两个新节点中。同时，也将新插入数据记录的索引数据在该节点的搜索键槽中按从小到大的顺序插入。

4）在叶节点分裂后，需要将第二个新节点的搜索键值和节点指针上移到父节点。如果这时候父节点中包含的搜索键值个数小于 n，则插入操作完成。否则，父节点中包含的搜索键值个数等于 n，则继续分裂父节点。以此类推，各层节点递归处理。

【例 5-5】在图 5-14 所示的 3 阶 B+树索引结构中，插入一个新的数据记录到关系表，该插入数据记录对应的键值为 33。关系表的 B+树索引结构更新处理过程如下：

1）在插入数据记录前，根据键值 33，在关系表的 B+树索引结构中找到叶节点索引存储块 6。

2）由于该叶节点已存储搜索键值对 30、32、35 数据，没有空闲的搜索键槽空间，因此，需要将该叶节点分裂为两个叶节点：叶节点索引存储块 6 和叶节点索引存储块 10。将搜索键值对 30、32、33 的索引数据放入叶节点索引存储块 6 中，而将搜索键值对 35 的索引数据放入叶节点索引存储块 10 中。

3）将叶节点索引存储块 10 的首个搜索键值和节点指针上移到父节点索引存储块 2 中。索引存储块 2 有空闲的搜索键槽，可以直接将索引存储块 10 的搜索键值和节点指针作为键值对放入其搜索键槽中。

插入键值为 30 的数据记录后，该关系的 B+树索引结构更新结果如图 5-15 所示。

3. B+树的记录删除处理

当对关系表进行数据记录删除时，需要同时对该关系表的 B+树索引结构进行更新处理，使关系表的数据记录在该表索引结构中保存对应搜索键值对（搜索键值，数据记录指针）。B+树的记录删除处理基本过程如下：

1）针对待删除的数据记录，需根据该记录对应的搜索键值，在 B+树索引结构中找到要删除数据记录的叶节点。

2）在叶节点存储块中，根据待删除记录的搜索键值对应的位置指针，在数据块中删除记录，同时还需要在该关系表 B+树索引结构中删除该记录的搜索键值对数据。

3）如果叶节点存储块中已占用的搜索键槽数大于最小数目（如 $n/2-1$），即可直接删除该记录的搜索键值对数据。若该搜索键值还存在父节点中，还需要对父节点做相应处理。

4）对各层节点，在删除搜索键值后，若本节点的搜索键个数小于 $n/2$，并且其兄弟节点有多余的搜索键，则从其兄弟节点迁移搜索键到本节点。

5）对各层节点，在删除搜索键值后，若本节点的搜索键个数小于 $n/2$，并且其兄弟节点没有多余的搜索键，则需要与兄弟节点合并处理，并对父节点进行调整处理。

【例 5-6】 在图 5-14 所示的 3 阶 B+树索引结构中，假设删除键值为 30 的数据记录，关系表的 B+树索引结构更新处理过程如下：

1）删除数据记录前，根据键值 30，在关系表的 B+树索引结构中找到叶节点索引存储块 6。

2）该叶节点已存储搜索键值对 30、32、35 数据。从搜索键 30 的键值对中找出对应的数据记录指针。根据该记录指针在数据存储块中找到该记录，并进行删除处理。在删除数据记录后，还需对索引存储块 6 中搜索键值对进行删除处理。

3）由于索引存储块 6 已使用搜索键槽数大于最小数目，可以直接删除搜索键 30 的键值对。不过搜索键值 30 还在父节点存储块 2 中有数据，需要对父节点做相应处理。

4）在索引存储块 2 中，删除搜索键值 30 的索引数据，并将索引存储块 6 的首个搜索键 32 的索引数据填写到空闲槽中。

删除键值为 30 的数据记录后，该关系的 B+树索引结构更新，结果如图 5-16 所示。

4. B+树的使用效率

从前面使用 B+树实现关系表数据查询、插入、删除操作来看，它们开销时间相差不大，一般都涉及对 B+树索引存储块 3 次 I/O 操作，另外还需 1 次对数据存储块 I/O 操作。不过关系表数据插入、删除操作可能会引起 B+树索引节点分裂或合并存储块处理，这会导致更多存储块 I/O 操作。为了减少这种情况，需要让索引存储块容纳更多搜索键值，即索引节点阶数 n 足够大。只有 n 较大时，B+树在处理大容量关系表时，才不会增加高度，即不增加 B+树索引存储块 I/O 次数。例如，当索引存储块容量为 4 KB（4096 字节），搜索键值为 4 字节整数，键值指针为 8 字节时，从公式 $4n+8(n+1)\leqslant4096$，可以得到索引节点的最大阶数 $n=340$。因此，一个 B+树索引节点存储块能够容纳的键–对最大数目为 340。为了确保 B+树索引高效工作，通常要求索引节点存储块容纳的键–指对最小数目为 $n/2=170$。假设，当前 B+树中各索引节点均容纳键–指对数目为 255。那么，该 B+树索引结构有 255 个中间层节点、255^2 个叶节点、255^3 个数据记录指针，即 3 层 B+树索引结构可以访问 255^3 个（约 16.6×10^6 个）数据记录的关系表。

在使用 B+树索引结构的数据库中，对关系表进行数据访问操作之所以需要 3 次索引存储块 I/O 操作，这是因为需要通过 B+树索引结构的根节点存储块、中间层节点存储块、叶节点存储块 I/O 访问，才能将搜索键值转换为访问数据记录的地址指针，从而在数据存储块中定位到数据记录位置。由于磁盘数据存储块读写速度比内存数据存储块读写速度慢很多，为此在工程实现上可以将 B+树索引结构根节点、中间层节点、叶节点放入内存缓冲区。这样，对关系表数据访问就可以减少到仅 1 次磁盘存储块访问。如果服务器内存容量很大，还可以将数据库文件放入缓存，进一步提高关系表数据访问速度。

5.3.3 散列表索引

散列表（Hash Table），又称哈希表，是一种根据键值在散列表中获取数据记录指针的数据结构，它既可用于磁盘文件存储索引以支持数据记录访问，也可用于数据库关系表索引结构以支持数据记录访问。散列表索引结构如图 5-17 所示。

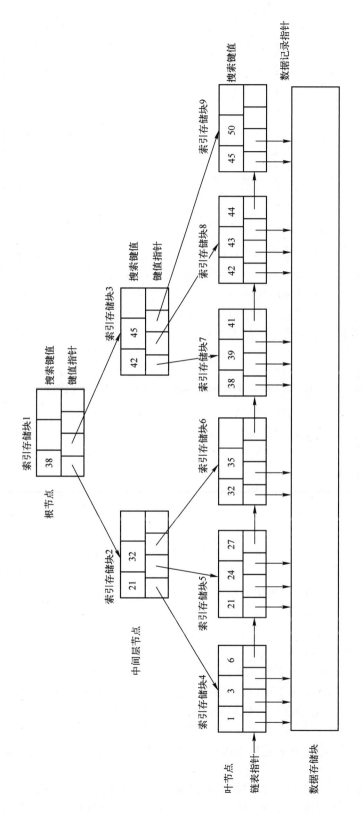

图 5-16　删除键值 30 的数据记录后的 B+树索引结构

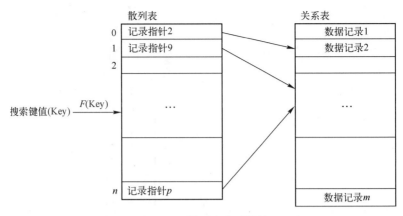

图 5-17　散列表索引结构

散列表索引结构使用映射函数 $F(Key)$ 把输入的键值 Key 映射为一个哈希（hash）值，该值作为访问散列表单元的偏移值。通过获取偏移值单元存储的数据记录指针，访问关系表中数据记录，从而实现关系表记录的快速查找。在散列表中使用的映射函数称为散列函数，或称哈希函数。存放哈希值对应记录指针的存储单元称为"桶"（Bucket）。在内存的散列索引结构中，每个桶存储记录指针或记录链表。在磁盘文件的散列索引结构中，每个桶则存储实际数据记录。

在使用散列表索引结构进行数据查询时，将查询条件键值提供给散列函数计算，得到哈希值所代表的散列表偏移值，通过偏移值在散列表中找到查询数据记录指针。散列表索引结构不像 B+索引结构，需要从根节点到中间层节点，再到叶节点才能访问到数据记录指针，而只是对散列表访问一次，便可获得到数据记录指针。因此，散列表索引结构的处理效率要高于 B+树索引结构。

1. 散列函数的选择

在散列表索引结构中，散列函数是重要的组成部分，它决定了散列值的计算模型，还决定了散列单元映射的均衡性。因此，散列函数的选择应符合如下基本要求：

1）散列函数计算得到的散列值应是一个非负整数，并且应在散列表偏移值范围内。

2）如果输入散列函数的两个键值相等（key1 = key2），那么输出的散列值也应相等，即 hash(key1) = hash(key2)。

3）如果输入散列函数的两个键值不相等（key1 ≠ key2），那么输出的散列值应尽量做到不相等，即 hash(key1) ≠ hash(key2)。

4）如果出现输入键值 key 不同，但输出的散列值相同，这就出现了散列冲突情况。散列表索引结构对此需要有解决办法。

目前实现散列函数的方法有多种，如直接寻址法、数字分析法、平方取中法、取随机数法、除留取余法等。这里仅对除留取余法进行说明。该方法常用于键值为整数的场景，散列函数选择计算公式 K/B 的余数作为哈希值，其中 K 为键值，B 为散列表的单元数，即散列表的桶数。通常 B 选定 2 的幂次方，如 $4,8,16,\cdots,2^n$ 等。当键值为字符串类型时，也可使用除留取余法，它将每个字符当作一个编码整数，再将它们累加起来，并将总和除以 B，然后取其余数。

2. 散列冲突解决

当散列表索引结构的键值数目多于散列表桶数时，必然会出现散列冲突情况。此外，散列函数本身存在映射输出不均衡时，也会出现多个不同的输入键值，但输出的散列值相同的情况。目前处理散列冲突的解决办法有开放寻址法、再哈希法、公共溢出区、链地址法。下面以链地址法为例,说明散列冲突的解决办法。

【例 5-7】假设散列表桶数为 7,每个桶仅存储一个链表首指针,链表节点存储(键值,数据记录指针,链表指针)索引。当有多个键值映射到同一个桶时,将各键值–记录指针节点放入该桶链表中。例如,有一组键值 key 为{12,17,22,8,19,31,41,26,21},其散列函数为 $F(\text{key}) = \text{key MOD 7}$,使用链地址法所构建的散列表如图 5-18 所示。

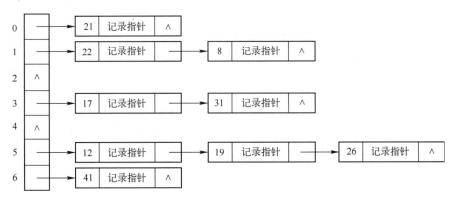

图 5-18　链表地址法的散列表索引

在本例中,散列函数将输入键值 key 对 7 进行模运算,将其余数作为访问散列表的偏移值。在散列表的桶中存放一个链表首节点指针,该指针指向存储(键值,数据记录指针,链表指针)节点,如散列表偏移值为 6 的单元存储了链表首指针,该指针指向键值为 41 的数据记录指针节点。键值为 22 和 8 的数据记录,由于它们的散列值都为 1,因此,将它们都放入散列表偏移值为 1 的链表中。如果当前关系表中,还没有一个键值 key 的散列值对应散列表的偏移量,那么该偏移量的散列单元(桶)就存放一个链表空值,如散列表的偏移值为 2 和 4 的单元存放链表空值。

3. 散列表的数据插入

在使用散列表索引结构的关系数据库中,当插入数据记录时,同步计算插入该记录键值 key 的散列值 $F(\text{key})$。如果该散列值对应的桶单元值为空,则将新记录的索引数据放入一个新链表节点中,并将该节点的指针放入该桶单元。否则,就通过该桶单元存放的链表指针查找到链尾的节点。将新记录的索引数据放入一个新节点中,并将新节点的指针放入原链尾的节点中,新加入的节点则作为链尾。

【例 5-8】在使用图 5-18 散列表索引的关系表中,当插入键值 key=37 的数据记录时,同步计算新插入记录键值的散列值 $F(37)=2$。在散列表中该值对应的桶单元为空,则将新记录的索引数据(37,记录指针,∧)放入一个新链表节点中,并将该节点的指针放入该桶单元。该记录插入后,散列表索引结构如图 5-19 所示。

4. 散列表的数据删除

在使用散列表索引结构的关系表中,当删除一个键值数据记录时,同步计算该删除数据记录键值 key 的散列值 $F(\text{key})$。在该散列值对应的桶单元获取链表指针,通过该链表指针查找键值为 key 的索引节点。找到该节点后,就可删除该节点,并重新调整该桶单元链表的连接关系。如果删除的节点是该桶单元链表的唯一节点,则需将该桶单元的链表指针置空,标记当前没有链表。

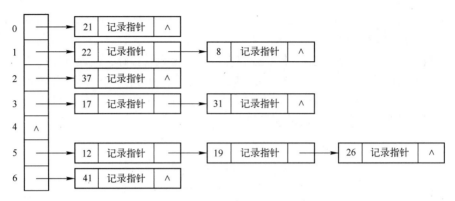

图 5-19 散列表的数据插入示例

【例 5-9】在使用图 5-19 散列表索引的关系表中,当删除键值 key = 22 的数据记录时,同步计算该删除记录的键值散列值 $F(22) = 1$。在散列表偏移值为 1 的桶单元中获取链表指针,通过该指针找到含有键值 22 的节点,删除该节点,并将该节点的后继节点指针放入该桶单元。删除该记录后,散列表索引结构如图 5-20 所示。

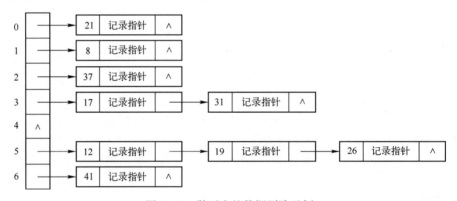

图 5-20 散列表的数据删除示例

5. 散列表索引的效率

从散列表索引结构的关系表查询、插入、删除数据记录过程来看,插入和删除记录操作都需在查询定位记录基础上完成,因此,相比查询操作,它们都需要多一次 I/O 操作。当散列表容量足够大、散列函数输出的散列值随机均匀分布到散列表的桶单元中,则会较少出现散列冲突。在这种情况下,关系表数据记录查询就可通过散列值直接从桶单元中获得数据记录的地址,只需一次 I/O 操作就可获得数据记录。因此,散列表在这种情况下,其索引效率是很高的。但是,当关系表数据记录数量增大之后,就会出现不同键值在散列函数计算后得到相同散列值,即同一桶单元需要通过链表存放多个数据记录的索引节点数据。此后,无论是关系表数据查询处理,还是插入、删除处理,都需要多次 I/O 读取链表节点数据进行键值比较处理,其查询效率就会降低。因此,散列表需要解决好散列冲突问题。通常办法是将散列表的空间设置得比查询集合大,虽然浪费了一定的存储空间,但会降低产生冲突的可能性,提升查询效率。

课堂讨论:本节重点与难点知识问题

1)哪类索引技术方法适合于关系数据库随机数据查询?

2)索引技术方法的优劣取决于哪些因素?

3）B+树索引和散列表索引分别适用于什么场景？

4）PostgreSQL 数据库支持哪些索引类型？

5）PostgreSQL 数据库支持哪些索引方式？

6）PostgreSQL 数据库分别使用哪些系统表记录索引信息？

5.4　事务管理

在数据库应用系统中，通常需要允许多个用户的程序并发地访问同一数据库或同一数据库对象，甚至同一数据记录。若不对这些并发用户程序的数据库访问操作进行管理控制，就可能造成存取不正确的数据，破坏数据一致性。在 DBMS 中，通常采用事务管理机制来约束并发用户程序的数据库访问操作，确保并发用户程序访问操作数据库对象后，数据库仍能保持正确状态和数据一致性。

5.4.1　事务概念

在数据库中，事务（Transaction）指构成单个逻辑处理单元的一组数据库访问操作，这些操作的 SQL 语句被封装在一起，它们要么都被成功执行，要么都不被执行。数据库事务管理是为了在多用户环境中事务程序共享访问数据库对象时，DBMS 能够确保数据库处于正常状态与数据一致性。即使在数据库事务程序运行中遇到异常或错误，数据库事务管理机制也应保证事务程序的正确执行，让数据库始终处于正常状态。例如，在银行转账业务处理程序中，客户 A 转账一笔资金到客户 B，银行业务系统执行转账事务程序的数据库操作语句要么都被正常执行，要么所有语句都不被执行，以确保银行业务系统数据库中资金数据的正常状态。

在数据库系统中，事务是 DBMS 执行的最小任务单元，事务也是 DBMS 最小的故障恢复任务单元和并发控制任务单元。在 DBMS 中，并发任务执行以事务为单元。当事务未正常完成数据库操作，而需要恢复数据时，任务仍然是以事务为单元进行的。

数据库事务程序是实现特定业务功能处理的一组数据库操作语句序列，它们构成一个不可分割的工作单元，要么完整地被成功执行，要么完全不被执行。如果某一事务程序执行成功，则在该事务中进行的所有数据修改均会提交（Commit）给数据库，其数据成为数据库中的持久数据。如果事务程序中某操作语句执行遇到异常或错误，则必须进行撤销或回滚（Rollback）操作处理，该事务引发的所有数据修改都被恢复，以确保数据库的正确状态与数据一致性。

在关系数据库中，一个事务程序可以由一条 SQL 语句组成，也可以由一组 SQL 语句组成。一个数据库应用程序可以包含一个事务程序，也可以包含多个事务程序。

在数据库系统中，事务具有生命周期，事务从开始到终止可以有若干个状态。DBMS 自动记录每个事务的生命周期状态，以便在不同状态下进行不同的操作处理。事务生命周期状态变迁如图 5-21 所示。

事务被 DBMS 调度执行后，就进入事务初始状态。在事务的 SQL 操作语句被成功执行后，事务就进入事务正常状态。如果事务的所有 SQL 操作语句都成功执行，事务将执行 Commit（提交）操作语句，并进入事务提交状态。在事务提交状态下，系统将所有操作语句对数据的修改都更新到数据库文件中，并将所有数据操作记录到数据库事务日志（Log）文件中，以便数据库出现故障时，事务所做的更新操作能通过日志数据进行恢复。当事务提交操作完成后，事务程序退出并结束。

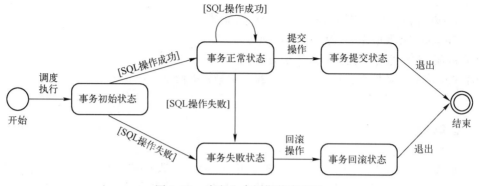

图 5-21　事务生命周期状态变迁

事务在执行期间，即使进入事务正常状态后，仍有可能遇到意外事件导致事务中的某 SQL 操作语句执行失败。这时事务进入事务失败状态。在事务失败状态下，事务将执行 Rollback（回滚）操作语句，并进入事务回滚状态。在事务回滚状态下，系统撤销该事务对数据库所有的数据修改或删除操作，使数据库恢复到事务执行之前的数据状态。当事务回滚操作完成后，事务程序退出并结束。

5.4.2　事务特性

为了确保多个事务共享访问数据库的数据正确性，DBMS 的事务管理机制应该维护事务的 ACID 特性，即原子性（Atomicity）、一致性（Consistency）、隔离性（Isolation）、持续性（Durability）。

（1）原子性

事务原子性指事务的数据库操作序列必须在一个原子的工作单元中，即事务中 SQL 语句对数据的修改操作，要么全都被正确地执行，要么全都不被执行。事务 SQL 语句操作失败后，DBMS 事务管理机制应撤销该事务 SQL 语句对数据库的变更操作，从而保证事务的原子性。

（2）一致性

事务一致性指事务执行的结果使数据库从一种正确数据状态变迁到另一种正确数据状态。例如，在银行转账业务操作中，从 A 账户转账 100 元到 B 账户。不管业务操作是否成功，A 账户和 B 账户的存款总额是不变的。如果 A 账户转账成功，而 B 账户因某种原因入账失败，就会使业务数据与数据库产生不一致。因此，事务管理机制应确保在事务执行前后，数据库的数据都保持正确性。

（3）隔离性

事务隔离性指当多个事务并发执行时，一个事务的执行不能被其他事务干扰，即一个事务对数据所做的修改与其他并发事务是隔离的，各个并发事务之间不能相互影响。

（4）持续性

事务持续性指一个事务一旦提交，它对数据库中数据的改变就是永久性的。这是因为事务提交后，数据修改被写入数据文件中，可持久保存。

因此，确保事务具有 ACID 特性是 DBMS 事务管理的重要任务。

5.4.3　事务并发执行

在数据库系统中，如果各个事务按串行方式执行，DBMS 就很容易实现事务的 ACID 特性。

这是因为 DBMS 串行执行事务程序，不会导致数据不一致性、事务相互干扰等。但是，在实际数据库应用中，DBMS 需要并发执行多个事务，其主要原因如下。

（1）改善系统的资源利用率

一个事务是由多个操作组成的，它们在不同的执行阶段需要不同的资源，有时涉及 I/O 资源，有时需要 CPU 资源或网络资源。在计算机系统中，I/O 部件与 CPU 部件可以并行运行，因此，I/O 资源可以与 CPU 资源并行使用。当多个事务串行执行时，这些资源只能依次使用，系统资源利用率较低。如果这些事务能并发执行，如一个事务在某磁盘上读/写时，另一个事务可在 CPU 上运行，另外一些事务则可以在另外的磁盘上进行读/写。这样，它们可以并行利用这些资源，从而提高系统的资源利用率，并增加系统的吞吐量。因此，为了充分利用系统资源，提高系统处理的吞吐能力，应该尽可能地在 DBMS 中允许多个事务并发执行。

（2）减少事务执行的平均等待时间

在数据库系统运行中，时刻都有各种各样的事务等待调度执行。有些事务执行时间较长，有些事务执行时间较短。如果将这些事务串行执行，则排在后面的各个事务可能要等待较长的时间才能得到系统响应。因此，为减少事务执行平均等待时间，应尽可能地让这些事务并发执行。

在数据库系统中，事务并发执行的动机在本质上与操作系统进程或线程并发执行的动机是一样的，它们都是为了提高系统的运行性能和资源利用率。

5.4.4 事务 SQL 编程

在关系数据库系统中，可以利用 SQL 提供的事务控制语句及其他 SQL 操作语句编写事务程序。SQL 事务控制语句如下：

1）BEGIN 或 START TRANSACTION 为事务开始语句。

2）COMMIT 为事务提交语句。

3）ROLLBACK 为事务回滚语句。

4）SAVEPOINT 为事务保存点语句。

每个事务的 SQL 程序由事务开始语句（BEGIN 或 START TRANSACTION）定义事务操作语句块的开始。COMMIT 语句用于事务中数据变更的提交处理，即该语句执行后，将事务中所有对数据库的数据修改写入数据文件中永久保存。ROLLBACK 语句用于事务的回滚处理，即当事务中的某 SQL 语句执行失败后，事务不能继续执行，该语句将事务中所有已完成的 SQL 操作全部撤销，数据库被恢复到事务执行之前的状态。SAVEPOINT 语句用于事务中部分 SQL 操作的结果数据保存，即将本语句之前的数据修改保存到数据文件中，以便事务回滚时仅取消保存点后面的数据更改操作。

使用上述的事务 SQL 语句可以编写事务程序，其 SQL 事务处理语句块基本框架如下：

```
BEGIN;
SQL 语句 1;
SQL 语句 2;
…
SQL 语句 n;
COMMIT;(或 ROLLBACK;)
```

在上面的事务处理语句块中，仅能使用 DML 或 DQL 类型的 SQL 语句（如 INSERT、UPDATE、DELETE 和 SELECT），不能使用 DDL 类型 SQL 语句，这是因为这类操作语句会在数据库中自动提交，导致事务中断。

【例 5-10】 在选课管理数据库 CurriculaDB 中，使用事务程序实现对学院信息表（College）的数据插入，其事务 SQL 程序如下：

```
BEGIN;
INSERT  INTO  College(CollegeID, CollegeName)
VALUES ('004', '外语学院');
INSERT  INTO  College(CollegeID, CollegeName)
VALUES ('005', '数学学院');
INSERT  INTO  College(CollegeID, CollegeName)
VALUES ('006', '临床医学院');
COMMIT;
```

在该事务程序中，每个 INSERT 数据插入语句被执行后，并不立即提交数据库，只有在执行 COMMIT 语句后，事务语句块的所有数据插入操作结果才一起提交给数据库。该事务 SQL 程序执行结果如图 5-22 所示。

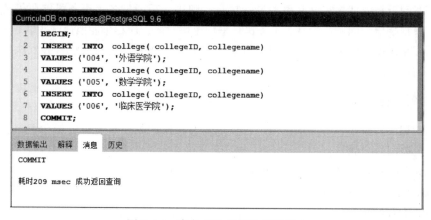

图 5-22　事务 SQL 程序执行结果 1

当事务程序成功执行后，再对 College 表进行查询，将见到上述 3 个记录数据已被写入 College 表中，如图 5-23 所示。

	collegeid character (3)	collegename character varying (40)	collegeintro character varying (200)	collegetel character varying (30)
1	002	计算机学院	[null]	[null]
2	001	软件学院	[null]	[null]
3	003	电子工程学院	[null]	[null]
4	004	外语学院	[null]	[null]
5	005	数学学院	[null]	[null]
6	006	临床医学院	[null]	[null]

图 5-23　College 表数据

此外，在事务程序中，还可使用保存点语句 SAVEPOINT 来定义事务回滚的位置，其 SQL 事务程序基本框架如下：

```
BEGIN;
SQL 语句 1;
SQL 语句 2;
…
SAVEPOINT    保存点名;
SQL 语句 n;
…
ROLLBACK    保存点名;
```

在上面的 SQL 事务程序框架中，使用 SAVEPOINT 语句定义一个保存点名称。当后续 SQL 语句执行失败时，系统执行 ROLLBACK 语句后，事务回滚操作到该保存点，即取消该保存点之后的所有数据库操作。这样，可以避免取消过多的事务数据操作。

【例 5-11】在选课管理数据库 CurriculaDB 中，使用事务程序对课程表（Course）插入数据，并在事务处理语句中加入保存点语句，其事务 SQL 程序如下：

```
BEGIN;
INSERT  INTO  Course  VALUES('C001','数据库原理及应用','学科基础',4,64,'考试');
INSERT  INTO  Course  VALUES('C002','操作系统基础','学科基础',4,64,'考试');
INSERT  INTO  Course  VALUES('C003','数据结构与算法','学科基础',4,64,'考试');
SAVEPOINT  TempPoint;
INSERT  INTO  Course  VALUES('C004','面向对象程序设计','学科基础',3,48,'考试');
INSERT  INTO  Course  VALUES('C005','软件测试','专业核心',3,48,'考试');
ROLLBACK TO TempPoint;
COMMIT;
```

该事务程序在 PostgreSQL 环境执行，其结果如图 5-24 所示。

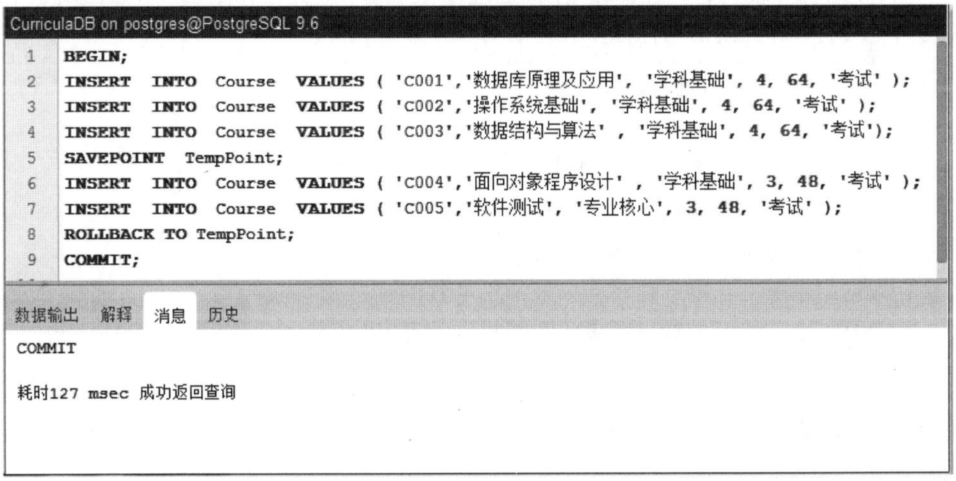

图 5-24　事务 SQL 程序执行结果 2

当事务程序成功执行后，对 Course 表进行查询，将见到只有前 3 个语句数据被插入该数据表中，如图 5-25 所示。

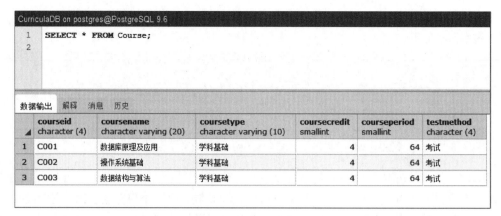

图 5-25 Course 表数据

需要特别说明的是，不是所有 SQL 语句都可以放在事务程序中执行的，例如，以下 SQL 语句是不能在事务中执行的：

1）创建数据库（CREATE DATABASE）。

2）修改数据库（ALTER DATABASE）。

3）删除数据库（DROP DATABASE）。

4）恢复数据库（RESTORE DATABASE）。

5）加载数据库（LOAD DATABASE）。

6）备份日志文件（BACKUP LOG）。

7）恢复日志文件（RESTORE LOG）。

8）授权操作（GRANT）。

事务除了按上述方式（显式）控制 SQL 操作语句序列执行外，还可以使用 DBMS 默认方式（隐式）执行 SQL 操作语句，即在 DBMS 默认设置下，每条 SQL 操作语句都单独构成一个事务，不需要使用专门的事务控制语句标记事务开始与事务结束。

课堂讨论：本节重点与难点知识问题

1）在特定数据库应用处理中，为什么需要事务管理机制？

2）如何理解数据库事务的 ACID 特性？

3）在数据库系统中，为什么事务程序通常需要并发运行？

4）在 SQL 中，如何编写一个事务程序？

5）在数据库系统中，事务程序与一般 SQL 程序有何区别？

6）在 DBMS 中，如何设置显式事务和隐式事务模式？

5.5 并发控制

在 DBMS 中，只有采用并发事务程序运行方式，才能改善系统的资源利用率、吞吐率，以及缩短事务执行的平均等待时间。不过，当多个事务程序同时在 DBMS 中运行时，它们可能会对一些共享数据库对象进行各种数据操作，如一些事务修改共享表数据，另一些事务读取共享表数据，还有一些事务删除共享表数据。在这种事务并发运行情况下，如果 DBMS 没有一定的管理机制，可能会带来数据库操作的数据不一致问题。因此，在 DBMS 中，需要进行并发控制管理。

并发控制是指在 DBMS 运行多个并发事务程序时，为确保各个事务独立正常运行，并防止相互干扰、保持数据一致性，所采取的控制与管理。并发控制的目的是在 DBMS 并发运行多个事务时，确保一个事务的执行不对另一个事务的执行产生不合理的影响，并解决可能出现的数据不一致、事务程序死锁等问题。

5.5.1　并发控制需解决的问题

在 DBMS 中，如果不对多个事务并发运行进行控制与管理，数据库可能会产生若干数据不一致问题，如脏读、不可重复读、幻像读、丢失更新等问题。

1. 脏读

脏读（Dirty Read）指当多个事务并发运行，并操作访问共享数据，其中一个事务读取了被另一个事务修改后的共享数据，但修改数据的事务因某种原因执行失败，数据未被提交到数据库文件，而读取共享数据的事务则读取到一个垃圾数据，即脏数据。脏数据是对未提交的修改数据的统称。如果某事务读取了脏数据，则可能导致其使用错误数据，也会造成不同应用的数据不一致的问题。图 5-26 给出事务并发运行时，出现脏读的示例。

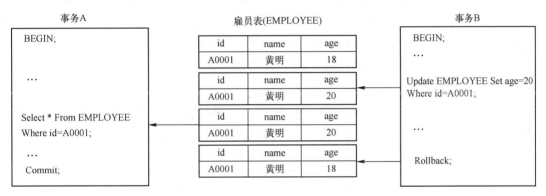

图 5-26　脏数据读取示例

在本例中，事务 A 程序和事务 B 程序共享访问雇员表（EMPLOYEE）数据。其中，事务 B 程序先将雇员编号为 A0001 的年龄从 18 修改成 20。事务 A 程序在事务 B 程序修改共享数据后，读取了雇员编号为 A0001 的数据，获得该雇员的年龄数据为 20。但事务 B 程序在结束前，因故又回滚了该数据操作，即 A0001 的年龄数据恢复为 18，从而导致事务 A 程序获得一个脏数据。

在实际应用中，如果脏数据给事务所处理的业务逻辑带来错误信息，就必须通过一定的方法解决。有的事务程序仅仅是读取了脏数据，并没有进行后续加工处理或使用，则可以不理会它。这样可以提高事务处理的并发性，缩短事务的等待时间。

2. 不可重复读

不可重复读（Unrepeatable Read）指一个事务对同一共享数据先后重复读取两次，但是发现原有数据改变或丢失。出现这种问题的原因：多个事务并发运行时，一些事务对共享数据进行多次读操作，但其中一个事务对共享数据进行了修改或删除操作。图 5-27 给出事务并发运行时，出现不可重复读的一个示例。

在本例中，事务 A 程序和事务 B 程序共享访问雇员表（EMPLOYEE）。事务 A 程序第一次读取雇员年龄小于等于 20 的数据为 3 条。其后，事务 B 程序将雇员编号为 A0006 的数据删除。事务 A 程序再次读取雇员年龄小于等于 20 的数据时，数据变为 2 条。事务 A 程序前后两次进行相同查询操作，但其查询结果数据不一致，即出现所谓不可重复读问题。

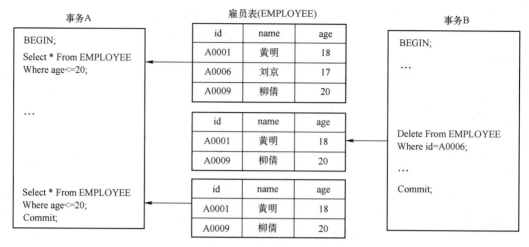

图 5-27　不可重复读示例

3. 幻像读

幻像读（Phantom Read）指一个事务对同一共享数据重复读取两次，但是发现第二次读取的结果比第一次读取的结果新增了一些数据。出现这种问题的原因：多个事务并发运行，其中一个事务对共享数据进行添加操作。图 5-28 给出事务并发运行可能出现幻像读的一个示例。

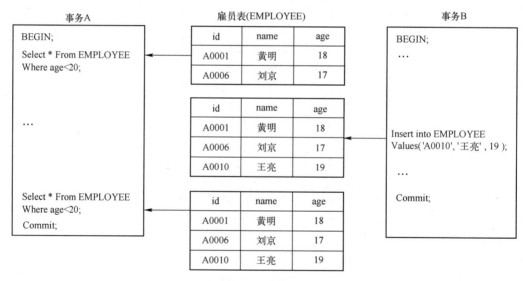

图 5-28　幻像读示例

在本例中，事务 A 程序和事务 B 程序共享访问雇员表信息。事务 A 程序第一次读取雇员年龄小于 20 的数据为 2 条。其后，事务 B 程序在雇员表中新插入雇员编号为 A0010 的数据。事务 A 程序再次读取雇员年龄小于 20 的数据时，数据变为 3 条。事务 A 程序前后两次进行相同查询操作，但其查询结果数据不一致，即出现所谓幻像读问题。

4. 丢失更新

丢失更新（Lost Update）指一个事务对一共享数据进行更新处理，但是以后查询该共享数据值时，发现该数据与自己的更新值不一致。出现这种问题的原因：多个事务并发执行，其中一个事务对共享数据进行了更新，并改变了前面事务的更新值。图 5-29 给出事务并发执行时，出现丢失更新的一个示例。

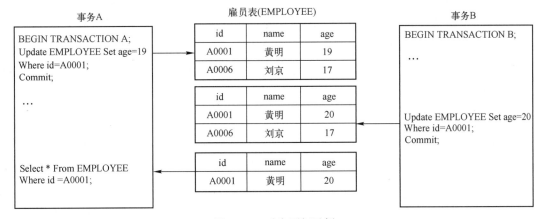

图 5-29　丢失更新示例

在本例中，事务 A 程序和事务 B 程序共享访问雇员表（EMPLOYEE）。事务 A 程序将雇员编号为 A0001 的年龄修改为 19。其后，事务 B 程序也对雇员编号为 A0001 的年龄进行了修改，其值被修改为 20。当事务 A 程序再次读取雇员编号为 A0001 的数据时，其年龄数据不再是 19，而是 20，两次相同查询操作，其查询结果数据不一致，即出现所谓丢失更新问题。

5.5.2　并发事务调度

从上节对事务并发控制问题的分析，可以看到在并发事务运行中，对共享数据的任意顺序的访问操作是导致数据库可能产生数据异常的根本原因。由此，并发事务控制需要确定一种针对共享数据访问的各个事务数据读/写操作指令的执行顺序方案，以确保数据库一致性。这可由DBMS 并发控制调度器通过安排各个事务数据读/写操作指令的执行顺序来实现。该调度器的基本工作原理如图 5-30所示。

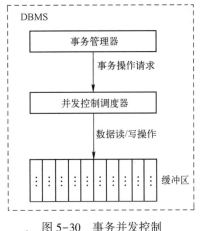

图 5-30　事务并发控制
调度器的基本工作原理

在 DBMS 中，事务管理器将并发运行事务的数据读/写操作请求提交给并发控制调度器。并发控制调度器将各个事务的数据读/写指令按照一定顺序进行调度执行，并完成对数据库缓冲区的读/写操作。事务并发控制调度器确保在这些事务执行结束后，数据库始终处于一致性状态。

📖 事务并发控制调度器控制各个事务的数据读/写操作指令按照特定顺序执行。

在 DBMS 中，假定有 n 个事务并发运行，这些事务在并发控制调度器中，有 $n!$ 种串行调度执行顺序。当不同事务的数据读/写操作指令以交替顺序执行时，其调度顺序数比 $n!$ 大得多。存在这么多事务操作调度顺序，哪些调度顺序可以保证数据库始终处于一致性状态，哪些调度顺序不能保证数据库处于一致性状态，是我们需要研究解决的问题。

以下通过一个银行转账业务的示例来说明不同的事务数据操作调度顺序对数据库一致性的影响。

【**例 5-12**】银行客户 A 的账户当前余款为 1000 元，客户 B 的账户当前余款为 1500 元。现在有两个事务 T1 和 T2，其中 T1 事务将从客户 A 转账 200 元到客户 B，T2 事务也将从客户 A 转账 400 元到客户 B。它们的执行语句如图 5-31 所示。

T1	T2
Read(A);	Read(A);
A:=A-200;	A:=A-400;
Write(A);	Write(A);
Read(B);	Read(B);
B:=B+200;	B:=B+400;
Write(B);	Write(B);

图 5-31　T1 和 T2 的执行语句

这里给出 T1 和 T2 事务并发运行的 4 种调度顺序，具体如图 5-32 所示。

T1	T2
Read(A);	
A:=A-200;	
Write(A);	
Read(B);	
B:=B+200;	
Write(B);	
	Read(A);
	A:=A-400;
	Write(A);
	Read(B);
	B:=B+400;
	Write(B);

a)

T1	T2
	Read(A);
	A:=A-400;
	Write(A);
	Read(B);
	B:=B+400;
	Write(B);
Read(A);	
A:=A-200;	
Write(A);	
Read(B);	
B:=B+200;	
Write(B);	

b)

T1	T2
Read(A);	
A:=A-200;	
Write(A);	
	Read(A);
	A:=A-400;
	Write(A);
Read(B);	
B:=B+200;	
Write (B);	
	Read(B);
	B:=B+400;
	Write(B);

c)

T1	T2
Read(A);	
A:=A-200;	
	Read(A);
	A:=A-400;
	Write(A);
	Read(B);
Write(A);	
Read(B);	
B:=B+200;	
Write(B);	
	B:=B+400;
	Write(B);

d)

图 5-32　4 种事务调度顺序
a）调度 1：T1 先执行，T2 后执行　b）调度 2：T2 先执行，T1 后执行
c）调度 3：T1、T2 交替执行的一种情形　d）调度 4：T1、T2 交替执行的另一种情形

在上面的 4 种事务调度顺序中，调度 1（T1 先执行，T2 后执行）执行后，账户 A 的余款为 400 元，账户 B 的余款为 2100 元，账户 A 和账户 B 的余款数据均正确，并且账户 A 与账户 B 之和在事务执行前后均为 2500 元，即数据库处于一致性状态。调度 2（T2 先执行，T1 后执行）执行后，账户 A 的余款为 400 元，账户 B 的余款为 2100 元，账户 A 和账户 B 的余款数据均正确，并且账户 A 与账户 B 之和在事务执行前后均为 2500 元，即数据库处于一致性状态。调度 3（T1、T2 交替执行）执行后，账户 A 的余款为 400 元，账户 B 的余款为 2100 元，账户 A 和账户 B 的余款数据均正确，并且账户 A 与账户 B 之和在事务执行前后均为 2500 元，即数据库始终处于一致性状态。调度 4（T1、T2 交替执行）执行后，账户 A 的余款为 800 元，账户 B 的余款为 1900 元，账户 A 和账户 B 的余款数据均不正确，并且账户 A 与账户 B 之和在事务执行前为 2500 元，

而在事务执行后为 2700 元，即数据库处于不一致性状态。

从上面不同事务调度顺序的执行结果，可以得出结论：在事务并发运行中，只有当事务调度顺序的执行结果与事务串行执行的结果一样时，该并发事务调度才能保证数据库的一致性。在事务调度管理中，符合这样效果的调度被称为可串行化调度。因此，DBMS 的并发控制调度器应确保并发事务调度是一种可串行化调度。

5.5.3　数据库锁机制

从 5.5.2 节的并发事务调度示例中可以看到，多个并发事务以不同顺序对共享数据进行修改操作，可能会带来数据不一致问题和并发事务之间的相互干扰问题。解决这些问题的基本办法是在每个事务更新、删除、新增共享数据时，禁止其他事务同时访问共享数据副本，这种方法被称为资源锁定。实现数据库资源锁定的事务调度器技术原理如图 5-33 所示。

在 DBMS 中，锁表机制与并发控制调度器结合，实现共享资源的锁定访问。例如，在任何事务对共享数据做修改操作前，都需要通过在锁表中对共享数据进行加锁处理，禁止其他事务同时修改或删除该共享数据。当本事务修改共享数据结束并在锁表中进行解锁处理后，其他事务才被允许修改或删除该共享数据。这样可以解决不同事务访问共享数据的相互干扰问题。

在 DBMS 中，锁定资源的类型可以分为排他锁定（Exclusive Lock）和共享锁定（Shared Lock）两类。排他锁定可以封锁其他事务对共享数据的任何加锁操作，限制其他事务对共享数据的修改、删除、读取操作，记作 Lock-X。共享锁定只封锁其他事务

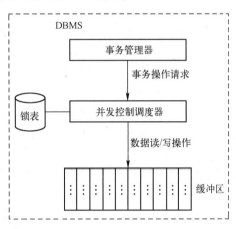

图 5-33　数据库资源锁定的事务调度器

对加锁数据的修改或删除操作，允许其他事务对加锁数据进行共享数据读操作，记作 Lock-S。

数据库锁机制可以在多种粒度上对共享数据资源进行锁定处理。在典型 DBMS 产品中，一般可以在数据库、表、页面、行的粒度级别上进行资源锁定。锁定的粒度越粗，DBMS 管理就越容易，但系统并发数据处理能力就越差；锁定的粒度越细，DBMS 管理就越复杂，但系统并发数据处理能力就越强。在实际应用中，我们要根据应用处理需求来确定各个资源的锁定粒度。

5.5.4　基于锁的并发控制协议

在并发事务运行中，事务可串行化调度是确保数据库一致性的基本方法。为了使并发事务在共享访问数据时可以被串行化调度执行，需要约束事务对共享数据的操作访问，让其必须以互斥方式进行。这可以通过基于锁机制的并发控制调度器执行一定的协议来实现。

在 DBMS 中，可以使用共享锁和排他锁来实现共享数据的互斥访问。假定命名 D 为共享数据，事务通过执行 Lock-S（D）指令来申请对数据 D 的共享锁定。类似地，事务通过执行 Lock-X（D）指令来申请对数据 D 的排他锁定。当共享数据访问结束时，事务通过执行 Unlock（D）指令来解除对数据 D 的锁定。

1. 锁操作的相容性

当有多个事务对共享数据 D 执行加锁指令时，是否允许立刻执行，取决于不同类型锁的相容性。不同类型锁之间的相容性见表 5-1。

表 5-1　不同类型锁之间的相容性

类　　型	排　他　锁	共　享　锁	无　　锁
排他锁	否	否	是
共享锁	否	是	是
无锁	是	是	是

从表 5-1 中可以看到，当一个共享数据已经被一个事务实施了排他锁后，其他事务不能再对该数据进行任何锁定操作，必须等待原有锁定解除后，才能对共享数据施加锁定。当一个共享数据已经被一个事务实施了共享锁，其他事务对该数据只能施加共享锁定，不能再添加排他锁定。若一个共享数据没有被锁定，则任何事务都可以添加任何锁定。

2. 加锁协议

在对共享数据进行加锁访问时，还需要按照一些规则实施锁定。例如，何时申请排他锁或共享锁、持锁时长是多少、何时解锁等，这些规则被称为加锁协议。不同规则的加锁协议，所能解决的数据库一致性问题是不一样的。

（1）一级加锁协议

任何事务在修改共享数据对象之前，都必须对该共享数据单元执行排他锁定指令，直到该事务处理完成，才执行解锁指令。该加锁协议可以防止"丢失更新"的数据不一致问题。

【例 5-13】假定某航班当前的空余机票数 A 为 100 张。现有来自不同售票点的两个并发事务 T1 和 T2，其中 T1 事务将售出 1 张机票，T2 事务将售出 2 张机票。不加锁和按一级加锁协议执行并发事务的调度运行情况，如图 5-34 所示。

在图 5-34a 所示的 T1 和 T2 并发事务执行调度中，我们没有使用锁定。该调度流程的执行结果为 A=99。这个结果是不正确的，正确结果应该为 A=97，出错原因是该并发事务调度执行存在更新丢失问题。在图 5-35b 所示的 T1 和 T2 并发事务执行调度中，执行顺序与图 5-34a 相同，但两个事务都使用了一级加锁协议，其调度执行结果为 A=97。这个结果之所以正确，是因为它们使用了一级加锁协议，避免了更新丢失问题。

T1	T2	T1	T2
Read(A); A:=A-1; ... Write(A); Commit;	Read(A); A:=A-2; Write(A); Commit;	Lock-X(A); Read(A); A:=A-1; ... Write(A); Commit; Unlock(A);	Lock-X(A); 等待 等待 等待 等待 获得锁定 Read(A); A:=A-2; Write(A); Commit; Unlock(A);
a)		b)	

图 5-34　并发事务的调度执行情况 1

a）调度 1：未加锁执行事务　　b）调度 2：按一级加锁协议执行事务

在一级加锁协议中，只有在修改数据操作（更新、删除）时，才需要加锁。如果仅仅读数据，可以不加锁。但一级加锁协议不能解决"不可重复读""脏读"等数据不一致问题。

（2）二级加锁协议

在一级加锁协议基础上，在并发事务对共享数据进行读操作前，必须对该数据执行共享锁定指令，读完数据后即可解除共享锁定。该加锁协议不但可以防止"丢失更新"的数据不一致问题，还可防止脏读数据问题。

【例5-14】假定某航班当前的空余机票数 A 为 100 张。现有来自不同售票点的两个并发事务 T1 和 T2，其中 T1 事务将售出 1 张机票，T2 事务进行机票空余数查询。按一级加锁协议和按二级加锁协议执行并发事务的调度执行情况，如图 5-35 所示。

在图 5-35a 所示的 T1 和 T2 并发事务执行调度中，T1 事务因涉及修改数据需要按一级加锁协议执行，而 T2 事务仅仅读数据，不需要加锁操作。该调度流程的执行结果是 T2 事务读取了脏数据 A=99，其原因是 T1 事务操作失败，对数据操作进行了回滚处理，而 T2 事务读取了脏数据。在图 5-36b 所示的 T1 和 T2 并发事务执行调度中，执行顺序与图 5-35a 相同，但事务执行使用了二级加锁协议。该调度执行结果是 T2 事务读取了正确数据，空余机票数为 100。这个结果之所以正确，是因为它们使用了二级加锁协议，避免了脏读数据问题。

在二级加锁协议中，读完数据后即可释放共享锁，但它有可能出现"不可重复读"的数据不一致问题。

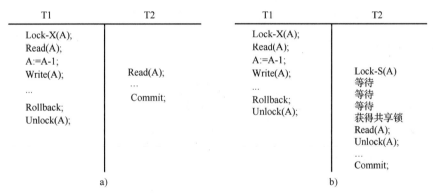

图 5-35　并发事务的调度执行情况 2

a）调度 1：按一级加锁协议执行事务　　b）调度 2：按二级加锁协议执行事务

（3）三级加锁协议

在一级加锁协议基础上，在并发事务对共享数据进行读操作前，必须先对该数据执行共享锁定指令，直到该事务处理结束才解除共享锁定。该加锁协议不但可以防止"丢失更新""脏读"的数据不一致性问题，还可防止"不可重复读取"的数据一致性问题。

【例5-15】假定某航班当前的空余机票数 A 为 100 张。现有来自不同售票点的两个并发事务 T1 和 T2，其中 T1 事务将售出 1 张机票，T2 事务进行机票余数查询。按二级加锁协议和按三级加锁协议执行并发事务的调度执行情况，如图 5-36 所示。

在图 5-36a 所示的 T1 和 T2 并发执行调度中，按二级加锁协议执行事务。T1 事务因 T2 事务先共享锁定了数据 A，它不能执行排他锁定指令，因此处于等待状态。当 T2 事务完成第一次数据读取后，释放共享锁定。T1 事务获得排他锁定，开始执行售票处理，提交结果数据 A=99，然后释放锁定。若 T2 事务在结束前再次读取数据 A，其读取值与第一次读取的值不一致，即出现

"不可重复读"的数据不一致问题。在图 5-36b 所示的 T1 和 T2 并发执行调度中，执行顺序与图 5-36a 相同，但事务执行使用了三级加锁协议。T2 事务在完成第一次读取数据后，并不释放锁定，直到该事务执行结束才释放锁定。T1 事务则因 T2 事务在执行中，而不能获取排他锁定。直到 T2 事务结束，T1 事务才能获得排他锁定，进行售票处理。这种三级加锁协议处理，避免了"不可重复读"的数据不一致问题。

T1	T2		T1	T2
	Lock-S(A); Read(A); Unlock(A); …			Lock-S(A); Read(A); …
Lock-X(A); 等待 获得排他锁定 Read(A); A:=A-1; Write(A); Commit; Unlock(A);			Lock-X(A); 等待 等待 等待 等待 获得排他锁定 Read(A); A:=A-1; Write(A); Commit; Unlock(A);	Read(A); Commit; Unlock(A);
	Lock-S(A); Read(A); Unlock(A); Commit;			
a)			b)	

图 5-36 并发事务的调度执行情况 3

a）调度 1：按二级加锁协议执行事务　b）调度 2：按三级加锁协议执行事务

在上述的三个级别加锁协议中，由于各自的加锁类型、持锁时长、解锁时刻不同，其可解决的数据不一致问题有所差别，具体见表 5-2。

表 5-2　不同级别的加锁协议比较

加锁协议级别	排他锁	共享锁	丢失更新	脏读	不可重复读
一级	全程加锁	不加	否	是	是
二级	全程加锁	开始时加锁，读完数据释放锁定	否	否	是
三级	全程加锁	全程加锁	否	否	否

5.5.5 两阶段锁定协议

在 5.5.2 节中已经得出结论：只有并发事务调度的执行结果与这些事务串行执行的结果相同，才能保证并发事务执行的数据结果是正确的。实现数据结果正确的前提是并发事务可串行化调度。那么，如何使并发控制调度器针对任意的事务请求顺序实现并发事务操作可串行化调度呢？这需要调度器按照两阶段锁定协议执行操作调度。

两阶段锁定协议指所有并发事务在进行共享数据操作处理时，必须按照两个阶段（增长阶段、缩减阶段）对共享数据进行加锁和解锁申请。在增长阶段，事务可以对共享数据进行加锁申请，但不能释放已有的锁定；在缩减阶段，事务可以释放已有的锁定，但不能对共享数据提出新的加锁申请。

实践证明，在并发事务运行中，若所有事务都遵从两阶段锁定协议，则这些事务的任何并发调度都是可串行化调度，即这些并发调度执行结果可以保证数据库一致性。

【例 5-16】假定两个事务 T1 和 T2，均可从客户 A 账户转账 200 元到客户 B 账户。但它们针对账户访问的加锁申请和解锁申请时机不一样，具体如图 5-37a 和图 5-37b 所示。

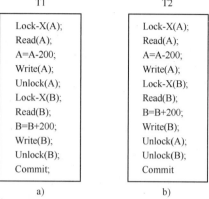

在图 5-37a 中，T1 事务程序首先对客户 A 账户加锁，获得锁定后进行账户付款操作，并将付款结果写入账户，保存操作结束后进行解锁处理。随后 T1 事务程序继续对客户 B 账户加锁，获得锁定后进行账户付款操作，并将付款结果写入账户，保存操作结束后进行解锁处理。T1 事务程序在并发控制调度器处理中，其因执行锁定申请和释放锁定操作时机不满足两阶段锁定协议，而可能无法实现可串行化调度。在图 5-37b 中，T2 事务程序对账户 A 和账户 B 的锁定申请和释放锁定操作时机符合两阶段锁定协议，则该事务在并发控制调度器处理中，可以实现事务可串行化调度。

图 5-37　转账事务程序
a）T1 事务程序　b）T2 事务程序

5.5.6　并发事务死锁解决

在基于锁机制的并发事务运行中，如果这些事务同时锁定两个及两个以上资源时，可能会出现都不能继续运行的状态，即事务死锁状态。

【例 5-17】假定两个事务 T1 和 T2，它们都需要加锁访问数据库表 Table1 和 Table2，其事务程序如图 5-38a 所示。当这两个事务程序调度执行时，若操作语句推进不当，则它们会在执行时因相互等待锁定资源释放而出现死锁状态，具体如图 5-38b 所示。

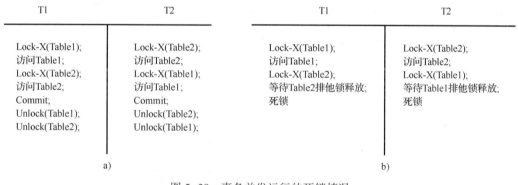

图 5-38　事务并发运行的死锁情况
a）T1 事务和 T2 事务　b）T1 事务和 T2 事务调度死锁

在图 5-38b 所示的 T1 和 T2 并发执行调度中，T1 事务对 Table1 进行排他锁定，同时 T2 事务对 Table2 进行排他锁定。然后它们对这两个表分别进行访问操作。当 T1 事务完成 Table1 访问处理后，将锁定访问 Table2，但因 Table2 资源仍被 T2 事务锁定，T1 事务处于等待状态。同样，当 T2 事务完成 Table2 访问处理后，将锁定访问 Table1，但因 Table1 资源仍被 T1 事务锁定，T2 事务也处于等待状态。由于 T1 事务和 T2 事务都在等待对方释放自己所需共享资源的锁定，因此，出现了都执行不下去的死锁状态。

并发事务在运行过程中出现死锁的必要条件如下。

1）互斥条件：事务对所分配到的资源进行排他性使用，即在一段时间内某资源只由一个事务占用。如果此时还有其他事务请求资源，则请求者只能等待，直至占有资源的事务解锁释放资源。

2）请求和保持条件：事务已经保持至少一个资源，但又提出了新的资源请求，而新请求的资源已被其他事务占用，此时请求事务被阻塞，但该事务又对自己已获得的资源保持不释放。

3）不剥夺条件：事务占用已获得的资源，在未使用完之前，不能被剥夺，只能在使用完时由自己释放。

4）环路等待条件：在发生死锁时，必然存在一个事务-资源的等待环路，即事务集合 $\{T_0, T_1, T_2, \cdots, T_n\}$ 中，T_0 正在等待 T_1 占用的资源，T_1 正在等待 T_2 占用的资源，依此类推，T_n 正在等待已被 T_0 占用的资源。

在数据库系统中，解决死锁问题主要有两类策略：①在并发事务执行时，预防死锁；②在死锁出现后，其中一个事务释放资源以解除死锁。在并发事务执行时，如果能使产生死锁的 4 个必要条件之一不成立，就可以最大限度地预防死锁。在并发事务执行时，一般采用超时法或事务等待图法检测系统是否出现死锁。如果出现了死锁，就需要对被死锁的事务进行资源解除处理。为了降低解除死锁带来的开销，通常选择一个处理死锁代价最小的事务，对其进行撤销，释放该事务持有的所有锁定，使其他事务能够继续运行下去。

5.5.7 事务隔离级别

从 5.5.4 节可知，采用加锁协议编写事务程序，可以避免并发事务访问共享数据时可能出现的丢失更新、脏读、不可重复读、幻像读等问题，但这需要基于加锁协议进行较为烦琐的编程处理。在 DBMS 中，可以采用更为简单的事务隔离级别（Isolation Level）设置来解决并发事务共享访问数据问题。典型的 DBMS 支持 4 种事务隔离级别设置。不同的隔离级别可避免不同的并发事务共享访问数据问题，具体见表 5-3。

表 5-3 事务隔离级别

隔离级别	脏 读	不可重复读	幻 像 读
读取未提交	可能	可能	可能
读取已提交	不可能	可能	可能
可重复读	不可能	不可能	可能
可串行化	不可能	不可能	不可能

1）读取未提交（Read Uncommitted）：允许读取未提交数据。该事务隔离级别最低，但事务具有最高程度的并发性。在该事务隔离级别下，可能出现"脏读""不可重复读""幻像读"数据问题。

2）读取已提交（Read Committed）：只允许读取已提交数据。该事务隔离级别较低，但事务具有较高程度的并发性，并解决"脏读"数据问题。在该事务隔离级别下，仍可能出现"不可重复读""幻像读"数据问题。

3）可重复读（Repeatable Read）：只允许读取已提交数据，并进一步要求在一个事务两次读取数据项时，其他事务不得更新该数据项。该事务隔离级别较高，但事务具有一般程度的并发性，可解决"脏读""不可重复读"数据问题。在该事务隔离级别下，仍可能出现"幻像读"数据问题。

4）可串行化（Serializable）：该事务隔离级别最高，但事务具有最低程度的并发性。在该事务隔离级别下，不可能出现"脏读""不可重复读""幻像读"数据问题。

以上各事务隔离级别均不允许出现"丢失更新"数据问题，其解决办法就是对共享数据进行加锁写操作，具体参见前面介绍的一级加锁协议。

由此可见，事务隔离级别越高，DBMS 越能保证数据的完整性和一致性，但是对并发性能的影响也越大。

课堂讨论：本节重点与难点知识问题

1）当多个数据库事务并发运行时，可能会出现哪些数据不一致问题？
2）并发事务调度解决什么问题？
3）不同级别的加锁协议，可以分别解决哪些数据不一致问题？
4）两阶段锁协议可以解决什么问题？
5）并发事务在运行过程中出现死锁的条件有哪些？
6）在 DBMS 中，事务隔离级别应如何设置？

5.6　安全管理

安全性是任何系统都必须解决的关键技术问题，特别是数据库系统，它们存储了组织机构最重要的信息数据，如客户资料数据、账务数据、交易数据、经营数据等。数据库系统发生数据被篡改、泄露、窃取、破坏等安全事件，均会给组织机构带来严重影响，甚至导致重大社会问题。因此，实施数据库安全管理是十分重要的工作。

5.6.1　数据库系统安全概述

数据库系统安全（DataBase System Security）指为数据库系统采取安全保护措施，防止数据库系统及其数据遭到破坏、篡改和泄露。

数据库安全（DataBase Security）指采取各种安全措施保护数据库及其相关文件，以确保数据库的数据安全。数据库安全主要通过 DBMS 的安全机制来实现，如 DBMS 的用户标识与鉴别、存取控制、视图过滤，以及数据加密存储等技术。

典型的数据库安全问题如下：

1）黑客利用系统漏洞，攻击数据库系统运行，窃取与篡改系统数据。
2）内部人员非法地泄露、篡改、删除系统的用户数据。
3）系统运维人员操作失误导致数据被删除或数据库服务器系统宕机。
4）系统软硬件故障导致数据库的数据损坏、数据丢失、数据库实例无法启动。
5）意外灾害事件（如火灾、水灾、地震等自然灾害）导致系统被破坏。

因此，必须采用完善的安全管理措施和安全控制技术手段来确保数据库系统安全。针对数据库系统的运维机构及其管理人员，应制定严格的系统安全与数据安全管理制度，并在运营管理中实施规范的操作流程和权限控制；针对数据库用户，可以采用用户身份认证、权限控制、数据加密等技术方法来进行安全控制；针对意外的灾害事件，可以采取高可靠性系统容错、数据备份与恢复、系统异地容灾等技术手段来保证数据库系统安全。

5.6.2 数据库系统安全模型

为保障数据库系统的安全，一般采取多层安全控制体系进行安全控制与管理，其安全体系模型如图 5-39 所示。

图 5-39　数据库系统安全体系模型

用户访问数据库系统时，系统首先根据用户输入的账号和密码进行身份鉴别，只允许合法的用户进入系统操作。身份鉴别处理功能可以在数据库应用系统中实现，也可以采用单独的身份认证系统实现。对于已进入数据库系统的用户，DBMS 将根据该用户的角色进行访问权限控制，即该用户只允许在授权范围内对数据库对象进行操作访问。当用户进行数据操作时，DBMS 将会验证其是否具有这种操作权限。用户只有拥有该权限，才能被允许进行操作，否则会被拒绝。数据库操作的实现还需要操作系统访问数据文件。同样，操作系统也会根据自己的安全措施来管理用户操作，以实现对数据文件的安全访问。针对数据安全要求很高的应用系统，通常还需要对数据库中的数据进行加密存储处理。

在数据库系统安全模型中，最基本的安全管理技术手段就是 DBMS 提供的用户授权与访问权限控制功能，该功能用来限制特定用户对特定对象的授权操作，其数据库存取控制安全模型如图 5-40 所示。

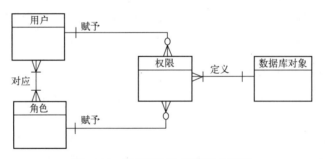

图 5-40　数据库存取控制安全模型

在数据库存取控制安全模型中，每个数据库对象被定义若干操作访问权限。每个用户可以对应多个角色，每个角色也可对应多个用户。用户、角色均可以被赋予若干数据库对象的操作访问权限。一旦用户通过系统身份认证，DBMS 就限制该用户在权限许可的范围内针对特定数据库对象进行访问操作。

【例 5-18】在 3.7.1 节的工程项目管理系统中，数据库用户有 3 类角色，即员工、经理和系统管理员。各角色对数据库表对象的角色权限见表 5-4。

表 5-4　角色权限表

表	员　工	经　理	系统管理员
Department	读取	读取、插入、修改、删除	赋予权限、修改表结构
Employee	读取、插入、修改	读取、插入、修改、删除	赋予权限、修改表结构

（续）

表	员 工	经 理	系统管理员
Project	读取	读取、插入、修改、删除	赋予权限、修改表结构
Assignment	读取	读取、插入、修改、删除	赋予权限、修改表结构

在该系统中，员工角色可以读取部门表（Department）、员工表（Employee）、项目表（Project）和任务表（Assignment）中的数据，还可以对员工表（Employee）的数据进行插入和修改操作。经理角色具有更多权限，可以对这 4 个表进行数据读取、数据插入、数据修改、数据删除操作。系统管理员角色在数据库中具有赋予权限、修改表结构的能力。

假定在系统中，新建名称为"汪亚""赵萧""青明"的 3 个用户，并将它们赋予员工角色。这 3 个用户的数据库操作权限如图 5-41 所示。

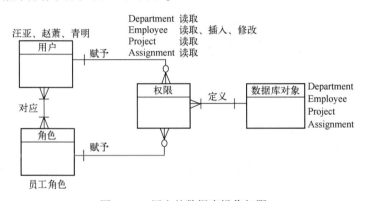

图 5-41　用户的数据库操作权限

在图 5-41 中，"汪亚""赵萧""青明" 3 个用户拥有员工角色，他们都具有对部门表（Department）、员工表（Employee）、项目表（Project）和任务表（Assignment）的数据读取操作权限，同时还具有对员工表（Employee）的数据插入和修改操作权限。

5.6.3　用户管理

用户要访问数据库，必须先在 DBMS 中创建其用户账号，并获得数据库的角色，从而获得操作权限。此后，用户每次连接访问数据库时，都需要在 DBMS 中进行身份鉴别，只有合法用户才能进入数据库系统，访问操作数据库对象。例如，在 PostgreSQL 数据库系统中，用户访问数据库需要用户账号及密码。DBA 在数据库中为该用户创建用户账号及初始密码，同时还为用户赋予特定角色及其操作权限。该用户连接数据库后，便可进行相应角色权限的数据库访问操作。这就如同读者进入大学图书馆借书，首先需要使用一卡通在图书馆门禁处进行身份识别，通过门禁后，再进入图书馆查阅图书。当读者办理借书手续时，还需要根据该读者拥有的会员权限，确定可借图书的数量及时长。

在数据库安全管理中，DBMS 需要对每个进入数据库系统的用户进行身份属性管理，如用户创建、用户修改、用户删除等。

1. 用户创建

标准 SQL 提供了专门用于创建用户的 SQL 操作命令语句。在数据库中，只能由拥有特定权限的用户才能创建其他用户，如系统管理员用户或超级用户可以执行创建用户的 SQL 操作命令语句，创建其他用户。创建用户的 SQL 语句基本格式为：

```
CREATE USER  <用户账号名> [ [WITH]  option […]];
```

其中，CREATE USER 为创建用户语句的关键词；<用户账号名>为将被创建的用户名称，option 为用户的属性选项。在 PostgreSQL 数据库中创建用户时，允许有如下 option 属性选项：

```
SUPERUSER | NOSUPERUSER：指定创建的用户是否为超级用户.
CREATEDB | NOCREATEDB：指定创建的用户是否具有创建数据库的权限.
CREATEROLE | NOCREATEROLE：指定创建的用户是否具有创建角色的权限.
INHERIT | NOINHERIT：指定创建的用户是否具有继承角色的权限.
LOGIN | NOLOGIN：指定创建的用户是否具有登录权限.
REPLICATION | NOREPLICATION：指定创建的用户是否具有复制权限.
BYPASSRLS | NOBYPASSRLS：指定创建的用户是否具有绕过安全策略权限.
CONNECTION LIMIT connlimit：指定创建的用户访问数据库连接的数目限制.
[ ENCRYPTED | UNENCRYPTED ] PASSWORD 'password'：指定创建的用户密码是否需要加密.
VALID UNTIL 'timestamp'：指定创建的用户密码失效时间.
IN ROLE role_name [,…]：指定创建的用户成为哪些角色的成员.
```

【例 5-19】创建一个新用户，其账号名为"userA"，密码为"123456"。该用户具有登录权限（Login）和角色继承权限，但它不是超级用户，不具有创建数据库、创建角色、数据库复制的权限，此外数据库连接数不受限制。该用户创建的 SQL 语句如下：

```
CREATE USER "userA" WITH
  LOGIN
  NOSUPERUSER
  NOCREATEDB
  NOCREATEROLE
  INHERIT
  NOREPLICATION
  CONNECTION LIMIT -1
  PASSWORD '123456';
```

当该 SQL 语句在 PostgreSQL 数据库服务器中执行后，系统将创建出"userA"用户。SQL 执行结果界面如图 5-42 所示。

图 5-42　用户创建 SQL 语句执行结果

当 DBA 用户创建了"userA"用户后，该用户便可登录访问默认数据库（postgres）。为了验证"userA"用户是否真得可以访问默认数据库，可以运行命令行工具 psql 执行用户登录操作命令，其操作界面如图 5-43 所示。

图 5-43　userA 用户登录访问 postgres 数据库

2. 用户修改

在数据库系统中，还可以修改数据库已有用户的属性，如修改用户密码、账户期限、连接数限制，以及用户的角色与权限等。修改用户有两种方式，即执行 SQL 命令修改用户账号和基于管理工具 GUI 修改用户账号。

修改用户的 SQL 语句有多种，其基本格式为：

```
ALTER USER    <用户名>   [ [ WITH ] option [ … ] ];              修改用户的属性
ALTER USER    <用户名>   RENAME TO <新用户名>;                    修改用户的名称
ALTER USER    <用户名>   SET <参数项> { TO | = } { value | DEFAULT };   修改用户的参数值
ALTER USER    <用户名>   RESET <参数项>;                          重置用户参数值
```

其中，ALTER USER 为创建用户语句的关键词，<用户名>为将被修改的用户名称，<新用户名>为修改后的新用户名称，option 为用户账号的属性选项，<参数项>为将被修改用户的某个属性参数名称。

【例 5-20】修改用户"userA"的账号密码，新密码为"gres123"，同时也限制该用户的数据库连接数为 10。可以通过执行如下 SQL 语句实现用户属性修改：

```
ALTER USER "userA"
  CONNECTION LIMIT 10
  PASSWORD 'gres123';
```

3. 用户删除

在数据库用户管理中，除了可以新建用户、修改用户外，还可以对不再需要的用户进行删除处理。同样删除用户有两种方式，即执行 SQL 命令删除用户账号和基于管理工具 GUI 删除用户账号。

删除用户的 SQL 语句格式为：

```
DROP  USER  <用户名>;
```

其中，DROP USER 为删除用户语句的关键词，<用户名>为待删除的用户名称。

【例 5-21】在数据库中，删除用户"userA"，可以通过执行如下用户删除 SQL 语句实现：

```
DROP  USER  userA;
```

同样，也可在数据库管理工具中，通过 GUI 方式实现用户删除。如在 pgAdmin 4 中删除本例的用户 userA。选取"userA"用户后，单击右键，在弹出的菜单命令中单击"删除/移除"，并在确认操作界面中单击"OK"按钮，即可删除该用户。其主要操作界面如图 5-44 所示。

图 5-44　pgAdmin 4 中删除
数据库用户的操作界面

5.6.4 权限管理

用户登录数据库服务器和连接数据库后，其应具有一定的数据库对象操作权限，这样才能操作访问数据库对象。用户的数据库对象访问权限由系统管理员授予。若系统管理员没有赋予数据库用户一定的数据库对象操作权限，用户只能进行基本访问操作。

1. 权限类别

DBMS 一般将用户权限定义为如下两类。

（1）数据库对象访问操作权限

数据库对象访问操作权限指用户在数据库中被赋予的特定数据库对象的数据访问操作权限，如对数据库表 Department 进行 SELECT（查询）、INSERT（添加）、UPDATE（更新）和 DELETE（删除）操作的权限。

（2）数据库对象定义操作权限

数据库对象定义操作权限指用户在数据库中被赋予的数据库对象创建、删除和修改权限，如对数据库表、视图、存储过程、用户自定义函数、索引等对象的创建、删除和修改操作的权限。

在数据库中，不同类别的用户具有不同的数据库对象操作权限。系统管理员（超级用户）在数据库服务器系统中具有最高权限，可以对其他角色或用户进行权限分配和管理。数据库对象拥有者（DBO）对其所拥有的对象具有全部权限，普通用户（USER）只被赋予数据库访问操作权限。

2. 权限管理

数据库权限管理指 DBA 或数据库对象拥有者对其所拥有的对象进行权限控制设置。权限管理的基本操作包括授予权限、收回权限和拒绝权限。在 DBMS 中，可以通过执行权限控制 SQL 语句或通过运行数据库管理工具来实现用户权限管理。

在 SQL 中，用于权限管理的控制语句有 GRANT 授权语句、REVOKE 收回权限语句和 DENY 拒绝权限语句。

（1）GRANT 授权语句

GRANT 授权语句是一种由数据库对象创建者或管理员执行的授权语句，它可以把访问数据库对象权限授予其他用户或角色，其语句格式为：

```
GRANT <权限列表> ON <数据库对象> TO <用户或角色> [ WITH GRANT OPTION ];
```

【例 5-22】在 3.7.1 节的工程项目管理系统中，DBA 赋予员工用户 userA 对部门表（Department）、员工表（Employee）、项目表（Project）和任务表（Assignment）的读取数据权限。实现用户授权的 SQL 语句如下：

```
GRANT SELECT ON Department TO "userA";
GRANT SELECT ON Employee   TO "userA";
GRANT SELECT ON Project    TO "userA";
GRANT SELECT ON Assignment TO "userA";
```

将上述 SQL 语句输入 pgAdmin 4 管理工具的编辑窗口并执行，其执行结果如图 5-45 所示。

当上述用户授权 SQL 语句在 DBMS 中执行成功后，可以在管理工具 pgAdmin 4 的对象安全属性界面中看到用户的对象访问权限。例如，选取 Department 表对象的属性修改对话框，单击"安全"属性页，即可看到其数据操作权限，如图 5-46 所示。

图 5-45　用户授权 SQL 语句执行结果　　　　图 5-46　用户 userA 的 Department
表对象的数据操作权限

从图 5-46 可以看到，用户 userA 在 Department 表对象上具有 "SELECT" 查询数据权限。用户 userA 的对象访问权限是由超级用户（postgres）赋予的。

（2）REVOKE 收回权限语句

REVOKE 收回权限语句是一种由数据库对象创建者或管理员将赋予其他用户或角色的权限收回的语句，其语句格式为：

REVOKE <权限列表> ON <数据库对象> FROM <用户或角色>;

【例 5-23】在选课管理系统数据库中，若系统管理员角色需要收回学生角色（RoleS）对选课注册表（Register）的 DELETE 访问权限，其收回 SQL 语句如下：

REVOKE DELETE ON Register FROM RoleS;

当该语句执行成功后，RoleS 就失去了对 Register 的数据删除权限。

（3）DENY 拒绝权限语句

DENY 语句用于阻止给当前数据库内的用户或者角色授予权限，并防止用户或角色通过其组或角色成员继承权限，其语句格式为：

DENY <权限列表> ON <数据库对象> TO <用户或角色>;

【例 5-24】在选课管理系统数据库中，若系统管理员阻止教师角色（RoleT）获得教师信息表（Teacher）的 DELETE 访问权限，其 SQL 语句如下：

DENY DELETE ON Teacher TO RoleT;

当该语句执行成功后，RoleT 就失去了对 Teacher 的数据删除权限。

5.6.5　角色管理

在 DBMS 中，为了方便对众多用户及其权限进行管理，系统通常将一组具有相同权限的用户定义为角色（Role）。不同的角色就代表不同权限集合的用户集合。例如，高校教学管理系统中通常有数万学生用户、数千教师用户。DBA 在每个用户创建时都分别赋予其数据库对象操作权限，是一件非常麻烦的事情。但如果把具有相同权限的用户集中在角色中进行权限管理，则会方便很多。针对高校教学管理系统，在数据库中可以创建学生角色、教师角色、教务管理人员角色，它们被赋予不同的数据库对象操作访问权限。当新建教师用户时，DBA 只需将该教师用户设定为教师角色，即可赋予其教师角色的数据库对象操作访问权限。同样，当新建学生用户时，只需将该学生用户设定为学生角色，即可赋予其学生角色的数据库对象操作访问权限。

进行角色管理的好处是系统管理员只需对具有不同权限的用户类别进行划分，并将其定义为不同角色，给不同角色授予不同的权限，而不必关心具体有多少用户。当角色中的成员发生变化时，如新增用户或删除用户，系统管理员都无须做任何关于权限的操作。

在 DBMS 中，角色分为预定义的系统角色和用户自定义角色两种。系统角色是数据库系统内建的角色，它们在数据库系统中已经被定义好相应的操作权限。例如，在 PostgreSQL 数据库系统中，postgres 就是一个系统角色，它具有系统管理员的所有权限。用户自定义角色则是 DBA 根据业务应用需求，设计了不同权限范围的用户类别。例如，在高校教学管理系统中，可以分别定义学生角色、教师角色和教务管理人员角色。用户自定义角色的数据库访问操作权限由系统管理员来赋予。

在 DBMS 中，角色管理是对用户自定义角色进行操作管理，包括角色创建、角色修改、角色删除。在 SQL 中，可以执行专门的角色管理 SQL 语句，以实现用户自定义角色管理，其基本 SQL 语句格式如下：

```
CREATE   ROLE   <角色名>   [ [ WITH ] option [ … ] ];      创建角色
ALTER    ROLE   <角色名>   [ [ WITH ] option [ … ] ];      修改角色属性
ALTER    ROLE   <角色名>   RENAME TO <新角色名>;          修改角色名称
ALTER    ROLE   <角色名>   SET <参数项> { TO | = } { value | DEFAULT }; 修改角色参数值
ALTER    ROLE   <角色名>   RESET <参数项>;                复位角色参数值
DROP     ROLE   <角色名>;                                 删除指定角色
```

其中，option 为角色属性。在 PostgreSQL 数据库的角色创建中，允许有如下 option 属性选项：

```
SUPERUSER | NOSUPERUSER: 指定创建的角色是否为超级用户.
CREATEDB | NOCREATEDB: 指定创建的角色是否具有创建数据库的权限.
CREATEROLE | NOCREATEROLE: 指定创建的用户是否具有创建角色的权限.
INHERIT | NOINHERIT: 指定创建的角色是否具有继承父角色的权限.
LOGIN | NOLOGIN: 指定创建的角色是否具有登录权限.
REPLICATION | NOREPLICATION: 指定创建的角色是否具有复制权限.
BYPASSRLS | NOBYPASSRLS: 指定创建的角色是否具有绕过安全策略权限.
CONNECTION LIMIT connlimit: 指定创建的角色访问数据库连接的数目限制.
[ ENCRYPTED | UNENCRYPTED ] PASSWORD 'password': 指定创建的角色密码是否需要加密.
VALID UNTIL 'timestamp': 指定创建的角色密码失效时间.
IN ROLE role_name [, …]: 指定创建的角色成为哪些角色的成员.
ROLE role_name [, …]: 指定创建的角色成为哪些角色的组角色.
USER role_name [, …]: 指定创建的角色成为哪些用户的角色.
```

【例 5-25】在 3.7.1 节的工程项目管理系统中，假定需要在 ProjectDB 数据库内创建经理角色 Role_Manager。该角色具有登录权限（Login）和角色继承权限，但它不是超级用户，不具有创建数据库权限、创建角色权限、数据库复制权限，此外数据库连接数不受限制。经理角色 Role_Manager 的创建 SQL 语句如下：

```
CREATE ROLE "Role_Manager" WITH
   LOGIN
   NOSUPERUSER
   NOCREATEDB
   NOCREATEROLE
   INHERIT
   NOREPLICATION
   CONNECTION LIMIT -1;
```

上述 SQL 语句执行结果如图 5-47 所示。

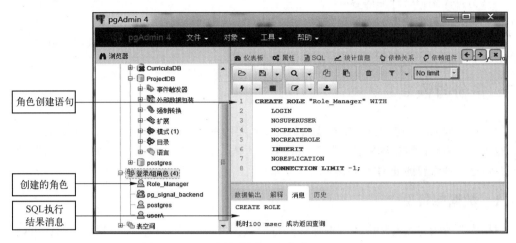

图 5-47　SQL 语句创建经理角色 Role_Manager

DBA 创建了 Role_Manager 角色后，该角色便具有访问数据库的基本权限。为了使 Role_Manager 角色具有操作访问数据库 ProjectDB 中的数据库表权限（具体见表 5-4 中的经理角色权限），DBA 需要执行如下授权 SQL 语句：

```
GRANT   SELECT,INSERT,UPDATE,DELETE   ON  Department   TO   "Role_Manager";
GRANT   SELECT,INSERT,UPDATE,DELETE   ON  Employee     TO   "Role_Manager";
GRANT   SELECT,INSERT,UPDATE,DELETE   ON  Project      TO   "Role_Manager";
GRANT   SELECT,INSERT,UPDATE,DELETE   ON  Assignment   TO   "Role_Manager";
```

执行 SQL 语句，赋予角色 Role_Manager 对象访问权限，运行操作界面如图 5-48 所示。

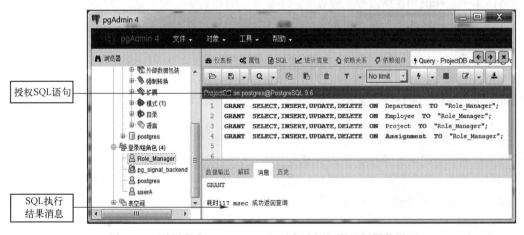

图 5-48　赋予角色 Role_Manager 对象访问权限运行操作界面

课堂讨论：本节重点与难点知识问题

1）数据库系统可能面临哪些安全风险？

2）如何构建一个完整的数据库系统安全体系？

3）如何应用数据库存取控制安全模型？

4）数据库用户管理的内容有哪些？

5）数据库角色管理的内容有哪些？

6）在数据库角色和用户的权限管理中，如何确保 DBA 用户遵守软件工程职业道德？

5.7 备份与恢复

对任何机构而言，数据库中的数据资源都是重要的资产。在数据库应用系统中，需要采取一定的技术手段来确保数据库中的数据不被损坏或丢失。在数据库管理中，数据库备份与数据库恢复技术是一种重要的处理技术手段。

5.7.1 数据库备份

数据库备份指将数据库中的数据保存到备份数据文件，以备数据库出现故障时，可以基于备份数据文件进行数据库恢复。

1. 备份内容

在数据库系统中，用户数据与系统数据都是系统运行的重要数据资源。在进行数据库备份时，不但要备份用户数据库，也要备份系统数据库。这样可以确保系统出现故障后，能够完全恢复数据库系统。

2. 备份方式

典型的 DBMS 大都支持如下 4 种备份方式。

（1）完整数据库备份

完整数据库备份是一种备份数据库所有内容的方式，它可以备份整个数据库，包含用户表、系统表、索引、视图和存储过程等所有数据库对象。但它需要花费更多的备份时间与占用更多的备份存储空间。根据业务需求，通常定期进行完整数据库备份。

（2）差异数据库备份

差异数据库备份是一种只备份自上次数据库备份至今发生变化的数据的方式，它比完整数据库备份占用的存储空间少，并且可以快速完成数据备份。这种数据库备份方式适合数据变化频繁的数据库系统，可以减少数据丢失的风险。

（3）事务日志备份

事务日志备份是一种只备份自上一次日志备份至今的事务日志数据的方式。事务日志备份所需要的时间和空间比差异数据库备份更少，而且它可以支持事务的回滚操作。使用事务日志备份可以将数据库恢复到故障点时刻的状态，相比差异数据库备份，它可以进一步减少数据丢失风险，适合数据变化频繁的数据库系统。

（4）文件备份

数据库通常由存储在磁盘上的若干数据文件构成。可以直接通过复制数据库文件的方式实现数据库备份。不过文件备份方式与事务日志备份方式结合才有实际意义。

此外，数据库备份还可以按照数据库备份时刻是否需要停止实例运行，分为如下两种。

（1）冷备份

当数据库实例处于关闭状态时，进行的数据库备份被称为冷备份。这种备份方式能够很好地保证数据库备份完整性，不会出现丢失数据的情况，但数据库实例必须停止运行。因此，基于数据库的业务系统会被暂时中止工作。

（2）热备份

在数据库实例运行状态下，进行的数据库备份被称为热备份。这种备份方式能够较好地实现实时数据备份，但会给数据库服务器、备份服务器及网络系统带来处理的复杂性，并且影响生产系统的性能。

3. 备份设备

实现数据库备份的存储设备被称为备份设备。典型的数据库备份设备有磁盘阵列、磁带库、光盘库等。

（1）磁盘阵列

磁盘阵列是由多个硬磁盘介质组成的一种阵列存储设备，它具有存取速度快、可靠性高、稳定性好等特点，同时其存储容量相对于其他存储设备而言也是较大的。这类存储设备通常作为中央存储系统或备份系统。

（2）磁带库

磁带库是一种具有自动加载磁带介质的备份系统，它由多个驱动器、多个带槽、机械手臂组成，并可由机械手臂自动实现磁带的拆卸和装填。它能够提供基本的自动备份和数据恢复功能，同时具有存储容量大、单位存储成本低等特点，但它只能实现顺序存储且读/写速度较慢。我们通常将它作为海量数据存储的备份设备。

（3）光盘库

光盘库是一种带有自动换盘机构的光盘存储设备。由于光盘技术发展迅速，单张光盘的存储容量大大增加，光盘库相对于常见的存储设备（如磁盘阵例、磁带库等）在性价比上的优势越来越明显。目前，光盘库作为一种备份设备，已运用于很多领域。

5.7.2　PostgreSQL 数据库的备份方法

PostgreSQL 数据库软件既可以使用实用程序工具进行数据库备份，也可以使用管理工具 GUI 进行数据库备份。

1. 使用实用程序工具进行数据库备份

PostgreSQL 数据库软件本身提供了两个实用程序工具 pg_dump 和 pg_dumpall 实现数据库备份。pg_dump 实用程序工具用于备份单个数据库，也支持备份数据库中的模式、数据库表。pg_dumpall 实用程序工具用于备份整个数据库集群及系统全局数据库。它们备份转储的文件可以是 SQL 文件格式，也可以是用户自定义压缩文件格式、TAR 包格式、目录格式。

（1）使用 pg_dump 实用程序工具进行数据备份

pg_dump 实用程序工具可用于选定数据库对象的数据备份，既可以选定某数据库进行数据备份，也可以选定某数据库中的指定模式或某数据库表进行数据备份。pg_dump 实用程序工具在操作系统中运行，并需要指定相应的选项参数，其程序运行的命令格式为：

```
pg_dump [连接选项][一般选项][输出控制选项] 数据库名称
```

pg_dump 命令在操作系统中执行时，可使用如下 3 类选项参数进行相应的备份操作。

① 连接选项：

```
-d, --dbname=DBNAME          指定需备份的数据库名
-h, --host=主机名            指定数据库服务器的主机名
-p, --port=端口号            指定数据库服务器的端口号
-U, --username=名称          指定的数据库连接的用户名
-w, --no-password            从不提示输入口令
```

| -W, --password | 强制提示口令 |
| --role=ROLENAME | 在转储前设置角色 |

② 一般选项：

-f, --file=FILENAME	指定输出文件名
-F, --format=c|d|t|p	指定输出文件格式(定制|目录|tar|纯文本)
-j, --jobs=NUM	设定多个并行任务,进行备份转储工作
-v, --verbose	设定详细信息模式
-V, --version	输出版本信息
-Z, --compress=0-9	设定导出文件的压缩级别
--lock-wait-timeout=TIMEOUT	设定等待锁表超时的时间
-?, --help	显示命令帮助

③ 输出控制选项：

-a, --data-only	只转储数据,不包括数据结构
-b, --blobs	在转储中包括大对象
-c, --clean	在重新创建之前清理数据库对象
-C, --create	在转储中包括创建数据库命令
-E, --encoding=ENCODING	以ENCODING格式编码转储数据
-n, --schema=SCHEMA	只转储指定模式的数据
-N, --exclude-schema=SCHEMA	不转储指定模式的数据
-o, --oids	在转储中包括OID
-O, --no-owner	不输出对象拥有关系
-s, --schema-only	只转储模式的数据结构
-S, --superuser=NAME	指定超级用户名
-t, --table=TABLE	只转储指定表
-T, --exclude-table=TABLE	不转储指定表
-x, --no-privileges	不备份权限
--binary-upgrade	仅供升级工具使用
--column-inserts	以带有列名的INSERT命令形式转储数据
--disable-dollar-quoting	禁用美元(符号)为引号
--disable-triggers	禁用触发器
--enable-row-security	启用行安全性
--exclude-table-data=TABLE	不转储指定表中数据
--if-exists	当删除对象时使用IF EXISTS判断
--inserts	以INSERT命令形式转储数据
--no-security-labels	不转储安全标签
--no-synchronized-snapshots	在并行工作集中不使用同步快照
--no-tablespaces	不转储表空间分配信息
--no-unlogged-table-data	不转储没有日志的表数据
--quote-all-identifiers	所有标识符加引号
--section=SECTION	备份指定节
--serializable-deferrable	等待,直到转储正常运行为止
--snapshot=SNAPSHOT	为转储使用给定的快照
--strict-names	要求每个表或模式限定词匹配至少一个实体
--use-set-session-authorization	使用SESSION AUTHORIZATION命令代替ALTER OWNER命令来设置所有权

【例5-26】将ProjectDB数据库备份到磁盘文件g:\ProjectDB.sql，执行的pg_dump命令如下：

```
pg_dump -h localhost  -p 5432  -U postgres  -f g:\ProjectDB.sql  ProjectDB
```

该语句在 Windows 操作系统的 DOS 命令窗口中执行成功后，ProjectDB 数据库被备份到磁盘设备的 g:\ProjectDB. sql 文件中，如图 5-49 所示。

图 5-49 pg_dump 执行数据库备份操作

在默认选项参数下，pg_dump 工具将数据库备份为纯文本格式的 SQL 语句。因此，使用编辑器可打开 g:\ProjectDB. sql 文件，其内容如图 5-50 所示。

图 5-50 g:\ProjectDB. sql 文件内容

【例 5-27】 将 ProjectDB 数据库的 public 模式下的对象备份到磁盘文件 g:\ProjectDB-public. sql，执行的 pg_dump 命令如下：

```
pg_dump -h localhost  -p 5432  -U postgres  -n public  -f g:\ProjectDB-
public.sql  ProjectDB
```

该语句在 Windows 操作系统的 DOS 命令窗口中执行成功后，ProjectDB 数据库的指定模式对象被备份到磁盘设备的 g:\ProjectDB-public. sql 文件中，其内容如图 5-51 所示。

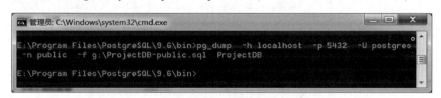

图 5-51 pg_dump 执行数据库模式备份操作

在默认选项参数状态下，pg_dump 工具将数据库模式备份为纯文本格式的 SQL 语句。因此，使用编辑器可打开 g:\ProjectDB-public. sql 文件，其内容如图 5-52 所示。

（2）使用 pg_dumpall 实用程序工具进行数据备份

pg_dumpall 实用程序工具用于全库数据备份，即将当前 postgreSQL 服务实例中的所有数据库做数据备份，同时也将数据库中的表空间和角色备份到数据文件中。pg_dumpall 实用程序工具在操作系统中运行，并需要指定相应的选项参数，其程序运行的命令格式为：

```
pg_dumpall [连接选项][一般选项][输出控制选项]
```

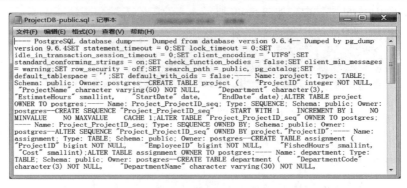

图 5-52　g:\ProjectDB-public.sql 文件内容

pg_dumpall 命令在操作系统中执行时，也使用连接选项、一般选项、输出控制选项 3 类参数设定相应的备份操作，其选项定义与 pg_dump 命令选项相同，这里不重复给出。

【例 5-28】将当前数据库实例 PostgreSQL Server 中的各个数据库备份到磁盘文件 g:\Postgre-AllDB.sql，执行的 pg_dumpall 命令如下：

```
pg_dumpall  -h localhost  -p 5432  -U postgres  -f g:\PostgreAllDB.sql
```

该语句在 Windows 操作系统的 DOS 命令窗口中执行成功后，该实例下各个数据库被备份到磁盘设备的 g:\PostgreAllDB.sql 文件中，如图 5-53 所示。

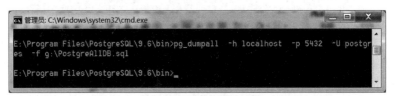

图 5-53　pg_dumpall 执行数据库备份操作

在默认选项参数下，pg_dumpall 工具将数据库备份为纯文本格式的 SQL 语句。因此，使用编辑器可打开 g:\PostgreAllDB.sql 文件，其内容如图 5-54 所示。

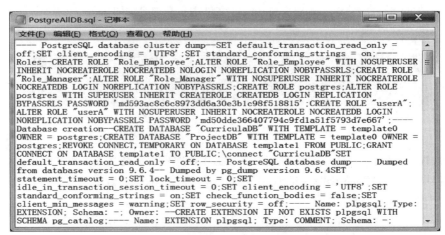

图 5-54　g:\PostgreAllDB.sql 文件内容

2. 使用管理工具 GUI 进行数据库备份

在 PostgreSQL 数据库中，除了可以运行实用程序工具备份数据库外，还可以使用数据库管理工具（如 pgAdmin 4）以 GUI 方式备份数据库。创建一个数据库备份的步骤如下：

1）DBA 使用 pgAdmin 4 工具登录 DBMS 服务器后，在数据库目录列表中，选择需要备份的数据库（如 ProjectDB），单击鼠标右键，在弹出的菜单中选择"备份"命令，系统弹出"Backup"（数据库备份设置）窗口界面，如图 5-55 所示。

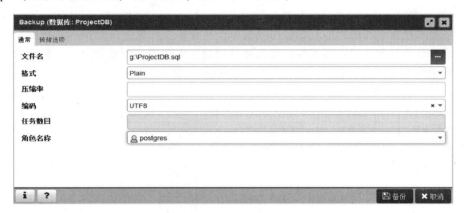

图 5-55　数据库备份设置

2）在数据库备份设置界面中，命名数据库备份文件（如 g:\ProjectDB.sql），选取备份文件格式（如义本格式 Plain），以及设置压缩率、编码、角色名称等选项参数。然后，单击"备份"按钮，DBMS 将自动进行 ProjectDB 数据库备份。

当数据库备份结束后，数据被备份到指定目录的数据库备份文件 g:\ProjectDB.sql 中。同样，使用数据库管理工具 GUI 还可以对数据库模式、数据库表等对象进行备份。

5.7.3　数据库恢复

数据库恢复是指当数据库出现数据丢失或数据库本身损坏后，采取一定技术手段对数据库进行重建和数据复原处理，使数据库系统恢复到故障发生前备份时刻的状态。

1. 恢复场景

在数据库系统运行过程中，各种意外事件可能导致数据丢失或数据库损坏。例如，事务故障、系统崩溃、人为误操作、系统断电、硬件故障、存储介质损坏等。这些意外事件会使数据库处于不正确的状态，需要采取相应的恢复策略对数据库进行恢复处理。

（1）事务故障的数据恢复

事务故障指事务在运行中由于出现意外事件（如计算溢出、事务死锁等），而非正常终止。事务故障可能会导致数据库出现数据不一致、数据丢失等问题，需要对事务进行回滚操作处理，使数据库恢复到没有运行该事务前的正确数据状态。该数据恢复处理由 DBMS 服务器自动完成。

（2）系统崩溃的数据恢复

系统崩溃指数据库服务器系统在运行中由于出现意外事件（如突然断电、操作系统故障、硬件故障等），而非正常终止。系统崩溃可能会导致数据库出现数据不一致、数据丢失等问题，在系统重启过程中，需要使用数据库日志文件对数据库进行恢复操作处理，使数据库恢复到系统崩溃前的状态。该数据恢复处理由 DBMS 服务器自动完成。

（3）存储介质损坏的数据恢复

存储介质损坏指数据库系统所在存储系统介质意外损坏，导致数据库损坏或数据丢失。这类事件出现后，只能通过在新介质上重建数据库系统，并用最近一次的数据库完整备份文件版本进行基本数据恢复，然后使用该版本之后的数据库差异备份版本和事务日志备份文件逐一进行数据库恢复处理，直到使数据库系统恢复到介质损坏前的状态。该处理需要系统管理员使用专门恢复工具和备份文件来完成。

2. 恢复技术

以上数据库恢复处理场景都需要应用数据库恢复技术。数据库恢复技术是利用数据库备份文件和数据库事务日志文件来实现数据库恢复处理的。根据用户恢复要求，一般采用前滚事务方式或回滚事务方式恢复数据库，其实现原理如图 5-56 所示。

图 5-56　利用事务日志的数据库恢复技术

a）前滚事务恢复方式　b）回滚事务恢复方式

如果用户希望使用故障前的数据库备份文件进行恢复处理，可采用前滚事务恢复方式将数据库恢复到故障发生前一时刻的数据库状态。这需在数据库最近备份版本的基础上，通过系统执行事务日志文件中记录的操作命令来实现数据库恢复处理，即将系统记录的后像数据重新应用到数据库中，从而将数据库恢复到故障发生前一时刻的状态。

📖 后像数据是数据库备份时刻到故障时刻期间所记录的事务修改数据。

当用户希望使用故障后的数据库进行恢复处理时，可采用回滚事务恢复方式将数据库恢复到故障发生前一时刻的数据库状态。这需要在故障后的数据库基础上，通过系统回滚事务操作来实现数据库恢复处理。在恢复处理时，取消错误执行或部分完成的事务对数据库的修改，将系统记录的前像数据恢复到数据库中，从而将数据库恢复到故障发生前一时刻的状态。

📖 前像数据是数据库故障时刻之前所记录的事务修改数据。

5.7.4　PostgreSQL 数据库的恢复方法

在 PostgreSQL 数据库系统中，既可以使用实用程序工具进行数据备份恢复，也可以使用管理工具 GUI 进行数据备份恢复。

1. 使用实用程序工具恢复数据备份

PostgreSQL 数据库系统提供了两种实用程序操作方式恢复数据备份：使用 psql 实用程序工具来恢复 pg_dump 或 pg_dumpall 工具创建的 SQL 文本格式数据备份文件；使用 pg_restore 实用程序

工具来恢复 pg_dump 工具创建的自定义压缩格式、TAR 包格式或目录格式的数据备份文件。

（1）使用 psql 实用程序工具恢复 SQL 文本格式的数据备份文件

若数据库备份是以 SQL 文本格式存储的文件，其备份数据内容就均为 SQL 语句。当进行数据备份恢复时，使用 psql 实用程序工具执行备份数据文件中的 SQL 语句，即可实现数据库恢复处理。psql 实用程序工具恢复数据备份文件的基本语句格式为：

```
psql [连接选项]  -d 恢复的数据库 -f 备份文件
```

在操作系统中执行 psql 时，可使用如下选项参数进行相应的备份数据恢复：

```
-h, --host = 主机名        数据库服务器主机
-p, --port = 端口          数据库服务器的端口 (默认为"5432")
-U, --username = 用户名     指定数据库用户名 (默认为"postgres")
-w, --no-password          永远不提示输入口令
-W, --password             强制口令提示 (自动)
```

【例 5-29】 ProjectDB 数据库被破坏后，使用此前备份的 SQL 数据文件 g:\ProjectDB.sql 对 ProjectDB 数据库进行恢复处理，执行的 psql 命令为：

```
psql  -h localhost  -p 5432  -U postgres  -d ProjectDB  -f g:\ProjectDB.sql
```

该语句在 Windows 操作系统的 DOS 命令窗口中执行成功后，完成对 ProjectDB 数据库的恢复处理，如图 5-57 所示。

图 5-57　psql 执行备份文件 SQL 语句实现数据库恢复处理

当 psql 程序工具完全正确执行备份文件 g:\ProjectDB.sql 的所有语句之后，ProjectDB 数据库将被恢复到备份时刻状态。

（2）使用 pg_restore 实用程序工具恢复其他格式的数据备份文件

若数据库备份以自定义压缩格式、TAR 包格式或目录格式存储数据备份文件，则需要使用 pg_restore 实用程序工具进行数据备份恢复处理。pg_restore 实用程序工具恢复数据备份文件的基本语句格式为：

```
pg_restore [连接选项] [一般选项] [恢复控制选项]  备份文件
```

pg_restore 时，可使用如下选项参数进行相应的备份数据恢复。

① 连接选项：

```
-h, --host = 主机名              指定数据库服务器主机名
-p, --port = 端口               指定数据库服务器的端口号 (默认为"5432")
```

-U, --username=用户名	指定数据库连接的用户名 (默认为"postgres")
-w, --no-password	从不提示输入口令
-W, --password	强制提示口令

② 一般选项：

-d, --dbname=名称	指定连接数据库名称
-f, --file=文件名	指定输出文件名
-F, --format=c|d|t	指定备份文件格式 (应该自动进行)
-l, --list	打印归档文件的 TOC (表格内容) 概述
-v, --verbose	设定详细信息模式
-V, --version	输出版本信息
-?, --help	显示命令帮助

③ 恢复控制选项：

-a, --data-only	只恢复数据, 不包括模式
-c, --clean	在重新创建之前清理数据库对象
-C, --create	创建目标数据库
-e, --exit-on-error	发生错误时退出, 默认为继续
-I, --index=NAME	恢复指定名称的索引
-j, --jobs=NUM	执行多个并行任务, 进行恢复工作
-L, --use-list=FILENAME	将文件中指定的内容表排序输出
-n, --schema=NAME	在这个模式中只恢复对象
-O, --no-owner	不恢复对象所属者
-P, --function=NAME(args)	恢复指定名称的函数
-s, --schema-only	只恢复模式, 不包括数据
-S, --superuser=NAME	使用指定的超级用户来禁用触发器
-t, --table=NAME	恢复指定名称的表
-T, --trigger=NAME	恢复指定名称的触发器
-x, --no-privileges	跳过处理权限的恢复 (GRANT/REVOKE)
-1, --single-transaction	作为单个事务恢复
--disable-triggers	在只恢复数据的过程中禁用触发器
--enable-row-security	启用行安全性
--if-exists	当删除对象时使用 IF EXISTS 判断
--no-data-for-failed-tables	对那些无法创建的表不进行数据恢复
--no-security-labels	不恢复安全标签信息
--no-tablespaces	不恢复表空间的分配信息
--section=SECTION	恢复命名的节
--strict-names	要求每个表或模式限定词匹配至少一个实体
--use-set-session-authorization	使用 SESSION AUTHORIZATION 命令代替 ALTER OWNER 命令来设置所有权

【例 5-30】 当 ProjectDB 数据库被破坏后, 使用此前备份的自定义压缩格式文件 g:\Project DB.bak 对 ProjectDB 数据库进行恢复处理, 执行的 pg_restore 命令如下：

```
pg_restore -h localhost -p 5432  -U postgres  -d ProjectDB  -c  g:\Project-
DB.bak
```

该语句在 Windows 操作系统的 DOS 命令窗口中执行成功后, 完成 ProjectDB 数据库的恢复处理, 如图 5-58 所示。

图 5-58　pg_restore 执行备份文件实现数据库恢复处理

当 pg_restore 实用程序完全正确执行备份文件 g:\ProjectDB. bak 的所有语句之后，ProjectDB
数据库将被恢复到备份时刻状态。

2. 使用管理工具 GUI 恢复数据备份

在 PostgreSQL 数据库系统中，除了可以运行实用程序工具恢复数据库外，还可以使用数据库
管理工具（如 pgAdmin 4）以 GUI 方式恢复数据库。恢复一个数据库的步骤如下：

1）当 DBA 使用 pgAdmin 4 工具登录 DBMS 服务器后，在运行界面的数据库目录列表中选择
需要恢复的数据库（如 ProjectDB），单击鼠标右键，在弹出的菜单中选择"还原"命令，系统
弹出"Restore"（数据库恢复设置）界面，如图 5-59 所示。

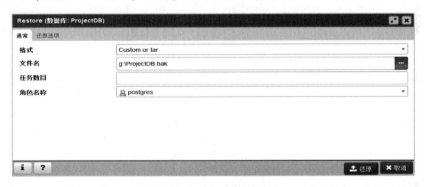

图 5-59　数据库恢复设置

2）在数据库恢复设置界面中输入数据库备份文件名（如 g:\ProjectDB. bak），选取备份文件
格式（如 Custom），设置任务数目、角色名称等选项参数。然后单击"还原"按钮，DBMS 进行
数据库恢复处理，其运行结果界面如图 5-60 所示。

图 5-60　数据库恢复运行结果

当数据库恢复处理成功完成后，原被破坏的数据库 ProjectDB 被恢复到备份时刻的正确状态。

课堂讨论：本节重点与难点知识问题

1）典型 DBMS 通常支持哪些数据库备份类型？

2）针对银行业务系统，如何确定其数据库备份方式？

3）PostgreSQL 数据库备份有哪些方法？

4）PostgreSQL 数据库备份要备份哪些内容？

5）在数据库系统中出现哪些事件，需要进行数据库恢复处理？

6）PostgreSQL 数据库恢复有哪些方法？

5.8 PostgreSQL 数据库管理项目实践

PostgreSQL 数据库管理系统提供一些实用程序用于数据库管理，如 psql、pg_dump、pg_dumpall 等，这些实用程序作为命令行工具可在操作系统中直接运行。同时，PostgreSQL 数据库管理系统也提供一种图形化的数据库服务器管理工具 pgAdmin 4，它被用于 PostgreSQL 数据库开发与管理。本节针对一个"期刊在线投稿审稿系统"项目案例，给出 PostgreSQL 数据库管理的实践操作。

5.8.1 项目案例——期刊在线投稿审稿系统

在期刊杂志社的业务管理中，为了方便论文作者投稿和论文评阅专家审稿，期刊杂志社大都采用了期刊在线投稿审稿系统。该系统通过互联网为作者投稿和专家审稿提供快捷方便的线上服务，同时也为期刊杂志社提供信息化业务处理。期刊在线投稿审稿系统有作者、专家、编辑、主编等角色用户。作者用户可通过该系统进行期刊论文检索、期刊论文浏览、用户注册、论文投稿、稿件状态查询、稿件修订版提交、录用通知下载等功能操作。专家用户通过该系统进行论文审稿、稿件任务查看、稿件任务接受、稿件任务退回等功能操作。编辑用户和主编用户使用该系统实现稿件的初审、外审安排、稿件反馈、主编审核、录用通知、论文出版安排等业务管理操作。

假定该系统使用 PostgreSQL 数据库，其名称为 JournalDB，其中包括作者（Author）、专家（Reviewer）、编辑（Editor）、主编（Chief）、期刊专题（Subject）、稿件（Manuscript）、评阅意见（Comments）、稿件状态（Status）等数据实体。该数据库的概念数据模型如图 5-61 所示。

DBA 作为系统管理员维护期刊在线投稿审稿系统数据库 JournalDB，分别进行角色管理、用户管理、权限管理，同时定期进行数据库的备份与恢复管理。

5.8.2 数据库角色管理

根据期刊在线投稿审稿系统的需求，本系统设计 4 类数据库角色：作者（R_Author）、专家（R_Reviewer）、编辑（R_Editor）和主编（R_Chief）。

在 PostgreSQL 数据库服务器中，分别创建各个用户角色，其 SQL 程序如下：

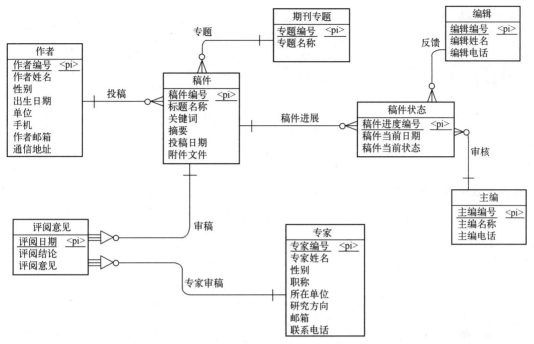

图 5-61　期刊在线投稿审稿系统概念数据模型

```
CREATE ROLE "R_Author" WITH          --创建作者角色
   LOGIN
   NOSUPERUSER
   NOCREATEDB
   NOCREATEROLE
   INHERIT
   NOREPLICATION
   CONNECTION LIMIT -1;
CREATE ROLE "R_Reviewer" WITH        --创建专家角色
   LOGIN
   NOSUPERUSER
   NOCREATEDB
   NOCREATEROLE
   INHERIT
   NOREPLICATION
   CONNECTION LIMIT -1;
CREATE ROLE "R_Editor" WITH          --创建编辑角色
   LOGIN
   NOSUPERUSER
   NOCREATEDB
   NOCREATEROLE
   INHERIT
   NOREPLICATION
   CONNECTION LIMIT -1;
CREATE ROLE "R_Chief" WITH           --创建主编角色
   LOGIN
```

```
NOSUPERUSER
NOCREATEDB
NOCREATEROLE
INHERIT
NOREPLICATION
CONNECTION LIMIT -1;
```

当这些角色创建的 SQL 语句执行成功后，可以在数据库的 "Login/Group Roles"（登录/角色组）中看到这些角色对象，如图 5-62 所示。

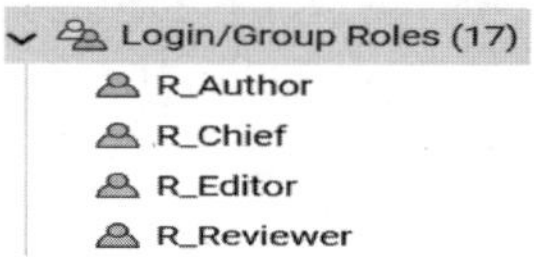

图 5-62　JournalDB 期刊 数据库的用户角色

5.8.3　数据库权限管理

创建数据库 JournalDB 的用户角色后，还需要继续定义它们在数据库中访问数据库对象的权限。根据期刊在线投稿审稿系统的业务需求，可以设计各角色访问数据库表对象的权限，见表 5-5。

表 5-5　各角色访问数据库表对象的权限

表	作者（R_Author）	专家（R_Reviewer）	编辑（R_Editor）	主编（R_Chief）
作者表（Author）	读取、插入、修改	—	读取、删除	读取、删除
专家表（Reviewer）	—	读取、插入、修改	读取、删除	读取、删除
编辑表（Editor）	—	—	读取、插入、修改	读取、删除
主编表（Chief）	—	—	读取	读取、插入、修改、删除
期刊专题表（Subject）	读取	读取	读取、插入、修改	读取、插入、修改、删除
稿件表（Manuscript）	读取、插入、修改、删除	读取	读取、删除	读取、删除
评阅意见表（Comments）	读取	读取、插入、修改	读取、删除	读取、删除
稿件状态表（Status）	读取	—	读取、插入、修改	读取、插入、修改、删除

在期刊在线投稿审稿系统中，作者角色可以读取作者表、稿件专题表、稿件表、评阅意见表、稿件状态表中的数据，还可插入、修改作者表数据和稿件表数据，以及删除稿件表数据。专家角色除了可以对专家表、稿件专题表、稿件表、评阅意见表进行读取外，还可以对专家表、评阅意见表进行数据插入、修改操作。编辑角色和主编角色具有更多权限，具体见表 5-5。

在 JournalDB 数据库中，为了赋予作者角色、专家角色、编辑角色和主编角色数据库表对象访问权限，系统管理员（postgres）需要在数据库中执行相应的角色权限赋予 SQL 语句，其语句组成的 SQL 程序如下：

```
GRANT  SELECT,INSERT,UPDATE  ON  Author  TO  "R_Author";
GRANT  SELECT  ON  Subject  TO  "R_Author";
GRANT  SELECT,INSERT,UPDATE,DELETE  ON  Manuscript  TO  "R_Author";
GRANT  SELECT  ON  Comments  TO  "R_Author";
GRANT  SELECT  ON  Status  TO  "R_Author";

GRANT  SELECT,INSERT,UPDATE  ON  Reviewer  TO  "R_Reviewer";
```

```
GRANT  SELECT  ON  Subject  TO  "R_Reviewer";
GRANT  SELECT  ON  Manuscript  TO  "R_Reviewer";
GRANT  SELECT,INSERT,UPDATE  ON  Comments  TO  "R_Reviewer";

GRANT  SELECT,DELETE  ON  Author  TO  "R_Editor";
GRANT  SELECT,DELETE  ON  Reviewer  TO  "R_Editor";
GRANT  SELECT,INSERT,UPDATE  ON  Editor  TO  "R_Editor";
GRANT  SELECT  ON  Chief  TO  "R_Editor";
GRANT  SELECT,INSERT,UPDATE  ON  Subject  TO  "R_Editor";
GRANT  SELECT,DELETE  ON  Manuscript  TO  "R_Editor";
GRANT  SELECT,DELETE  ON  Comments  TO  "R_Editor";
GRANT  SELECT,INSERT,UPDATE  ON  Status  TO  "R_Editor";

GRANT  SELECT,DELETE  ON  Author  TO  "R_Chief";
GRANT  SELECT,DELETE  ON  Reviewer  TO  "R_Chief";
GRANT  SELECT,DELETE  ON  Editor  TO  "R_Chief";
GRANT  SELECT,INSERT,UPDATE,DELETE  ON  Chief  TO  "R_Chief";
GRANT  SELECT,INSERT,UPDATE,DELETE  ON  Subject  TO  "R_Chief";
GRANT  SELECT,DELETE  ON  Manuscript  TO  "R_Chief";
GRANT  SELECT,DELETE  ON  Comments  TO  "R_Chief";
GRANT  SELECT,INSERT,UPDATE,DELETE  ON  Status  TO  "R_Chief";
```

将以上 SQL 程序输入数据库管理工具 pgAdmin 4 的 SQL 编辑器中执行，其运行结果如图 5-63 所示。

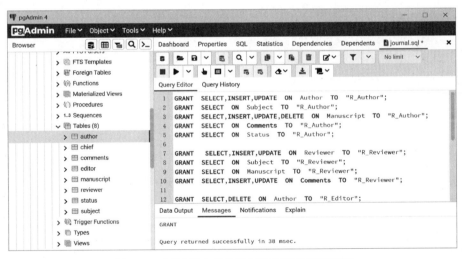

图 5-63　赋予用户角色数据库表对象访问权限

当以上 SQL 程序执行成功后，数据库中的作者角色、专家角色、编辑角色和主编角色就具有了表 5-5 所定义的对象访问权限。

5.8.4　数据库用户管理

从 5.6 节可知，在数据库中创建的新用户，只有被赋予角色及权限后，才能访问数据库中的对象。因此，在期刊在线投稿审稿系统数据库 JournalDB 中，还需要创建数据库用户，并赋予角色及其权限。例如，创建作者用户（AuthorUser）、专家用户（ReviewerUser）、编辑用户（EditorUser）和主编用户（ChiefUser），并分别赋予作者角色、专家角色、编辑角色和主编角色，创建用户的 SQL 程序如下：

```
CREATE USER  "AuthorUser"  WITH
  LOGIN
  NOSUPERUSER
  NOCREATEDB
  NOCREATEROLE
  INHERIT
  NOREPLICATION
  CONNECTION LIMIT -1
  IN ROLE "R_Author"
  PASSWORD '123456';
CREATE USER  "ReviewerUser"  WITH
  LOGIN
  NOSUPERUSER
  NOCREATEDB
  NOCREATEROLE
  INHERIT
  NOREPLICATION
  CONNECTION LIMIT -1
  IN ROLE "R_Reviewer"
  PASSWORD '123456';
CREATE USER  "EditorUser"  WITH
  LOGIN
  NOSUPERUSER
  NOCREATEDB
  NOCREATEROLE
  INHERIT
  NOREPLICATION
  CONNECTION LIMIT -1
  IN ROLE "R_Editor"
  PASSWORD '123456';
CREATE USER  "ChiefUser"  WITH
  LOGIN
  NOSUPERUSER
  NOCREATEDB
  NOCREATEROLE
  INHERIT
  NOREPLICATION
  CONNECTION LIMIT -1
  IN ROLE "R_Chief"
  PASSWORD '123456';
```

将以上 SQL 程序输入数据库管理工具 pgAdmin 4 的 SQL 编辑器中并执行，其运行结果如图 5-64 所示。

当以上 SQL 程序执行成功后，数据库便有了作者用户、专家用户、编辑用户和主编用户。此后，他们便可登录访问期刊在线投稿审稿系统数据库，进行数据访问操作。

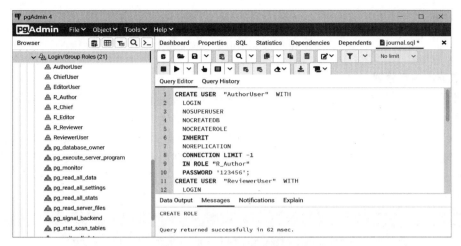

图 5-64　创建期刊在线投稿审稿系统数据库用户

5.8.5　数据库备份与恢复管理

1. 数据库备份管理

DBA 在数据库管理工具 pgAdmin 4 中，可以使用备份功能菜单，创建数据库备份文件，其操作步骤如下：

1）DBA 在数据库管理工具 pgAdmin 4 运行界面的数据库目录中，选择需要备份的 JournalDB 数据库，单击鼠标右键，在弹出的菜单中选择"备份"命令，系统弹出数据库备份设置界面，如图 5-65 所示。

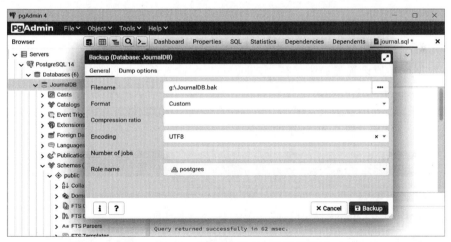

图 5-65　JournalDB 数据库备份设置界面

2）在数据库备份设置界面中，在"Filename"中命名备份数据文件 g：\JournalDB. bak，在"Format"中选取备份文件格式（如自定义压缩格式 Custom），还可输入"Compression ratio"（压缩率）、"Encoding"（编码）、"Role name"（角色名称）以及导出选项参数（在"Dump options"中设置），然后单击"Backup"按钮，DBMS 便可对 JournalDB 数据库进行数据备份。

当数据库备份结束后，数据被备份到指定的数据备份文件 g：\JournalDB. bak 中，如图 5-66 所示。

JournalDB.bak	2023/1/9 22:47	BAK 文件	18 KB

图 5-66　JournalDB 数据库备份文件

2. 数据库恢复管理

当期刊在线投稿审稿系统数据库 JournalDB 遇到故障或损坏时（为了验证，本例将该数据库的表删除），可以使用该数据库的备份文件进行还原恢复处理，其操作步骤如下：

1）DBA 登录 DBMS 后，在 pgAdmin 4 运行界面的数据库目录中，选择 JournalDB 数据库，单击鼠标右键，在弹出的菜单中选择"还原"命令，系统弹出"Restore"（数据库还原设置）界面，如图 5-67 所示。

图 5-67　数据库还原设置界面

2）在数据库还原设置界面中，在"Filename"中输入备份文件路径及名称，在"Format"中选取文件格式，在"Role name"中设置角色等参数项，并在"Restore options"（还原选项）选项卡中选择恢复之前清空选项。单击"Restore"按钮，DBMS 将对备份文件进行还原处理。如果成功执行，系统将显示图 5-68 所示的界面。

图 5-68　数据库还原操作运行结果

在数据库还原操作正确完成后，重新打开期刊在线投稿审稿系统数据库的表目录，可以发现数据库中原先被删除的表已经被恢复。

课堂讨论：**本节重点与难点知识问题**

1）在 PostgreSQL 数据库中，如何设计和实现选课系统数据库角色？
2）在 PostgreSQL 数据库中，如何赋予数据库角色对象访问权限？
3）在 PostgreSQL 数据库中，如何创建选课系统数据库用户并赋予角色？
4）在 PostgreSQL 数据库中，如何验证用户的数据库访问权限？
5）在 PostgreSQL 数据库中，如何采用命令执行方式实现选课系统数据库备份？
6）在 PostgreSQL 数据库中，如何采用命令执行方式实现选课系统数据库恢复？

5.9　思考与练习

1. 单选题

1）以下哪一项工作通常不是 DBA 的职责？（　　）
　　A. 保障数据库系统正常运行　　　　B. 编写数据库应用程序
　　C. 进行数据库备份与恢复　　　　　D. 用户权限管理
2）在事务程序中，执行下面哪个语句后，关系表中的数据修改将被写回磁盘？（　　）
　　A. BEGIN　　　　　　　　　　　B. UPDATE
　　C. ROLLBACK　　　　　　　　　D. COMMIT
3）在数据库中，并发控制的目的是什么？（　　）
　　A. 实现多事务并行执行　　　　　　B. 一个事务执行不影响其他事务
　　C. 缩短事务执行等待时间　　　　　D. 提高 DBMS 执行事务的性能
4）下面哪种级别的锁协议可以同时解决"脏读""不可重复读"和"丢失更新"问题？
（　　）
　　A. 一级加锁协议　　　　　　　　　B. 二级加锁协议
　　C. 三级加锁协议　　　　　　　　　D. 均不可以
5）下面哪种备份文件是恢复数据库到故障点时刻状态必不可少的？（　　）
　　A. 数据库完整备份文件　　　　　　B. 数据库差异备份文件
　　C. 事务日志备份文件　　　　　　　D. 数据库文件备份

2. 判断题

1）数据库性能调优是 DBA 的数据库管理工作之一。（　　）
2）只要是事务程序，它就能够保证数据一致性。（　　）
3）在数据库系统中，用户一旦登录数据库，就可以访问该数据库。（　　）
4）若所有事务都遵从两阶段加锁协议，则这些事务的任何并发调度都是可串行化调度。
（　　）
5）只要有数据库备份文件，就可以将数据库恢复到故障点状态。（　　）

3. 填空题

1）事务 ACID 特性包括原子性、一致性、_____和_____。
2）在数据库中，用户能够锁定的最大粒度资源是_____。
3）能够解决各类数据不一致问题的事务隔离级别是_____。
4）权限管理的基本操作包括授予权限、_____和_____。
5）典型的数据库备份设备有磁盘阵列、_____和_____等。

4. 简答题

1）DBMS 一般具有哪些数据库管理功能？

2）在数据库系统中，事务程序主要解决什么问题？

3）在数据库系统中，如何预防事务死锁状况的出现？

4）数据库系统基本安全模型是什么？它如何实现数据安全访问？

5）实现数据库恢复的技术原理是什么？

5. 实践题

在一个汽车租赁管理系统中，假定其数据库 CarRentDB 包括客户表（Client）、汽车信息表（Car）、租赁价目表（Rent_price）、租赁登记表（Rent_reg）、租赁费用表（Rent_fee）。系统用户角色有客户、业务员、经理、系统管理员。

在 PostgreSQL 数据库中，完成角色管理、用户管理、权限管理定义，以及数据库备份与恢复管理等操作，具体要求如下：

1）在数据库 CarRentDB 中，创建 R_Client（客户）、R_SalesMan（业务员）、R_Manager（经理）、R_Adminstrator（系统管理员）角色。

2）在数据库 CarRentDB 中，分别定义各个角色对数据库表对象的访问权限。

3）创建用户 ClientUser 为客户角色用户，用户 SalesManUser 为业务员角色用户，用户 ManagerUser 为经理角色用户，用户 AdminstratorUser 为系统管理员角色用户。

4）分别以不同用户登录访问数据库，尝试进行不同类型的访问操作。

5）以管理员身份进行 CarRentDB 数据库备份处理，分别创建数据库备份、模式备份、数据库表备份。

6）当数据库 CarRentDB 被破坏后，使用备份文件进行数据库恢复处理。

第6章 数据库编程

随着数据库技术的广泛应用，开发各种数据库相关的应用软件已成为企业信息化工作的重要内容。数据库编程就是编写实现对数据库进行特定操作的程序，它是数据库基础知识的综合运用，主要包括数据库连接与访问技术、嵌入式 SQL 编程、函数编程、存储过程编程、触发器编程及游标编程等。数据库编程分为数据库客户端编程与数据库服务器端编程。本章将介绍数据库编程的基本技术。

本章学习目标如下：

1) 掌握数据库服务器编程语言的基本语法。

2) 掌握数据库存储过程、函数、触发器、游标等编程技术。

3) 掌握 JDBC 数据库连接的工作原理及程序结构。

4) 掌握在 JAVA 语言中编写嵌入式 SQL 数据库程序的方法。

5) 掌握数据库 Web 开发技术及 SpringBoot+MyBatis+JSP 框架技术。

6.1 数据库服务器编程

数据库服务器编程是指编写运行在数据库服务器端的应用程序，包括存储过程、用户自定义函数、触发器、事件调度器、事务控制、异常处理、动态 SQL 和安全性管理等功能内容。这些功能可以帮助开发者实现复杂的数据操作和逻辑，提高数据库应用程序的性能和安全性。通常使用数据库特定的过程语言（如 PL/SQL、PL/pgSQL 等）编写。这些语言提供了丰富的控制结构、数据类型和函数库，用于实现复杂的数据操作和逻辑。

6.1.1 数据库 PL/pgSQL 语言

PL/pgSQL（Procedural Language/PostgreSQL）是 PostgreSQL 数据库的面向过程的编程语言，为开发者提供了编写在服务器端执行的函数和存储过程的方法。PL/pgSQL 语言类似于 Oracle 的 PL/SQL 和 SQL Server 的 T-SQL，它提供了一种结构化的编程方式，支持变量、条件、循环、异常处理等编程结构。PL/pgSQL 的主要语法特点如下。

1) 块结构：PL/pgSQL 代码由一系列嵌套的块组成，每个块包含声明语句、可执行语句和异常处理语句。这种结构使得代码更加模块化和易于维护。

2) 变量和数据类型：PL/pgSQL 支持多种数据类型，包括 PostgreSQL 的内置数据类型（如整数、浮点数、字符串等）和用户自定义数据类型。开发者可以在代码中声明变量并为其分配值，以便在函数和过程中使用。

3）控制结构：PL/pgSQL 提供了丰富的控制结构，如条件语句（IF、CASE）、循环语句（FOR、WHILE、LOOP）和异常处理（BEGIN EXCEPTION…END）。这些结构使得开发者可以编写复杂的逻辑和处理错误情况。

4）SQL 操作：PL/pgSQL 允许开发者在代码中嵌入 SQL 语句，以便执行查询、插入、更新和删除等操作。此外，PL/pgSQL 还提供了一些特殊的语句，如 RETURNING、PERFORM 和 EXECUTE，用于处理 SQL 操作的结果和动态执行 SQL 语句。

5）函数和存储过程：PL/pgSQL 支持创建用户自定义函数和存储过程。函数是一种具有输入参数和返回值的可重用代码块，可以在 SQL 查询中调用。存储过程是一种没有返回值的代码块，通常用于执行一系列数据库访问操作语句。

6）触发器：PL/pgSQL 允许开发者创建触发器函数，其在特定事件（如插入、更新或删除）发生时自动执行。触发器函数可以用于实现数据完整性约束、审计日志等功能。

6.1.2 PL/pgSQL 变量声明

PL/pgSQL 变量是代表内存位置的有意义的名字，用于保存具有特定意义的值。变量始终与特定的数据类型相关联。PL/pgSQL 是块结构的语言，块中的每个声明和每条语句都是以分号结束的。在使用变量之前，开发者必须在 PL/pgSQL 块的 DECLARE 下进行声明，声明变量的语法如下：

变量名 [CONSTANT] 变量类型 [NOT NULL] [DEFAULT |:= expression];

1）给变量指定有意义的名称，并且给变量指定特定的数据类型。数据类型可以是 PostgreSQL 支持的任何有效的数据类型，例如 INTEGER、NUMERIC、FLOAT、VARCHAR 和 CHAR。如 x INTEGER :=20，即声明整型变量 x，并声明初始值为 20。

2）如果给出了 DEFAULT 子句，该变量在进入 BEGIN 块时会被初始化为默认值，否则被初始化为 NULL 值。每次执行语句时赋予默认值。

3）由 CONSTANT 选项修饰的变量为常量，初始化后是不允许被重新赋值的。

4）如果变量声明为 NOT NULL，那么该变量是不允许被赋予 NULL 的，否则运行时会抛出异常提示信息；因此，所有声明为 NOT NULL 的变量，也必须在声明时赋予非空的值。

注意：这里的变量和变量类型的声明顺序与 C 语言、JAVA 语言的变量声明顺序相反。

下面给出在程序块里定义变量的程序示例：

```
DO $$
DECLARE
  Userid     INTEGER     := 1;
  Firstname  VARCHAR(20) := 'Tom';
  Lastname   VARCHAR(20) := 'Doe';
  Payment    NUMERIC(6,2):= 120.6;
BEGIN
  IF userid = 1 THEN
  RAISE NOTICE '% % % has been paid % USD',
      userid, firstname,lastname, payment;
  END IF;
END $$;
```

DO $$ 说明程序块开始，END $$ 说明程序块结束。在关键字 DECLARE 后面声明程序变量。Userid 变量是被初始化为 1 的整数。

Firstname 和 Lastname 是 VARCHAR，20 个字符，并初始化为 Tom 和 Doe 字符串。

Payment 是有两位小数的数字，并初始化为 120.6。该程序运行结果如图 6-1 所示。

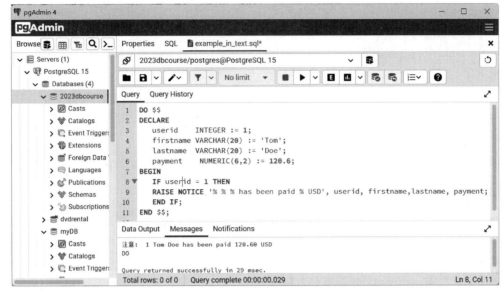

图 6-1　pgAdmin 工具中运行 PL/pgSQL 程序

5）用户还可以声明与指定表的行相同类型的变量，该变量被称为行类型变量（简称行类型），常用于将数据库查询的结果赋值给变量，其语法格式为：

变量名　表名% ROWTYPE;

例如：

stuinfor　student% ROWTYPE;

上述语句定义了变量 stuinfor，该变量的结构与 student 表的结构相同。

6）用户可以声明变量为记录类型，记录型变量与行类型变量类似，但是它们没有预定义的结构。变量声明格式为：

变量名　RECORD;

记录型变量的子结构是在每次它被赋值时确定的。在记录型变量第一次被赋值之前，其子结构不确定，并且任何访问其中任何域的尝试都会导致运行时错误。一般记录型变量用在 SELECT 或 FOR 命令语句里。

注：RECORD 不是确定结构的数据类型，仅仅声明变量可用来存储数据库表的记录。

例如：

```
DO $$
DECLARE
data_rec RECORD;
BEGIN
SELECT sid, sname,birthday INTO data_rec FROM student WHERE sid = '220304';
END $$;
```

7）PostgreSQL 可使用已定义变量来定义新变量，其定义方法为：

变量 1　变量 2% TYPE;

变量 1 是指定用户需要定义的变量名，符合变量的命名规则即可。变量 2 是用户程序中已经定义的变量。%TYPE 是说明新定义变量 1 与已定义变量 2 的数据类型相同的关键字。例如：

```
v_name  s_name% TYPE;
```

上述语句新定义了变量 v_name，数据类型与 s_name 相同。

注意：可以声明与数据库表的某列类型相同的变量，用它来存储从数据库中查询到的值。其语法格式为：

```
变量  表名 . 列名% TYPE;
```

例如，在 student 表中有一个名为 sid 的列，要定义一个与该列数据类型相同的变量 stu_id，定义语句为：

```
stu_id  student.sid% TYPE;
```

6.1.3 PL/pgSQL 控制语句

PL/pgSQL 是支持 PostgreSQL 数据库编程的过程语言，它提供了一系列控制语句，用于实现条件判断、循环和异常处理等功能。以下是 PL/pgSQL 控制语句的详细介绍及示例。

1. IF 语句

用于条件判断。根据条件的真假执行相应的代码块。例如：

```
IF p_age < 18 THEN
    RETURN '未成年人';
ELSIF p_age >= 18 AND p_age < 60 THEN
    RETURN '成年人';
ELSE
    RETURN '老年人';
END IF;
```

2. CASE 语句

用于多条件判断。根据条件的真假执行相应的代码块。例如：

```
CASE
  WHEN p_score >= 90 THEN
      grade := 'A';
  WHEN p_score >= 80 THEN
      grade := 'B';
  WHEN p_score >= 70 THEN
      grade := 'C';
  ELSE
      grade := 'D';
END CASE;
```

3. LOOP 语句

用于无条件循环。循环内部可以使用 EXIT 或 RETURN 语句跳出循环。例如：

```
DECLARE
    counter INTEGER := 1;
BEGIN
    LOOP
        RAISE NOTICE '%', counter;
        counter := counter + 1;
```

```
        IF counter > p_max THEN
            EXIT;
        END IF;
    END LOOP;
END;
```

4. WHILE 语句

用于条件循环。当条件为真时，执行循环体。例如：

```
DECLARE
    result INTEGER := 1;
BEGIN
    WHILE p_num > 0 LOOP
        Result:= result * p_num;
        p_num:= p_num - 1;
    END LOOP;
END;
```

5. FOR 语句

用于遍历范围或记录集。可以使用整数范围或查询结果作为循环变量。例如：

```
DECLARE
    sum INTEGER := 0;
BEGIN
    FOR i IN 1..p_max LOOP
        sum := sum + i * i;
    END LOOP;
END;
```

6. 异常处理

用于捕获和处理异常。可在 BEGIN…EXCEPTION…END 块中定义异常处理。例如：

```
DECLARE
    result NUMERIC;
BEGIN
    BEGIN
        result := p_num1 /p_num2;
        EXCEPTION WHEN division_by_zero THEN
        RAISE NOTICE 'Division by zero is not allowed.';
        result := NULL;
    END;
END;
```

6.1.4　PL/pgSQL 函数编程

使用 PL/pgSQL 语言可以编写用户自定义函数，这些函数是在数据库服务器上定义的一种特殊类型的程序，用于执行特定功能并返回一个值。用户自定义函数可以在 SQL 查询中像内置函数一样使用，提高了查询的灵活性和可读性。它与 C 语言的函数一样，具有函数名、输入参数和输出参数。通过 PL/pgSQL 编写函数，并将其存储在数据库服务器上，既具有 SQL 语言简单易用的优点，又具有处理复杂逻辑过程的能力；由于函数存储在数据库服务器上，因此调用执行数据库服务器的函数，能消除客户端和服务器之间的额外通信；客户端不需要的中间结果不必由服务器向客户端传送；能够避免多次调用的重复编译或解析。

1. 创建函数

PL/pgSQL 语言提供了 CREATE FUNCTION 函数创建命令，允许用户创建自定义函数，其创建语句的语法格式如下：

```
CREATE [ OR REPLACE ] FUNCTION functionName (
      [ [ argmode ] [ argname ]argtype [ { DEFAULT | = } defaultExpr ] )
      [ RETURNS retype | RETURNS TABLE ( column_name column_type [, …] ) ]
AS $$
DECLARE
      ----声明变量
BEGIN
      ----函数体语句
RETURN { variable_name | value }
END;
 $$ LANGUAGE lang_name;
```

主要关键字和参数如下。

1）functionName：要创建的函数名。

2）argmode：函数参数的模式可以为 IN、OUT 或 INOUT，默认值是 IN。IN 声明参数为输入参数，向函数内部传值；OUT 声明参数为输出参数，函数对参数值的修改在函数定义以外是可见的，类似其他语言将函数的形式参数声明为引用；INOUT 声明该参数既是输入参数，也是输出参数。

3）argname：形式参数的名字。

4）argtype：该函数返回值的数据类型。可以是基本类型，也可以是复合类型、域类型或者与数据库字段相同的类型，字段类型是用 table_name.column_name%TYPE 表示的。使用字段类型声明变量的数据类型，数据库表的类型变化不会影响存储过程的执行。

5）defaultExpr：指定参数默认值的表达式，该表达式的类型必须可转化为参数的类型。只有 IN 和 INOUT 模式的参数才能有默认值，具有默认值的输入参数必须出现在参数列表的最后。

6）retype：指示 RETURNS 返回值的数据类型。可以声明为基本类型、复合类型、域类型或者表的字段类型。如果函数没有返回值，则可以指定 VOID 作为返回类型。如果存在 OUT 或 INOUT 参数，那么可以省略 RETURNS 子句。

7）RETURNS TABLE：函数返回值的类型是二维表，由 column_name 指定表的列名，每个列的数据类型由 column_type 指明；如果函数返回值由 RETURNS TABLE 指定，函数就不能有 OUT 和 INOUT 等模式的输出参数。

8）DECLARE：声明函数的局部变量，与前面介绍的 PL/pgSQL 语言变量声明相同。

9）BEGIN…END：用来定义函数执行体语句。

10）LANGUAGE：指明函数所使用的编程语言，同时标志函数的结束。例如，LANGUAGE plpgsql 告诉编译器该函数是使用的 PL/pgSQL 语言实现的。

11）AS $$：用于声明函数的实际代码的开始；编译器扫描遇到的下一个 $$，则表明代码的结束。

12）OR REPLACE：指明在创建函数时，如果数据库中不存在指定名的函数，就会创建该函数。当函数在数据库中存在，且创建函数的语句有关键字 OR REPLACE，则会重新定义函数；否则，如果创建函数的语句没有 OR REPLACE 关键字，数据库将给出类似"该函数已经存在，不能创建该函数"的警示信息。

2. 声明局部变量

在函数中的局部变量，必须先声明后使用。所有变量都必须在声明段里进行声明，声明变量的方法与前面讲的变量声明方法相同。

【例 6-1】创建名为 countRecords( ) 的函数，统计 STUDENT 表的记录数。

```
CREATE OR REPLACE FUNCTION countRecords ()
RETURNS INTEGER AS $count$
DECLARE
   count INTEGER;
BEGIN
   SELECT count(*) INTO count FROM STUDENT;
   RETURN count;
END;
 $total$ LANGUAGE plpgsql;
```

3. 函数的参数名

传递给函数的参数都可以用 $1、$2 的标识符来表示。为了增加可读性，可以为参数声明别名，别名和数字标识符均可指向该参数值。

1）在函数声明的同时给出参数变量名。

【例 6-2】定义输入参数为"销售价格"的函数，返回折扣价格。

```
CREATE FUNCTION discount(salePrice real) RETURNS real AS $$
BEGIN
    RETURN salePrice * 0.85;
END;
 $$ LANGUAGE plpgsql;
```

2）在声明段中为参数变量定义别名。

【例 6-3】下列示例说明输入参数匿名的函数。

```
CREATE FUNCTION discount(REAL) RETURNS real AS $$
DECLARE
    salePrice ALIAS FOR $1;   --$1 表示第一个参数
BEGIN
RETURN salePrice * 0.85;
END;
 $$ LANGUAGE plpgsql;
```

3）输出参数同样可以遵守 1）和 2）中的规则。

【例 6-4】下列示例说明有输入参数和输出参数的函数。

```
CREATE FUNCTION payTax(salePrice real, OUT tax real) AS $$
BEGIN
    tax :=salePrice * 0.13;
END;
 $$ LANGUAGE plpgsql;
```

4）在 PL/pgSQL 中，可以使用多态类型作为函数的返回类型。多态类型允许函数根据实际传入参数的类型来确定返回值的类型。在 PostgreSQL 中，多态类型主要包括 anyelement、anyarray、anyrange 等。以下是使用多态类型的 PL/pgSQL 程序示例。

【例 6-5】 实现名为 array_sum 的函数，接收一个任意类型的数组作为输入参数，并计算数组元素的总和。为了处理不同类型的数据，使用 anyarray 作为输入参数类型，并使用 anyelement 作为返回类型。

```
CREATE FUNCTION array_sum(p_array anyarray) RETURNS anyelement
AS $$
DECLARE
    element float;
    sum float := NULL;
    i INTEGER;
BEGIN
    IF array_length(p_array, 1) IS NULL THEN
        RETURN NULL;
    END IF;
    sum := p_array[1];
    FOR i IN 2..array_length(p_array, 1) LOOP
        element := p_array[i];
        sum := sum + element;
    END LOOP;
    RETURN sum;
END;
 $$ LANGUAGE plpgsql;
```

该 array_sum 函数首先检查输入数组的长度，如果为空，则返回 NULL。然后使用循环遍历数组的每个元素，并将元素值累加到 sum 变量中。最后返回计算结果。调用执行示例如下：

```
--使用整数数组调用 array_sum
SELECT array_sum(ARRAY[1, 2, 3, 4, 5]);              -- 返回 15
--使用浮点数数组调用 array_sum
SELECT array_sum(ARRAY[1.1, 2.2, 3.3, 4.4, 5.5]);   -- 返回 16.5
--使用空数组调用 array_sum
SELECT array_sum(ARRAY[]::integer[]);                -- 返回 NULL
```

在这些示例中，array_sum 函数根据传入数组的元素类型自动调整其返回类型。这使得函数能够处理不同类型的数组，并计算元素的总和。需要注意的是，这个函数仅适用于支持加法操作的数据类型。对于不支持加法操作的类型，如文本或日期，该函数将引发错误。

6.1.5 PL/pgSQL 游标编程

在过程化编程语言中，使用变量来存储数据，除数组和记录型变量（record 类型）外，一般每个变量一次只能存储一个值；数据库 SQL 语言的查询对象则是集合，查询结果也是集合。为了解决 SQL 语言处理多条数据记录与过程化编程语言变量仅能存储单一值的矛盾，数据库提供游标（Cursor）编程技术，游标是数据库在内存中的临时对象，用来存放数据库的查询返回结果，提供了从含有多条数据记录的结果集中提取记录并逐条处理的方法。游标总是与一条 SQL 查询语句相关联，包括 SQL 查询结果数据和指向记录的指针。

1. 声明游标

在 PL/pgSQL 中，访问游标前，必须声明游标变量，其数据类型为 refcursor。声明游标变量的方法有以下两种。

1）在过程编程语言中，声明游标与声明其他类型的变量一样，在语句块中声明游标变量。

PostgreSQL 提供了特定类型 REFCURSOR 用于声明非绑定的游标变量。声明非绑定游标的语法如下：

```
游标名 REFCURSOR;
```

例如：

```
myCursor REFCURSOR;
```

上例声明了非绑定的游标变量 myCursor，这时的游标变量还没有绑定查询语句，所以还不能被访问。

2）声明绑定的游标变量，在声明时绑定查询语句，其声明游标语法如下：

```
游标名 [[NO] SCROLL] CURSOR [(形参 1　类型,形参 2　类型,…)] FOR query;
```

必须指定游标变量名称；使用 SCROLL 指定游标是否可以回滚，如果使用 NO SCROLL 则游标不能回滚；CURSOR 是声明游标的关键字，其后是逗号分隔的参数列表（形参名　类型），用于定义查询时向游标传递的形式参数，类似于函数的形式参数，这些参数在打开游标时被实在参数替换。在 FOR 关键字之后指定查询，query 是 select 数据查询语句，返回的结果值存储在游标变量中。例如：

```
curStudent CURSOR FOR SELECT * FROM student;
curStudentOne CURSOR (key integer) FOR SELECT * FROM student WHERE SID = key;
```

📖 注意：声明游标变量只是对变量的类型进行了说明，DBMS 还没有执行游标的查询语句，因此，这时游标中还没有可访问的数据。

---

2. 打开游标

游标变量在使用之前必须先被打开，在 PL/pgSQL 中有 3 种形式的 OPEN 语句，其中两种用于未绑定的游标变量，另外一种用于已绑定的游标变量。打开游标变量就是执行游标所绑定的查询语句，查询返回值存储在游标变量中。

（1）OPEN FOR

其声明形式为：

```
OPEN 非绑定的游标 [[ NO ] SCROLL] FOR query;
```

只能用于未绑定的游标变量，其 query 查询语句是返回记录的 SELECT 语句，或其他返回记录行的语句，方括号中的关键字是可选的，与定义时的意义相同。在 PostgreSQL 等大多数数据库中，执行该查询语句与执行普通的 SQL 语句相同，即先替换变量名，同时将该查询的执行计划缓存起来供后面查询使用。例如：

```
OPEN myUnCursor FOR SELECT * FROM student WHERE SID ='202201090506';
```

（2）OPEN FOR EXECUTE

其声明形式为：

```
OPEN 非绑定的游标 [[NO] SCROLL] FOR EXECUTE 查询字符串;
```

与（1）的形式相同，仅适用于非绑定的游标变量。EXECUTE 将动态执行其后以文本形式表示的查询字符串。例如：

```
OPEN myUnCursor FOR EXECUTE 'SELECT * FROM student BY sid';
```

（3）打开一个绑定的游标

其声明形式为：

```
OPEN 已绑定的游标名 [（实参值）];
```

仅适用于绑定的游标变量。只有当该变量在声明时包含接收参数，才能以传递参数的形式打开该游标，这些参数将被实际代入游标声明的查询语句中。例如：

```
OPEN curStudent;
OPEN curStudentOne ('2022020300809 ');
```

3. 使用游标

在游标打开时，游标指针就指向游标的开始，数据库提供了 FETCH 和 MOVE 命令操纵游标记录。但游标的打开和读取必须在同一个数据库事务中，这是因为在 PostgreSQL 中，如果事务结束，事务内打开的游标将会被隐含地关闭。

（1）FETCH 读取游标记录

使用 FETCH 命令读取游标指针定位的记录数据，其声明形式为：

```
FETCH [ direction { FROM | IN }]游标名 INTO 目标变量;
```

FETCH 语句从游标中读取当前记录数据并赋值给目标变量，可以是 record 类型、row 变量和逗号分隔的变量列表。如果没有发现可取行，目标变量为 null。游标数据是否读取成功，可通过 PL/pgSQL 内置系统变量 FOUND 来判断。

direction 指明游标指针移动的方向：NEXT 表明游标指针向前移动到下一条记录，默认值为 NEXT；LAST 表明指针移动到游标的最后一条记录；PRIOR 表明游标指针向后移动（后退）一条记录；FIRST 表明游标指针移动到第一条记录；ABSOLUTE count 表明游标指针移动到第 count 条记录，例如，ABSOLUTE 10 表明移动到游标的第 10 条记录；当 RELATIVE count 中的 count 为正整数时，表明游标指针相对当前位置向前移动 count 条记录，count 为负整数时，表明游标指针相对当前位置向后移动 count 条记录。例如：

```
FETCH myCursor INTO row_variable;        --row_variable 为行变量
FETCH curStudent INTO sid, sname, gender;
```

但要特别注意：游标中的列的数量与目标变量的数量必须一致，并且类型兼容。

注意，使用 SCROLL 声明游标，有 FORWARD 和 BACKWARD 两种方式。FORWARD 表明向前滚动，BACKWARD 表明向后滚动。

（2）MOVE 移动游标

如果想仅移动游标而无须返回数据行，则可以使用 MOVE 语句，方向关键字与 FETCH 语句一致，其语法格式为：

```
MOVE [ direction { FROM | IN } ] 游标变量;
```

例如：

```
MOVE myCursor;                          --表明游标指针移动到下一条记录，但不返回记录.
MOVE LAST FROM myCursor;                --表明游标指针移动到最后一条记录，但不返回记录.
MOVE RELATIVE -1 FROM myCursor;  --表明游标指针后移一条记录.
MOVE FORWARD 3 FROM myCursor;     --表明游标指针向前移动三条记录.
```

（3）更新或删除游标记录

可以使用游标，更新或删除当前行的数据或数据库表的对应记录行数据。其语法格式如下：

```
UPDATE 表名   SET …WHERE CURRENT OF 游标名;
DELETE FROM 表名   WHERE CURRENT OF 游标名;
```

【例 6-6】下列函数 del_last_rec 通过游标删除 student 表中的最后一条记录。

```
CREATE OR REPLACE FUNCTION del_last_rec( ) RETURNS int AS $$
DECLARE
    stu_cursor REFCURSOR;
BEGIN
    Open stu_cursor FOR SELECT * FROM student;
    MOVE LAST FROM stu_cursor;
    DELETE FROM student WHERE CURRENT OF stu_cursor;
    return 0;
END;
$$ LANGUAGE plpgsql;
```

（4）CLOSE 关闭游标

其声明形式为：

```
CLOSE cursorName;
```

当不再需要游标数据时，需要关闭当前游标，以释放其占有的系统资源，主要是释放游标中数据所占用的内存资源。cursorName 是要关闭的游标的名字。例如：

```
CLOSE curStudent;
```

需要注意：当游标被关闭后，如果需要再次读取游标的数据，需要重新使用 OPEN 打开游标，这时游标中的数据是当前查询返回的结果，可能与关闭前的数据不一样。

游标主要用于处理业务逻辑比较复杂的存储过程编程，下面举例说明游标在存储过程函数中的使用方法。

【例 6-7】下面示例程序使用不带参数的游标，查询 student 表的 sid（学号）、sname（姓名）和 gender（性别）。运行结果如图 6-2 所示。

```
CREATE OR REPLACE FUNCTION cursorDemo()
RETURNS BOOLEAN   AS $BODY$
DECLARE                                  --定义变量及游标
    unbound_refcursor REFCURSOR;         --声明游标变量
    vsid VARCHAR;                        --学号变量
    vsname VARCHAR;                      --姓名变量
    vsgender VARCHAR;                    --性别变量
BEGIN                                    --函数开始
    OPEN unbound_refcursor FOR EXECUTE 'SELECT sid,sname,gender FROM student';
    LOOP                                 --开始循环
        FETCH unbound_refcursor INTO vsid,vsname,vsgender; --从游标中取值, 并赋给变量
        IF FOUND THEN                    --检查从游标中是否取到数据
            RAISE NOTICE '%,%,%',vsid,vsname,vsgender;
        ELSE
            EXIT;
        END IF;
    END LOOP;                            --结束循环
    CLOSE unbound_refcursor;             --关闭游标
    RAISE NOTICE '取数据循环结束…';        --打印消息
    RETURN TRUE;                         --为函数返回布尔值
EXCEPTION WHEN OTHERS THEN               --抛出异常
```

```
    RAISE EXCEPTION 'error(% )',sqlerrm; -- sqlerrm 错误代码变量
END;                                      --结束
$BODY$ LANGUAGE plpgsql;                  --标明程序为 PL/pgSQL 语言
```

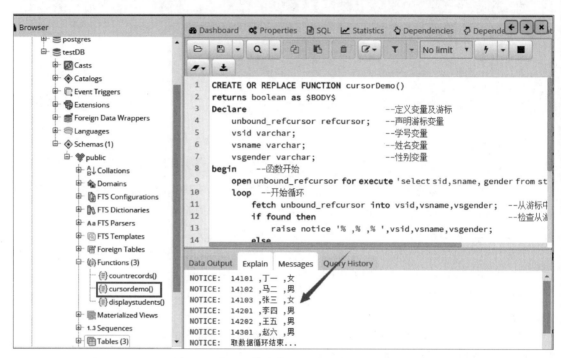

图 6-2　使用不带参数的游标查询运行结果

【例 6-8】下面示例使用带参数的游标，从 stu_score 表中的查询分数大于某给定值的 sid（学号）和 cid（课程号），运行结果如图 6-3 所示。

```
CREATE OR REPLACE FUNCTION cusorDemo2(myscore INT)
RETURNS VOID AS
$$
  DECLARE
    vstuscore stu_score% ROWTYPE;        --定义与 stu_score 表结构相同的行变量
    --定义带有一个输入参数的游标
    vstucursor cursor(invalue INT) FOR
    for SELECT sid,cid,score FROM stu_score WHERE score>=invalue ORDER BY sid;
  BEGIN
    OPEN vstucursor(myscore);            --从外部传入参数给游标
    LOOP FETCH vstucursor INTO vstuscore;
        EXIT WHEN NOT FOUND;             --假如没有检索到数据,结束循环处理
        RAISE NOTICE '% ,% ,%',vstuscore.sid,vstuscore.cid,vstuscore.score;
    END LOOP;
    CLOSE vstucursor;                    --关闭游标
  END;
$$ LANGUAGE plpgsql;
```

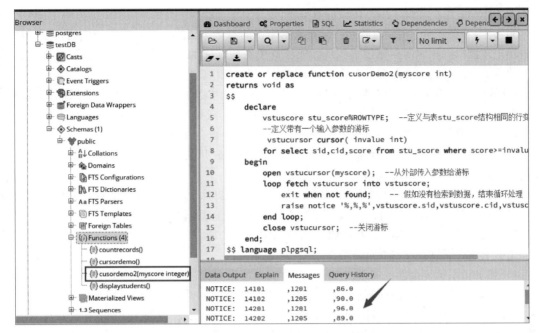

图 6-3 使用带参数的游标查询运行结果

课堂讨论：本节重点与难点知识问题

1）PL/pgSQL 语言有什么特点？

2）请比较 SQL 语言和 PL/pgSQL 语言各自的优缺点。

3）postgreSQL 数据库支持哪几种类型的游标？

4）PL/pgSQL 语言中的函数有什么特点？如何创建函数？

5）什么是游标？如何声明游标，打开游标，使用游标？

6）数据库编程中为什么要使用游标？主要是为了解决什么问题？

6.2 存储过程

前面介绍了过程化编程和函数编程的基本语法，本节将介绍存储过程编程技术。

6.2.1 存储过程原理

存储过程（Stored Procedure）是用过程化编程语言编写的，经过编译处理，且存储在数据库中的程序代码，也是一种数据库对象；用户通过指定存储过程的名字并给出参数（如果该存储过程带有参数）来调用执行。存储过程类似其他编程语言的函数，可以接收指定的输入和输出参数。存储过程可以被应用程序或其他数据库对象调用，实现代码重用和性能优化。

使用存储过程编程具有如下主要优点：

1）提高代码复用性。存储过程可以被重复调用，如果需要多次实现这些 SQL 语句，就可以重复调用这些存储过程，从而减少数据库开发人员的工作量。

2）减少网络流量。存储过程存储在数据库服务器上，用户只需要传递存储过程的名称和参数就可以调用，存储过程只需要将执行结果返回客户端程序，而不需要将大量的服务器端数据传输到客户端程序，降低了网络传输的数据量。

3）提高了安全性。存储过程是存储在数据库中的对象，用户执行它需要相应的权限，只有授权用户才能执行相应的存储过程，从而能够避免对数据库的恶意攻击，在数据库层面上实现了对数据的访问控制，帮助数据库管理员更好地管理和保护数据。

4）数据库事务处理。当对数据库进行复杂操作时，可将此复杂操作用存储过程封装起来，与数据库提供的事务处理结合使用，以确保所有 SQL 语句或操作的原子性和隔离性。

在数据库编程中使用存储过程尽管具有以上优点，但也存在以下局限：

1）开发调试差。目前没有专用于存储过程的 IDE 集成开发工具，存储过程的开发调试相对普通的 SQL 语句调试要复杂得多。

2）可移植性差。由于存储过程将应用程序绑定到数据库上，而不同的 DBMS 编写存储过程的语法存在差异，因此使用存储过程封装业务逻辑将降低应用程序的可移植性。

3）重新编译问题。因为后端代码是运行前编译的，所以一旦带有引用关系的对象发生改变，受影响的存储过程就需要重新编译。

4）增加了系统复杂性。如果在应用系统中大量使用存储过程，数据结构随着用户需求的增加而变化，可能导致较多的存储过程需要修改，从而增加用户维护系统的难度和代价。

在数据库编程中使用存储过程既有优点，又有缺陷。因此，在数据库应用系统设计中，需要权衡各种因素，综合考虑各种要素，确定不同功能的合理实现方式。

6.2.2 PL/pgSQL 存储过程编程

1. 创建存储过程

在 PostgreSQL 较早版本中没有区分存储过程和函数，都是使用 CREATE FUNCTION 命令来定义函数和存储过程的。PostgreSQL 10 版本后开始使用 CREATE PROCEDURE 创建存储过程，包括存储过程的名称、输入参数、输出参数以及存储过程体，其语法格式如下：

```
CREATE OR REPLACE PROCEDURE procedureName(
[IN |OUT | INOUT] Pname dataType,…)
AS $$
DECLARE
   变量 1 数据类型 :=  初始值 1；
   变量 2 数据类型 :=  初始值 2；
   …
BEGIN
   --程序执行体语句写在这里；
END;
 $$ LANGUAGE plpgsql;
```

主要关键字和参数如下：

1）procedureName：要创建的存储名。

2）IN、OUT 或 INOUT 指定存储过程的参数模式，默认值是 IN。IN 声明参数为输入参数，向函数内部传值；OUT 声明参数为输出参数，存储过程对参数值的修改在存储过程外部可见，类似 C 语言的形式参数；INOUT 声明该参数既是输入参数，又是输出参数。

3）Pname：形式参数的名字。

4）dataType：该存储过程参数的数据类型。可以是基本类型，也可以是复合类型、域类型或者与数据库字段相同的类型。

5）LANGUAGE plpgsql：告诉编译器该存储过程是使用 PL/pgSQL 语言实现的。

6）DECLARE：声明存储过程的局部变量，与前面介绍的 PL/pgSQL 语言变量声明相同。

7）BEGIN … END：用来定义存储过程的执行体语句。

8）AS $$：用于声明存储过程的实际代码的开始；编译器扫描遇到的下一个 $$，则表明代码的结束。

9）OR REPLACE：与在用户自定义函数中的用法一样，使用关键字 OR REPLACE 覆盖并重新定义存储过程，从而避免了因已有该存储过程而报错。但是，这也隐含着错误覆盖的风险。

【例 6-9】下面示例使用存储过程实现银行转账。客户银行余额信息存在 accounts 表中，转账记录信息存在 translists 表中。银行转账包括 3 个主要操作：首先检查转出账户的余额是否充足，如果大于转出金额，将客户的余额减去转账金额；然后给转入账户的余额加上转账金额；最后记录转账信息，以供日期查询。

1）假设系统设计时需要创建 accounts 表；

```
drop table if exists accounts;
create table accounts (
    id SERIAL,                          --客户 ID 号
    username varchar(100) not null,     --客户姓名
    balance dec(15,2) not null,         --账户余额
    primary key(id)
);
```

2）创建 translists 表：

```
drop table if exists translists;
create table translists (
    id SERIAL primary key,              --转账记录 ID
    sendid int,                         --转出客户的 ID
    sendname varchar(100) not null,     --转出客户的姓名
    recid int,                          --转入客户的 ID
    recname varchar(100) not null,      --转入客户的姓名
    transdate timestamp(0),             --转账时间
    transamount dec(15,2) not null      --转账金额
);
```

3）为了测试程序，预先在 accounts 表中插入两条客户余额信息：

```
insert into accounts(username,balance) values('Bob',10000);
insert into accounts(username,balance) values('Alice',10000);
```

4）下面是银行实现转账的存储过程，ROW_COUNT 是 postgreSQL 数据库的系统变量，用于记录最近执行 SQL 语句对数据库表记录影响的条数，但是，该变量的值需要使用 GET DIAGNOSTICS row_num ：= ROW_COUNT 语句将值赋给程序定义的变量 row_num 后，在后续语句中才能使用，否则会报错。对转出账户执行 update 语句，将账户余额减去转账金额：如果 ROW_COUNT 为 0 则表示失败，要执行事务回滚；如果 ROW_COUNT 为 1 则表示成功，执行下一步转入账户余额加上转账金额，如果失败则回滚事务，如果成功则执行 insert 语句添加转账信息到 translists 表中，如果失败则回滚事务，如果成功则提交事务，并且给出提示信息。创建存储过程的程序代码如下：

```
create or replace procedure transfer(sender int,receiver int,amount dec)
as $$
```

```
declare
  row_num int :=0;
  send_user accounts.username% type;   --转出账户的姓名
  rec_user accounts.username% type;    --转入账户的姓名
begin   --转账事务开始
 update accounts set balance = balance - amount
   where id = sender and balance >= amount and amount>0;   --转出账户余额减去转账金额
   GET DIAGNOSTICS row_num := ROW_COUNT;
   if row_num = 0 then                                    --转出账户余额减去转账金额不成功
       RAISE NOTICE '账户余额不足,或账户错误,请核对!';
       rollback;
   else
       update accounts set balance = balance + amount
       where id = receiver;                               --转入账户余额加上转账金额
       GET DIAGNOSTICS row_num := ROW_COUNT;
       if row_num = 0 then                                --转入账户余额加上转账金额不成功
           RAISE NOTICE '账户错误,转账不成功!';
           rollback;
       else
           select username into send_user from accounts where id = sender;
           select username into rec_user from accounts where id = receiver;
           --插入转账信息,以备查账使用--
           insert into translists(
             sendid,sendname,recid,recname,transdate,transamount)
             values(sender,send_user,receiver,rec_user,now(),amount);
           GET DIAGNOSTICS row_num := ROW_COUNT;
           if row_num = 0 then
               RAISE NOTICE '转账登记出错, 转账不成功!';
               rollback;
           else
               RAISE NOTICE '% 向% 成功转款% 元!',send_user,rec_user,amount;
               commit;
           end if;
       end if;
   end if;
end $$ language plpgsql;
```

注意：PostgreSQL 11 版本提供了 LAST_ERROR_MESSAGE、LAST_ERROR_SQLSTATE、ER-ROR、SQLSTATE、ROW_COUNT 等系统变量，用来记录 SQL 语句的执行结果状态和错误信息。这些变量的值在 SQL 执行后刷新，主要用于捕获 SQL 的执行结果以编写脚本。具体使用方法需要查阅官方提供的技术文档。

存储过程的调用是指使用 call 命令调用执行存储过程，例如，假如需要从 ID 为 1 的账户向 ID 为 2 的账户转款 5000 元，则执行 call transfer(1,2,5000)语句。创建与执行存储过程如图 6-4 所示。

2. 修改存储过程

用户创建存储过程之后，有可能需要对存储过程进行修改。如果要修改存储过程所实现的业务逻辑，可以使用 CREATE OR REPLACE PROCEDURE 重新创建存储过程，对已有存储过程的源码做编辑、修改后，重新创建存储过程。如果只需要修改存储过程的拥有者、存储过程的名

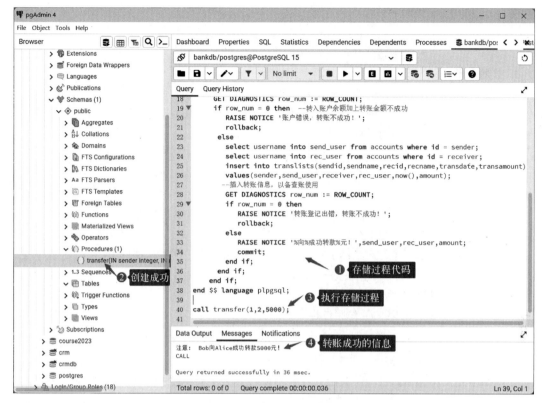

图 6-4　创建与执行存储过程

字、存储过程的模式等，可以使用 ALTER PROCEDURE 命令修改存储过程。

如果需要修改存储过程，用户应具备适当的权限：默认情况下，存储过程所有者或创建者具有修改存储过程的权限；PostgreSQL 的超级用户有权修改数据库中的任何对象，包括存储过程；如果用户被授予了 ALTER ROUTINE 权限，则可以修改存储过程；如果用户在存储过程所在的模式上具有 CREATE 或 ALTER 权限，也可以修改该模式中的存储过程。但要注意，即使用户具有修改存储过程的权限，还需要对涉及的表和数据库对象具有相应的权限，其对存储过程的修改才可能被正确执行。

修改存储过程的语法形式如下。

（1）修改存储过程的名字

```
ALTER PROCEDURE name ( [ [ argmode ] [ argname ]argtype [, …] ] )
RENAME TO new_name;
```

（2）修改存储过程的所有者

```
ALTER PROCEDURE name ( [ [ argmode ] [ argname ]argtype [, …] ] )
OWNER TO new_owner;
```

（3）修改存储过程的模式

```
ALTER PROCEDURE name ( [ [ argmode ] [ argname ]argtype [, …] ] )
SET SCHEMA new_schema;
```

【例 6-10】把名字为 displayStudent(integer)、参数类型为 integer 的存储过程名改为 display_stu，再将所有者修改为 dba，然后把所属模式改变为 stuDB。

```
ALTER PROCEDURE displayStudent(integer) RENAME TO display_stu;
ALTER PROCEDURE display_stu(integer) OWNER TO dba;
ALTER PROCEDURE display_stu(integer) SET SCHEMA stuDB;
```

3. 删除存储过程

用户创建存储过程之后，可能需要删除。DROP PROCEDURE 用于删除现有过程的定义。要执行此命令，用户必须是过程的所有者，还必须指定过程的参数类型，因为可以存在多个具有相同名称和不同参数列表的不同过程。其语法格式如下：

```
DROP PROCEDURE [ IF EXISTS ] name
[ ( [ [ argmode ] [ argname ]argtype [, …] ] ) ] [, …];
```

主要参数如下：

1）IF EXISTS：如果指定的存储过程不存在，则不会提示存储过程存在。

2）name：已有的存储过程名称。

3）argmode：参数的模式，有 IN 或 VARIADIC；如果省略，则默认值为 IN。

4）argname：参数的名字。请注意，实践中并不注意参数的名字，这是因为判断函数时只需要输入参数的数据类型。

5）argtype：如果有的话，是存储过程参数的类型。例如：

```
DROP PROCEDURE TRANSFER(SENDER int,RECEIVER int,AMOUNT dec);
```

4. 存储过程的并发编程

在数据库并发环境中，有时需要用到并发编程。实现并发编程主要依赖于 PostgreSQL 的事务和锁机制。PL/pgSQL 语言不提供线程或并行执行功能，但通过使用事务和锁机制来确保在并发环境下数据的一致性和完整性。PostgreSQL 提供以下类型的锁。

1）FOR UPDATE：这种锁用于排他锁定，防止其他事务同时修改或锁定相同的数据。在 SELECT 语句中使用 FOR UPDATE 子句来实现。

2）FOR SHARE：这种锁用于共享锁定，允许多个事务同时读取相同的数据，但阻止其他事务对数据进行更新。在 SELECT 语句中使用 FOR SHARE 子句来实现。

3）FOR NO KEY UPDATE：这种锁与 FOR UPDATE 类似，但它不会阻止其他事务对非键列进行更新。在 SELECT 语句中使用 FOR NO KEY UPDATE 子句来实现。

4）FOR KEY SHARE：这种锁用于共享锁定，允许多个事务同时读取相同的数据，但阻止其他事务对键列进行更新。在 SELECT 语句中使用 FOR KEY SHARE 子句来实现。

在 PL/pgSQL 中，锁定和解锁是通过事务来实现的。当在事务中使用 FOR UPDATE、FOR SHARE、FOR NO KEY UPDATE 或 FOR KEY SHARE 子句锁定数据时，锁会一直持续到事务结束。要解锁数据，只需要提交或回滚事务。以下是一个 PL/pgSQL 示例，表明了如何使用事务和锁机制来实现并发编程。

【例 6-11】在火车票购票系统中，数据库名为 trainsdb，火车票的余票信息存储在 train_tickets 表中。使用 PL/pgSQL 并发编程，确保车票数据的一致性和完整性。

首先，创建名为 trainsdb 的 PostgreSQL 数据库，并在其中创建名为 train_tickets 的表。

```
CREATE TABLE train_tickets (
    id SERIAL PRIMARY KEY,
    train_number VARCHAR(100) NOT NULL,    --车次号
    available_seats INT NOT NULL           --座位数
);
```

然后向 train_tickets 表中插入一条初始记录。

```
INSERT INTO train_tickets (train_number, available_seats)
VALUES ('Train A', 100);
```

创建名为 buy_train_ticket 的 PL/pgSQL 函数，该函数将模拟购票操作，并使用并发控制。

```
CREATE OR REPLACE FUNCTION buy_train_ticket(
  p_ticket_id INTEGER, p_seats_to_buy INTEGER) RETURNS VOID AS $$
DECLARE
    v_available_seats INT;
BEGIN
    --用 for update 锁定火车票记录
    SELECT available_seats INTO v_available_seats FROM train_tickets
    WHERE id = p_ticket_id FOR UPDATE;
    --检查是否有足够的座位数
    IF v_available_seats < p_seats_to_buy THEN
        RAISE EXCEPTION 'Not enough available seats';
    END IF;
    --更新座位数
    UPDATE train_tickets
    SET available_seats = available_seats - p_seats_to_buy
    WHERE id = p_ticket_id;
    RAISE NOTICE 'Train tickets bought successfully.';
END;
$$ LANGUAGE plpgsql;
```

buy_train_ticket 函数首先锁定火车票记录，然后检查是否有足够的可用座位。如果条件满足，则更新可用座位的数量。由于使用了 FOR UPDATE 锁，因此能够确保在购票过程中，其他事务无法修改相同的火车票记录。要测试该函数，在两个不同的 PostgreSQL 会话中同时调用它。

会话 1：

```
BEGIN;
SELECT buy_train_ticket(1, 5);
```

会话 2：

```
BEGIN;
SELECT buy_train_ticket(1,2);
```

当这两个会话同时运行时，由于 buy_train_ticket 函数锁定了火车票记录，一个会话将等待另一个会话完成后释放锁。这就是 PostgreSQL 的并发控制，其确保了数据的一致性和完整性。

6.2.3　存储过程的优化原则

PostgreSQL 存储过程提供了高效且可重用的编程方法，用于实现在应用程序中处理数据和业务逻辑。在设计存储过程时，遵循以下优化原则，可以帮助提高性能和可维护性。

（1）控制存储过程的复杂度

高复杂度的存储过程可能导致维护和改进难度剧增，同时也可能影响系统的性能。因此，存储过程优化的关键步骤是控制存储过程的复杂度，将功能复杂的存储过程分解为多个单一功能的简单存储过程，尽量避免使用嵌套查询等复杂查询功能。

（2）避免在存储过程中过度使用临时表

临时表就是在存储过程中创建的表，用于存储临时数据。使用临时表，可以将计算结果存储在表中，并在多次查询中重用它们，但是大量使用临时表可能导致存储过程性能下降。建议使用游标或基于查询条件构建动态视图，以减少所用临时表的数量。

（3）尽量使用参数化查询

参数化查询是提高存储过程性能的有效方式之一。编写参数化查询语句，可以提高存储过程的通用性和代码复用率，同时也可以减少查询执行时生成查询计划的缓存，提供更快的查询速度。针对输入参数使用参数化查询，可以缩短查询执行时间和查询计划的生成时间。

（4）合理使用索引来优化存储过程的性能

合理地创建索引可以优化查询性能，但过度创建索引会导致 I/O 次数剧增。在需要的列上创建索引，并运用规范化降低数据冗余，可以减少数据冗余带来的 I/O 成本。

（5）编写存储过程时遵循安全和最佳实践原则

为了提高系统的安全性，存储过程的设计应遵循安全和最佳实践原则。使用最小权限来执行 SQL 语句，以最大限度地降低访问数据库的风险。还应该注意处理存储过程中发现的异常情况，以保证数据的完整性和安全性。

课堂讨论：本节重点与难点知识问题

1）什么是数据库存储过程？它与函数有什么区别？

2）存储过程如何编程以实现事务管理？

3）使用存储过程有什么优点？

4）如何创建、修改、删除存储过程？

5）存储过程如何编程以实现并发控制？PostgreSQL 提供了哪些类型的锁？

6）优化存储过程的基本原则是什么？

6.3 触发器

前面介绍了数据库中的函数和存储过程编程技术，下面将介绍数据库触发器编程技术。

6.3.1 触发器原理

PostgreSQL 数据库触发器是一种特殊的数据库对象，它可以在特定的数据库事件发生时自动执行指定函数程序。在关系数据库中，当在数据库的某个表上插入（INSERT）、更新（UPDATE）或删除（DELETE）数据行时，数据库触发器会自动触发相应的操作。大多数关系数据库都支持触发器，但不同数据库中触发器定义和使用可能略有不同。

数据库触发器通常用于实现数据完整性约束、审计和日志记录等功能。例如，可以通过定义"BEFORE INSERT"触发器来检查插入的数据是否符合特定的条件，如果不符合条件，则可以阻止数据插入。同理，可以定义"AFTER UPDATE"触发器来记录数据修改的信息，以便后续查询和分析。

数据库触发器可以在表级别或行级别上定义，并可以根据需要在多个事件上绑定。数据库触发器可以使用条件语句来控制执行逻辑，并且可以调用存储过程、函数或外部程序来处理数据修改。总之，数据库触发器提供了非常灵活和强大的机制，可以帮助数据库管理员和开发人员更好地管理与控制数据库。

根据执行的次数，触发器可分为语句级触发器和行级触发器。

1）语句级触发器：由关键字 FOR EACH STATEMENT 标记的触发器。在触发器发生作用的表上执行一条 SQL 语句时，该触发器只执行一次，即使是修改了零行数据的 SQL，也会导致相应触发器执行。FOR EACH STATEMENT 是默认值。

2）行级触发器：由关键字 FOR EACH ROW 标记的触发器。当特定事件导致触发器发生作用的表的数据变化时，每变化一行就会执行一次触发器。例如，假设学生成绩表建立了 DELETE 事件的触发器，用户在学生成绩表上执行 DELETE 语句删除指定学生的所有成绩，该学生有 20 条成绩记录，那么学生成绩表上的 DELETE 触发器会被独立执行 20 次，即每删除一条记录就调用一次触发器。

根据引发的时间，触发器可分为 BEFORE 触发器、AFTER 触发器和 INSTEAD OF 触发器。

1）BEFORE 触发器：在触发事件之前执行触发器。

2）AFTER 触发器：在触发事件之后执行触发器。

3）INSTEAD OF 触发器：当触发事件发生后，执行触发器中指定的函数，而不是执行产生触发事件的 SQL 语句，从而替代产生触发事件的 SQL 操作。在表或视图上，对于 INSERT、UPDATE 或 DELETE 3 种触发事件，每种最多可以定义一个 INSTEAD OF 触发器。如果 INSTEAD OF 触发器定义在视图上，就可以使某些不能更新的视图支持更新。用户需要在包含多个基表的视图上更新数据时，必须使用 INSTEAD OF 触发器。INSTEAD OF 触发器可以实现：当需要实现批处理的应用逻辑时，在特定条件下不允许其中某些处理执行，只允许执行批处理的其他部分。

用 INSTEAD OF 触发器将视图更新转化对基表的更新，其工作过程如图 6-5 所示。

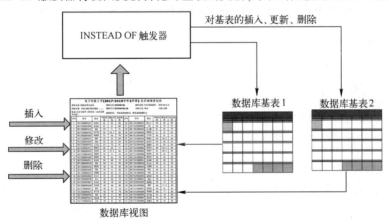

图 6-5 INSTEAD OF 触发器更新视图的工作过程

注意：如果用户要在一个表上创建一个触发器，其必须具有该表上的 TRIGGER 特权。用户还必须具有在触发器函数上的 EXECUTE 特权。

在触发器函数中可以直接使用的特殊变量包括：

1）NEW：记录类型的变量，返回插入或更新后的数据记录。在 INSERT 触发器中，可以使用 NEW.column_name 来访问新插入行的各个列的值。在 UPDATE 触发器中，可以使用 NEW.column_name 来访问更新后行的各个列的值。

2）OLD：记录类型的变量，返回更新前或删除的数据记录。在 UPDATE 触发器中，可以使用 OLD.column_name 来访问更新前行的各个列的值。在 DELETE 触发器中，可以使用

OLD. column_name 来访问删除行的各个列的值。

3）TG_OP：字符串类型的变量，返回触发器被触发的操作类型（INSERT、UPDATE、DE-LETE 或 TRUNCATE）。可以使用 TG_OP 来编写通用的触发器函数，根据不同的操作类型执行不同的后续处理。

表 6-1 总结了不同类型触发器对事件的响应情况。

表 6-1 不同类型触发器对事件的响应情况

类 型	事 件	行 级 别	语 句 级 别
BEFORE	INSERT、UPDATE、DELETE	表	表、视图
	TRUNCATE	—	表
AFTER	INSERT、UPDATE、DELETE	表	表、视图
	TRUNCATE	—	表
INSTEAD OF	INSERT、UPDATE、DELETE	视图	—
	TRUNCATE	—	—

6.3.2 触发器基本语法

PostgreSQL 触发器编程主要包括创建触发器、修改触发器和删除触发器。

1. 创建触发器

PostgreSQL 触发器是在执行某种特定类型的操作时，数据库将自动执行指定的特殊函数。PostgreSQL 触发器可以在表、特殊的视图和外部表上定义。触发器经常用于定义逻辑比较复杂的完整性约束，或者某种业务规则的约束。创建触发器的语法如下：

```
CREATE [CONSTRAINT] TRIGGER triggerName
{ BEFORE |AFTER | INSTEAD OF } { event [ OR …] }
ON tableName
[ FROM referencedTableName ]
[ FOR [ EACH ] { ROW |STATEMENT } ]
[ WHEN (condition) ]
EXECUTE PROCEDURE functionName ( arguments );
```

CREATE TRIGGER 创建指定的表或视图上的触发器，并且在特定事件发生时会执行指定的函数程序。创建触发器时，必须指定引发触发器的事件，在不同的 DBMS 中，引发触发器的事件略有不同。在 PostgreSQL 数据库中，触发器事件可以指定为 INSERT、UPDATE、DELETE 或者 TRUNCATE 之一。

触发器定义语句的主要参数含义如下。

1）triggerName：指定创建的触发器的名称。同一个表上可以创建多个触发器，但每个触发器的名字互不相同。

2）event：INSERT、UPDATE、DELETE 或 TRUNCATE 之一，它声明引发触发器的事件，可以用 OR 声明多个触发器事件。

3）tableName：指定该触发器所作用的表、视图或外部表的名称。

4）referencedTableName：主要用于有外键约束的两张表，触发器所依附的表所参照的主表，但一般不使用该参数。

5）condition：提供条件布尔表达式，关键字 WHEN 用来指定布尔表达式。布尔表达式的值决定该触发器函数程序是否将被实际执行，只有 condition 返回 true 时才会调用该程序。

6）functionName：用户提供的函数名，该函数必须在创建触发器之前创建，没有接收参数并且返回 trigger 类型，函数将在触发器被触发时调用。

7）arguments：一个可选的用逗号分隔的参数列表，它将在触发器执行的时候被提供给函数。这些参数是文本字符串常量，也可以是简单的名字和数值常量，但是它们会被转换成字符串。由于 PostgreSQL 支持用多种语言实现触发器，不同语言实现触发器，在其函数中访问这些参数可能不同。

使用 PostgreSQL 创建触发器的基本步骤如下：

1）检查数据库中将要创建的触发器所依附的表或视图是否存在，如果不存在，必须首先创建该表或视图。

2）创建触发器被触发时所要执行的触发器函数程序。该函数的类型必须是 TRINGER 型，它是业务处理的逻辑实现。但要注意，有些关系数据库不需要独立定义触发器函数，而是在创建触发器时，用触发器的过程体来实现业务处理。

3）创建触发器时，一般需要指明触发器所依附的表，被触发的时间，是行级还是语句级触发器，触发器执行需要满足的条件。

【例 6-12】在学生成绩数据库中，student 表（学生信息表）存储每个学生的基本信息，student_score（学生成绩表）存储学生课程考试信息。为了跟踪学生成绩变化情况，创建一个触发器，当学生成绩发生改变时，系统自动记录学生成绩变化数据到 audit_score 表中。

第一步：检查系统中是否存在 student、student_score 和 audit_score 表，如果不存在，可以使用如下语句创建：

```sql
CREATE TABLE student
(   sid character(10) NOT NULL,
    sname character(20) NOT NULL,
    gender character(2),
    classid character(10),
    CONSTRAINT student_pkey PRIMARY KEY (sid)
);
CREATE TABLE student_score
(   sid character(10) NOT NULL,
    cid character(10) NOT NULL,
    score numeric(5,1),
    CONSTRAINT stu_score_pkey PRIMARY KEY (sid, cid)
);
CREATE TABLE audit_score
(   username character(20),
    sid character(10),
    cid character(10),
    updatetime temestamp(0),
    oldscore numeric(5,1),
    newscore numeric(5,1)
);
```

第二步：创建触发器的执行函数，与前面创建存储过程函数的方法相同。

```sql
CREATE OR REPLACE FUNCTION score_audit()
RETURNS TRIGGER AS $score_audit$
```

```
    BEGIN
        IF (TG_OP = 'DELETE') THEN
            INSERT INTO audit_score
              SELECT user, old.sid, old.cid, now(), OLD.score;
            RETURN OLD;
        ELSIF (TG_OP = 'UPDATE') THEN
            INSERT INTO audit_score
              SELECT user, old.sid, old.cid, now(), OLD.score, new.score
            where old.sid=new.sid and old.cid=new.cid;
            RETURN NEW;
        ELSIF (TG_OP = 'INSERT') THEN
            INSERT INTO audit_score
              SELECT user, new.sid, new.cid, now(),null, new.score;
            RETURN NEW;
        END IF;
        RETURN NULL;
    END;
$score_audit$ LANGUAGE plpgsql;
```

第三步：在 student_score 表上创建触发器，每次在 student_score 表上插入、删除、修改记录时，触发器就自动在 audit_score 表上记录学生成绩变化前后的情况。

```
CREATE TRIGGER score_audit_trigger
AFTER INSERT OR UPDATE OR DELETE ON student_score
FOR EACH ROW EXECUTE PROCEDURE score_audit();
```

2. 修改触发器

可以用 ALTER TRIGGER 改变一个现有触发器的定义。可以使用 RENAME 关键字修改触发器的名称，但这并不能改变触发器的定义。如果需要改变触发器的执行函数，必须用修改函数的方法。需要注意的是：用户必须是该触发器所作用的表的所有者，才能改变其属性。其语法结构如下：

```
ALTER TRIGGER name ON tableName RENAME TO newName;
```

主要参数说明：

1）name：需要修改的现有触发器的名称。

2）tableName：该触发器所作用的表的名字。

3）newName：现有触发器的新名字。

【例 6-13】将上述定义的触发器改名为 score_log_trigger。

```
ALTER TRIGGER score_audit_triger ON student_score RENAME TO score_log_trigger;
```

3. 删除触发器

可使用 DROP TRIGGER 删除一个已经存在的触发器的定义。要执行这个命令，用户必须是定义触发器所作用的表的所有者。其语法结构如下：

```
DROP TRIGGER [ IF EXISTS ]triggerName ON tableName;
```

主要参数说明：

1）IF EXISTS：如果指定的触发器不存在，那么发出提示而不是抛出错误。

2）triggerName：要删除的触发器的名称。

3）tableName：触发器定义所作用的表的名称。

【例 6-14】删除触发器 score_audit_trigger，且级联删除依赖触发器的对象。

```
DROP TRIGGER IF EXISTS score_audit_trigger ON student_score;
```

4. 触发器实现完整性约束

在 PostgreSQL 数据库中，外键约束通常用于确保两个表之间的参照完整性约束。然而，在某些情况下，可能需要使用触发器来实现类似外键约束的功能。

【例 6-15】假设有两个表 orders 和 order_details。希望在 order_details 表中插入数据时，需要确保 order_id 字段引用的 orders 表中的 id 字段是有效的。可以创建触发器来检查引用的有效性。

1）首先，创建两个表。

```
CREATE TABLE orders (
    id SERIAL PRIMARY KEY,
    customer_id INTEGER,
    order_date DATE
);
CREATE TABLE order_details (
    id SERIAL PRIMARY KEY,
    order_id INTEGER,
    product_id INTEGER,
    quantity INTEGER
);
```

2）创建一个触发器函数，用于检查 order_id 字段的有效性。

```
CREATE OR REPLACE FUNCTION check_order_id_validity() RETURNS TRIGGER
AS $$
DECLARE
    order_count INTEGER;
BEGIN
    SELECT COUNT(*) INTO order_count
    FROM orders
    WHERE id = NEW.order_id;
    IF order_count = 0 THEN
        RAISE EXCEPTION 'Invalid order_id: %', NEW.order_id;
    END IF;
    RETURN NEW;
END;
$$ LANGUAGE plpgsql;
```

这个触发器函数查询 orders 表，检查 order_id 字段是否存在该 id。如果不存在，则触发异常，阻止插入操作；否则，返回新记录。

3）创建一个触发器，使用上述触发器函数。

```
CREATE TRIGGER check_order_id_validity_trigger
    BEFORE INSERT
    ON order_details
    FOR EACH ROW
    EXECUTE FUNCTION check_order_id_validity();
```

现在，每次向 order_details 表中插入新记录时，触发器都会自动检查 order_id 字段的有效性。如果 order_id 无效，则插入操作会被阻止。

这个示例说明了如何使用触发器在 PostgreSQL 中实现类似外键约束的功能。请注意，这种方法通常不如使用实际的外键约束，然而在某些特殊情况下，使用触发器可以实现较为复杂的完整性约束。

6.3.3 事件触发器

前面讨论的触发器机制涉及普通规则触发器，PostgreSQL 也提供了事件触发器。不同于规则触发器附加到一个表上并且只捕获 DML 事件，事件触发器是针对一个特定数据库全局触发器，并且可以捕获 DDL 事件。像规则触发器一样，事件触发器可以用很多过程语言来编写，PostgreSQL 支持 PL/pgSQL 语言、C 语言、PL/Perl 语言、PL/Python 语言等过程化语言，但是不能使用简单的 SQL 结构化查询语言。用于编写事件触发器的最常用语言是 PL/pgSQL，它提供了编写触发器函数的功能。

1. 触发器事件

当指定的事件发生时，事件触发器就会被触发。事件触发器是定义在数据库级的，权限相对较大，所以只有超级用户才能创建和修改触发器。

事件触发器支持的事件分 3 类：ddl_command_start、ddl_command_end 和 sql_drop。

1）ddl_command_start：在 DDL 开始前触发。

2）ddl_command_end：在 DDL 结束后触发。

3）sql_drop：删除一个数据库对象前触发，其中被删除的数据库对象详细信息，可以通过 pg_event_trigger_dropped_objects( ) 函数记录下来。

pg_event_trigger_dropped_objects( ) 函数是 PostgreSQL 数据库中的一个内置函数，用于在事件触发器中获取被删除对象的信息。在 DROP 语句中使用 CASCADE 选项，可能会导致多个相关对象被删除。pg_event_trigger_dropped_objects( ) 函数允许用户在事件触发器中访问这些被删除对象的详细信息。

该函数返回一个复合类型 event_trigger_dropped_objects 的结果集，包含以下字段：

schema_name：被删除对象所属的模式的名称（类型：name）。

object_name：被删除对象的名称（类型：name）。

object_type：被删除对象的类型（类型：text）。可能的值包括：table、index、sequence、view、materialized view、foreign table、composite type、toasted table 等。

address：被删除对象的内部地址（类型：text），通常仅用于调试目的。

要使用 pg_event_trigger_dropped_objects( ) 函数，首先需要创建一个事件触发器，该触发器在 DROP 语句执行时触发。

【例 6-16】创建一个记录被删除对象信息的事件触发器。

```
CREATE OR REPLACE FUNCTION log_dropped_objects()
RETURNS event_trigger
AS $$
DECLARE
    dropped_object event_trigger_dropped_objects;
BEGIN
    FOR dropped_object IN SELECT * FROM pg_event_trigger_dropped_objects() LOOP
        RAISE NOTICE 'Dropped object: schema=%, name=%, type=%',
            dropped_object.schema_name,
            dropped_object.object_name,
            dropped_object.object_type;
```

```
        END LOOP;
END;
 $$ LANGUAGE plpgsql;

CREATE EVENT TRIGGER log_dropped_objects_trigger
    ON sql_drop
    EXECUTE FUNCTION log_dropped_objects();
```

这个示例创建了名为 log_dropped_objects 的事件触发器函数，该函数遍历 pg_event_trigger_dropped_objects() 函数返回的结果集，并输出被删除对象的信息。然后，这个示例又创建了一个名为 log_dropped_objects_trigger 的事件触发器，该触发器在 DROP 语句执行时触发，并执行 log_dropped_objects 函数。每当执行 DROP 语句时，事件触发器将自动记录被删除对象的信息。这可以帮助用户跟踪数据库中的对象更改，以便进行审计或调试。

DBMS 的 DDL 操作主要与 CREATE、ALTER、DROP 3 个关键字命令有关，不同数据库的命令语句可能略有不同，开发人员编程使用时需要参照具体数据库的官方参考文档。SELECT INTO 从一个查询中创建一个新表，并且将查询到的数据插入新表中，数据并不返回给客户端。新表的字段具有和 SELECT 输出字段相同的名字与数据类型，所以执行 SELECT INTO 会触发事件。下面给出 PostgreSQL 的 CREATE、ALTER、DROP、SELECT INTO 关键字相关命令执行时所触发的事件，各种 DDL 操作会触发的事件见表 6-2。

表 6-2 各种 DDL 操作会触发的事件列表

DDL 关键字	ddl_command_start	ddl_command_end	sql_drop
CREATE	√	√	—
ALTER	√	√	—
DROP	√	√	√
SELECT INTO	√	√	—

2. 创建事件触发器

创建事件触发器的主要步骤如下：

1）与普通规则触发一样，用户必须声明在事件触发器被触发时所要执行的函数，该函数不带参数并且返回 event_trigger 类型，返回类型只是作为事件触发器调用该函数的消息。

2）定义事件触发器，一般需要指明触发事件触发器的事件类型，事件触发器执行的筛选条件，事件触发器被触发时执行的过程函数。

创建事件触发器的语法形式如下：

```
CREATE EVENT TRIGGER name ON event
 [WHEN filterVariable IN (filterValue [, …]) [ AND …] ]
 EXECUTE PROCEDURE functionName();
```

主要参数说明：

1）name：定义的新触发器的名字，这个名字必须在数据库内是唯一的。

2）event：调用触发器函数的事件名字。

3）filterVariable：筛选事件的变量名称，指定它所支持的触发该触发器的事件子集，目前版本中 filterVariable 的值仅为 TAG。

4）filterValue：可以触发该触发器的 filterVariable 相关的值，指定 TAG 所限定的命令列表，

如（'DROP FUNCTION', 'CREATE TABLE'）。

5）function_name：用户声明的不带参数的函数，返回 event_trigger 类型。

【例 6-17】创建名字为 NoCreateDrop 的事件触发器，禁止用户 postgres 执行 CREATE TABLE 和 DROP TABLE 命令。如果用户 postgres 执行该命令，则抛出异常提示信息。

第一步：用 plpgsql 语言创建事件处理函数 abort( )。

```
CREATE OR REPLACE FUNCTION abort()
  RETURNS event_trigger
  AS $$
  BEGIN
    if current_user = 'postgres' then
      RAISE EXCEPTION 'event:% , command:%', tg_event, tg_tag;
    end if;
  END;
  $$ LANGUAGE plpgsql;
```

tg_event 和 tg_tag 是事件触发器函数支持的变量。

1）tg_event：ddl_command_start、ddl_command_end 和 sql_drop 之一。

2）tg_tag：实际执行的 DDL 操作，如 CREATE TABLE、DROP TABLE 等。

第二步：创建事件触发器 NoCreateDrop。

```
CREATE EVENT TRIGGER NoCreateDrop on ddl_command_start
when TAG IN ('CREATE TABLE', 'DROP TABLE')
EXECUTE PROCEDURE abort();
```

假设数据库中有 student 表，执行语句 DROP TABLE student，则抛出如下异常信息：

```
ERROR:event:ddl_command_start, command:DROP TABLE
CONTEXT:PL/pgSQL function abort() line 4 at RAISE
SQL state: P0001
```

3. 修改事件触发器

可以使用 ALTER EVENT TRIGGER 改变现有的事件触发器的定义，但执行该语句的用户必须是超级用户。其语法格式如下：

```
ALTER EVENT TRIGGER name DISABLE;
ALTER EVENT TRIGGER name ENABLE;
ALTER EVENT TRIGGER name OWNER TO new_owner;
ALTER EVENT TRIGGER name RENAME TO new_name;
```

主要参数说明：

1）name：现有事件触发器的名字。

2）new_owner：事件触发器的新属主的名字。

3）new_name：事件触发器的新名字。

4）DISABLE 禁用已有的触发器，当触发事件发生时不执行触发器函数。

5）ENABLE 是默认值，使该事件触发器被激活。

【例 6-18】禁用名字为 NoCreateDrop 的事件触发器。

```
ALTER EVENT TRIGGER NoCreateDrop DISABLE;
```

4. 删除事件触发器

使用 DROP EVENT TRIGGER 删除已存在的事件触发器。只有当前用户是事件触发器的所有者时，才能够执行这个命令。其语法格式如下：

```
DROP EVENT TRIGGER [ IF EXISTS ] name;
```

主要参数说明：

1）IF EXISTS：当使用 IF EXISTS 时，如果事件触发器不存在，则不会抛出错误，而会产生提示信息。

2）name：删除的事件触发器的名称。

【例 6-19】删除事件触发器 NoCreateDrop。

```
DROP EVENT TRIGGER NoCreateDrop;
```

6.3.4　触发器与存储过程的异同

数据库触发器和存储过程是两种不同的数据库对象，它们既有一些相似之处，也有很多区别。触发器与存储过程的共同点如下：

1）都是数据库中的对象：都属于数据库中的可编程对象，可以存储在数据库中。

2）都能处理数据：都可以处理数据库中的数据，包括查询、修改、删除等处理。

3）都支持过程化编程语句：都可以使用条件和循环语句来控制执行逻辑。

4）都可以调用其他程序：都可以调用存储过程、函数或外部程序来处理数据。

触发器与存储过程相比，具有特殊性。它们的主要不同点如下：

1）触发器是被动触发的，而存储过程是主动调用的。触发器是与表相关联的，当特定的事件发生时，自动被触发执行；存储过程则是由用户显式地调用执行的。

2）触发器通常用于实现数据完整性约束、审计和日志记录等功能，而存储过程通常用于封装业务逻辑或复杂的数据操作。

3）触发器可以在特定的表上定义，并且可以在语句或行级别上定义；存储过程则是一个独立的可执行代码块，可以在任何地方调用执行。

4）触发器不能接收参数，而存储过程可以接收输入参数和输出参数，并可以返回结果集。

5）触发器的执行是隐式的，不能被用户控制，而存储过程的执行是显式的，由用户调用。

总之，触发器和存储过程都是数据库中常见的可编程对象，它们有各自的应用场景和优势。在实际应用中，需要根据具体的业务需求和数据操作来选择适合的工具。

课堂讨论：本节重点与难点知识问题

1）数据库触发器有什么特点？触发器有什么用处？

2）创建触发器的基本原则是什么？

3）如何创建、修改、删除触发器？

4）存储过程、触发器与函数之间有何异同。

5）触发器如何实现数据库完整性约束？

6）事件触发器有什么用处？在哪些情况下需要使用事件触发器？

6.4　应用程序编程访问数据库

6.4.1　JDBC 数据库连接技术

JDBC（Java Database Connectivity）是 Java 语言中用于连接和操作数据库的一种接口技术。

它提供了一套标准的 API，使得 Java 程序能够与各种数据库交互。JDBC 的主要目的是使 Java 开发人员能够编写与特定数据库无关的代码，从而简化数据库应用程序的开发过程。

JDBC 具备如下主要功能：

1）建立与数据库的连接：JDBC 提供了一种简单的方法来建立与数据库的连接，无论是本地数据库还是远程数据库。

2）执行 SQL 语句：JDBC 允许 Java 程序执行各种 SQL 语句，包括查询、插入、更新和删除等操作。

3）处理结果集：JDBC 提供了 ResultSet 接口，用于处理查询结果。Java 程序可以通过 ResultSet 对象遍历查询结果，并对数据进行处理。

4）事务管理：JDBC 支持事务管理，允许 Java 程序控制事务的提交和回滚。

5）预编译 SQL 语句：JDBC 支持预编译 SQL 语句，这可以提高 SQL 语句的执行效率，并防止 SQL 注入攻击。

JDBC 具有如下主要特色：

1）跨平台：由于 JDBC 是基于 Java 的，因此它具有很好的跨平台性。Java 程序可以在任何支持 Java 的平台上运行，而不需要修改代码。

2）与数据库无关：JDBC 提供了一套统一的 API，使得 Java 程序可以与不同的数据库交互，而不需要修改代码。

3）易于使用：JDBC 的 API 设计得简单易用，Java 程序员可以快速学会如何使用 JDBC 进行数据库操作。

4）可扩展性：JDBC 支持各种数据库厂商提供的特定功能，如存储过程、用户自定义函数等。这使得 Java 程序可以充分利用数据库的特性，提高性能和功能。

JDBC 标准主要分为两部分：面向应用开发的 API 接口和面向驱动程序开发的 API 接口。面向应用程序开发的 API 接口负责与 JDBC 驱动程序管理器 API 通信，供应用程序连接数据库，发送 SQL 语句和处理结果。面向驱动程序开发的 API 接口供各开发商开发数据库驱动程序（JDBC Driver）使用。JDBC Driver 是一个类的集合，实现了 JDBC 所定义的类和接口，提供了实现 java. sql. Driver 接口的类。JDBC 标准中，按操作方式把驱动程序分为 4 种类型：

1）JDBC-ODBC 桥：这种类型的驱动程序将 JDBC 方法调用转换为 ODBC 方法调用。它需要在客户端安装 ODBC 驱动程序。

2）本地 API 驱动：这种类型的驱动程序将 JDBC 方法调用转换为特定数据库的本地 API 调用。它需要在客户端安装特定数据库的客户端库。

3）纯 Java 驱动：这种类型的驱动程序将 JDBC 方法调用转换为特定数据库的网络协议调用。它是纯 Java 实现的，不需要在客户端安装任何其他软件。

4）JDBC-Net 驱动：这种类型的驱动程序将 JDBC 方法调用转换为特定数据库的网络协议调用，它通过一个中间服务器进行转换。客户端只需要安装纯 Java 的驱动程序。

6.4.2　JDBC 访问数据库编程

JDBC 是一种用于 Java 应用程序与各种关系数据库之间通信的标准 API。它提供了一组接口和类，使得 Java 开发者可以使用统一的方法访问不同类型的数据库，如 MySQL、PostgreSQL、Oracle 等。JDBC 的主要目标是简化 Java 应用程序与数据库之间的连接、查询和数据操作。以下是 JDBC 的一些主要组件和概念：

1. JDBC 驱动程序

JDBC 驱动程序是实现了 JDBC 接口的 Java 类，用于与特定类型的数据库通信。各数据库厂商提供了自己的 JDBC 驱动程序，以便 Java 开发者可以使用 JDBC API 访问其数据库。在使用 JDBC 时，需要将相应的驱动程序添加到项目的类路径中，需要在开发环境中配置指定数据库的驱动程序。

2. 数据库连接

在 JDBC 中，java. sql. Connection 接口表示与数据库的连接。要建立数据库连接，需要使用 java. sql. DriverManager 类的 getConnection 方法建立与 PostgreSQL 数据库的连接，需要提供数据库的 URL、用户名和密码。例如：

```
String url = "jdbc:postgresql://localhost:5432/mydatabase";
String username = "postgres";
String password = "password";
Connection connection =DriverManager.getConnection(url, username, password);
```

3. 创建 Statement 对象

Statement 类主要用于执行静态 SQL 语句并返回它所生成结果的对象。通过 Connection 对象的 createStatement( )方法可以创建一个 Statement 对象。创建 Statement 对象的代码如下：

```
Statement statement = conn.createStatement();
```

4. 执行 SQL 语句

JDBC 提供了两种方式来执行 SQL 语句：java. sql. Statement 和 java. sql. PreparedStatement。Statement 用于执行静态 SQL 语句，而 PreparedStatement 用于执行参数化的 SQL 语句，可以防止 SQL 注入攻击。例如：

```
String sql = "SELECT * FROM students";
Statement statement = connection.createStatement();
ResultSet resultSet = statement.executeQuery(sql);
while (resultSet.next()) {
    System.out.println("StudentID: " + resultSet.getInt("sid"));
    System.out.println("Studentname: " + resultSet.getString("sname"));
}
```

5. 关闭数据库连接

在完成数据库操作后，需要关闭 ResultSet、Statement 和 Connection 对象释放资源。例如：

```
resultSet.close();
statement.close();
connection.close();
```

【例 6-20】下列程序使用 JDBC 访问 PostgreSQL 数据库，查询 students 表中的数据。

```
import java.sql.Connection;
import java.sql.DriverManager;
import java.sql.ResultSet;
import java.sql.Statement;
public class PostgreSQLJDBCExample {
    public static void main(String[] args) {
        try {
            Class.forName("org.postgresql.Driver");    //装入 JDBC 驱动程序
```

```
            String url = "jdbc:postgresql://localhost:5432/studentDB";
            String username = "postgres";              //指定数据库用户名
            String password = "password";              //用户根据实际指定用户密码
            Connection connection =DriverManager.getConnection(
             url, username, password);
            String sql = "SELECT * FROM students";
            Statement statement = connection.createStatement();
            ResultSet resultSet = statement.executeQuery(sql);
            while (resultSet.next()) {
                System.out.println("StudentID: " + resultSet.getInt("sid"));
                System.out.println("Studentname:"
                        +resultSet.getString("sname"));
            }
            resultSet.close();
            statement.close();
            connection.close();
        } catch (Exception e) { e.printStackTrace();}
    }
}
```

6.4.3　嵌入式 SQL 数据库访问编程

标准的 SQL 是结构化而非过程化的查询语言，具有操作统一、面向集合、功能丰富、使用简单等诸多优点，但与高级编程语言相比，SQL 语言有其自身的缺点：缺少流程控制能力，难以实现较复杂的业务逻辑。嵌入式 SQL 是将 SQL 语句嵌入高级编程语言中，如 C、C++和 Java 等高级语言，这些可嵌入 SQL 语句的高级语言称为宿主语言，简称主语言。嵌入宿主语言中执行的 SQL 语句称为嵌入式 SQL。嵌入式 SQL 技术可以弥补 SQL 语言在实现复杂应用逻辑方面的不足，提高应用软件和 DBMS 之间的互操作性。将 SQL 嵌入高级语言中实现混合编程，其中应用程序有两种不同类型的语句：①SQL 语句，即描述性的面向集合的语句，负责操纵数据库；②高级语言语句，即具有很强的复杂逻辑处理能力的过程化语句，负责控制程序逻辑。

1. 嵌入式 SQL 的处理过程

DBMS 针对嵌入式 SQL 程序进行预编译处理。预编译处理程序对源程序进行扫描，识别出嵌入式 SQL 语句，将 SQL 语句转换成主语言的函数调用语句。然后，主语言的编译程序将预编译程序编译成目标程序。嵌入式 SQL 的处理过程如图 6-6 所示。

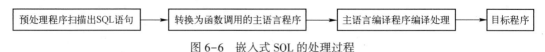

图 6-6　嵌入式 SQL 的处理过程

2. 嵌入式 SQL 的基本语法

不同的宿主语言嵌入 SQL 语句的语法形式是不同的，PostgreSQL 数据库提供了对 C、C++、Java 等语言嵌入 SQL 语句的支持。C 语言嵌入 SQL 语句的基本语法为关键字 EXEC SQL 后跟 SQL 语句，C++是面向对象的语言，通过创建事务对象，通过事务对象调用方法 exec（SQL 语句）。由于 Java 在企业级的应用开发中得到广泛使用，下面重点介绍 PostgreSQL 环境下，在 Java 语言程序中嵌入 SQL 语句的主要语法。

首先，Java 在执行 SQL 语句之前需要做如下几步处理：

1）Class. forName("org. postgresql. Driver")加载 PostgreSQL 驱动程序。

2）使用 DriverManager. getConnection(String url, String user, String pwd)建立与数据库的连接，返回表示连接的 Connection 对象，url 指明数据库服务器名、端口号及数据库名，user 指明具有连接权限的用户名，pwd 指明用户 user 的口令。

注意：上述方法一般用在并发用户数较少的应用环境中；在互联网环境中，一般使用 C3P0 连接池建立与数据库的连接，具体方法请读者查阅 C3P0 连接池文档。

3）使用 Connection 对象的下列方法之一创建查询语句对象：

① Connection. createStatement()创建一个 Statement 对象，实现静态 SQL 语句查询。

② Connection. preparedStatement(String sql)创建 PreparedStatement 对象，实现动态查询。

③ Connection. prepareCall(String sql)创建 CallableStatement 对象来调用数据库存储过程。

其次，执行查询，返回查询结果。如果无须向 SQL 语句传递动态参数，则使用静态查询 Statement 对象。Statement 每次执行 SQL 语句，相关数据库都要执行 SQL 语句的编译。执行查询有如下 3 种形式：

1）Statement. execute(String sql)执行各种 SQL 语句，返回 boolean 类型值，true 表示执行的 SQL 语句具备查询结果，可通过 Statement. getResultSet()方法获取。

2）Statement. executeUpdate(String sql)执行 SQL 中的 insert/update/delete 语句，返回 int 值，表示受影响的记录的数目。

3）Statement. executeQuery(String sql)执行 SQL 中的 select 语句，返回 ResultSet 对象。

3. 嵌入式 SQL 的通信方式

（1）向 Java 语言返回结果

数据库查询一般需要返回多条记录，ResultSet 接口对象用于返回查询结果集，该结果集本质上是内存中存储多条记录的游标，主要有以下几种方法来访问游标的记录信息：

1）ResultSet. next()将游标由当前位置移动到下一行。

2）ResultSet. getString(String columnName)获取指定字段的 String 类型值。

3）ResultSet. getString(int columnIndex)获取指定索引的 String 类型值。

4）ResuleSet. previous()将游标由当前位置移动到上一行。

（2）向 SQL 语句传递参数

如果 Java 宿主语言需要向 SQL 语句传递参数，则使用动态查询 preparedStatement 对象。preparedStatement 预编译 SQL 语句，支持批处理，执行查询有类似 Statement 对象的 3 种执行方式，且执行方法中没有参数，例如 preparedStatement. executeUpdate()。还可以批处理执行，preparedStatement 对象使用 addBatch()向批处理中加入更新语句，executeBatch()方法用于成批地执行 SQL 语句，但不能执行返回值是 ResultSet 结果集的 SQL 语句，而只是执行 executeBatch()。

【例 6-21】下面示例程序使用批处理方法向 stu_score 表插入学生的课程成绩，并使用动态查询语句查询成绩大于等于 80 分的学生的课程成绩。

```java
package testConnDB;
import java.sql.Connection;
import java.sql.DriverManager;
import java.sql.PreparedStatement;
import java.sql.ResultSet;
public class SQLinJava {
```

```
    public static void main(String[] args) {
      Connection conn = null;
      String URL = "jdbc:postgresql://localhost:5432/studentDB";
      String userName = "myuser";
      String passWord = "sa";
      String sid[] = {"14102","14103","14202","14301","14101","14201","14503"};
      String cid[] = {"1205","1208","1205","1208","1201","1201","1201"};
      int score[] = {90,78,89,68,86,96,83};
      try {
          Class.forName("org.postgresql.Driver");
          conn = DriverManager.getConnection(URL,userName,passWord);
          System.out.println("成功连接数据库!");
          String insertSql = "INSERT INTO stu_score(sid,cid,score) VALUES (?,?,?)";
          String querySql = "select sid,cid,score from stu_score where score>=?";
          PreparedStatement psInsert = conn.preparedStatement(insertSql);
          PreparedStatement psQuery = conn.preparedStatement(querySql);

          for (int i=0; i<sid.length; i++) {
              psInsert.setString(1,sid[i]);    //向 insert 语句传递第一个参数
              psInsert.setString(2,cid[i]);    //向 insert 语句传递第二个参数
              psInsert.setInt(3,score[i]);     //向 insert 语句传递第三个参数
              psInsert.addBatch();             //添加 insert 语句到批处理中
          }
          psInsert.executeBatch();             //批处理执行插入多条数据
          psQuery.setInt(1,80);                //向 select 语句传递第一个参数
          ResultSet rs = psQuery.executeQuery();
          while (rs.next()) {   //rs.next()判断是否还有下一个数据
              System.out.println(rs.getString("sid")+ " "
                + rs.getString("cid") + " " + rs.getInt("score") );
          }
          psQuery.close();
          psInsert.close();
          conn.close();
      } catch ( Exception e ) {
          System.err.println( e.getClass().getName()+": "+ e.getMessage() );
          System.exit(0); }
    }
}
```

课堂讨论：本节重点与难点知识问题

1）JDBC 主要有哪些功能？

2）JDBC 驱动程序的主要功能有哪些？

3）使用 JDBC 连接数据库主要包括哪几步？

4）JDBC 连接数据库适合所有的开发环境吗？为什么？

5）嵌入式 SQL 如何通信？

6）嵌入式 SQL 程序如何处理执行？

6.5　Java Web 数据库访问编程

6.5.1　Java Web 简介

Java Web 是指用 Java 语言开发的万维网程序, 有时也指解决 Web 领域的技术总称。这些技术形成了被称为 J2EE 规范的技术标准, J2EE 规范定义了 J2EE 组件, 主要内容包括: 客户端应用程序和 Java Applet 是运行在客户端的组件; Java Servlet 和 Java Server Pages (JSP) 是运行在服务器端的 Web 组件; Enterprise Java Bean (EJB) 是运行在服务器端的业务组件。J2EE 组件和标准 Java 类的不同点在于: J2EE 组件被装配在 J2EE 应用中, 具有固定的格式并遵守 J2EE 规范, 由 J2EE 服务器对其进行管理。

Java 的众多 Web 框架虽然各不相同, 但都遵循特定 J2EE 规范: 使用 Servlet 或者 Filter 拦截请求, 使用 MVC 的思想设计架构, 使用约定、XML 或 Annotation 实现配置, 运用 Java 面向对象的特点, 面向对象实现请求和响应的流程, 支持 JSP、FreeMarker、Velocity 等视图。

6.5.2　Java Web 开发运行环境

开发 Java Web 项目需要构建 Web 服务器和 Servlet 容器。Web 服务器主要用来接收客户端发送的请求和响应客户端请求。Servlet 容器的主要作用就是调用 Java 程序处理用户发送的请求, 并为 Java Web 程序运行提供资源。

常见的 Java Web 服务器包括:

1) Tomcat(Apache): 当前应用最广的 Java Web 服务器之一。

2) JBoss(Redhat 红帽): 支持 Java EE, 应用比较广。

3) GlassFish(Oracle): Oracle 开发 Java Web 服务器, 应用不是很广。

4) Resin(Caucho): 支持 Java EE, 应用得越来越广。

5) Weblogic(Oracle): Oracle 开发 Java Web 服务器, 支持 Java EE, 适合大型项目。

6) Websphere(IBM): IBM 开发 Java Web 服务器, 支持 Java EE, 适合大型项目。

7) Web 服务器: Apache Tomcat 是一个开源软件, 可作为独立的服务器来运行 JSP 和 Servlets, 也可以集成在 Apache Web Server 中。

IDE 集成开发工具有 Eclipse 和 IDEA。

1) Eclipse 是 Java 的集成开发环境 (IDE), 是一个开放源代码的、基于 Java 的可扩展开发平台。当然, Eclipse 也可以作为其他开发语言的集成开发环境, 如 C、C++、PHP 和 Ruby 等。Eclipse 附带了一个标准的插件集, 包括 Java 开发工具 (Java Development Kit, JDK)。

2) IDEA 全称 IntelliJ IDEA, 是 Java 语言开发的集成环境, 是 JetBrains 公司的产品; IntelliJ 在业界被公认为最好的 Java 开发工具之一, 尤其是在智能代码助手、代码自动提示、重构、J2EE 支持、Ant、JUnit、CVS 整合、代码审查和创新的 GUI 设计等方面, 功能表现优异。

6.5.3　Servlet 技术

Servlet 技术是 Java Web 应用程序的核心技术之一, 它是一种基于 Java 的服务器端编程技术, 用于处理客户端的请求并生成动态的 Web 页面。Servlet 技术使得 Java 程序员可以轻松地开发出高性能、可扩展的 Web 应用程序。在 Servlet 技术出现之前, Web 应用程序主要依赖于 CGI (Common Gateway Interface) 技术, 每次处理请求时都需要创建一个新的进程, 因此 CGI 技术的主要问题是性能较低。为了解决这个问题，Sun Microsystems 推出了 Servlet 技术，它基于 Java 平台，可以在 Web 服务器中运行，提供了更高的性能和更好的可扩展性。Servlet 主要组成部分如下：

1）Servlet 接口：Servlet 技术的核心是 Servlet 接口，所有的 Servlet 类都必须实现这个接口。Servlet 接口定义了 Servlet 的生命周期方法，如 init( )、service( ) 和 destroy( )。

2）HttpServlet 类：HttpServlet 是 Servlet 接口的实现，它专门用于处理 HTTP 请求。

3）Servlet 容器：Servlet 容器是运行在 Web 服务器中的软件组件，负责管理 Servlet 的生命周期和处理请求。Servlet 容器提供了运行时环境，使得 Servlet 可以与 Web 服务器无缝地集成。

Servlet 的主要功能在于交互式地浏览和修改数据，生成动态 Web 内容。其主要功能如下：

1）处理 HTTP 请求：Servlet 可以处理来自客户端的 HTTP 请求，包括 GET、POST、PUT、DELETE 等方法。Servlet 可以解析请求参数、请求头和请求体，以便进行相应的处理。

2）生成动态 Web 页面：Servlet 可以根据请求的内容生成动态的 HTML、XML 或其他类型的 Web 页面。这使得 Web 应用程序可以根据用户的需求提供个性化的内容。

3）会话管理：Servlet 支持会话管理，可以跟踪用户在 Web 应用程序中的状态。这对于实现用户认证、购物车等功能非常有用。

4）过滤器和监听器：Servlet 提供了过滤器和监听器机制，允许开发人员在请求处理的不同阶段执行特定的操作。这可以用于实现日志记录、权限检查等功能。

Servlet 基本工作流程如图 6-7 所示。

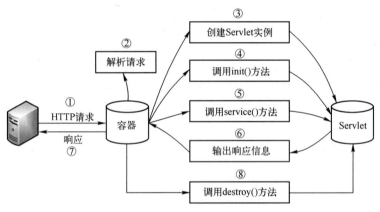

图 6-7　Servlet 基本工作流程

1）客户机将请求发送到服务器。

2）Servlet 程序是由 Web 服务器调用的，Web 服务器接收到客户端的 Servlet 访问请求后，解析客户端的请求。

3）服务器上的 Web 容器转载并实例化 Servlet。

4）调用 Servlet 实例对象的 init( ) 方法。

5）调用 Servlet 的 service( ) 方法，并将请求和响应对象作为参数传递进去。

6）Servlet 创建一个响应，并将其返回到 Web 容器。

7）Web 容器将响应发回客户机。

8）服务器关闭或 Servlet 空闲时间超过一定限度时，调用 destroy( ) 方法退出。

6.5.4　JSP 技术

JSP（Java Server Pages）是一种基于 Java 的服务器端编程技术，用于生成动态的 Web 页面。

JSP 技术允许 Java 代码和 HTML 代码混合编写, 使得 Web 开发人员可以更方便地创建动态内容。JSP 技术与 Servlet 技术紧密相关, 实际上, JSP 的页面在运行时会被转换成一个 Servlet 来处理客户端的请求。

在 JSP 技术出现之前, Web 开发人员需要使用 Servlet 技术来生成动态 Web 页面。然而, Servlet 技术的主要问题是 Java 代码和 HTML 代码混合在一起, 导致代码难以阅读和维护。为了解决这个问题, Sun Microsystems 推出了 JSP 技术, 它允许 Java 代码和 HTML 代码分离, 使得 Web 页面的开发变得更加简单和高效。JSP 用于创建动态、交互式的 Web 应用程序; 它允许开发者将 Java 代码嵌入 HTML、XML 或其他类型的文档中, 从而实现对 Web 页面的动态内容生成和处理。以下是 JSP 的一些主要语法元素。

(1) JSP 指令

JSP 指令用于控制 JSP 页面的行为, 如指定页面的编码方式、导入 Java 类等。JSP 指令以 <%@ … %> 的形式出现在页面中。常见的指令如下。

1) page 指令: 用于设置页面属性, 如内容类型、缓冲区大小、错误页面等。例如:

```
<%@ page contentType="text/html;charset=UTF-8" language="java" %>
```

2) include 指令: 用于在当前页面中包含另一个文件的内容。例如:

```
<%@ include file="header.jsp" %>
```

3) taglib 指令: 用于导入自定义标签库。例如:

```
<%@ taglib prefix="c" uri="http://java.sun.com/jsp/jstl/core" %>
```

(2) JSP 脚本元素

JSP 脚本元素用于在页面中嵌入 Java 代码。JSP 支持 3 种脚本元素: 脚本表达式 (<%= … %>)、脚本片段 (<% … %>) 和声明 (<%! … %>)。

1) 脚本表达式: 用于计算一个表达式并将结果插入页面中。表达式以 <%= … %> 的形式出现。例如:

```
<p>当前时间是:<%= new java.util.Date() %></p>
```

2) 脚本片段: 用于在页面中插入一段 Java 代码。脚本片段以 <% … %> 的形式出现。例如:

```
<% int x = 10; int y = 20; int sum = x + y; %>
<p>10 + 20 = <%= sum %></p>
```

3) 声明: 用于在页面中声明变量和方法。声明以 <%! … %> 的形式出现。例如:

```
<%! int counter = 0; %>
<%! int increment() { return ++counter; } %>
<p>计数器值:<%= increment() %></p>
```

(3) JSP 动作

JSP 动作用于执行特定的操作, 如创建 Java 对象、包含其他页面等。JSP 动作以 jsp:action 的形式出现在页面中。常见的标准动作如下。

1) <jsp:include>: 用于在当前页面中包含另一个文件的内容。与 include 指令不同, 这个动作是在运行时执行的。例如:

```
<jsp:include page="header.jsp" />
```

2) <jsp:forward>: 用于将请求转发到另一个资源 (如 JSP 页面、Servlet 等)。例如:

```
<jsp:forward page="success.jsp" />
```

3）<jsp:param>：用于向包含或转发的资源传递参数。例如：

```
<jsp:include page="header.jsp">
    <jsp:param name="title" value="首页" />
</jsp:include>
```

（4）自定义标签和表达式语言

JSP 支持自定义标签库和表达式语言（EL），以简化页面代码和访问数据。例如，使用 JSTL（JSP Standard Tag Library）和 EL 可实现条件与循环操作：

```
<%@ taglib prefix="c" uri="http://java.sun.com/jsp/jstl/core" %>
<c:if test="${user != null}">
    <p>欢迎,${user.name}!</p>
</c:if>
<c:forEach var="item" items="${items}">
    <p>${item.name}:${item.price}</p>
</c:forEach>
```

在这个示例中，使用了 JSTL 的<c:if>和<c:forEach>标签以及 EL 表达式（${…}）来实现条件判断和循环遍历。这使得 JSP 页面更加简洁易读。

以上是 JSP 的一些主要语法元素和示例。通过熟练掌握这些语法，开发者可以创建功能丰富的动态 Web 应用程序。

【例 6-22】下列是简单的 JSP 编程示例，展示了如何使用 JSP 和 JDBC 访问数据库。

第一步：首先在 Apache Tomcat 官方下载 Apache-tomcat-9.0.0.M21 包，解压到指定的目录。在 Windows 中配置用户变量和系统 Path 变量。

第二步：在 Eclipse 中选择 "File" → "New" → "Dynamic Web Project"，创建 SQLwebDemo 工程。

第三步：在 PostgreSQL 官网下载 JDBC 驱动程序包 postgresql-42.2.4.jar，然后选择 postgresql-42.2.4.jar 文件，添加到工程 SQLwebDemo 的 "WebContent" → "Web-INF" → "lib" 目录；在 "SQLwebDemo" → "WebContent" → "Web-INF" 目录下建立 jsp 程序 WebSQL.jsp。

```
<%@ page language="Java" import="java.util.*" import="java.io.*"
 import="java.sql.*" pageEncoding="UTF-8"%>
<!DOCTYPE HTML PUBLIC "-//W3C//DTD HTML 4.01 Transitional//EN">
<html>
<head> <title>webSQL.jsp</title> </head>
<body>
 <% Connection conn = null;
    Statement stmt = null;
    String URL = "jdbc:postgresql://localhost:5432/testDB";
    String userName = "myuser";                    //用户名
    String passWord = "sa";                        //用户口令
    try {
        Class.forName("org.postgresql.Driver");
        conn =DriverManager.getConnection(URL , userName, passWord );
        stmt = conn.createStatement();
        Stringsql = "select * from student";       //查询数据的 SQL 语句
        stmt = (Statement) conn.createStatement(); //创建 Statement 对象
        ResultSet rs = stmt.executeQuery(sql);     //执行 sql 查询语句,返回结果集
```

```
        out.println("<table border=1 width=500>");
        out.println("<caption>学生基本信息表</caption>");
        while (rs.next()) {      //判断是否还有下一个数据
            //输出查到的记录的各个字段的值
            out.println("<tr><td>"+rs.getString("sid") + "</td><td>"
                + rs.getString("sname") + "</td><td>" + rs.getString("gender")
                + "</td><td>" + rs.getString("classid")+"</td></tr>");
        }
        out.println("</table>");
        stmt.close();
        conn.close();
    } catch ( Exception e ) {
        out.println( e.getClass().getName() + ": "+ e.getMessage() );
    }
%>
</body>
</html>
```

第四步：选择 webSQL. jsp，单击右键，从中选择"Run As"→"Run on Server"→"Tomcat v9.0 Server"→"Finish"，执行 webSQL. jsp 程序，其结果如图 6-8 所示。

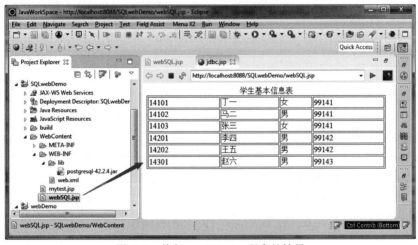

图 6-8　执行 webSQL. jsp 程序的结果

6.5.5　JavaBean 技术

JavaBean 是 Java 组件模型，它提供了一种标准的方法来封装和重用 Java 对象。JavaBean 是一种特殊的 Java 类，遵循一定的命名规范和设计模式。JavaBean 主要用于表示数据和业务逻辑，可以在各种环境中使用，如 JSP、Servlet、EJB 等。主要特点如下：

1）可序列化：JavaBean 实现了 Serializable 接口，可以将其状态保存到文件或数据库中，以便在需要时恢复。

2）无参数构造函数：JavaBean 具有一个无参数的构造函数，这使得 JavaBean 可以在没有提供任何参数的情况下被实例化。

3）属性访问方法：JavaBean 遵循一定的命名规范，为每个属性提供 getter 和 setter 方法，以便访问和修改属性值。

4）可选的事件处理：JavaBean 可以支持事件处理，允许其他对象监听和响应 JavaBean 的状态变化。

JavaBean 的组成部分如下：

1）属性：JavaBean 的属性是一些私有的实例变量，用于存储 JavaBean 的状态。属性可以是任何类型，如基本类型、对象类型或集合类型。

2）构造函数：JavaBean 具有一个无参数的构造函数，用于创建 JavaBean 的实例。此外，JavaBean 还可以具有其他带参数的构造函数，以便在创建实例时提供初始值。

3）getter 和 setter 方法：JavaBean 为每个属性提供 getter 和 setter 方法，用于访问和修改属性值。getter 方法的命名规范为 getPropertyName，setter 方法的命名规范为 setPropertyName。对于布尔类型的属性，getter 方法可以使用 isPropertyName 的形式。

4）事件处理：JavaBean 可以支持事件处理，允许其他对象监听和响应 JavaBean 的状态变化。事件处理涉及事件源（JavaBean）、事件监听器和事件对象 3 个部分。

JavaBean 技术使得 Java 对象可以轻松地在各种环境中使用和重用。通过遵循 JavaBean 规范，开发人员可以创建可维护、可扩展的组件，简化应用程序的开发过程。

6.5.6　MyBatis 访问数据库技术

MyBatis 是 Apache 的开源项目 iBatis，iBatis 一词来源于"internet"和"abatis"的组合，2010 年由 Apache Software Foundation 迁移到 Google Code，并且改名为 MyBatis；2013 年 11 月其迁移到 Github。MyBatis 是基于 Java 的持久层框架，提供的持久层框架包括 SQL Maps 和 Data Access Objects（DAOs）。

MyBatis 是支持普通 SQL 查询、存储过程和高级映射的优秀持久层框架。MyBatis 使用简单的 XML 或注解用于配置和原始映射，将接口和 Java 的 POJOs（Plain Ordinary Java Objects，普通的 Java 对象）映射成数据库中的记录，而不是使用 JDBC 代码和参数实现对数据的检索。

（1）MyBatis 的功能架构

MyBatis 的功能架构由上至下分为 3 层：API 层、数据处理层和基础支撑层。

第 1 层是 API 层：提供给外部使用的 API，开发人员通过这些本地 API 来操纵数据库。API 层接收到调用请求时，就会调用数据处理层来完成具体的数据处理。

第 2 层是数据处理层：负责加载配置、SQL 解析、SQL 执行和执行结果映射处理等，它主要的目的是根据调用的请求完成一次数据库操作。

加载配置：配置信息源自配置文件和 Java 代码的注解，将配置信息生成 MappedStatement 对象，该对象包括参数映射配置、执行的 SQL 语句、结果映射配置，存储在内存中。

SQL 解析：当 API 层接收到调用请求时，会接收到传入 SQL 的 ID 和传入参数对象，MyBatis 根据 SQL 的 ID 找到对应的 MappedStatement 对象，然后根据传入参数对象解析 MappedStatement，解析后可以得到最终要执行的 SQL 语句和参数。

SQL 执行：将解析得到的 SQL 语句和参数在数据库上执行，得到操作结果集。

结果映射：根据映射配置对操作结果集进行转换，可以转换成 HashMap、JavaBean 或者基本数据类型，并返回最终结果。

第 3 层是基础支撑层：负责提供最基础的功能支撑，包括连接管理、事务管理、配置加载和缓存处理，将它们抽取出来作为最基础的组件，为上层的数据处理层提供最基础的支撑。

（2）MyBatis 的核心部件

从 MyBatis 代码实现的角度来看，MyBatis 的核心部件包括：

1）SqlSession：表示和数据库交互的会话，完成必要的增、删、改、查功能。

2）Executor：MyBatis 执行器，负责 SQL 语句的生成和查询缓存的维护。

3）StatementHandler：负责 JDBC Statement 的操作，将 Statement 结果集转换成 List 集合。

4）ParameterHandler：负责将用户传递的参数转换成 JDBC Statement 所需要的参数。

5）ResultSetHandler：负责将 JDBC 返回的 ResultSet 结果集对象转换成 List 类型的集合。

6）TypeHandler：负责 Java 数据类型和 JDBC 数据类型之间的映射与转换。

7）MappedStatement：维护了一条<select | update | delete | insert>节点的封装。

8）SqlSource：负责根据用户传递的 parameterObject，动态地生成 SQL 语句。

9）BoundSql：表示动态生成的 SQL 语句以及相应的参数信息。

10）Configuration：MyBatis 所有的配置信息都维持在 Configuration 对象之中。

（3）MyBatis 访问数据库的基本过程

MyBatis 访问数据库按照如下基本步骤进行，如图 6-9 所示。

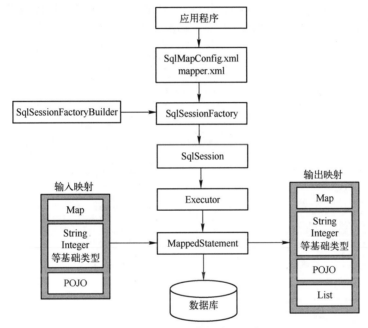

图 6-9　MyBatis 访问数据库的基本过程

第 1 步：读取配置文件 SqlMapConfig. xml，此文件作为 MyBatis 的全局配置文件，配置了 My-Batis 的运行环境等信息。mapper. xml 文件即 SQL 映射文件，文件中配置了操作数据库的 SQL 语句，此文件需要在 SqlMapConfig. xml 中加载；MyBatis 基于 XML 配置文件生成 Configuration 对象和一个个 MappedStatement（包括了参数映射配置、动态 SQL 语句、结果映射配置），其对应着<select | update | delete | insert>标签项。

第 2 步：SqlSessionFactoryBuilder 通过 Configuration 生成 SqlSessionFactory 对象。

第 3 步：通过 SqlSessionFactory 打开一个数据库会话 SqlSession，操作数据库需要通过 SqlSession 进行。

第 4 步：MyBatis 底层自定义了 Executor 接口操作数据库，Executor 接口负责动态 SQL 的生成和查询缓存的维护，对 MappedStatement 对象进行解析，SQL 参数转化、动态 SQL 拼接，生成 JDBC Statement 对象。MappedStatement 是 MyBatis 底层封装对象，它封装了 MyBatis 配置信息及 SQL 映射信息等。mapper.xml 文件中 SQL 对应 MappedStatement 对象，SQL 的 ID 即 MappedStatement 的 ID。

MappedStatement 对 SQL 执行输入参数进行定义，包括 HashMap、基本类型、POJO，Executor 通过 MappedStatement 在执行 SQL 前将输入的 Java 对象映射至 SQL 中，输入参数映射就是 JDBC 编程中对 PreparedStatement 设置参数。

MappedStatement 对 SQL 执行输出结果进行定义，包括 HashMap、基本类型、POJO，Executor 通过 MappedStatement 在执行 SQL 后将输出结果映射至 Java 对象中，输出结果映射过程相当于 JDBC 编程中对结果的解析处理过程。

6.5.7 MyBatis 数据库访问编程示例

下面给出 MyBatis+Servlet 编程访问数据库的示例。

【例 6-23】以简单的登录程序为例，假设有数据库表 usertable，其 username 列存储用户名，password 列存储用户密码。在此采用 MyBatis+Servlet 模式来实现对数据库的访问。

1）从 MyBatis 的官网下载相关 jar 包，并将 jar 和 lib 目录下 jar 包添加到工程 SQLwebDemo 的 "WebContent" → "Web-INF" → "lib" 目录，如图 6-10 所示。

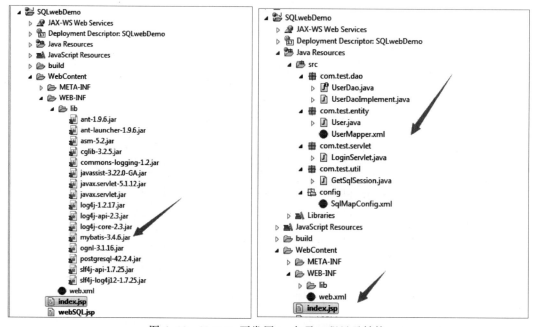

图 6-10　MyBatis 开发用 jar 包及工程目录结构

2）在工程 SQLwebDemo 的 "Java Resources" → "src" 目录创建 com.test.entity 包，并在包下创建 Java 文件 User.Java 用于定义用户类，并定义 UserMapper.xml 映射文件，其代码如下：

```java
/*在 com.test.entity 包下定义 User 类*/
package com.test.entity;
public class User {
  private String userName;
  private String passWord;
  public User(String username, String password){
        this.userName = username;
        this.passWord = password;
```

```
    }
    public void setUsername(String username){  this.userName = username; }
    public void setPassword(String password){  this.passWord = password; }
    public String getUsername(){ return this.userName; }
    public String getPassword(){ return this.passWord; }
}
<!--定义 UserMapper.xml 配置文件 -->
<?xml version = "1.0" encoding = "UTF-8"?>
<!DOCTYPE mapper
PUBLIC "-//Mybatis.org//DTD Mapper 3.0//EN"
"http://Mybatis.org/dtd/Mybatis-3-mapper.dtd">
<mapper namespace = "UserMapper">
    <!--定义查询映射,根据用户名查询用户的密码 -->
    <select id = "getUserByName" parameterType = "String"
            resultType = "com.test.entity.User">
        select * from usertable where username = #{username}
    </select>
</mapper>
```

3）在"Java Resources"→"src"→"config"目录下，创建全局配置文件 SqlMapConfig.xml。

```
<?xml version = "1.0" encoding = "UTF-8"?>
<!DOCTYPE configuration PUBLIC "-//Mybatis.org//DTD Config 3.0//EN"
"http://Mybatis.org/dtd/Mybatis-3-config.dtd">
<configuration>
    <!--对数据库连接管理的配置 -->
    <environments default = "development">
        <environment id = "development">
            <transactionManager type = "JDBC" />
                <dataSource type = "POOLED">
                    <property name = "driver" value = "org.postgresql.Driver" />
                    <property name = "url"
                      value = "jdbc:postgresql://localhost:5432/testDB"/>
                    <property name = "username" value = "myuser" />
                    <property name = "password" value = "sa" />
                </dataSource>
        </environment>
    </environments>
    <mappers>
    <!--映射文件的配置 -->
    <mapper resource = "com/test/entity/UserMapper.xml"/>
    </mappers>
</configuration>
```

4）在 com.test.util 包下创建 GetSqlSession.java 类，在类中定义 createSqlSession()方法返回会话 session 对象。

```
package com.test.util;
import java.io.IOException;
import java.io.InputStream;
import org.Apache.ibatis.io.Resources;
```

```
import org.Apache.ibatis.session.SqlSession;
import org.Apache.ibatis.session.SqlSessionFactory;
import org.Apache.ibatis.session.SqlSessionFactoryBuilder;
public class GetSqlSession {
  public static SqlSession createSqlSession(){
    SqlSessionFactory sqlSessionFactory = null;
    InputStream input = null;
    SqlSession session = null;
    try { //读入全局配置文件 config/SqlMapConfig.xml
      input = Resources.getResourceAsStream("config/SqlMapConfig.xml");
      sqlSessionFactory = new SqlSessionFactoryBuilder().build(input);
      session = sqlSessionFactory.openSession();
      return session;
    } catch (IOException e) {
        e.printStackTrace();
        return null; }
    }
  }
```

5）定义 com. test. dao 包下定义接口 UserDao. jave，并实现接口类 UserDaoImplement. jave，用于判断用户输入的用户名和密码的有效性。

```
/*定义接口 UserDao*/
package com.test.dao;
import org.Apache.ibatis.session.SqlSession;
public interface UserDao {
  public boolean verify(String username, String password,SqlSession session);
}
/*定义实现接口的类 UserDaoImplement*/
package com.test.dao;
import org.Apache.ibatis.session.SqlSession;
import com.test.entity.*;
public class UserDaoImplement implements UserDao {
  public boolean verify(String username, String password,SqlSession session){
    User user = (User) session.selectOne("UserMapper.getUserByName", username);
    if(user == null){
      session.close();
      return false;
    }
    else if(user.getUsername().equals(username)
     && user.getPassword().equals(password)) {
     session.close();
     return true;
    }
    else { session.close();  return false; }
  }
}
```

6）在 com. test. Servlet 包下定义 Servlet 类 LoginServlet. java，方法 doPost（HttpServletRequest req, HttpServletResponse resp）用于响应登录页面请求。

```
package com.test.Servlet;
import java.io.IOException;
import java.io.PrintWriter;
```

```java
import Javax.Servlet.ServletException;
import Javax.Servlet.http.HttpServlet;
import Javax.Servlet.http.HttpServletRequest;
import Javax.Servlet.http.HttpServletResponse;
import org.Apache.ibatis.session.SqlSession;
import com.test.dao.*;
import com.test.util.GetSqlSession;
public class LoginServlet extends HttpServlet{
  private static final long serialVersionUID = 1L;
  public void doPost(HttpServletRequest req, HttpServletResponse resp)
  throws ServletException{
      UserDaoImplement usrdao = new UserDaoImplement();
      SqlSession session = GetSqlSession.createSqlSession();
      //获取页面的用户名和密码
      String username =req.getParameter("username");
      String password =req.getParameter("password");
      resp.setContentType("text/html;charset=UTF-8");
      try {   PrintWriter pw = resp.getWriter();
              pw.println("<html>");
              pw.println("<body>");
              if(userdao.verify(username, password, session)==true) {
                 pw.println("登录成功!");
              }
              else {   pw.println("登录失败,用户名或口令错误!"); }
              pw.println("</body>");
              pw.println("</html>");
              pw.close();
      } catch (IOException e) { e.printStackTrace(); }
  }
}
```

7) 配置 web.xml 文件，将 Servlet 映射到页面。

```xml
<?xml version="1.0" encoding="UTF-8"?>
<Web-app xmlns:xsi="http://www.w3.org/2001/XMLSchema-instance"
  xmlns="http://xmlns.jcp.org/xml/ns/Javaee"
  xsi:schemaLocation="http://xmlns.jcp.org/xml/ns/Javaee
  http://xmlns.jcp.org/xml/ns/Javaee/Web-app_3_1.xsd"
  id="WebApp_ID" version="3.1">
  <display-name>SQLwebDemo</display-name>
  <welcome-file-list>
   <welcome-file>index.html</welcome-file>
   <welcome-file>index.htm</welcome-file>
   <welcome-file>index.jsp</welcome-file>
   <welcome-file>default.html</welcome-file>
   <welcome-file>default.htm</welcome-file>
   <welcome-file>default.jsp</welcome-file>
  </welcome-file-list>
  <!--定义 Servlet -->
  <Servlet>
```

```
        <Servlet-name>LoginServlet</Servlet-name>
        <Servlet-class>com.test.Servlet.LoginServlet</Servlet-class>
    </Servlet>
    <!--定义 Servlet 映射到名字 login 的 form-->
    <Servlet-mapping>
        <Servlet-name>LoginServlet</Servlet-name>
        <url-pattern>/Login</url-pattern>
    </Servlet-mapping>
</Web-app>
```

8）现在实现简易登录页面。

```
<%@ page language="Java"contentType="text/html";
 charset="utf-8"pageEncoding="UTF-8"%>
<!DOCTYPE html PUBLIC "-//W3C//DTD HTML 4.01 Transitional//EN"
"http://www.w3.org/TR/html4/loose.dtd">
<html>
    <head>
        <meta http-equiv="Content-Type" content="text/html; charset=utf-8">
        <title>登录界面</title>
    </head>

    <body>
        <div class='div_form'>
            <form name='login' action='Login'
              onsubmit='return validation()' method='post'>
            <table width="500" border="0">
            <tr>
                <td height="38" colspan="2" >
                    <div align="center" >用户登录
                        <span class="style1"></span>
                    </div>
                </td>
            </tr>
            <tr>
                <td width="280"><div align="right">用户名:</div></td>
                <td width="440">
                    <input class='login' id='username' type='text'
                        name='username' value='用户名'>
                    </input>
                    <span class='hint' id='hint_user'></span>
                </td>
            </tr>
            <tr>
                <td height="28"><div align="right">密码:</div></td>
                    <td height="28">
                    <input class='login' id='password' type='password'
                        name='password' value='请输入密码'>
                    </input>
                    <span class='hint' id='hint_pwd'></span>
                </td>
            </tr>
```

```
                    <tr>
                        <td colspan="2" height="38">
                            <div align="center"></div>
                            <div align="center">
                                <input id='login_submit' type='submit'
                                    value='登录'></input>
                            </div>
                        </td>
                    </tr>
                </table>
            </form>
        </div>
    </body>
</html>
```

课堂讨论：**本节重点与难点知识问题**

1) 主流的 Java Web 服务器有哪些？Web 服务器的主要作用是什么？

2) Servlet 有什么特点？

3) JSP 技术有什么特点？它与 Servlet 有什么不同？

4) 既然有了 JDBC 访问数据库技术，为什么还使用 MyBatis 访问数据库？

5) MyBatis 如何访问数据库？

6.6　数据库编程项目实践

本节将在前面介绍的数据库应用编程技术基础上，使用 SpringBoot+MyBatis+JSP 开发框架，结合数据库设计方法，以客户关系管理系统为示例，展现数据库应用开发的基本过程。

6.6.1　项目案例——客户关系管理系统

客户关系管理（Customer Relationship Management，CRM）是用于管理企业与客户之间关系的软件系统。它可以帮助企业更好地了解客户需求、提高客户满意度、增加客户忠诚度、提高销售额等，通常包括客户信息管理、销售管理、市场营销管理、客户服务管理等模块。其中客户信息管理模块用于收集、存储和管理客户信息，销售管理模块用于管理销售流程和销售机会，市场营销管理模块用于制订和执行市场营销计划，客户服务管理模块用于管理客户服务请求和投诉。

6.6.2　数据库设计

客户关系管理系统中主要包括如下相关数据实体以及实体间的关系。

1) 客户信息：已经建立商业营销关系的客户的基本信息，如客户编号、客户名称、客户所在地区、负责客户的经理姓名、银行账户等信息。

2) 联系人信息：客户方指派的工作人员，称为联系人，以便企业与客户之间联系沟通，客户可能在不同阶段指派不同的联系人与企业联系，因此，客户与联系人之间是一对多（$1:n$）的对应关系。联系人的基本信息包括联系人编号、姓名、性别、职位、办公电话等。

3) 订单信息：企业与客户签订销售订单的相关信息。每个订单信息进一步分为订单概要信息和订单明细信息。订单概要信息简称订单信息，主要包括订单日期、送货地址等基本信息；每个订单包括多种商品，订单明细信息主要包括商品编号、订购商品数量以及商品单位等信息。

4）商品信息：销售商品的基本信息，主要包括商品编号、商品名称、商品型号、商品等级、批次以及商品单价等基本信息。

5）库存信息：企业所销售商品的库存信息，主要包括库存编号、存放仓库名称、存放货位、库存量等信息。每一种商品可以放在多个不同货位上，但每个仓库货位只能存放同一种商品，即商品与仓库货位的关系是一对多（1:n）的关系。

6）交往记录信息：企业需要多次与客户交往，交往记录信息主要包括交往记录编号、客户编号、交往时间、交往地点、交往概要以及详细信息等。客户可以多次与企业交往，所以客户与交往记录信息之间的对应关系是一对多（1:n）的关系。

7）客户服务管理信息：企业需要多次为客户提供服务，所以客户与服务之间的关系是一对多（1:n）的关系。客户服务管理信息主要包括服务编号、服务类型、服务概要、客户姓名、服务诉求、被分派的服务人、服务处理详情、处理时间等相关信息。

8）销售机会信息：有可能与新客户在近期实现商业销售的信息，主要信息如机会编号、客户名称、机会来源、成交概率等信息。因为以前没有与客户建立商业关系，所以在现有客户信息中没有该客户的相关信息。为了促成与新客户建立营销关系，企业必须加强管理，制订对新客户的开发计划，系统提供开发计划表用于存储开发计划的相关信息。

9）用户权限管理：为了满足系统安全管理的需要，系统还需要向登录用户提供相应的功能授权管理，使不同角色用户仅能使用不同的功能。主要包括功能模块使用权限表，简称权限表、角色表、用户表。每个用户仅拥有一种角色，每种角色可分配给多个用户；每种角色都可以拥有多个功能模块的使用权限，每个功能模块的使用权限可以授予不同的角色。

对企业客户关系管理业务的详细分析梳理后，进行抽象建模，首先使用 Power Designer 设计出概念数据模型，然后转换为逻辑数据模型，最后生成特定 DBMS 的物理数据模型。为了压缩描述的篇幅，同时保持与后续内容的连贯性，在此略去了概念数据模型图，仅给出物理数据模型，如图 6-11 所示。读者可以自行练习设计概念数据模型，最后转换为物理数据模型。

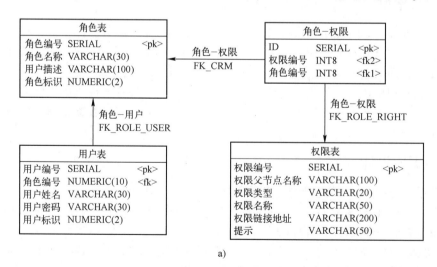

图 6-11　CRM 的物理数据模型

a）权限物理模型

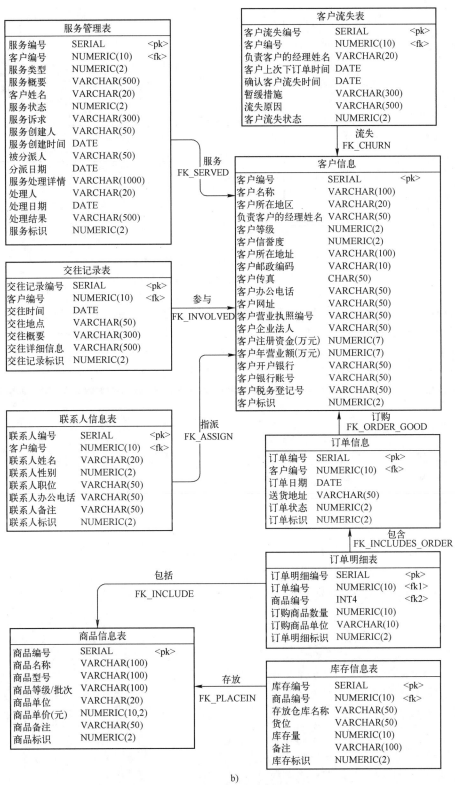

b)

图 6-11 CRM 的物理数据模型（续）

b) 核心业务物理模型

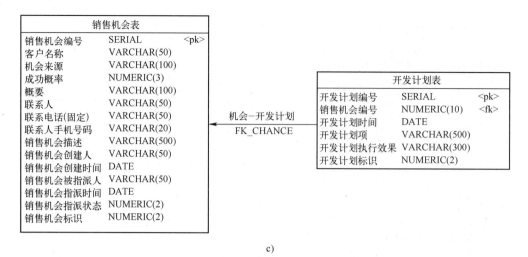

c)

图 6-11 CRM 的物理数据模型（续）

c）客户拓展的物理模型

以物理数据模型为基础，在 PostgreSQL 数据库管理系统上进行数据库的实现，首先创建企业客户关系管理的数据库 crmdb，然后根据物理数据模型，编写创建数据库表的 SQL 语句，同时也可以根据实际应用需要，做一些局部的优化调整。

1）创建企业客户关系管理的数据库 crmdb，其创建语句如下：

```
Create database crmdb
    With
    OWNER =postgres
    ENCODING = 'UTF8'
    LC_COLLATE = 'Chinese (Simplified)_China.936'
    LC_CTYPE = 'Chinese (Simplified)_China.936'
    TABLESPACE = pg_default
    CONNECTION LIMIT = -1
    IS_TEMPLATE = False;
```

2）在 crmdb 数据库上创建客户信息表（cust_customer），其 SQL 语句如下：

```
drop table if exists cust_customer;
create table cust_customer (
    cust_no           SERIAL         not null,  --客户编号
    cust_name         VARCHAR(100)   not null,  --客户名称
    cust_region       VARCHAR(20)    null,      --客户所在地区
    cust_manager      VARCHAR(50)    not null,  --客户经理姓名
    cust_level        NUMERIC(2)     null,      --客户等级
    cust_credit       NUMERIC(2)     null,      --客户信誉度
    cust_address      VARCHAR(100)   null,      --客户所在地址
    cust_zip          VARCHAR(10)    null,      --客户邮政编码
    cust_fax          VARCHAR(50)    null,      --客户传真
    cust_telephone    VARCHAR(50)    null,      --客户办公电话
    cust_website      VARCHAR(50)    null,      --客户网址
    cust_licenc_no    VARCHAR(50)    null,      --营业执照编号
    cust_legal_person VARCHAR(50)    null,      --客户企业法人
```

```
     cust_registered_capital NUMERIC(7)    null,   --客户注册资金(万元)
     cust_turnover           NUMERIC(7)    null,   --客户年营业额(万元)
     cust_bank               VARCHAR(50)   null,   --客户开户银行
     cust_bank_account       VARCHAR(50)   null,   --客户银行账号
     cust_tax_no             VARCHAR(50)   null,   --客户税务登记号
     cust_flag               NUMERIC(2)    null,   --客户标识(0:已删除/1:正常/2:流失)
     constraint PK_CUST_CUSTOMER primary key (cust_no)
);
```

3）在 crmdb 数据库上创建联系人信息表（cust_linkman），其 SQL 语句如下：

```
drop table if exists cust_linkman;
create table cust_linkman (
    link_no          SERIAL         not null,  --联系人编号
    cust_no          NUMERIC(10)    null,      --客户编号
    link_name        VARCHAR(20)    not null,  --联系人姓名
    link_gender      NUMERIC(2)     null,      --联系人性别(0:男/1:女)
    link_position    VARCHAR(50)    null,      --联系人职位
    link_telephone   VARCHAR(50)    null,      --联系人办公电话
    link_remark      VARCHAR(50)    null,      --联系人备注
    link_flag        NUMERIC(2)     null,      --联系人标识(0:已删除/1:未删除)
    constraint PK_CUST_LINKMAN primary key (link_no),
    constraint FK_linkman foreign key (cust_no)
    references cust_customer (cust_no)
    on delete restrict on update restrict
);
```

4）在 crmdb 数据库上创建客户订单信息表（orders），其 SQL 语句如下：

```
drop table if exists orders;
create table orders (
    orde_no          SERIAL         not null,  --订单编号
    cust_no          NUMERIC(10)    null,      --客户编号
    orde_date        DATE           null,      --订单日期
    orde_address     VARCHAR(50)    null,      --送货地址
    orde_status      NUMERIC(2)     null,      --订单状态(0:未回款/1:已回款)
    orde_flag        NUMERIC(2)     null,      --订单标识(0:已删除/1:未删除)
    constraint PK_ORDERS primary key (orde_no),
    constraint FK_ORDER_GOOD foreign key (cust_no)
     references cust_customer (cust_no)
     on delete restrict on update restrict
);
```

5）在 crmdb 数据库上创建商品信息表（product），其 SQL 语句如下：

```
drop table if exists product;
create table product (
    prod_no          SERIAL          not null,  --商品编号
    prod_name        VARCHAR(100)    not null,  --商品名称
    prod_type        VARCHAR(100)    not null,  --商品型号
    prod_garde_batch VARCHAR(100)    not null,  --商品等级/批次
    prod_unit        VARCHAR(20)     null,      --商品单位
```

```
    prod_price        NUMERIC(10,2)    not null,   --商品单价(元)
    prod_remark       VARCHAR(50)      null,       --商品备注
    prod_flag         NUMERIC(2)       not null,   --商品标识(0:已删除/1:未删除)
    constraint PK_PRODUCT primary key (prod_no)
);
```

6) 在 crmdb 数据库上创建库存信息表（storage），其 SQL 语句如下：

```
drop table if exists storage;
create table storage (
    stor_no           SERIAL           not null,   --库存编号
    prod_no           NUMERIC(10)      not null,   --商品编号
    stor_storehouse   VARCHAR(50)      not null,   --存放仓库名称
    stor_location     VARCHAR(50)      not null,   --货位
    stor_count        NUMERIC(10)      not null,   --库存量
    stor_remark       VARCHAR(100)     null,       --备注
    stor_flag         NUMERIC(2)       null,       --库存标识(0:已删除/1:未删除)
    constraint PK_STORAGE primary key (stor_no),
    constraint FK_PLACEIN foreign key (prod_no)
    references product (prod_no)
    on delete restrict on update restrict
);
```

7) 在 crmdb 数据库上创建订单明细表（orders_detail），其 SQL 语句如下：

```
drop table if exists orders_detail;
create table orders_detail (
    detail_no         SERIAL           not null,   --订单明细编号
    orde_no           NUMERIC(10)      null,       --订单编号
    prod_no           NUMERIC(10)      null,       --商品编号
    detail_count      NUMERIC(10)      null,       --订购商品数量
    detail_unit       VARCHAR(10)      null,       --订购商品单位
    detail_flag       NUMERIC(2)       null,       --订单明细标识(0:已删除/1:未删除)
    constraint PK_ORDERS_DETAIL primary key (detail_no),
    constraint FK_INCLUDES_ORDER foreign key (orde_no)
    references orders (orde_no)
    on delete restrict on update restrict
);
```

8) 在 crmdb 数据库上创建交往记录表（communicate_record），其 SQL 语句如下：

```
drop table if exists communicate_record;
create table communicate_record (
    comm_no           SERIAL           not null,   --交往记录编号
    cust_no           NUMERIC(10)      null,       --客户编号
    comm_date         DATE             not null,   --交往时间
    comm_address      VARCHAR(50)      not null,   --交往地点
    comm_title        VARCHAR(300)     null,       --交往概要
    omm_detail        VARCHAR(500)     null,       --交往详细信息
    comm_flag         NUMERIC(2)       null,       --记录标识(0:已删除/1:未删除)
    constraint PK_COMMUNICATE_RECORD primary key (comm_no),
    constraint FK_INVOLVED foreign key (cust_no)
```

```
        references cust_customer (cust_no)
        on delete restrict on update restrict
);
```

9）在 crmdb 数据库上创建服务管理表（service_manager），其 SQL 语句如下：

```
drop table if exists service_manager;
create table service_manager (
    serv_no           SERIAL          not null,   --服务编号
    cust_no           NUMERIC(10)     null,       --客户编号
    serv_type         NUMERIC(2)      null,       --服务类型(0:咨询/1:投诉/2:建议)
    serv_title        VARCHAR(500)    null,       --服务概要
    serv_cust_name    VARCHAR(20)     null,       --客户姓名
    serv_status       NUMERIC(2)      null,       --服务状态(0:新创建/1:已分配/
                                                  --2:已处理/3:已反馈/4:已归档)
    serv_request      VARCHAR(300)    not null,   --服务诉求
    serv_create_by    VARCHAR(50)     not null,   --服务创建人
    serv_create_date  DATE            not null,   --服务创建时间
    serv_due_to       VARCHAR(50)     null,       --被分派人
    serv_due_date     DATE            null,       --分派日期
    serv_deal         VARCHAR(1000)   null,       --服务处理详情
    serv_deal_name    VARCHAR(20)     null,       --处理人是当前的登录用户
    serv_deal_date    DATE            null,       --处理日期
    serv_result       VARCHAR(500)    null,       --处理结果
    serv_flag         NUMERIC(2)      null,       --服务标识(0:已删除/1:未删除)
    constraint PK_SERVICE_MANAGER primary key (serv_no),
    constraint FK_SERVED foreign key (cust_no)
    references cust_customer (cust_no)
    on delete restrict on update restrict
);
```

10）在 crmdb 数据库上创建客户流失表（cust_lost），其 SQL 语句如下：

```
drop table if exists cust_lost;
create table cust_lost (
    lost_no           SERIAL          not null,   --客户流失编号
    cust_no           NUMERIC(10)     null,       --客户编号
    manager_name      VARCHAR(20)     not null,   --责任经理姓名
    last_order_date   DATE            not null,   --上次下订单时间
    lost_last_date    DATE            null,       --确认流失时间
    lost_delay        VARCHAR(300)    null,       --暂缓措施
    lost_reason       VARCHAR(300)    null,       --流失原因
    lost_status       NUMERIC(2)      null,       --客户流失状态(0:预警/1:暂缓/2:确认)
    constraint PK_CUST_LOST primary key (lost_no),
    constraint FK_CHURN foreign key (cust_no)
    references cust_customer (cust_no)
    on delete restrict on update restrict
);
```

11）在 crmdb 数据库上创建销售机会表（sale_chance），其 SQL 语句如下：

```
drop table if exists sale_chance;
create table sale_chance (
```

```
    chan_no           SERIAL           not null, --销售机会编号
    cust_name         VARCHAR(50)      not null, --客户名称
    chan_source       VARCHAR(100)     null,     --机会来源
    chan_rate         NUMERIC(3)       not null, --成功概率
    chan_title        VARCHAR(100)     null,     --概要
    chan_linkman      VARCHAR(50)      null,     --联系人
    chan_telephon     VARCHAR(50)      null,     --联系电话(固定)
    chan_mobile       VARCHAR(20)      null,     --联系人手机号码
    chan_description  VARCHAR(500)     not null, --销售机会描述
    chan_create_by    VARCHAR(50)      not null, --销售机会创建人,当前登录用户
    chan_create_date  DATE             not null, --销售机会创建时间,获取系统时间
    chan_due_to       VARCHAR(50)      null,     --销售机会被指派人
    chan_due_date     DATE             null,     --销售机会指派时间,获取系统时间
    chan_status       NUMERIC(2)       not null, --指派状态(0:未指派/1:指派/2:失败/3:成功)
    chan_flag         NUMERIC(2)       not null, --机会标识(0:已删除/1:未删除)
    constraint PK_SALE_CHANCE primary key (chan_no)
);
```

12）在 crmdb 数据库上创建开发计划表（sale_plan），其 SQL 语句如下：

```
drop table if exists sale_plan;
create table sale_plan (
    plan_no       SERIAL          not null,  --开发计划编号
    chan_no       NUMERIC(10)     not null,  --销售机会编号
    plan_date     DATE            not null,  --开发计划时间
    plan_item     VARCHAR(500)    not null,  --开发计划项
    plan_result   VARCHAR(300)    null,      --开发计划执行效果
    plan_flag     NUMERIC(2)      null,      --开发计划标识(0:已删除/1:未删除)
    constraint PK_SALE_PLAN primary key (plan_no),
    constraint FK_CHANCE foreign key (chan_no)
    references sale_chance (chan_no)
    on delete restrict on update restrict
);
```

13）在 crmdb 数据库上创建角色表（crm_sys_role），其 SQL 语句如下：

```
drop table if exists crm_sys_role;
create table crm_sys_role (
    role_id       SERIAL          not null,  --角色编号
    role_name     VARCHAR(30)     not null,  --角色名称
    role_desc     VARCHAR(100)    null,      --用户描述
    role_flag     NUMERIC(2)      null,      --角色标识(0:已删除/1:未删除)
    constraint PK_CRM_SYS_ROLE primary key (role_id)
);
```

14）在 crmdb 数据库上创建用户表（crm_sys_user），其 SQL 语句如下：

```
drop table if exists crm_sys_user;
create table crm_sys_user (
    user_id        SERIAL          not null,  --用户编号
    role_id        NUMERIC(10)     null,      --角色编号
    user_name      VARCHAR(30)     not null,  --用户姓名
    user_password  VARCHAR(30)     null,      --用户密码
    user_flag      NUMERIC(2)      null,      --用户标识(0:已删除/1:未删除)
```

```
    constraint PK_CRM_SYS_USER primary key (user_id),
    constraint FK_ROLE_USER foreign key (role_id)
    references crm_sys_role (role_id)
    on delete restrict on update restrict
);
```

15）在 crmdb 数据库上创建权限表（crm_sys_right），其 SQL 语句如下：

```
drop table if exists crm_sys_right;
create table crm_sys_right (
    right_code          SERIAL          not null,    --权限编号
    right_parent_code   VARCHAR(100)    null,        --权限父节点名称
    right_type          VARCHAR(20)     null,        --权限类型
    right_name          VARCHAR(50)     null,        --权限名称
    right_url           VARCHAR(200)    null,        --权限链接地址
    right_tip           VARCHAR(50)     null,        --提示
    constraint PK_CRM_SYS_RIGHT primary key (right_code)
);
```

16）在 crmdb 数据库上创建角色-权限表（crm_sys_role_right），其 SQL 语句如下：

```
drop table if exists crm_sys_role_right;
create table crm_sys_role_right (
    id          SERIAL          not null,
    right_code  NUMERIC(10)     not null,  --角色编号
    role_id     NUMERIC(10)     not null,  --权限编号
    constraint PK_CRM_SYS_ROLE_RIGHT primary key (id)
    constraint FK_ROLE_RIGHT foreign key (right_code)
    references crm_sys_right (right_code)
    on delete restrict on update restrict,
    constraint FK_CRM foreign key (role_id)
    references crm_sys_role (role_id)
    on delete restrict on update restrict
);
```

6.6.3 功能模块设计

客户关系管理（CRM）系统的主要功能如图 6-12 所示，包括客户管理、商品管理、客户开发管理、权限管理、用户登录、订单管理等。客户管理主要包括客户基本信息管理、联系人管理、服务管理、交往管理、流失管理等；商品管理包括商品信息管理、库存信息管理等；客户开发管理主要包括销售机会管理、开发计划管理等；权限管理主要包括登录信息管理、角色管理、权限资源管理等。通过建立 CRM 系统，企业可以更好地了解客户需求，提高客户满意度和忠诚度，提升企业的市场竞争力。

6.6.4 编程实现

目前，Java Web 应用编程框架普遍使用 SpringBoot+MyBatis+JSP 框架，这是一种基于 Java 的 Web 应用程序开发框架组合。这种组合利用了 SpringBoot 的简化配置和自动化特性，MyBatis 的数据库访问和映射能力，以及 JSP 的动态页面生成技术。

在这种架构中，SpringBoot 负责整个应用程序的基本配置和运行环境，MyBatis 负责数据库访

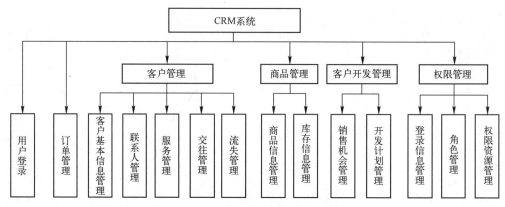

图 6-12　CRM 的功能模块图

问和数据持久化，而 JSP 负责动态页面的生成和展示。以下是系统架构的层次功能和工作流程。

1）控制器（Controller）：控制器是基于 Spring MVC 的组件，负责接收用户请求，解析请求参数，调用服务层处理业务逻辑，并将结果返回给前端页面。

2）服务层（Service）：服务层是应用程序的核心业务逻辑层，负责处理业务规则和数据。服务层调用数据访问层（DAO）来实现数据的增删改查操作。

3）数据访问层（DAO）：数据访问层是基于 MyBatis 的组件，负责与数据库交互。DAO 通过 MyBatis 的映射文件或注解定义 SQL 语句，实现数据的增删改查操作。

4）数据库：数据库用于存储应用程序的数据。MyBatis 负责将 Java 对象映射到数据库表，以及将数据库表映射回 Java 对象。

5）前端页面（JSP）：前端页面是基于 JSP 技术的动态页面，负责展示数据和接收用户输入。JSP 页面可以嵌入 Java 代码和自定义标签，实现动态内容生成和页面逻辑处理。

总之，SpringBoot+MyBatis+JSP 的程序架构是一种简洁、灵活且功能强大的 Web 应用程序开发框架组合。它利用了各个框架的优点，使得开发者可以快速搭建和部署一个高性能、可扩展的 Java Web 应用程序。

基于前面的系统设计，下面介绍如何采用 SpringBoot+MyBatis+JSP+PostgreSQL 实现客户关系管理系统。为了缩减篇幅，以简化的客户信息管理编程示例，说明编程实现过程和方法。

首先，确保已安装并配置好工具和环境，包括 JDK 1.7 及以上版本、Maven、PostgreSQL、SpringBoot、MyBatis、JSP；然后按照以下步骤实现客户关系管理的查询和插入处理。

（1）创建 SpringBoot 项目

在 Eclipse 中创建 SpringBoot 项目的步骤如下。

1）安装 Spring Tools 4 插件。在 Eclipse 中，打开"Help"→"Eclipse Marketplace"，在搜索框中输入"Spring Tools 4"，然后单击"Go"。找到 Spring Tools 4 插件后，单击"Install"按钮进行安装。安装完成后，重启 Eclipse。

2）创建新的 SpringBoot 项目。在 Eclipse 中，选择"File"→"New"→"Spring Starter Project"。这将打开一个新的项目向导。

3）配置项目信息。在项目向导中，填写以下信息：

Name：项目名称，例如 CRM。

Group：项目的组织名称，例如 com. crm。

Artifact：项目的构建工件名称，例如 CRM。

Package：项目的包名，例如 com. crm。

Packaging：项目的打包方式，选择 jar。

Java Version：选择适当的 Java 版本，例如 1.7。

Language：选择项目的编程语言，例如 Java。

4）选择项目依赖。在项目向导的下一步，选择所需的依赖。例如，如果要创建一个 Web 应用程序，可以选择“Web”→“Spring Web”。根据项目需求选择其他依赖，例如 Spring Data JPA、PostgreSQL Driver 等。

5）导入项目。Eclipse 将自动创建并导入新的客户关系管理项目。项目结构将包括 src/main/java、src/main/resources 和 src/test/java 等目录。

6）编写代码。在 src/main/java/目录下的主包 com. crm 中，Eclipse 已经创建了名为 CrmApplication 的主类。可以在这个类中添加@ SpringBootApplication 注解，并在 main 方法中调用 SpringApplication. run()方法来启动 SpringBoot 应用程序。

```
package com.crm;
import org.springframework.boot.SpringApplication;
import org.springframework.boot.autoconfigure.SpringBootApplication;
@SpringBootApplication
public class CrmApplication {
    public static void main(String[] args) {
        SpringApplication.run(CrmApplication.class, args);
    }
}
```

（2）配置项目依赖

SpringBoot 是一个用于简化 Spring 应用程序开发和部署的框架。它提供了许多自动配置和依赖管理功能，使得开发者可以快速构建和运行 Spring 应用程序。在 SpringBoot 中，依赖配置主要包括以下几个方面。

1）SpringBoot Starter：Starter 是一组便捷的依赖描述符，它们可以简化 SpringBoot 应用程序的构建和配置。通过添加相应的 Starter 依赖，开发者可以快速地为应用程序添加所需的功能。例如，要构建一个 Web 应用程序，只需添加 spring-boot-starter-web 依赖。Starter 依赖通常包括了与特定功能相关的库和自动配置类。

2）版本管理：SpringBoot 提供了一个名为 spring-boot-dependencies 的依赖管理 POM（项目对象模型），它包含了许多常用库的版本信息。通过继承或引用这个 POM，开发者可以确保应用程序中使用的库版本是经过测试且兼容的。这有助于避免因为库版本不兼容而导致的问题。

3）自动配置：SpringBoot 通过自动配置功能，根据应用程序中的依赖和配置信息，自动地为开发者配置所需的 bean 和组件。这大大简化了应用程序的配置工作，使得开发者可以专注于业务逻辑的开发。自动配置功能可以通过@EnableAutoConfiguration 注解或 spring-boot-autoconfigure 依赖来启用。

4）配置属性：SpringBoot 提供了一种简洁的方式来配置应用程序的属性。开发者可以在 application. properties 或 application. yml 文件中定义属性，然后通过@ConfigurationProperties 注解将这些属性绑定到 Java 对象。这使得应用程序的配置更加灵活和可维护。

5）条件配置：SpringBoot 允许开发者根据应用程序的环境和依赖条件来配置 bean 和组件。这可以通过@Conditional 注解和相关的条件类来实现。条件配置功能使得应用程序可以根据不同的环境和需求自动调整配置，提高了应用程序的可扩展性和可维护性。

以下是一个简单的 pom.xml 文件的基本配置:

```xml
<!--定义 XML 的版本和编码,以及 Maven 项目的基本信息 -->
<?xml version = "1.0" encoding = "UTF-8"?>
<project xmlns = "http://maven.apache.org/POM/4.0.0"
xmlns:xsi = "http://www.w3.org/2001/XMLSchema-instance"
xsi:schemaLocation = "http://maven.apache.org/POM/4.0.0
https://maven.apache.org/xsd/maven-4.0.0.xsd">
<modelVersion>4.0.0</modelVersion>
 <!--定义父项目,包含预定义的依赖和插件配置,以简化 Spring Boot 项目的构建 -->
 <parent>
        <groupId>org.springframework.boot</groupId>
        <artifactId>spring-boot-starter-parent</artifactId>
        <version>2.7.13-SNAPSHOT</version>
        <relativePath/> <!-- lookup parent from repository -->
</parent>
    <!--定义了项目的基本信息,如 groupId、artifactId、版本、名称和描述 -->
<groupId>com</groupId>
<artifactId>demo</artifactId>
<version>0.0.1-SNAPSHOT</version>
<name>crm</name>
<description>crm project for Spring Boot</description>
<!-- 定义 Java 版本信息 -->
<properties>
        <java.version>17</java.version>
</properties>
<!-- 定义项目的依赖,包括 Spring Boot 的 starter 依赖、MyBatis、PostgreSQL 数据库驱动、
   Spring Boot DevTools、Tomcat 嵌入式服务器和 JSTL 库-->
<dependencies>
    <dependency>
        <groupId>org.springframework.boot</groupId>
        <artifactId>spring-boot-starter-data-jpa</artifactId>
    </dependency>
    <dependency>
        <groupId>org.springframework.boot</groupId>
        <artifactId>spring-boot-starter-web</artifactId>
    </dependency>
    <dependency>
        <groupId>org.mybatis.spring.boot</groupId>
        <artifactId>mybatis-spring-boot-starter</artifactId>
        <version>2.3.1</version>
    </dependency>
    <dependency>
        <groupId>org.springframework.boot</groupId>
        <artifactId>spring-boot-devtools</artifactId>
        <scope>runtime</scope>
        <optional>true</optional>
    </dependency>
    <dependency>
```

```xml
                <groupId>org.postgresql</groupId>
                <artifactId>postgresql</artifactId>
                <scope>runtime</scope>
        </dependency>
        <dependency>
                <groupId>org.springframework.boot</groupId>
                <artifactId>spring-boot-starter-test</artifactId>
                <scope>test</scope>
        </dependency>
        <dependency>
                <groupId>org.apache.tomcat.embed</groupId>
                <artifactId>tomcat-embed-jasper</artifactId>
                <scope>provided</scope>
        </dependency>
        <dependency>
                <groupId>javax.servlet</groupId>
                <artifactId>jstl</artifactId>
        </dependency>
</dependencies>
<!--定义项目构建插件,简化 Spring Boot 应用的构建和运行 -->
<build>
        <plugins>
                <plugin>
                        <groupId>org.springframework.boot</groupId>
                        <artifactId>spring-boot-maven-plugin</artifactId>
                </plugin>
        </plugins>
</build>
<!--定义项目的仓库和插件仓库, 包括 Spring Milestones 和 Spring Snapshots 仓库,
    用于获取 Spring 相关的依赖和插件-->
<repositories>
        <repository>
                <id>spring-milestones</id>
                <name>Spring Milestones</name>
                <url>https://repo.spring.io/milestone</url>
                <snapshots>
                        <enabled>false</enabled>
                </snapshots>
        </repository>
        <repository>
                <id>spring-snapshots</id>
                <name>Spring Snapshots</name>
                <url>https://repo.spring.io/snapshot</url>
                <releases>
                        <enabled>false</enabled>
                </releases>
        </repository>
</repositories>
<pluginRepositories>
```

```
        <pluginRepository>
            <id>spring-milestones</id>
            <name>Spring Milestones</name>
            <url>https://repo.spring.io/milestone</url>
            <snapshots>
                <enabled>false</enabled>
            </snapshots>
        </pluginRepository>
        <pluginRepository>
            <id>spring-snapshots</id>
            <name>Spring Snapshots</name>
            <url>https://repo.spring.io/snapshot</url>
            <releases>
                <enabled>false</enabled>
            </releases>
        </pluginRepository>
    </pluginRepositories>
</project>
```

以下是 pom. xml 文件各个部分的详细介绍。

1）项目基本信息：包括 groupId（项目组 ID，通常是公司或组织的域名反写）、artifactId（项目 ID，或项目名称）、version（项目版本）和 packaging（项目打包类型，如 jar、war 等）。

2）项目名称和描述：name 和 description 元素分别表示项目的名称和描述。

3）项目属性：properties 元素用于定义项目的一些属性，如编码格式、Java 版本等。这些属性可以在 pom. xml 文件中的其他地方通过 ${property_name} 引用。

4）父项目：parent 元素用于指定项目的父项目，从而继承父项目的配置。在这个例子中，使用了 SpringBoot 的 spring-boot-starter-parent 作为父项目，它提供了一些默认的配置和依赖管理。

5）项目依赖：dependencies 元素用于定义项目的依赖关系。在这个例子中，添加了 spring-boot-starter-web 和 spring-boot-starter-test 两个依赖。scope 元素用于指定依赖的范围，如 compile（默认，编译时依赖）、test（测试时依赖）、runtime（运行时依赖）等。exclusions 元素用于排除依赖中的某些子依赖。

6）项目构建配置：build 元素用于配置项目的构建过程。在这个例子中，添加了 spring-boot-maven-plugin 插件，它提供了用于 SpringBoot 项目的构建功能，如创建可执行的 jar 文件等。

这只是一个简单的 pom. xml 文件的基本配置，实际项目中可能还需要配置其他依赖、插件、资源文件等。具体配置可以根据项目需求进行调整。

（3）配置 application. properties

在 src/main/resources 目录下的 application. properties 文件中，添加以下配置：

```
spring.datasource.url=jdbc:postgresql://localhost:5432/your_database
spring.datasource.username=your_username
spring.datasource.password=your_password
spring.datasource.driver-class-name=org.postgresql.Driver
mybatis.mapper-locations=classpath:mapper/*.xml
spring.mvc.view.prefix=/WEB-INF/jsp/
spring.mvc.view.suffix=.jsp
```

这些配置项在 application. properties 文件中定义了 SpringBoot 项目的一些关键设置。下面是每个配置项的详细解释：

1）spring. datasource. url：数据源 URL，用于指定数据库连接的地址。这里使用的是 PostgreSQL 数据库，地址为 localhost（本地），端口为 5432，数据库名为 your_database。

2）spring. datasource. username：数据库连接的用户名，需要替换为实际的用户名。

3）spring. datasource. password：数据库连接的密码，需要替换为实际的密码。

4）spring. datasource. driver-class-name：数据库驱动类名，这里使用的是 PostgreSQL 的驱动类 org. postgresql. Driver。

5）mybatis. mapper-locations：MyBatis 的映射器 XML 文件的位置。这里指定为 classpath：mapper/ *. xml，表示在类路径下的 mapper 目录中的所有 XML 文件。

6）spring. mvc. view. prefix：Spring MVC 视图解析器的前缀。这里指定为/WEB-INF/jsp/，表示 JSP 文件位于 WEB-INF/jsp 目录下。

7）spring. mvc. view. suffix：Spring MVC 视图解析器的后缀。这里指定为. jsp，表示视图文件的扩展名为. jsp。

这些配置项为 SpringBoot 项目提供了数据库连接、JPA、MyBatis 和视图解析等方面的设置，使得项目能够正确地与数据库交互并展示视图。

SpringBoot 通过提供 Starter 依赖、版本管理、自动配置、配置属性和条件配置等功能，简化了 Spring 应用程序的依赖配置工作。这使得开发者可以更加专注于业务逻辑的开发，提高了开发效率和应用程序的质量。

（4）在 com. crm. model 包下创建一个名为 Customer 的实体类

为了降低篇幅，下面仅给出属性及部分 set 和 get 方法，对于其余属性的 set 和 get，读者可以仿照示例自行补充。

```
package com.crm.model;
public class Customer {
    private int cust_no;                    //客户编号
    private String cust_name;               //客户名称
    private String cust_region;             //客户所在地区
    private String cust_manager;            //客户经理姓名
    private int cust_level;                 //客户等级
    private int cust_credit;                //客户信誉度
    private String cust_address;            //客户所在地址
    private String cust_zip;                //客户邮政编码
    private String cust_fax;                //客户传真
    private String cust_telephone;          //客户办公电话
    private String cust_website;            //客户网址
    private Stringcust_licenc_no;           //营业执照编号
    private String cust_legal_person;       //客户企业法人
    private int cust_registered_capital;    //客户注册资金(万元)
    private double cust_turnover;           //客户年营业额(万元)
    private String cust_bank;               //客户开户银行
    private String cust_bank_account;       //客户银行账号
    private String cust_tax_no;             //客户税务登记号
    private int cust_flag;                  //客户标识(0:已删除/1:正常/2:流失)
    //下面给出属性的setxxxx()和getxxxx()方法示例,读者自行补充其他属性方法.
```

```
    public int getCust_no() {  return cust_no; }
    public void setCust_no(int cust_no) { this.cust_no = cust_no; }
    public String getCust_name() { return cust_name;  }
    public void setCust_name(String cust_name) { this.cust_name = cust_name;  }
    ...
}
```

（5）创建 Mapper 接口

在 com. crm. mapper 包下创建一个名为 CustomerMapper 的接口。

```
package com.crm.mapper;
import com.crm.model.Customer;
import java.util.List;
import org.apache.ibatis.annotations.Mapper;
@Mapper
public interface CustomerMapper {
    List<Customer>findAll();
    Customer findById(int cust_no);
    int insert(Customer customer);
    int update(Customer customer);
    int delete(int cust_no);
}
```

（6）创建 Mapper XML 文件

Mapper XML 文件是 MyBatis 框架中的重要组成部分，它用于定义 SQL 映射语句和结果映射规则。Mapper XML 文件的主要作用是将 SQL 语句与 Java 代码分离，使得开发者可以更加专注于编写业务逻辑，而不需要关心底层的数据库操作。Mapper XML 文件的主要组成部分包括：

1）命名空间（namespace）：命名空间用于区分不同的 Mapper XML 文件，通常与对应的 Mapper 接口的完全限定名相同。

2）SQL 映射语句：SQL 映射语句用于定义具体的 SQL 操作，如查询（select）、插入（insert）、更新（update）和删除（delete）。每个 SQL 映射语句都有一个唯一的 ID，用于在 Mapper 接口中引用。

3）参数映射：参数映射用于将 Java 方法的参数传递给 SQL 语句。MyBatis 支持使用 "#{parameterName}" 的方式引用参数，其中 parameterName 是 Java 方法的参数名称。

4）结果映射：结果映射用于将查询结果映射到 Java 对象。MyBatis 支持自动映射和自定义映射两种方式。自动映射是根据列名和属性名的相同来进行映射的；自定义映射需要在 Mapper XML 文件中定义 resultMap 元素，指定列名和属性名的对应关系。

在 src/main/resources/mapper 目录下创建一个名为 CustomerMapper. xml 的文件。

```
<?xml version="1.0" encoding="UTF-8"?>
<!DOCTYPE mapper PUBLIC "-//mybatis.org//DTD Mapper 3.0//EN"
"http://mybatis.org/dtd/mybatis-3-mapper.dtd">
<mapper namespace="com.crm.mapper.CustomerMapper">
    <resultMap id="CustomerResultMap" type="com.crm.model.Customer">
        <result column="cust_no" property="cust_no" />
        <result column="cust_name" property="cust_name" />
        <result column="cust_region" property="cust_region" />
        <result column="cust_manager" property="cust_manager" />
```

```xml
            <result column="cust_level" property="cust_level" />
            <result column="cust_credit" property="cust_credit" />
            <result column="cust_address" property="cust_address" />
            <result column="cust_zip" property="cust_zip" />
            <result column="cust_fax" property="cust_fax" />
            <result column="cust_telephone" property="cust_telephone" />
            <result column="cust_website" property="cust_website" />
            <result column="cust_licenc_no" property="cust_licenc_no" />
            <result column="cust_legal_person" property="cust_legal_person" />
            <result column="cust_registered_capital"
                        property="cust_registered_capital" />
            <result column="cust_turnover" property="cust_turnover" />
            <result column="cust_bank" property="cust_bank" />
            <result column="cust_bank_account" property="cust_bank_account" />
            <result column="cust_tax_no" property="cust_tax_no" />
            <result column="cust_flag" property="cust_flag" />
</resultMap>
<select id="findAll" resultMap="CustomerResultMap">
    SELECT * FROM cust_customer
</select>
<select id="findById" resultMap="CustomerResultMap" parameterType="int">
    SELECT * FROMcust_customer WHERE cust_no = #{cust_no}
</select>
<insert id="insert"parameterType="com.crm.model.Customer">
  INSERT INTO cust_customer (
    cust_name,cust_region,cust_manager,
    cust_level,cust_credit,cust_address,
    cust_zip,cust_fax,cust_telephone,
    cust_website,cust_licenc_no,
    cust_legal_person,cust_registered_capital,
    cust_turnover,cust_bank,cust_bank_account,
    cust_tax_no,cust_flag)
    VALUES(
    #{cust_name},#{cust_region},
    #{cust_manager},#{cust_level},
    #{cust_credit},#{cust_address},#{cust_zip},#{cust_fax},
    #{cust_telephone},#{cust_website},#{cust_licenc_no},
    #{cust_legal_person},#{cust_registered_capital},
    #{cust_turnover},#{cust_bank},#{cust_bank_account},
    #{cust_tax_no},#{cust_flag})
</insert>
<update id="update"parameterType="com.crm.model.Customer">
    UPDATE cust_customer SET cust_name = #{cust_name},
          cust_region = #{cust_region},
          cust_manager = #{cust_manager},
          cust_level = #{cust_level},
          cust_credit = #{cust_credit},
          cust_address = #{cust_address},
          cust_zip = #{cust_zip},
```

```
                cust_fax = #{cust_fax},
                cust_telephone = #{cust_telephone},
                cust_website = #{cust_website},
                cust_licenc_no = #{cust_licenc_no},
                cust_legal_person = #{cust_legal_person},
                cust_registered_capital = #{cust_registered_capital},
                cust_turnover = #{cust_turnover},
                cust_bank = #{cust_bank},
                cust_bank_account = #{cust_bank_account},
                cust_tax_no = #{cust_tax_no},
                cust_flag = #{cust_flag}
        </update>
        <delete id="delete"parameterType="int">
            DELETE FROM cust_customer WHERE cust_no = #{cust_no}
        </delete>
</mapper>
```

（7）创建 Service 接口和实现类

Service 接口在 Java Web 应用程序中扮演着非常重要的角色。它主要负责以下功能。

1）业务逻辑处理：Service 接口定义了应用程序中的核心业务逻辑。这些业务逻辑通常涉及对数据的处理、计算和转换。将业务逻辑放在 Service 层有助于保持代码的整洁和可维护性，同时也便于在不同的 Controller 或其他组件之间复用这些逻辑。

2）数据访问抽象：Service 接口通常依赖于数据访问层（如 DAO 或 Repository）来获取和存储数据。通过将数据访问逻辑抽象到 Service 接口中，可以在不影响 Controller 和其他组件的情况下更改底层数据访问的实现。这有助于实现代码的解耦和可扩展性。

3）事务管理：在许多应用程序中，Service 接口负责处理事务。这意味着 Service 方法可以确保在执行一系列操作时，要么所有操作都成功执行，要么在出现错误时回滚所有操作。通过在 Service 层处理事务，可以确保数据的一致性和完整性。

4）集成第三方服务：Service 接口还可以用于集成第三方服务，如发送电子邮件、调用外部 API 等。将这些集成逻辑放在 Service 层有助于保持代码的整洁和可维护性，同时也便于在不同的 Controller 或其他组件之间复用这些逻辑。

总之，Service 接口在 Java Web 应用程序中起到了核心业务逻辑处理、数据访问抽象、事务管理和第三方服务集成等多个重要作用。通过将这些功能抽象到 Service 接口中，可以实现代码的解耦、可维护性和可扩展性。

在 com. crm. service 包下创建名为 CustomerService 的类。

```
package com.crm.service;
import org.springframework.beans.factory.annotation.Autowired;
import org.springframework.stereotype.Service;
import java.util.List;
import com.crm.model.Customer;
import com.crm.mapper.CustomerMapper;
@Service
public class CustomerService {
    @Autowired
    private CustomerMapper customerMapper;
```

```
public List<Customer>findAll() { return customerMapper.findAll(); }
public Customer findById(int cust_no) {
    return customerMapper.findById(cust_no);
}
public void insert(Customer customer) {
    customerMapper.insert(customer);
}
public void update(Customer customer) {
    customerMapper.update(customer);
}
public void delete(intcust_no) {
    customerMapper.delete(cust_no);
}
}
```

（8）创建 Controller 类

Controller（控制器）类在 Java Web 应用程序中扮演着非常重要的角色。它主要负责以下功能：

1）请求处理：Controller 类负责处理来自客户端的 HTTP 请求。它接收请求，解析请求参数，并将请求分发到相应的 Service 方法进行处理。Controller 类通常使用注解（如@GetMapping、@PostMapping 等）来映射特定的请求路径和 HTTP 方法。

2）数据绑定和验证：Controller 类可以将请求参数绑定到 Java 对象（如表单数据绑定到实体类），并对这些数据进行验证。这有助于确保传入的数据符合预期的格式和约束，从而提高应用程序的健壮性。

3）模型和视图处理：Controller 类负责将处理结果（如查询到的数据、处理状态等）添加到模型（Model）中，并返回相应的视图（View）名称。这使得视图层可以根据模型中的数据渲染页面，实现数据和页面的分离。

4）异常处理：Controller 类可以处理在请求过程中抛出的异常。通过在 Controller 类中定义异常处理方法，可以为用户提供友好的错误信息，同时避免未处理的异常导致应用程序崩溃。

5）跨域资源共享和安全控制：Controller 类还可以处理跨域资源共享和安全控制，如设置响应头、验证用户身份等。这有助于确保应用程序的安全性和可访问性。

在 com. crm. controller 包下创建一个名为 CustomerController 的类。

```
package com.crm.controller;
import org.springframework.beans.factory.annotation.Autowired;
import org.springframework.stereotype.Controller;
import org.springframework.ui.Model;
import org.springframework.web.bind.annotation.GetMapping;
import org.springframework.web.bind.annotation.PostMapping;
import org.springframework.web.bind.annotation.RequestParam;
import com.crm.model.Customer;
import com.crm.service.CustomerService;
@Controller
public class CustomerController {
    @Autowired
    private CustomerService customerService;
```

```
@GetMapping("/")
public String list(Model model) {
    model.addAttribute("customers", customerService.findAll());
    return "list";
}
@GetMapping("/add")
public String add() {  return "add";  }
@PostMapping("/add")
public String add(Customer customer) {
    customerService.insert(customer);
    return "redirect:/";
}
@GetMapping("/edit")
public String edit(@RequestParam("cust_no") int cust_no, Model model) {
    model.addAttribute("customer", customerService.findById(cust_no));
    return "edit";
}
@PostMapping("/edit")
public String edit(Customer customer) {
    customerService.update(customer);
    return "redirect:/";
}
@GetMapping("/delete")
public String delete(@RequestParam("cust_no") int cust_no) {
    customerService.delete(cust_no);
    return "redirect:/";
}
}
```

(9) 创建视图层

在 SpringBoot 中，视图层主要负责处理用户界面和展示数据。SpringBoot 支持多种视图技术，如 Thymeleaf、FreeMarker、JSP 等。下面将简要介绍视图技术。

1) Thymeleaf：Thymeleaf 是一个现代的服务器端 Java 模板引擎，它可以处理 HTML、XML、JavaScript、CSS 等文件。Thymeleaf 的主要优点是它可以使用纯 HTML 文件作为模板，这使得前端开发者可以更容易地理解和修改模板。此外，Thymeleaf 还提供了许多有用的功能，如条件渲染、循环、表达式求值等。要在 SpringBoot 中使用 Thymeleaf，只需添加相应的依赖并配置模板路径。

2) FreeMarker：FreeMarker 是流行的 Java 模板引擎，使用自定义的标记语言来定义模板。FreeMarker 提供了丰富的指令和表达式，可以方便地处理各种数据类型和逻辑。与 Thymeleaf 类似，要在 SpringBoot 中使用 FreeMarker，只需添加相应的依赖并配置模板路径。

3) JSP（JavaServer Pages）：JSP 是一种基于 Java 的服务器端技术，它允许在 HTML 文件中嵌入 Java 代码，从而实现动态内容生成。尽管 JSP 在某些场景下仍然有用，但由于其较低的性能和可维护性，现在很多开发者更倾向于使用其他模板引擎。要在 SpringBoot 中使用 JSP，需要进行一些额外的配置，如添加依赖、配置视图解析器等。

除了上述视图技术外，SpringBoot 还支持其他模板引擎，如 Velocity、Mustache 等。开发者可以根据项目需求和个人喜好选择合适的视图技术。

在 SpringBoot 应用程序中，视图层通常与 Controller 和模型一起协作，实现用户界面的展示和交互。Controller 负责处理用户请求，调用业务逻辑并将数据传递给视图层；视图层负责渲染数据并生成响应；模型则封装了应用程序的数据和状态。通过这种分层架构，SpringBoot 应用程序可以实现高度的模块化和可维护性。

　　在 src/main/webapp/WEB-INF/jsp 目录下创建名为 list. jsp、add. jsp 和 edit. jsp 的文件，为了节约篇幅，在此仅给出 list. jsp 程序作为示例，其余的请读者查阅资料自行补充。

```
<% @ page language = "java"contentType = "text/html;
    charset =UTF-8"pageEncoding = "UTF-8"% >
<% @ taglib uri = "http://java.sun.com/jsp/jstl/core" prefix="c"% >
<!DOCTYPE html>
<html>
<head>
    <meta charset ="UTF-8">
    <title>客户关系管理</title>
</head>
<body>
    <h2>客户信息管理</h2>
    <table border ="1">
        <tr>
            <th>编号</th>
            <th>名称</th>
            <th>所在地区</th>
            <th>经理姓名</th>
            <th>等级</th>
            <th>信誉度</th>
            <th>所在地址</th>
            <th>邮政编码</th>
            <th>传真</th>
            <th>办公电话</th>
            <th>网址</th>
            <th>执照编号</th>
            <th>企业法人</th>
            <th>注册资金(万元)</th>
            <th>年营业额(万元)</th>
            <th>开户银行</th>
            <th>银行账号</th>
            <th>税务登记号</th>
          <th>操作</th>
        </tr>
        <c:forEach var ="customer" items ="${customers}">
          <tr>
            <td>${customer.cust_no}</td>
            <td>${customer.cust_name}</td>
            <td>${customer.cust_region}</td>
            <td>${customer.cust_manager}</td>
            <td>${customer.cust_level}</td>
            <td>${customer.cust_credit}</td>
            <td>${customer.cust_address}</td>
            <td>${customer.cust_zip}</td>
```

```
                    <td>${customer.cust_fax}</td>
                    <td>${customer.cust_telephone}</td>
                    <td>${customer.cust_website}</td>
                    <td>${customer.cust_licenc_no}</td>
                    <td>${customer.cust_legal_person}</td>
                    <td>${customer.cust_registered_capital}</td>
                    <td>${customer.cust_turnover}</td>
                    <td>${customer.cust_bank}</td>
                    <td>${customer.cust_bank_account}</td>
                    <td>${customer.cust_tax_no}</td>
                    <td>
                      <a href="edit?cust_no=${customer.cust_no}">编辑</a>
                      <a href="delete?cust_no=${customer.cust_no}">删除</a>
                    </td>
                </tr>
            </c:forEach>
        </table>
        <a href="add">添加客户</a>
    </body>
</html>
```

（10）项目运行

在 Eclipse 中，右键单击项目名称，选择 "Run As" → "SpringBoot App"，将启动 SpringBoot 应用程序。可以在控制台中查看应用程序的运行日志。运行项目后，访问 http://localhost：8080/，可以看到客户信息列表，如图 6-13 所示。

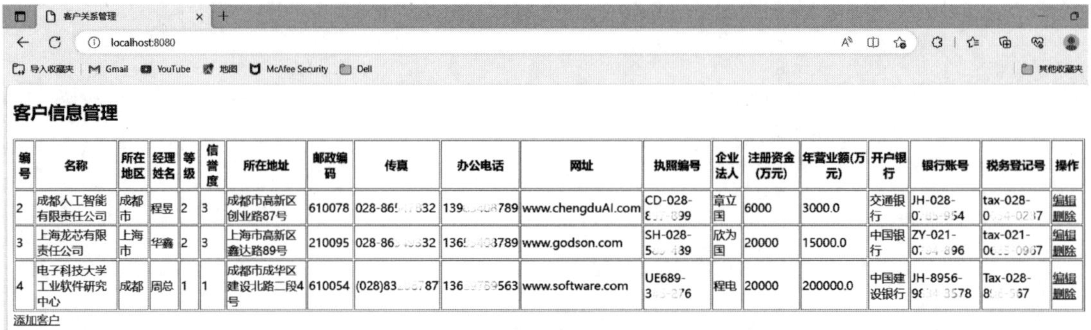

图 6-13　客户信息列表

通过以上客户关系管理系统的需求分析、系统设计及应用编程的示例，读者可以了解 Web 应用程序开发的基本过程和技术，包括使用 SpringBoot、MyBatis 和 JSP 技术栈来构建数据库应用程序，并提供了数据库设计、功能模块设计和编程实现。要全面掌握并能灵活地进行数据库的 Web 应用开发，读者还需要全面详细阅读有关 Java Web 开发的相关技术图书和官方文档。

课堂讨论：本节重点与难点知识问题

1）SpringBoot 具有哪些特性？

2）利用 SpringBoot+MyBatis+JSP 构建 Web 应用程序的基本步骤有哪些？

3）前面设计的客户关系管理数据库还有哪些地方可以优化？如何优化？

4）如何配置 pom. xml 文件的结构及功能？

5）文件 application. properties 包括哪些配置项？主要作用分别是什么？

6）Mapper XML 文件的主要组成包括哪些内容？

6.7　思考与练习

1. 单选题

1）如果需要在插入表的记录时自动执行一些操作，常用的是（　　）。

　　A. 存储过程　　　　　　　　　　B. 函数

　　C. 触发器　　　　　　　　　　　D. 游标

2）关于 PostgreSQL 的存储过程，下列说法中正确的是（　　）。

　　A. 有输入参数　　　　　　　　　B. 有返回值

　　C. 触发执行　　　　　　　　　　D. 调用执行

3）PostgreSQL 触发器创建了两个临时的 RECORD 类型变量，它们是（　　）。

　　A. NEW 和 DAO　　　　　　　　B. TG_OP 和 OLD

　　C. RECORD 和 OLD　　　　　　D. NEW 和 OLD

4）PostgreSQL 打开已经绑定的游标，使用（　　）命令。

　　A . OPEN FOR EXECUTE　　　　B. OPEN FOR

　　C. OPEN　　　　　　　　　　　D. EXECUTE

5）PostgreSQL 从游标中读取数据，使用（　　）命令。

　　A. Select　　　　　　　　　　　B. Fecth

　　C. Get　　　　　　　　　　　　D. Read

2. 判断题

1）数据库的存储过程和触发器都可以有输入参数。（　　）

2）JDBC 可以在任何高级语言中，建立与数据库的连接。（　　）

3）在 JDBC 数据库编程中，驱动程序的加载是由用户应用程序完成的。（　　）

4）触发器可以用于实现数据库表的数据完整性约束。（　　）

5）数据库游标是存储在内存中的查询结果集。（　　）

3. 填空题

1）存储过程是将能完成特定功能的 SQL 语句集封装起来，经编译后，存储在＿＿＿＿＿＿的程序。

2）根据触发器执行的次数，触发器可分为＿＿＿＿＿＿　和　＿＿＿＿＿＿　。

3）使用＿＿＿＿＿＿触发器来实现对视图的插入、更新和删除操作。

4）＿＿＿＿＿触发器是在触发事件之前执行触发器；＿＿＿＿＿触发器是在触发事件之后执行触发器。

5）在 PostgreSQL 数据库触发器函数中的特殊变量，变量＿＿＿＿＿为执行 INSERT/UPDATE 操作时，触发器保存更新后的数据记录；变量＿＿＿＿＿为执行 UPDATE/DELETE 操作时，触发器保存更新前的数据记录。

4. 简答题

1）PostgreSQL 数据库创建、修改和删除存储过程使用哪些主要命令？

2）使用存储过程编程，在应用上有哪些优点？

3）在 PostgreSQL 数据库中，创建触发器的主要步骤有哪些？

4）PostgreSQL 数据库的存储过程和触发器有哪些区别？

5）简述 PostgreSQL 数据库游标编程步骤有哪些？

5. 实践题

在简易教学管理数据库系统中，定义如下关系模式：

```
STUDENT(SID,SNAME,AGE,GENDER)
SC(SID,CID,GRADE)
COURSE(CID,CNAME,TEACHER)
```

1）编写触发器实现表与表之间的参照完整性约束。

2）用 SpringBoot+MyBatis+JSP+PostgreSQL 编程实现查询学生的各科成绩。

第 7 章
NoSQL 数据库技术

NoSQL 是 Not Only SQL 的缩写，它是对不同于传统关系数据库的数据库管理系统的统称。NoSQL 是一种为满足应用需求而提出的海量数据、非结构化数据处理方法的替补方案，大多数 NoSQL 产品是基于大内存和高性能随机读/写的，其数据存储不需要固定的模式，不需要多余操作就可以横向扩展。本章从分布式数据库入手，说明不断变化的应用需求对数据库的数据处理提出的各种挑战，详细分析 NoSQL 数据库的基本原理、数据模型、存储特点等，帮助读者建立 NoSQL 的相关概念，掌握 NoSQL 数据库的原理。在此基础上，本章还介绍了 XML 数据库、对象数据库、时序数据库、多模式数据库、云数据库的相关概念和原理，读者能够使用它们解决实际的工程问题。

本章学习目标如下：

1）了解关系数据库面临的挑战和分布式数据库的基本原理。

2）掌握 CAP 理论、BASE 模型、最终一致性的相关原理。

3）理解 NoSQL 数据库的技术特点和数据模型。

4）掌握 NoSQL 的 4 种数据模型：键值存储、列簇存储、文档存储和图形存储数据模型。

5）掌握 HBase、Redis、MongoDB、Neo4j 这 4 种数据库的基本原理。

6）了解 XML 数据库、对象数据库、时序数据库、多模式数据库、云数据库的相关概念。

7）应用典型的 NoSQL 数据库工具实现数据管理任务。

7.1 NoSQL 数据库概述

数据库系统是从 20 世纪 60 年代中期发展起来的，以数据建模和数据库管理系统核心技术为主、内容丰富的一门学科。随着互联网、移动互联网、物联网、云计算、移动智能终端等的快速发展，计算机系统硬件技术的进步及互联网技术的发展，数据库系统管理的数据及应用环境发生了很大的变化，其表现为数据种类越来越多、数据结构越来越复杂、数据量剧增、应用领域越来越广泛。数据管理无处不需、无处不在，大大地拓展和深化了数据库的应用领域。

数据库技术的发展经历了第一代网状和层次数据库系统，第二代关系数据库系统，第三代以面向对象数据模型为主要特征的数据库系统。第三代数据库支持多种数据模型（比如关系模型和面向对象的模型），并和诸多新技术相结合（如分布处理技术、并行计算技术、人工智能技术、多媒体技术、模糊计算技术），被广泛应用于多个领域（如商业管理、工业控制、地理信息系统、数据统计、数据分析等），由此也衍生出多种新的数据库技术。

网络和数据库的结合产生了分布式数据库系统，分布式数据库系统的核心理念是让多台服

务器协同工作，完成单台服务器无法处理的任务，尤其是高并发或者大数据量的任务。分布式是
NoSQL 数据库的必要条件。互联网的很多应用要求大批量数据的写入处理、随时更新的数据模
式及其索引、字段不固定、对海量数据的简单查询快速反馈结果等；云计算提供按需服务，存储
交给云端，需要在高性能、高可靠性的机器上用数据库管理系统来保证存储的海量性和高可用
性；大数据就是海量数据+复杂计算，面对规模巨大、高速产生、形式多样的数据，只有通过复
杂计算才能获取其中有价值的信息。以上这些需要全新的数据库技术来提供解决方案，NoSQL 应
运而生。NoSQL 使用了新的数据模型，新的数据库体系结构，以及新的数据库理论。

7.1.1　分布式数据库

分布式数据库是用计算机网络将物理上分散的多个数据库单元（站点、节点）连接起来，
组成逻辑上统一的数据库。分布式数据库管理系统对整个系统的数据库进行统一管理。分布式
数据库的基本特点包括物理分布性、逻辑整体性和站点自治性，由此衍生的其他特点有数据分
布透明性、按既定协议达成共识的机制、适当的数据冗余度和事务管理的分布性。

一个分布式数据库在逻辑上是一个统一的整体；分布式表现在数据库中的数据不是存储在
同一节点，而是分别存储在不同物理位置的节点上，应用程序通过网络的连接访问分布在不同
物理位置的数据库。从用户的角度看，一个分布式数据库系统在逻辑上和集中式数据库系统一
样，用户可以在任何一个场地执行全局应用。

1. 分布式数据库的特点

分布式数据库是由一组数据库组成的，这组数据库分布在计算机网络中不同地点的计算机
上，具有物理分布性；场地自治表示每个计算机上的数据库即每个节点具有独立的数据处理能
力并完成局部应用；每个节点也能通过网络通信子系统执行全局应用从而实现场地之间协作性。
分布式数据库系统为用户提供了独立透明性和复制透明性，并具有易扩展性等特性。

独立透明性指用户不必关心数据的逻辑分区（数据的分段、分片情况）、物理位置分布、重
复副本（冗余数据）的一致性、局部场地上的数据模型等，只要进行自己的相应操作即可。数
据分布的信息由分布式数据库系统存储在全局数据字典中，用户对非本地数据的访问请求由系
统根据数据字典予以解释、转换、传送。

复制透明性指用户不用关心数据库在网络中各个节点的副本情况，副本数据的更新由系统
自动完成。在分布式数据库系统中，可以把一个场地的数据复制到其他场地，应用程序可以使用
本地数据副本完成数据库操作，避免了网络传输数据，提高了系统的运行和查询效率。

易扩展性表现在服务器软件支持透明的水平扩展，分布式数据库系统支持动态增加或减少
服务器以适应用户的不同需求，满足不同用户对存储、计算等资源的需求。

分布式数据库系统要保证数据库的共享性、可用性、安全性、完整性、分布透明性等的功能
实现，系统模块包括实现分布透明性和复制透明性的存储模块、分布式查询处理模块、完整性处
理模块、可靠性处理和分布式事务管理模块等。分布式数据库系统组成分为 4 个部分：

1）局部用户通过局部场地数据库管理系统（Local Database Management System，LDBMS）实
现场地自治能力，执行局部应用及全局查询的子查询功能。

2）全局用户通过全局数据库管理系统（Global Database Management System，GDBMS）提供
分布透明性、协调全局事务的执行、协调全局应用的实现、保证数据库全局的一致性、执行并发
控制、实现数据库更新同步和提供全局恢复功能等。

3）全局数据字典（Global Data Directory，GDD）存放全局概念模式、分片模式、分布模式、
数据完整性约束条件、用户存取权限等的定义，以及各模式之间映像的定义，保证数据库的安

全性。

4）通信管理（Communication Management，CM）负责在分布式数据库的各个场地之间传送消息和数据，完成数据通信功能。

2. 分布式系统的 CAP 理论

CAP 理论的具体内容是一个分布式系统在分布式环境下设计和部署时不可能同时满足一致性（C：Consistency）、可用性（A：Availability）、分区容错性（P：Partition tolerance）这 3 项基本需求，并且最多只能满足其中的两项。对于一个分布式系统来说，分区容错性是基本需求，否则不能称为分布式系统。因此架构师需要在一致性和可用性之间寻求平衡。

1）一致性：分布式存储系统需要使用多台服务器共同存储数据，有些数据有多个副本，由于故障和并发等情况，同一数据的多个副本之间可能存在不一致的情况。保证多个副本的数据完全一致的性质为一致性。在分布式计算中，执行某项数据的修改操作之后，所有节点在同一时间具有相同的数据，就表明系统具有一致性。

2）可用性：分布式存储系统需要多台服务器同时工作，在系统中有的节点出现故障之后，系统整体不影响客户端的读/写请求的性质称为可用性。在每一个操作之后，无论成功或失败，系统都要在一定时间内返回结果，保证每个请求都有响应，系统操作之后的结果应该是在给定的时间内反馈的，否则认为不可用或操作失败。可用性就是服务一直可用，而且满足正常响应时间的要求。

3）分区容错性：分布式存储系统中的多台服务器通过网络进行连接，系统需要具有一定的分区容错性来处理网络故障带来的问题。当一个网络因为故障而分解为多个部分的时候，系统中任意信息的丢失或失败都不会影响系统继续运行。在网络被分隔成若干个孤立的区域时，系统仍然可以接受服务请求。分布式系统在遇到某节点或网络分区故障的时候，仍然能够对外提供满足一致性和可用性要求的服务。

CAP 理论的核心：一个分布式系统不可能同时很好地满足一致性、可用性和分区容错性这 3 个需求，最多只能同时较好地满足其中两个。系统的设计者要在 3 个需求之间做出选择。

1）CA 原则：强一致性和可用性在单点集群是可以保证的。满足一致性、可用性的系统，在可扩展性上不尽如人意。

2）CP 原则：每个请求都需要在服务器之间强一致性，而网络分区会导致同步时间无限延长。满足一致性、分区容错性的系统，通常性能不高。这个原则对网络环境的要求特别高。

3）AP 原则：高可用性并允许分区，则需放弃强一致性。一旦网络分区发生，节点之间就可能会失去联系，每个节点只能用本地数据提供服务，这样会导致全局数据的暂时不一致。满足可用性、分区容错性的系统，通常要牺牲一些一致性。

CAP 理论是为了探索不同应用的一致性与可用性之间的平衡，在没有发生分区时，可以满足一致性与可用性，以及 ACID 事务支持，通过牺牲一定的一致性来获得更好的性能与可扩展性；在有分区发生时，选择可用性，集中关注分区的恢复，需要制定分区前、中、后期的处理策略，以及合适的补偿处理机制。

由于分布式数据库的结构特性，实现 ACID 事务需要付出很高的成本来维护可用性，所以为了保障可用性总结出了一套弱化的事务特性。CAP 理论定义了分布式存储的根本问题，但并没有指出一致性和可用性之间到底应该如何权衡。于是出现了 BASE 模型，该模型给出了权衡一致性与可用性的一种可行方案。

3. BASE 模型

BASE 模型是对 CAP 理论中一致性和可用性进行权衡的结果，源于提出者自己在大规模分布式系统上实践的总结。其核心思想是虽然无法做到强一致性，但每个应用都可以根据自身的特点，采用适当的方式达到最终一致性。BASE 模型包含如下 3 个元素：

1）BA(Basically Available)：基本可用，系统能够基本运行，一直提供服务。

2）S(Soft State)：软状态/柔性事务，允许系统数据存在中间状态，不影响系统的整体可用性，即系统在不同节点的数据副本之间进行数据同步时存在延时。系统不要求一直保持一致状态。

3）E(Eventually Consistent)：最终一致性，系统在某个时刻达到最终一致性，并非时刻保持强一致。

软状态/柔性事务是实现 BASE 模型的方法，基本可用和最终一致是目标。按照 BASE 模型实现的系统，由于不保证强一致性，系统在处理请求的过程中，可以存在短暂的不一致；在短暂的不一致窗口，请求处理处在临时状态中，系统在做每步操作的时候，记录每一个临时状态，从而使得系统出现故障时，可以从这些中间状态继续未完成的请求处理或者退回到原始状态，最后达到一致的状态。

4. 最终一致性理论

NoSQL 数据库的一致性有以下几种：

1）强一致性：无论更新操作在任意一个副本执行，之后所有的读操作都要能获得最新的数据。

2）弱一致性：用户读取到某一操作对系统特定数据的更新需要一段时间，这段时间被称为"不一致性窗口"。

3）最终一致性：弱一致性的一种特例，保证用户最终能够读取到某一操作对系统特定数据的更新。

一致性可以从客户端和服务器端两个角度来看，客户端关注的是如何获取多并发访问的更新过的数据，对访问多进程并发时，更新的数据在不同进程如何获得不同策略，决定了不同的一致性。服务器端关注的是更新如何复制并分布到整个系统，以保证最终的一致性。一致性因为有并发读/写才出现问题，一定要结合并发读/写的场地应用要求，即如何要求一段时间后能够访问更新后的数据，也就是最终一致性。最终一致性根据其提供的不同保证，可以划分为更多的模型。

1）因果一致性：无因果关系的数据，其读/写不保证一致性。例如 3 个相互独立的进程 A、B、C，进程 A 更新数据后通知进程 B，B 完成最后的操作，写入数据，保证了最终结果的一致性，系统不保证和 A 没有因果关系的 C 一定能够读取该更新的数据。

2）"读己之所写"一致性：用户自己总能够读到更新后的数据，当进程 A 更新一个数据项之后，它总是访问到更新过的值，绝不会看到旧值。这是因果一致性的一个特例。

3）会话一致性：把读取存储系统的进程限制在一个会话范围内，只要会话存在，就可以保证读一致性。系统能保证在同一个有效的会话中实现"读己之所写"的一致性，执行更新操作之后，客户端能够在同一个会话中始终读取到该数据项的最新值。

4）单调读一致性：如果数据已被用户读取，任何后续操作都不会返回到该数据之前的值。

5）单调写一致性：来自同一个进程的更新操作按照时间顺序执行，也叫时间轴一致性。

以上 5 种一致性模型可以进行组合，例如"读己之所写"一致性和单调读一致性可以组合，即读自己更新的数据并且一旦读到最新的数据就不会再读以前的数据。系统采用哪种一致性模型，取决于应用的需求。

很多 Web 实时系统并不要求严格的数据库事务，对单调读一致性的要求很低，有些场合对写一致性要求也不高，允许实现最终一致性。例如，发一条消息之后，过几秒甚至十几秒之后，订阅者才能看到，这是完全可以接受的。对 SNS（社交网站）而言，从需求及产品设计角度看，较低的单调读一致性要求避免了多表的连接查询，更多地用单表的主键查询，以及单表的简单条件分页查询，特殊的要求就催生了 NoSQL 技术的发展，用 BASE 模型保持数据的可用性和一致性。

5. 关系数据库面临的挑战

网络计算、云计算提供了网络环境下数据的透明存储和处理，存储价格的下降和容量的巨大提升。互联网应用的发展，数据之间的关系越来越复杂，关系的表达越来越丰富，太空探索、生物工程、基因工程等科学研究的数据处理等，都使收集到的数据量越来越庞大，数据类型越来越多样，生成速度越来越快，需要更快的处理能力。因此，关系数据库面临如下挑战。

（1）数据库高并发读/写需求

在关系数据库上进行大规模的事务处理，要解决读、写操作的性能问题，网络环境下数据的分布存储和分布处理的快速响应问题，高速有效保证数据的持久性和可靠性问题等。要通过大量节点的并行操作实现大规模数据的高效处理，面临海量数据的处理方法、存储模式、交互通信、智能分析等问题。

（2）海量数据的高效存储和处理

在互联网环境下，各种应用层出不穷，任何一个互联网的用户都是信息的提供者和使用者。他们根据兴趣或为满足需求在网上提供生活、学习、交友等多种多样且非常庞大的信息，每天产生千万级的图、文、声、像、关系等各种类型的数据。这些数据不能用关系表表达，数据的查询耗时巨大。如果通过分库、分表等方法切分数据，会加重程序开发、数据备份和数据库扩容的复杂度等。

（3）数据库高扩展性和高可用性需求

在云计算中，用户通过互联网访问可定制的 IT 资源共享池，以按需付费的模式使用网络、服务器、存储、应用、服务等的计算环境。其核心理念是按需服务，存储交给云端。云计算供应商需面对存储海量数据的挑战。在高性能、高可靠性的机器上使用传统的关系数据库管理系统，要保证存储的海量性和高可用性，会涉及硬件和软件的大量投资。

（4）数据库在大数据处理方面的要求

大数据就是海量数据+复杂计算，面对规模巨大、高速产生、形式多样的数据，只有通过复杂计算才能获取其中有价值的信息。大数据的 5 V 特征如下：

1）超量（Volume）：规模巨大。

2）高速（Velocity）：产生数据的速度快并且有时效性，如各种物联网每天产生的数据、每天交通流量的数据等。

3）异构（Variety）：数据形式多样，包括图、文、声、像、非结构化或半结构化的数据。

4）真实（Veracity）：数据都来自实际的生产和生活环境。例如，各种物联网、传感器网络、交通网络、社交网络、天气预报等数据都是大数据的组成部分。

5）价值（Value）：数据中隐藏了巨大的信息价值。

在大数据时代，面对海量数据的井喷式增长和不断增长的用户需求，数据库必须具有高可扩展性、高并发性、高可用性等特征，即能够动态地增添存储节点以实现存储容量的线性扩展，及时响应大规模用户的读/写请求，能对海量数据进行随机读/写；提供容错机制，实现对数据的冗余备份，保证数据和服务的高可靠性。这些需求催生了 NoSQL 数据库。

7.1.2 NoSQL 基础

NoSQL 主要指非关系型、分布式、不提供 ACID 的数据库设计模式，NoSQL 并不单指一个产品或一种技术，它代表一族产品，以及一系列不同的、有时相互关联的、有关数据存储及处理的概念。下面给出 NoSQL 的含义、共同特征、采用的技术、数据库的分类和整体框架。

1. NoSQL 的含义

在当今的网络（包括互联网、物联网等）环境中，随着用户内容的增长，系统需要生成、处理、分析和归档的数据规模快速增大，数据类型也快速增多。一些新数据源、新应用领域也在生成大量数据，如物联网、传感器网络、全球定位系统（GPS）、环境保护、天气预报、自动追踪器和监控系统等，数据增长快、半结构化和稀疏的趋势明显，关系数据库在处理这些数据密集型应用时出现灵活性差、扩展性差、性能差等问题，需要采用不同的解决方案进行扩展。在探索海量数据和半结构化数据相关问题的过程中，诞生了一系列新型数据库产品，其中包括列簇数据库、键值对数据库、文档数据库和图数据库，这些数据库统称为 NoSQL 数据库。

2. NoSQL 的共同特征

NoSQL 的数据没有明确的范围和定义，普遍存在如下共同特征：

1）不用预定义模式：不需要事先定义表结构；数据中的每条记录都可能有不同的属性和格式，按照需要对数据进行插入操作。

2）无共享架构：将数据分区或者分段后存储在各个本地服务器上。

3）弹性可扩展：可以动态增加或者删除节点，数据可以自动在节点间迁移。

4）分区：数据库将数据分区或分段存储在多个节点上，每个分区或分段可以有多个副本。这既提高了并行性能，又保证了没有单点失效的问题。

5）异步复制：采用基于日志的异步复制，数据被尽快地写入一个节点，但不保证副本数据的随时一致性，出现故障可能会丢失少量数据。

6）BASE：满足 BASE 要求，保证事务的最终一致性和软事务。

NoSQL 数据库并没有一个统一的架构，不同的 NoSQL 数据库适应不同的应用场景。

3. NoSQL 采用的技术

为了满足对海量数据的高速存储需求和支持以云端应用为目标的、去中心化的系统，实现高并发、高吞吐量，NoSQL 应运而生。NoSQL 具有的优势表现在持续的可用性、线性拓展、操作低延迟、功能整体性、操作成熟性和低拥有成本等方面。NoSQL 采用的技术如下：

1）简单数据类型和反规范化。数据库中每个记录都拥有唯一的键，系统支持单记录级别的原子性，不支持外键和跨记录的关联。对单个记录进行约束，增强了系统的可扩展性，数据操作在单台机器中执行，减少了分布式事务的开销。反规范化是把相同的数据复制到不同的文档或者表中，从而简化和优化查询，或是正好适合用户的某种特别的数据模型。

2）元数据和应用数据的分离。系统存储元数据和应用数据：元数据是定义数据对象的数据，用于系统管理，如数据分区到集群中节点和副本的映射数据；应用数据是用户存储在系统中需要处理的数据。

3）弱一致性。系统通过应用数据的多副本数据复制来达到一致性，减少同步开销，用最终一致性和时间一致性来满足对数据一致性的要求。

NoSQL 处理的数据类型简单，以提供较少的功能来提高系统的性能；结构简单，可以达到高吞吐量；用元数据来定义系统处理的数据格式，使系统具有高水平的扩展能力，应用数据借助云平台和低端硬件集群，提高系统的可用性；避免昂贵的对象-关系映射，缓解由 RDBMS 引发的数据处理效率低的问题，降低处理海量稀疏数据的难度，但这反过来减弱了事务完整性的处理、灵活的索引及查询能力。

4. NoSQL 数据库的分类

NoSQL 数据库要提供非常高效、强大的海量数据存储与处理工具，其存储方式灵活。NoSQL 的数据模型是基于高性能的需求提出的。根据数据的存储模型和特点，NoSQL 数据库有很多种类，按存储方式分为列簇存储、键值对存储、文档存储、图形存储等。

1) 列簇（Column Family）存储方式：在数据表的定义中只定义列簇，存储时按照列簇分块存储，用来应对分布式存储的海量数据。键仍然存在，特点是指向了多个列。列簇中的列可以随应用而变化。列存储数据库不管数据类型，将同一列的数据存储在一起；可以存储结构化和半结构化数据；由于数据类型相同，因此压缩率高，针对某一列或者某几列的查询有非常大的 I/O 优势。典型的例子有 HBase、Cassandra 和 Hypertable 等。

2) 键值对（Key-Value）存储方式：用哈希表存储数据，表中有一个特定的键和一个指向特定数据的指针。模型简单、易部署。键值对数据库存储的数据由键（Key）和值（Value）两部分组成，通过键快速查询到其值，值的格式可以根据具体应用来确定。典型的例子有 Redis、Tokyo Cabinet、Tyrant Berkeley DB、MemcacheDB 等。

3) 文档（Document）存储方式：数据模型是格式化的文档，半结构化的文档以特定的格式存储。文档存储时允许文档的嵌套和引用，文档的查询效率更高。文档存储数据库采用格式化文件（类似 JSON、XML 等）的格式存储，对某些字段建立索引以提高查询效率。典型的例子有 MongoDB、CouchDB 等。

4) 图形（Graph）存储方式：数据以图形（节点和边的集合）的方式存储，使用灵活的图形模型，容易扩展，具体而言，数据以有向加权图的方式存储。社交关系、推荐系统、关系图谱的存储以图形存储方式为最佳。典型的例子是 Neo4j 等。

5. NoSQL 的整体框架

NoSQL 支持多样灵活的数据模型，无须事先为要存储的数据建立字段，随时可以存储自定义的数据格式。例如灵活的 Schema 允许用一种嵌套式的内部数据格式来存储一组有关联的业务实体，可以带来的好处之一是可以少一些表联结，可以让内部技术上的数据存储更接近于业务实体，特别是那种混合式业务实体。

NoSQL 的整体框架包括 4 层，从上到下分别是接口层、数据逻辑模型层、数据分布层和数据持久层。

1) 接口层给出用户使用的工具：REST（REpresentational State Transfer，表述性状态传递，一种软件架构风格）、Thrft（一个软件框架，用来开发可扩展、跨语言的服务，它结合了功能强大的软件堆栈和代码生成引擎）、MapReduce、GET/PUT、语言特定 API 和 SQL 子集等。

2) 数据逻辑模型层中的数据模型包括 Key-Value（键值对）、Column Family（列簇）、Document（文档）、Graph（图形）等模型。

3) 数据分布层对应于数据的物理存储，包括支持 CAP、多数据中心、动态部署等分布式数据库的环境。

4) 数据持久层给出数据长期保存的方法，包括基于内存、基于硬盘、基于内存和硬盘、定制可插拔等。

NoSQL 分层架构不代表每个产品在每一层只有一种选择，分层设计提供了很强的灵活性和兼容性，每种数据库在不同层面可以支持多种特性。

7.1.3　NoSQL 数据库应用

1. NoSQL 数据库的应用场景分析

NoSQL 数据库的适用场景包括数据模型比较简单、允许复杂的结构、数据处理性能要求高且不需要高度数据一致性等的灵活性强的 IT 系统。NoSQL 通过单一结构中的表头和细节，支持利用复杂的数据模型结构建立接近"真实世界"的实体，利用程序应用层完成数据的完整性管理；NoSQL 数据库提供了高效存储；NoSQL 支持多个节点数据分区、减少不必要的复制、拆分多节点数据库、选择规模更大的数据集的计算资源等，从而减少数据重复与系统可伸缩性的成本。与关系数据库相比，NoSQL 在数据高并发读写、海量数据存储、架构和数据模型方面做了"减法"，采用尽量简单的架构和数据模型，而在扩展、并发等方面做了"加法"，充分考虑不同层级、不同模块等的横向和纵向的可扩展性，设计多层次、多模式、多维度的并发控制算法与模型，以适应不同的用户需求。

键值数据库存储键值对，通过键来添加、查询或者删除数据，模型简单，比较适合存在大量写操作的场景，在缓存、用户会话管理、分布式锁、计数器和统计、分布式配置管理、消息队列、分布式存储系统等应用场景下，使用键值数据库是个很好的选择。

文档数据库以文档的形式存储数据，每个文档都是自包含的数据单元，是一系列数据项的集合，每个数据项名称与对应值组成键值对，值可选简单类型、复杂类型包括嵌套结构和数组等，数据存储的最小单位是文档，同一个文档中存储的文档属性可以不同。文档数据库具有灵活的数据模型、高度可扩展性等优点，适用于处理文本、多媒体等非结构化数据。

列簇存储方式的数据库是以表格的形式存储数据的，将相关数据组成列簇来存储于表中，适合批量数据处理等，支持大量并发用户查询。典型的应用是分布式数据存储与管理。适用的场景有日志管理，即不同的应用程序将日志信息写入自己的列簇中，博客信息管理把不同的类别信息（如博客的标签、类别、文章等内容）存储到不同的列簇中。

图形存储的数据库专门使用图形（节点、边的集合）存储模型来存储数据，可以高效处理不同类型节点与边、不同属性的节点与边的信息，比较适用于社交网络、模式识别以及路径寻找等问题。适合的应用场景包括在一些关联性强的数据处理和推荐引擎中，将数据以图的形式表现。

2. NoSQL 在大数据中的应用

在大数据处理系统 Hadoop 下使用列簇存储的数据库 HBase，具有实时、分布式、高维等特性。HBase 在新浪云计算平台（Sina App Engine，SAE）的分布式数据存储服务上起着重要的作用。在淘宝的数据处理架构中，Hadoop 作为数据处理工具，NoSQL 作为数据存储介质，充分利用 NoSQL 在大数据处理中的优势。视觉中国采用 MongoDB，将数据分组，每组的平均数据量大概是几百万到几千万。优酷的在线评论业务被迁移到 MongoDB，运营数据分析及挖掘处理使用 Hadoop/HBase，在线业务处理方面使用 Redis 完成对在线业务数据的频繁修改。国际知名的大型企业例如 Google、Yahoo、Facebook、Twitter、Amazon 都在大量应用、开发和设计 NoSQL 数据库。

3. 国产数据库的相关情况

华为云数据库 GaussDB 是一款基于计算存储分离架构的分布式多模 NoSQL 数据库。它在云计算平台高性能、高可用、高可靠、高安全、可弹性扩展的基础上，提供了一键部署、备份恢复、监控报警等服务能力。GaussDB 提供 4 种服务：GaussDB for Mongo、GaussDB for Cassandra、GaussDB for Influx、GaussDB for Redis，分别兼容 MongoDB、Cassandra、InfluxDB 和 Redis，其中

InfluxDB 是一个开源分布式时序数据库，使用 Go 语言编写，无须外部依赖，设计目标是实现分布式和水平扩展。

OceanBase 数据库是蚂蚁金服自研的金融级分布式关系数据库，OceanBase 已经能在普通硬件上，实现金融级高可用，并在业内首创"三地五中心"城市级故障自动无损容灾新标准，同时具备在线水平扩展能力，并且勇夺 TPC（国际事务处理性能委员会）-C 的冠军。

天云数据研发的 HTAP（混合事务和分析处理）数据库是能同时提供 OLTP 和 OLAP 的混合关系数据库。关键技术有以行存为主、内存列存为辅：以行存为主支持对数据的增删改查，以列存为辅（内存中行转列）来支持复杂分析。

巨杉数据库 SequoiaDB 是一款金融级开源分布式关系数据库，将标准 SQL、事务与 NoSQL 的分布式存储相结合，使用 JSON 为标准存储格式，可以描述关系型结构和非关系型结构。把非结构化的文件和结构化的描述项一起存储，实现适当降低范式维度和 JOIN 操作的复杂度。分布式 SQL 引擎提供了高并发、低延时和批量计算 SQL 能力，以及 ACID 和事务支持。

武汉达梦 DM 和天津南大通用 GBase 是国内数据库厂商中产品线最齐全的两家。我国还有不少基于 MySQL、PostgreSQL 等开源数据库内核研发的产品，比如腾讯基于 MySQL 的 TDSQL、中兴基于 MySQL 的 GoldenDB，都得到了相当广泛的应用。

课堂讨论：本节重点与难点知识问题

1）关系数据库的局限是什么？

2）数据一致性体现在哪几个方面？

3）如何理解数据库事务的 ACID 特性？

4）CAP、BASE、最终一致性的原理和实现技术分别是什么？

5）NoSQL 的共同特征是什么？

6）NoSQL 数据库按存储方式分为哪几类？

7.2　列存储数据库

列簇存储数据库采用表结构方式来存储数据，以列簇的方式组织数据，其特点是不支持完整的关系数据模型，适合海量数据的存储和操作，具有分布式并发数据处理能力，具有效率高、易扩展、支持动态扩展等特性。

7.2.1　列簇数据存储模式

关系数据库以行、列的二维表形式表示数据，按行以一维字符串的方式存储。列存储把一列中的数据值串在一起存储，一列一列地存储，列存储适用于批量数据的处理和即时查询。数据按列存储，每一列单独存放，数据即时索引，数据操作时只访问涉及的列，能够大量降低系统 I/O，提高了数据并发处理能力。

1. 列存储的概念

数据库中的数据模型给出了数据的表达方式，二维表是关系模型的数据结构，数据和数据之间的关系都在二维表中表示。行存储是每行以固定的大小进行存储，一行接一行；列存储是把一列中的数据值串在一起存储起来，然后存储下一列的数据，依次类推。

数据库中页是进行数据读取的基本单位，一次 I/O 操作读取一页，对应行存储是若干行的数据，对应列存储是一列的数据。海量数据分析中，列存储对列的查询分析可大量减少 I/O 操作，同一类型的列存储在一起可提高数据压缩比；大多数查询并不会涉及表中所有列，与压缩方法相结合，列存储方式可提升缓冲池的使用率。

列存储索引的局限性表现在列数限制（不能超过 1024）和无法聚集两个方面。列存储不能提供的功能包括唯一索引、使用修改索引语句、用索引排序的 ASC 或 DESC 关键字、以索引的方式使用或保留统计信息、更新具有列存储索引的表等。列存储数据库在数据仓库、商务智能领域应用中具有如下优势：独特的存储方式可以迅速地执行复杂查询；其压缩技术为拥有海量数据的数据仓库、商务智能应用节约存储成本；列存储数据库先进的索引技术提高了数据库的管理水平。

列存储数据库大多结合了键值模式，具有如下特点：模式灵活，不需要预先设定模式，字段的增加、删除、修改方便；扩展能力强，有容错能力；适合大批量数据处理和即时查询；常用于联机事务型数据处理；由于列存储的每一列数据类型是同质的，不存在二义性问题，便于用来做数据解析，列存储的解析过程更有利于分析大数据。

2. 列存储数据库

2006 年《Big Table：适合于结构化数据的分布式存储系统》提出了列存储数据库的相关概念。列存储数据库的存储是以表的形式出现的，表由行键（Row Key）和至少一个列簇（Column Family）组成，采用行键作为行标识符，把相关的列分成组并构成列簇；列是列存储数据库的基本存储单元，列有名称和值，某些列存储数据库里还会给列赋予时间戳（Timestamp）；时间戳用来管理列值的各个版本，新值插入时有新的时间戳，应用程序通过时间戳判断最新版本；列中的值是根据列簇标识符、列名和时间戳来索引的。列簇存储是指把相关的列构成的列簇存储在一个数据页上。列簇中的列是可变的，空值不用存储，在表定义中只定义列簇，根据应用的需要来设置列簇中的列，扩展能力强；列簇存储适合大批量的稀疏数据的处理，能在海量数据分析中节省大量的 I/O 操作，数据压缩比高；相关的列信息放在一个列簇中，与压缩方法相结合，可提升缓冲池的使用率。

以列存储数据库谷歌 Big Table 为例，开发者可以动态地控制列簇中的各列，数据值是按照行标识符、列名及时间戳来定位的，建模者和开发者可以控制数据的存储位置，读取操作和写入操作都是原子操作，数据行是以某种顺序来维护的。例如客户资料表，行由行标识符 ID，以及客户信息（姓名、信用积分）和地址（街道、城市、省、邮政编码）两个列簇组成，添加信息时每个列都可以有时间戳，表中的数据值会依照行标识符 ID、列名及时间戳来定位。Big Table 是谷歌自用的，不对外开放。下面将以开源的、分布式列存储数据库 HBase 为例，讲述列存储数据库的数据模型、存储结构、系统的相关实现原理和应用。

7.2.2 HBase 数据库概述

HBase 是基于 Java 的开源非关系分布式数据库，是一个面向列的 NoSQL 数据库，可容错地存储海量稀疏的数据。HBase 的表能够作为不同任务的输入和输出，通过不同的 API 来操作数据。HBase 是建立在分布式文件系统之上，提供高可靠性、高性能、列簇存储、可扩展、实时读/写的 NoSQL 数据库系统。

HBase 数据库以表的形式表达和存储数据，表由行和列组成，列划分为若干个列簇。HBase 表的逻辑视图是基于行键、列簇、列限定符（Column Qualifier）和时间戳的组合。这一组数据就是数据存储的一个单位，即一个键值对，对应的值就是真实的数据信息，同一个值也会有不同的时间戳。HBase 的表 device_info 结构示意见表 7-1。

表 7-1　HBase 的表 device_info 结构示意

行　　键	列簇 1：devinfo		列簇 2：devrunning		时　间　戳
	列名称：name	列名称：type	列名称：state	列名称：location	
DEV_ID	Sensor	pressure	normal	Building3	T1

下面解释 HBase 表涉及的各个概念。

1）表：HBase 会将数据组织成表，表名是字符串或文件系统中的路径，应用程序将数据存入 HBase 表中。表的定义中要说明行键名称和表中包含的列簇名称。

2）行键：表中的行由行键唯一标识，行键没有数据类型，是表中每条记录的"主键"，类型标注为字节数组 byte[ ]。HBase 表中的行通过行键唯一标识，不论是数字还是字符串都会转换成字段数据进行操作。

3）列簇：每个列簇有名称（字符串类型，string），包含一个或者多个相关列；每个行里的数据都是按照列簇分组的，数据按照列簇组织存储，列簇决定表的物理存放，数据在存入后就不修改了，表中的每个列都归属于某个列簇。列簇是表的模式的一部分，在定义表时定义，表中的每个列（在定义表时不用定义列）在插入数据时给出，不同的行可以有不同的列。表由行和列共同组成，列簇将一列或多列组织在一起，在创建表时只需指定表名和至少一个列簇。

4）列：属于某一个列簇，表示为列簇名称+列限定符；每条记录在进行数据操作时可动态添加列，根据应用的要求，不同时间操作的不同行可以有不同的列，每个列可以有多个值即多个版本，每个版本对应不同的时间戳；列限定符在数据定位时使用，列限定符没有数据类型，用字节数组 byte[ ]。

5）单元：单元由行键、列簇、列限定符、值和代表该值版本的时间戳组成，存储在单元里的数据被称为单元值。值没有数据类型，用字节数组 byte[ ]存储。{行键，列簇+列名称，版本}唯一确定单元，单元中的数据以字节码形式存储。行和列的交叉点被称为单元格，单元格的内容就是列的值，以二进制形式存储，它具有版本信息，每个单元的值可保存数据的多个版本，按时间倒序排列。

6）时间戳：类型为 64 位整型（long），默认值是系统时间戳，用户可自定义；单元值所拥有的时间戳是一个 64 位整型值，当前时间戳的值在一个默认版本中保留。每个单元的版本通过时间戳来索引，时间戳由 HBase 赋值为当前系统时间（在数据写入时自动进行），或由用户显式赋值，应用程序要避免数据版本冲突，系统生成具有唯一性的时间戳。每个单元不同版本的数据按照时间倒序排列，可保存数据的最后 n 个版本，或保存最近一段时间内的版本（设置数据的生命周期，TTL），或用户针对每个列簇进行设置。

HBase 没有数据类型，任何列值都被转换成字符串进行存储；表的每一行可以有不同的列；相同键值的插入操作被认为是同一行的操作，即相同键值的第二次写入操作可理解为该行数据的更新操作；列由列簇名和列名连接而成，分隔符是冒号，如 d：Name（d 为列簇名，Name 为列名）。在表的逻辑模型中，空白单元在物理上是不存储的，若一个请求要获取某个时间戳上没有的列值，则结果为空。如果不指明时间，系统将会返回最新时间的行，每个最新的行都会被返回。下面以记录作者在网络上发表的各类文章的应用来说明用关系模型和 HBase 表的模型的解决方案。要记录作者在网络上发表的各类文章，在关系数据库中需要设计 3 个表格：文章表 Article（ID，文章 ID；title，文章标题；content，文章内容；tags，文章标签），作者表 Author（ID，作者 ID；name，姓名；nickname，昵称），日志表 Blog（Blog_ID，日志 ID；Article_ID 文章 ID、Author_ID，作者 ID；pub_time 发表时间；…）。所有作者均要在作者表中得到作者 ID，发表文章时要在文章表中登记，并在日志表中记录作者 ID、文章 ID、发表时间等信息，开发相关的应用程序对这 3 个表进行操作，存储管理每个作者发表的文章相关信息。

按照上面的需求，表名定义为 HBlog，行键是 ID，列簇有两个，即 Article 和 Author。使用 HBase 的 shell，创建表的语句是 create 'HBlog', 'Article', 'Author'。创建表格，只需要给出表中的列簇名称；使用 put 语句把作者发表文章的相关信息写入 HBlog 表中，列簇中的列是在操作时根据数据的内容加进去的。例如，Article 列簇中有 3 个列，分别是 title、content、tags，Author 列簇有两个列，分别是 name 和 nickname。表 7-2 给出了 HBlog 的逻辑结构，表明这个表的行键和对应的两个列簇，这里的列名称只是为了和关系数据库中的表格进行对比才写出的。表 7-3 给出了 HBlog 存储的信息结构，行键为 1 的行数据在不同的时间经过了 6 次修改，修改的内容包括文章 title、content、tags 和作者 name、nickname 对应的内容，表明该作者发表了 1 篇文章，并对自己的 nickname 进行了修改。

表 7-2　HBlog 的逻辑结构

行　　键	列　　簇	列　名　称
ID	Article	title，content，tags
	Author	name，nickname

表 7-3　HBlog 存储的信息结构

行　　键	时　间　戳	列　簇：Article	列簇：Author
1	1318179218111121	Article：title ="HBase book"	
	1318179216279829	Article：content＝Nosql…	
	1318179215898902	Article：tages＝数据库	
	1318179214466785		Author.name＝Xixi…
	1318179213577898		Author.nickname＝xyz
	1318179212512001		Author.nickname＝abc
10			
100			
11			
…			

列可以在使用中动态增加，同一列簇的列会群聚在一个存储单元上，应将具有相同 I/O 特性的列设计在一个列簇上以提高性能，列根据应用的需求变化，适合非结构化数据；HBase 通过行和列确定单元数据，数据的值可能有多个版本，不同版本的值按照时间倒序排列，即最新的数据排在最前面，查询时默认返回最新版本。如上例中行键 1 的 Author：nickname 值有两个版本，分别为 1318179213577898 对应的 "xyz" 和 1318179212512001 对应的 "abc"（对应到实际业务中，可理解为作者在某时刻修改 nickname 为 xyz，但旧值仍然存在）。时间戳默认为系统当前时间（精确到毫秒），也可以在写入数据时指定该值；每个单元格值通过 4 个值唯一索引，即表名称+行键+列簇名称：列名称+时间戳所对应的值，例如上例中｛tableName＝'HBlog', RowKey＝'1', ColumnName ='Author：nickname', TimeStamp＝ '1318179213577898'｝索引到的唯一值是 "xyz"。

HBase 数据的存储类型：表名称是字符串；行键和列名称是二进制值（Java 类型 byte[ ]）；时间戳是 64 位整数（Java 类型 long）；单元值是字节数组（Java 类型 byte[ ]）。

HBase 数据模型的定义层次：模式→表→列簇→行键→时间戳→单元值。

模式由应用来确定，可根据应用的需求来定义 HBase 中的表格。定义表的结构就是给出表名称和列簇名称；表中列簇的个数对应不同的存储空间，在数据应用中用来确定各个列中包含的列的个数；行键可以唯一确定一行的内容，所有的查询都是依赖行键进行的；时间戳和每个单元值一一对应。HBase 的表读取记录只能按行键（及其范围）或全表扫描；在表创建时只需声明表名和至少一个列簇名，每个列簇为一个存储单元。

HBase 表的特点：数据量大，一个表可有数十亿行、上百万列；无模式，每行都有一个可排序的主键和任意多的列，列根据需要动态地增加，同一张表中不同的行可以有截然不同的列；面向列簇的存储，表的值可以非常稀疏；数据多版本，每个单元中的数据可以有多个版本，默认情况下自动分配版本号，版本号是单元格插入时的时间戳；数据类型单一，HBase 中的数据都是字符串，没有其他类型。

HBase 在设计上没有严格形态的数据。数据记录可能包含不一致的列、不确定大小，即为半结构化数据。半结构化数据使 HBase 具有可扩展性，松耦合的半结构化逻辑模型有利于物理分散存放数据。

7.2.3　HBase 数据库存储结构

1. HBase 数据存储架构

HBase 的数据存储是分层次进行的。HBase 表的行按照行键的字典序排列，表在行的方向上分割为多个区域（Region）；区域按表的大小进行分割，不同区域分布到不同区域服务器（Region Server）上。

1）表：HBase 一个表可有数十亿行和上百万列；表无模式，即表的每行都有一个可排序的行键和任意多的列，列可根据需要动态地增加；列独立检索；空列不占用存储空间；数据类型单一；表是面向列簇、权限控制和独立检索的稀疏存储。

2）区域：每个区域存储表的若干行，区域是分布式存储的最小单元。数据存储实体是区域，表按照"水平"的方式划分成一个或多个"区域"；每个区域都包含一个随机 ID，区域内的行也是按行键排序的；最初每张表包含一个区域，当表行数增大超过阈值后，表被自动分割成两个相同大小的区域，之后会有越来越多的区域；区域是 HBase 中分布式存储和负载均衡的最小单元，以该最小单元的形式分布在集群内。

3）存储单元（Store，区域中以列簇为单位的单元）：区域由一个或者多个存储单元组成，每个存储单元保存一个列簇。每个存储单元由一个内存单元（MemStore）和零至多个存储单元文件组成。内存单元用于写缓冲区、存放临时的内容，内存单元的内容会根据应用的需求写入存储单元以完成应用任务。

4）存储单元文件（Store File）：以 HFile 的格式存储在分布式文件系统上，由以下部分组成：

- 数据块（Data Block）保存表中的数据，可压缩。
- 元数据块（MetaBlock）保存用户自定义的键值对，可压缩。
- 文件信息（File Info）存储 HFile 的元信息，不能压缩，用户也可以在这一部分添加自己的元信息。
- 数据块索引（Data Block Index），每条索引的键值是索引的数据库第一条记录的键值（Key）。
- 元数据块索引（Meta Block Index）。

- 结尾（Trailer）保存每一段的偏移量，读取一个 HFile 时，系统会首先读取 Trailer，它存储了每个段的开始位置。
- 块（Block：读/写的最小单元）是存储管理的最小单位。

在 HBase 中，最底层的物理存储对应于分布式文件系统上的单独文件 HFile，要把操作的数据存储到磁盘的 HFile 上，需要有一个内存单元作为缓冲，操作的数据先放在缓冲中，系统根据相应的策略把缓冲的数据写入 HFile，进行持久化保存；由一个内存单元和零至多个 HFile 组成存储单元；多个存储单元组成区域；HBase 的表格存放在一个或多个区域上，在表上的所有操作就可以存储在磁盘文件上。与 HBase 的列簇存储特性对应，每个列簇存储在分布式文件系统上的一个单独文件 HFile 中，空值不保存。键值和版本号在每个列簇中均有一份；为每个值建立并维护多级索引，索引为<行键,列簇,列名称,时间戳>。HBase 的物理存储架构如图 7-1 所示。

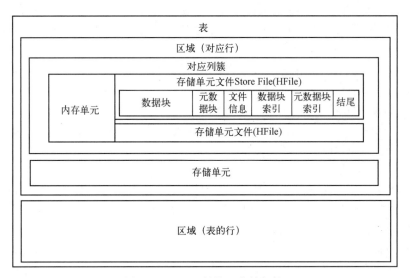

图 7-1　HBase 的物理存储架构

2. HBase 数据存储的层次关系

HBase 数据存储的层次关系如图 7-2 所示。

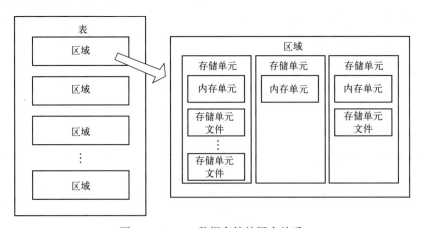

图 7-2　HBase 数据存储的层次关系

1）表和区域的关系：表按照行切割为多个区域，一个表在创建时只有一个区域，随着行数的增加，逐渐被分割为多个区域。

2）区域和存储单元的关系：表的每一行都包含一个或多个列簇，每个列簇对应一个存储单元，所以每个区域包括一个或多个存储单元。

3）存储单元和 HFile 的关系：每个存储单元由一个内存单元和零至多个 HFile 组成，在客户端进行数据操作过程中，数据会先写入缓冲即内存单元，当缓冲满到一定程度的时候，系统就会把缓冲的内容刷新（Flush）到硬盘，生成一个 HFile。

7.2.4　HBase 数据库系统架构与组成

HBase 是一个分布式数据库系统，这里讨论其系统架构和系统组成。

1. HBase 数据库系统架构

HBase 是一个分布式数据库系统，其系统架构如图 7-3 所示。集群主要由主服务器（Master Server）、区域服务器（Region Server）、协调者服务器（ZooKeeper Server）等组成。协调者服务器管理集群，主服务器管理多个区域服务器。在分布式的生产环境中，HBase 需要运行在 HDFS（分布式文件系统）之上，由 HDFS 提供基础的存储设施，上层提供客户端访问的用户编程接口（API），对 HBase 的数据进行处理。

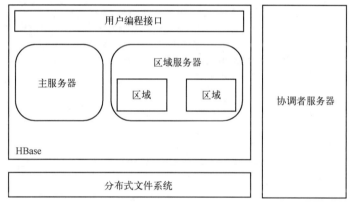

图 7-3　HBase 的系统架构

1）主服务器：管理区域服务器；指派区域服务器为特定区域服务；恢复失效的区域服务器，协调区域服务器分配区域，负载均衡和修复区域服务器的重新分配与监控集群中所有区域服务器的状态，通过心跳（Heartbeat）监听协调者服务器的状态，其管理职能包括创建、删除、修改表的定义，平衡区域服务器之间的负载；在进行区域分割后，负责新区域的分布；在区域服务器停机后，负责失效区域服务器上区域的迁移。HBase 允许多个主服务器节点共存，只有一个主服务器节点是提供服务的，其他主服务器节点处于待命的状态。当正在工作的主服务器节点失效时，其他主服务器节点则会接管集群，管理用户对表的所有操作。主服务器没有单点问题，启动多个主服务器并通过协调者的主服务器选举机制来保证总有一个主服务器在运行。

2）区域服务器：为区域的访问提供服务，直接为用户提供服务；负责维护区域的合并与分割；负责数据存储持久化，管理表格及实现读/写操作。客户端直接连接区域服务器获取 HBase 中的数据。一个区域服务器管理着多个区域对象。区域服务器会负责将达到一定大小的区域分割成两个区域。初始时，每个表只包含一个区域，随着数据的不断插入，区域会持续扩大，当大到一定的阈值就会自动等分成两个新的区域。不同的区域会被分配到不同的区域服务器上，同一个区域不会被拆分到多个区域服务器上，每一个区域服务器负责管理一个区域集合。

3）协调者服务器：保证任何时候集群中只有一个主服务器，存储所有区域的寻址入口，实时监控区域服务器的状态，将区域上线和下线的信息实时通知给主服务器，存储 HBase 的用户定义模式（包括表、表中的列簇等），通过选举机制保证任何时候集群中只有一个主服务器处于运行状态，负责区域和区域服务器的注册。主服务器与区域服务器启动时会向协调者服务器注册；协调者服务器的引入使主服务器不再有单点故障；协调者服务器解决分布式环境中的数据管理问题，包括统一命名、状态同步、集群管理和配置同步。

4）用户编程接口：客户端是程序通过用户编程接口访问数据库，维护一些高速缓存来加快对 HBase 的访问，使用远程过程调用机制与主服务器和区域服务器通信。客户端与主服务器进行通信、管理类操作，客户端与区域服务器进行数据读/写类操作。

2. HBase 数据库系统组成

HBase 采用主从架构搭建集群，由主服务器节点、区域服务器节点、协调者服务器组成，在底层将数据存储于 HFile 中。每个区域服务器管理多个区域，控制由日志 WAL（HLog）、数据块缓冲（Block Cache）、内存单元、HFile 组成的存储系统，完成对区域中数据的操作。HBase 的系统组成如图 7-4 所示。

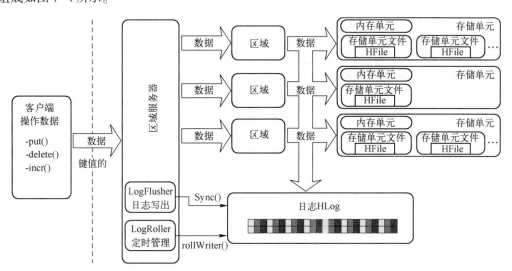

图 7-4 HBase 的系统组成

日志 HLog：WAL（Write Ahead Log，预写日志）为先写日志后记录数据，用于灾难恢复，日志记录了数据的所有变更，当数据库出现问题时就按日志进行恢复。日志是分布式文件系统上的一种文件，所有写操作先保证将数据写入日志文件，之后才更新内存单元，最后写入 HFile 中。在区域服务器失效后，根据日志重做所有的操作，保证了数据的一致性。日志文件会定期滚动（Roll）写入新的文件而删除旧的文件（已写到 HFile 中的日志可以删除）。

每个区域服务器维护一个日志，不同区域（来自不同表）的日志会混在一起，通过不断追加单个文件操作减少磁盘寻址次数，提高对表的写性能。如果一台区域服务器下线，为了恢复其上的区域，需要将区域服务器上的日志进行拆分，然后分发到其他区域服务器上进行恢复。系统提供了以下两个类管理日志：

● LogFlusher（日志写出）类定期把缓冲器中的数据写到 HFile（磁盘）中。

● LogRoller（定时管理）类，日志的大小通过系统配置的参数来限制，默认是 60 min，每 60 min

会打开一个新日志文件。

LogRoller 类调用 HLog. rollWriter( )，定时滚动产生一个新的日志文件来存储新增日志，利用 HLog. cleanOldLogs( )清除旧的日志，取得存储文件中最大的序列号，检查是否存在一个所有条目的序列号均低于这个值的日志，若存在就删除该日志。

内存单元是一个写缓存，所有数据在完成日志写后，会被写入内存单元中，由内存单元根据一定的算法将数据刷新（Flush）到底层 HFile 中，通常每个区域中的每个列簇有一个自己的内存单元。HFile（StoreFile）用于存储 HBase 的数据，HFile 中的数据按行键、列簇、列排序，对相同的单元，则按时间戳倒序排列。

7.2.5　HBase 数据库的应用场景

HBase 访问的接口包括 6 种类型：

- NativeJavaAPI 适合 HadoopMapReduceJob 并行批处理 HBase 表数据。
- HBaseShell 是 HBase 的命令行工具，用于 HBase 管理。
- ThriftGateway，利用 Thrift 序列化技术，支持 C++、PHP、Python 等多种语言，适合其他异构系统在线访问 HBase 表数据。
- RESTGateway，支持 REST 风格的 HttpAPI 访问 HBase，解除了语言限制。
- Pig，使用 PigLatin 流式编程语言来操作 HBase 中的数据，编译成 MapReduceJob 来处理 HBase 表数据，适合做数据统计。
- Hive 使用类似 SQL 语言来访问 HBase。

HBase 是一个数据库也是一个存储系统，拥有双重属性的 HBase 具备广阔的应用场景。HBase 用在对象存储上，用来存储头条类、新闻类的新闻、网页、图片等应用数据；推荐画像，用户的画像是比较大的稀疏矩阵，适合用 HBase 表来存储；时空数据如轨迹、气象网格之类数据，都适合存储在 HBase 之中；在电信领域、银行领域的消息/订单包括订单查询底层的存储，其通信、消息同步的应用均可构建在 HBase 之上。

课堂讨论：本节重点与难点知识问题

1）HBase 的表结构是什么？创建表需要包含哪些信息？

2）如何理解 HBase 数据存储模型？

3）HBase 的物理存储架构是什么？

4）HBase 存储系统具有哪些特点？

5）HBase 的应用场景有哪些？

7.3　键值对数据库

键值对（Key-Value，KV）存储模型是 NoSQL 中最基本的数据存储模型，键值对类似于哈希表，在键和值之间建立映射关系。键值对存储模型应用在大数据中，数据按照键值对的形式进行组织、索引和存储，能减少读/写磁盘的次数。键值对存储模型通过键直接访问值，进而进行增加、删除、修改等数据操作；键值对存储模型的键所对应的值可以是任意的数据类型。键值对数据库的优势是处理速度非常快，缺点是只能通过键的完全一致查询来获取数据。根据键值对数据的保存方式，键值对存储分为临时性、永久性和两者兼有 3 类：临时性键值对存储是把数据保存在内存，并进行处理，关机后数据就丢失；永久性键值对存储是在硬盘上保存数据；两者兼有的键值对存储同时在内存和硬盘上保存数据，具有内存中快速存取和数据永久保存的特点，即使系统出错也可以恢复。

所有键值对数据库都可以按关键字查询，键值对数据库中的值可以是二进制、文本、JSON、XML 等。很多键值对数据库用"分片"技术扩展，键的名字就决定了存储的节点。根据 CAP 定理中的参数（存放键值对的副本节点数、完成读取操作所需的最小节点数和完成写入操作所需的最小节点数）来保证数据操作的正确性。

7.3.1 键值对数据存储模式

键值对存储是数据库最简单的组织形式。键是编号、值是数据，键值对根据一个键获得对应的一个值，值可以是任意类型。键值对存储提供了基于键值对的访问方式。键值对可以被创建或删除，与键相关联的值可以被更新。键值对数据库的数据模型说明如下：

1）数据结构：每行记录由键和值两个部分组成，是一张简单的哈希表，所有数据库的访问均通过键来操作。

2）数据操作：数据操作包括 Get（Key）获取键为"Key"的值数据，Set（Key，Value）增加一个键值对，Delete（Key）删除存储在"Key"下的数据等操作。

3）数据完整性：保证单个键的操作的完整性和一致性。

键值对数据库使用哈希表进行存储，通过键来添加、查询或者删除数据。数据表中的每个实际行都具有键和值，值是一个单一的存储区域，值有不同的列名，不同键对应的值不同。按照键快速地定位数据，对键进行排序和分区操作，可以提高数据定位效率。键值对数据库的特点：简洁，模型简单，只涉及增加和删除操作；在内存中高速完成操作；可以根据系统负载量添加或删除服务器。键值对数据库的"事务"规范不同，无法保证写入操作的"一致性"，其实现"事务"的方式各异。所有键值对数据库都可以按键值查询。下面以键值对数据库 Redis 为例，说明键值对数据库的原理与应用。

7.3.2 Redis 数据库概述

1. Redis 数据库的概念

Redis（Remote Dictionary Server）是一个由 ANSI C 语言编写的、开源的、遵守 BSD 协议、支持网络、基于内存也可持久化的日志型、提供多种语言 API 的键值对数据库。Redis 是键值对类型的内存数据库，整个数据库加载在内存中，在内存中进行操作，定期通过异步方式把内存数据刷新（Flush）到硬盘上进行保存。Redis 可保存多种数据结构，单个值的最大限制是 1 GB。Redis 可对存入的键值对设置过期（Expire）时间；Redis 通过异步的方式将数据写入磁盘，具有快速和数据持久化的特征。Redis 的缺点是数据库容量受到物理内存的限制，不能用作海量数据的高性能读/写，其适合的场景局限在较小数据量的高性能操作和运算上。

2. Redis 数据库的数据类型

Redis 数据库中的所有数据都是键值对，在底层以二进制字节数组的格式存放，客户端在使用时需要自行转换。Redis 键值是二进制安全的，用任何二进制序列作为键，空字符串也是有效键。数据库完全在内存中操作数据，数据类型丰富。Redis 支持丰富的数据类型，包括"5 种基本"数据类型+"4 种特殊"数据类型。5 种基本类型即字符串（String）、哈希表（Hash Table）、列表（List）、集合（Set）、有序集合（Ordered Set），4 种特殊数据类型是基数统计（HyperLogLog）、位图（BitMap）、地理位置（Geo）和流（Streams）。

1）字符串：字符串是最基本的类型，可包含任何数据如 JPG 图片或者序列化的对象，字符串大小最多是 512 MB。字符串是最常用的一种数据类型，可应用于普通的键值对存储，具有定时持久化、操作日志及复制等功能。

2）哈希表：哈希表是一个键值对集合，可以用来存储对象的属性或者其他类型的映射关系，一个字符串类型的域（Field）和值（Value）的映射表，适用于存储对象。例如，存储用户信息对象数据，用户 ID 为键、值是用户对象，包含姓名、性别、生日、专业等信息，哈希表内部存储的值为一个哈希映射（HashMap）。图 7-5 给出了用户信息的定义，第一列的键值对是具体的键，person 值是一个哈希值。哈希表不支持二进制位操作，一个哈希表中最多包含 $2^{32}-1$ 个键值对。

1	Key	Hash	
2	person	field	value
3		ID	21002
4		姓名	赵武
5		性别	男
6		生日	2003-5-3
7		专业	软件工程

图 7-5　用户信息的定义

3）列表：列表是简单的字符串列表，它的实现为一个双向链表，支持正向、反向查找和遍历，可用于发送缓冲队列等功能。

4）集合：Redis 中的集合是一个无序的、去重的元素集合，元素是字符串类型，最多包含 $2^{32}-1$ 个元素。集合是通过哈希表实现的，所以添加、删除、查找的复杂度都是 $O(1)$。Redis 的集合对外提供与链表类似的功能，集合就是一堆不重复值的组合。集合的编码方式有两种，即整数集合和哈希表。当集合中的所有元素都是整数，并且元素的个数小于 set-max-intset-entries 时，使用整数集合作为集合的编码方式，所有元素都保存在整数集合里面。当集合中的所有元素不都是整数，或者元素的个数大于等于 set-max-intset-entries，使用哈希表作为集合的编码方式，哈希表的每一个键都是字符串对象，每一个字符串都包含一个集合的元素，哈希表的值全部为 NULL。

5）有序集合：有序集合是有序的、去重的，元素是字符串类型、每一个元素都关联着一个浮点数分值（Score）的集合，按照分值从小到大的顺序排列元素。分值可以相同，最多包含 $2^{32}-1$ 个元素，成员是唯一的，分值则可以重复。有序集合的使用场景与集合类似，区别是集合不是自动有序的，有序集合通过用户额外提供一个优先级的参数来为成员排序，是插入有序的（即自动排序）。有序集合在内部使用哈希映射和跳跃表（Skip List）来保证数据的存储和有序。

6）基数统计：基数表示不重复的元素，例如 $A=\{1,2,3,4,5\}$，$B=\{3,5,6,7,9\}$，那么基数（不重复的元素）= 1,2,4,6,7,9；允许容错，即可以接受一定误差。使用基数统计结构可以节省内存，以便统计各种计数，比如注册 IP 数、每日访问 IP 数、独立 IP 访客 UV（Unique Visitor，指某站点被多少台计算机访问过，以用户计算机的 Cookie 作为统计依据，00:00-24:00 内相同的客户端只被计算一次）、在线用户数、共同好友数等。

7）位图：BitMap 数据结构操作二进制位来进行记录，只有 0 和 1 两个状态。比如统计用户信息的登录/未登录、打卡/不打卡等，具有两个值的行为状态的数据都可以使用位图。存储一年的打卡状态需要的内存是 365 bit/天，约 46(365/8) 个 byte。位图是一个对位进行操作的字符串，每个位置只存储 0 和 1 的一串二进制数字，下标是其偏移量。通过一个位来表示某个元素对应的值或状态，其中的键对应元素本身，底层是通过对字符串的操作来实现的。Redis 从 2.2.0 版本开始新增了 setbit、getbit、bitcount 等相关命令。

8）地理位置：Redis 的 GEO 特性是在 Redis 3.2 版本中推出的，它将用户给定的地理位置信息存储起来，用来完成和空间位置相关的算法功能：两地之间的距离、某范围内的人等。在直播业务中，实现检索附近主播功能的方法是：开播时写入主播 ID 的经纬度，关播的时候删除主播 ID 元素，系统中维护一个具有位置信息的在线主播集合供线上检索。

9）流：Redis Stream 是 Redis 5.0 版本新增加的数据类型，专门为消息队列设计。Redis Stream 类用于实现支持消息的持久化、自动生成全局唯一 ID、ACK（肯定应答）确认消息的模式、支持消费组模式等功能。流就是 Redis 实现的内存版分布式发布-订阅消息系统，支持多播的可持久化的消息队列，用于实现发布和订阅功能；Redis Stream 的结构有一个消息链表，将所有加入的消息都串起来，每个消息都有一个唯一的 ID 和对应的内容。消息是持久化的，Redis 重启后其内容还在。

7.3.3 Redis 数据库存储结构

1. 数据库数组

Redis 服务器内部维护一个数据库数组 RedisDB[0:15]，数组的大小在 Redis. conf 中配置（"database 16"，默认为 16）。在默认状态下，Redis 会创建 16 个 RedisDB 数据库。每一个 RedisDB 以一个字典（dict）存储键值对。数据结构如下：

```
struct RedisServer{…//一个保存着 RedisDB 的数组,db 中的每一项就是一个数据库
                RedisDB * db;…}
```

2. 数据库的内部结构

每个数据库由一个 RedisDB 结构表示，其中 RedisDB 结构中的字典保存了数据库中所有的键值对。RedisDB 结构体的定义为：

```
typedef struct RedisDB{ …//保存数据库中所有的键值对
                dict * dict;…}
```

字典也称为符号表、关联数组或映射，用于保存键值对的抽象数据结构；字典中的每个键都是独一无二的，程序可以在字典中根据键查找与之关联的值，通过键来更新值，根据键来删除整个键值对等；字典可以用来实现数据库和哈希键等。

3. 字典结构

字典是 Redis 中的一种数据结构，用来保存键值对。Redis 数据库的底层实现是字典，我们对数据库的增、删、改、查操作都是通过操作字典来实现的。字典还是哈希数据的底层实现之一，如果一个哈希键包含的键值对比较多或字符串比较长，Redis 就会使用字典作为哈希键的底层实现。

图 7-6 给出了字典结构某一时刻的具体示例，它包括字典（dict）、哈希表（ht）、哈希表的实体（dictEntry）和其对应的值。dict 结构中的分量包括：字典类型（dicttype），两个哈希表（ht[2]），记录重新哈希进度的 ID（rehashid），正在运行的安全迭代器的数量（iterators）。ht 的结构包括：哈希表数组（table），每个元素都是一个指向 dictEntry 的指针，默认为 null；哈希表大小（size），哈希表大小掩码用于计算索引值总是等于 size - 1 的 sizemask；哈希表已有节点的数量（used）。哈希表节点 dictEntry 包括键值对，值的类型有指针（val）、uint 64（无符号整数）、int 64（整数），指向下个哈希表节点（next）形成链表。字典维护着两个哈希表（ht[0]、ht[1]），当不断地往哈希表（ht[0]）中插入新的键值对时，如果两个键的哈希值相同，它们将以链表的形式放进同一个"桶"中，随着哈希表里的数据越来越多，哈希表性能会急剧下降

（查找操作都退化成链表查找）。此时，就需要扩大原来的哈希表，以使哈希表的大小和哈希表中的节点数的比例能够维持在 1∶1（dictht. size：dictht. used），这时哈希表才能达到最佳查询性能 $O(1)$。创建一个新的哈希表，大小是当前的两倍（准确地说还必须是 2 的幂次），然后把全部键值对重新散列到新的哈希表中，最后再用它替换原来的哈希表，这样就实现了哈希表的扩容。

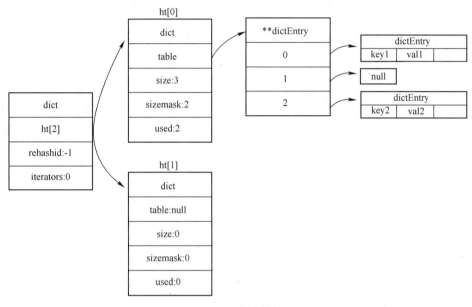

图 7-6　字典结构

重新哈希（Rehash）问题：客户端 A 插入一个键值对时，编程人员发现哈希表已经放满了，ht[0] 中已用（used）与长度（size）的比大于 1 即查询性能开始下降，如果执行重新哈希操作（假设目前哈希表中有 10 万个键值对，那么 Redis 就会一直工作到完成对 10 万个键值对的重新哈希操作），其他客户端请求都会被阻塞。为了避免出现这种情况，一般采用渐进式重新哈希，即每次重新哈希过程做一点，具体过程如下。

1）在 ht[1] 上分配一个更大的哈希表。

2）"分多次"把 ht[0] 上的键值对重新散列到 ht[1] 上。

3）当处理完所有键值对时，让 ht[0] 指向新的哈希表。

哈希表的实体记录每个键值对定义的指针。

4. 对象结构

Redis 是键值对存储系统，键类型一般为字符串，值类型则为对象，绑定各种类型的数据，内部使用一个 Redis 对象来表示所有的键值对，主要的信息包括数据类型（type）、编码方式（encoding）、数据指针（ptr）、虚拟内存（vm）等。数据类型有字符串、列表、哈希表、集合和有序集合，编码方式对应不同数据类型在数据库中的内部表示，有原始表示、整数集合（intset）、哈希表（hash table）、链表（linkedlist）、压缩表（ziplist）等，数据指针用来指向数据在存储的开始位置等。

1）字符串的实现。字符串是经过包装的用 C 语言字符数组实现的简单动态字符串。一个抽象数据结构的定义如下：

```
struct sdshdr {
    int len;              //len 表示 buf 中存储的字符串的长度
    int free;             //free 表示 buf 中空闲空间的长度
    char buf[];           //buf 用于存储字符串内容
};
```

其中，buf 是字符数组，用于按字节存储字符串内容，可存储任何数据（字节数组）；len 是 buf 数组的长度；free 是数组中剩余可用字节数。

2）列表的实现。列表是一个具有头和尾指针的双向链表。每个元素都是字符串类型的，也是双向链表的一个节点，可从链表的头部和尾部添加或者删除元素。列表可作为栈或队列使用。列表对象的编码方式可以是 ziplist 或者 linkedlist。ziplist 作为底层实现，每个节点保存一个列表元素；linkedlist 编码的列表对象在底层双端列表中包含了多个字符串对象，字符串对象是唯一一种会被其他 4 种类型对象嵌套的对象。

3）哈希表的实现。哈希表是字符串类型的域和值之间的映射表，键所对应的哈希值是内部存储结构哈希映射。哈希对象的编码方式有 ziplist 或者 hash table。使用 ziplist 编码，保存同一键值对的两个节点总紧挨在一起，键在前、值在后；使用 ziplist 编码的要求是所有键和值的字符串长度均小于 64 字节，以及键值对的数量小于 512 个；使用 ziplist 编码，当有新的键值对要加入哈希对象时，先将保存了键的节点推入列表表尾，再将保存了值的节点推入列表表尾。一对键值对总是相邻的，并且键节点在前、值节点在后。

4）集合的实现。集合是一个无序的字符串类型数据的集合，是不能有重复数据的列表，内部是用哈希映射实现的，用哈希映射的键来存储对象。编码方式是 intset 或者 hash table。使用 intset 编码时，所有元素都是整数值，元素数量不超过 512 个；用 intset 作为底层实现，所有元素都保存在 inset 中。使用 hash table 编码的集合对象，使用字典作为底层实现，字典中每个键都是字符串对象的一个集合元素，字典的值都是 NULL。

5）有序集合的实现。有序集合是一个排好序的集合，在集合的基础上增加了顺序属性 score，在添加、修改元素时指定，每次指定后自动重新按新的值排序。其内部使用哈希映射和跳跃表来保证数据的存储和有序，哈希映射是成员到 score 的映射，而跳跃表里存放的是所有的成员，按照 score 排序。编码方式有 ziplist 和 skiplist。ziplist 作为底层实现，每个集合元素使用两个紧挨着的节点保存，第一个是集合元素，第二个是集合元素对应的 score。ziplist 要求元素数量小于 128 个并且所有元素的长度都小于 64 字节。skiplist 的有序集合对象使用 zset 结构作为底层实现，一个 zset 结构同时包含一个字典和一个跳跃表。

6）基数统计的实现。基数统计是一种概率数据结构，使用概率算法来统计集合的近似基数，估算在一批数据中不重复元素的个数。算法的原则是伯努利过程+分桶+调和平均数。基数统计是一种近似统计大量去重元素数量的算法，它内部维护了 16384 个桶并记录各自桶的元素数量，一个元素过来后会被散列到其中一个桶。基数统计算法中每个桶所占用的空间实际上只有 6 bit，记录桶中元素数量的对数值。当元素到来时，通过哈希算法被分派到其中的一个小集合存储，同样的元素总是会散列到同样的小集合。这样总的计数就是所有小集合大小的总和。一个基数统计实际占用的空间大约是 16384×6 bit，共 12k 字节。在计数比较小的时候，大多数桶的计数值都是零，可以不用空间。Redis 的密集存储会恒定占用 12k 字节，而在稀疏存储空间中占用远远小于 12k 字节。基数统计除了需要存储 16384 个桶的计数值之外，它还有一些附加的字段比如总计数缓存、存储类型等头部信息，内部结构是一个字符串位图。基数统计在执行指令前需要对内容进行格式检查，根据对象头的魔术字符串内容来判断当前字符串是否基数统计计数器。如果是密集存储，还需要判断字符串的长度是否恰好等于密集计数器存储的长度。

7）位图。位图的基本原理就是用一个位来标记元素对应的值，键是元素，分配给内存的最小单元是位，1 个整数为 4 字节＝32 位。位图的值是一个 string 结构，其限制和 string 值的限制一样是 512M 字节（2^{32} 位）。一个位图的例子：电话号码文件，每个号码为 8 位数字，统计不同号码的个数。8 位整数的范围为（0，99999999），99999999 个位约等于 12 MB 的内存。位图也可以用来表述字符串类型的数据，但是需要有一层哈希映射，可以通过一层映射关系，表述字符串是否存在。在将字符串映射到位图的时候会有数据碰撞的问题，要存入（10，8887983，93452134）这 3 个数据需要建立一个 99999999 长度的位图的数据稀疏问题，可以引用多个哈希函数来降低冲突的概率，为数据碰撞的问题提供解决方案，用高效压缩位图来解决数据稀疏问题。

8）地理位置。Redis 的地理位置数据结构用来存储位置信息，并对存储的信息进行操作，地理位置的底层结构是一个键里面保存各个成员和经纬度，经纬度能够排序，借鉴 zset 结构把经度和纬度用一个 score 来保存，地理位置的底层在 zset 的结果上做了一层封装。采用 GeoHash 编码方法，先对经度和纬度分别编码，再把经纬度的编码组合成一个最终编码，将二维的经纬度转换成字符串。使用 GeoHash 将二维的经纬度数据编码成一维数据，再使用 B 树索引快速查找出需要的数据；反之可以把编码转换成经纬度。Redis 提供了多个 API，包括：geoadd，添加经纬度坐标和对应地理位置名称；geopos，获取地理位置的经纬度坐标；geodist，计算两个地理位置的距离；georadius，根据用户给定的经纬度坐标来获取指定范围内的地理位置集合；georadiusbymember，根据存储在位置集合里面的某个地点获取指定范围内的地理位置集合；geohash，计算一个或者多个经纬度坐标点的 geohash 值，从而对地理数据进行操作，以完成不同的应用功能。

9）流。Redis 的流是一种在内存中表示的抽象数据类型，模拟日志数据结构，消息内容就是哈希结构的键值对，每一个流都有一个消息链表，所有消息串联起来，每个消息有一个唯一的 ID 和对应的内容。消息是持久化的，重启后消息内容不会丢失。

每个流有唯一的名称（key），首次使用 XADD 指令追加消息时自动创建。每个流都可以挂多个消费组，每个消费组会有一个游标 last_delivered_id 在流数组之上往前移动，表示当前消费组已经消费到哪条消息了。每个消费组用指令 xgroup create，创建一个流内唯一的名称，并指定开始消费的消息 ID，即 last_delivered_id 的初始值。每个消费组的状态是独立的，同一个消费组可以挂接组内有唯一名称的多个消费者（Consumer），消费者之间是竞争关系，消费者读取了消息都会使游标 last_delivered_id 往前移动。已经被客户端读取还没有肯定应答（ACK）的消息被记录在消费者内部状态变量 pending_ids 中，确保客户端至少消费消息一次，保证不会出现在网络传输的中途丢失了没处理的消息。

消息队列相关命令：XADD，添加消息到末尾；XTRIM，对流进行修剪，限制长度；XDEL，删除消息；XLEN，获取流包含的元素数量，即消息长度；XRANGE，获取消息列表，会自动过滤已经删除的消息；XREVRANGE，反向获取消息列表，按 ID 从大到小排序；XREAD，以阻塞或非阻塞方式获取消息列表等。

10）对象的其他特性。

对象空转时长：在对象结构中有一项是记录对象最后一次被访问的时间，可以用命令显示对象空转时长。可以设置最大内存选项和最后访问时间，以控制空转时长；对空转时长超过规定的那部分键，释放内存，系统回收内存。

内存回收：对象机制使用变量来记录每个对象的引用计数值。当创建对象或对象被重新使用时，引用计数加 1；不再被使用时引用计数减 1；引用计数为 0 时释放其内存资源。

　　对象共享：对象的引用计数可以实现对象的共享，当一个对象被共享时，直接在其引用计数上加 1 就行。Redis 只共享包含整数值的字符串对象。

　　Redis 的持久化是指支持将内存中的数据周期性地写入磁盘或者把操作追加到记录文件中。Redis 提供了 RDB（Redis DataBase，Redis 数据库）和 AOF（Append Only File，只能添加文件）两种持久化机制。RDB 持久化是指在指定的时间间隔内将内存中的数据集快照写入磁盘；快照（Snapshot）方式将某一时刻的内存中的数据快照，以二进制的方式写入硬盘，保存的文件以 .rdb 形式结尾的文件称为 RDB 方式，支持周期性地自动保存数据集；采用 AOF 方式时，Redis 会将每一个收到的写命令通过 write 函数追加到文件中，记录服务器执行的所有写操作命令，并在服务器启动时，通过重新执行这些命令来还原数据集。可以修改配置文件来控制持久化的方式和写入文件中的时机。

7.3.4　Redis 数据库系统架构

　　Redis 支持单机、主从、哨兵、集群多种架构模式。单机模式就是安装一个 Redis，启动以供业务调用，特点是容量和处理能力有限、部署简单、适合开发，缺点是不能保证可靠性、单节点有宕机的风险。这里讨论 Redis 集群的架构模式。

1. Redis 的主从复制

　　Redis 的复制（Replication）功能允许用户根据一个 Redis 服务器来创建任意多个该服务器的复制品，其中被复制的服务器为主服务器（Master），而通过复制创建出来的服务器复制品则为从服务器（Slave）。只要主从服务器之间的网络连接正常，主从服务器就会具有相同的数据，主服务器就会一直将发生在自己身上的数据更新同步给从服务器，从而一直保证主从服务器的数据相同。主服务器节点（主节点）用来执行写入请求，从服务器节点（从节点）用来处理读取请求，从而获取高性能。数据的复制是单向的，只能由主节点到从节点，简单理解就是从节点只支持读操作，不允许写操作。主从模式需要考虑的问题是：当主节点宕机，需要选举产生一个新的主节点，从而保证服务的高可用性。Redis 采用主从部署结构，主从实例间数据实时同步，并且提供数据持久化和备份策略。主从实例部署在不同的物理服务器上，实现对外提供服务和读写分离策略。

　　一个主服务器可以有多个从服务器；主服务器可以有从服务器，从服务器也可以有自己的从服务器；Redis 支持异步复制和部分复制，主从复制过程不会阻塞主服务器和从服务器；主从复制可以提升系统的伸缩性和功能，如让多个从服务器处理只读命令，使用复制功能来让主服务器免于频繁地执行持久化操作。集群中的每个节点都有 $1 \sim N$ 个复制品，其中一个为主节点，其余的为从节点。如果主节点下线了，集群就会把这个主节点的一个从节点设置为新的主节点。如果某一个主节点和它所有的从节点都下线，集群就会停止工作。集群不保证数据的强一致性，使用异步复制是集群可能丢失写命令的一个原因。

　　Redis 主从复制模式的优点是主/从角色方便水平扩展，降低主节点读压力，主节点宕机，从节点作为主节点的备份可以随时顶上继续提供服务；缺点是可靠性不是很好、数据冗余、主从节点的写能力和存储能力有限。

2. 哨兵模式

　　在主从复制的基础上，哨兵模式实现了自动化故障恢复。哨兵模式由哨兵节点和数据节点两部分组成：哨兵节点是特殊的 Redis 节点，不存储数据；主节点和从节点都是数据节点。Redis Sentinel 是分布式系统中监控 Redis 主从服务器，并提供主服务器下线时自动故障转移功能的组件。其 3 个特性为：监控（Monitoring），哨兵会不断地检查主服务器和从服务器是否运作正常；

提醒（Notification），当被监控的某个 Redis 服务器出现问题时，哨兵通过 API 向管理员或者其他应用程序发送通知；自动故障迁移（Automatic Failover），当一个主服务器不能正常工作时，哨兵会开始一次自动故障迁移操作。

哨兵模式工作原理：

1）每个哨兵以每秒一次的频率向它所知的主从节点以及其他哨兵节点发送一个 PING 命令。

2）如果一个实例（Instance）距离最后一次有效回复 PING 命令的时间超过配置文件 own-after-milliseconds 选项所指定的值，则这个实例会被哨兵标记为"主观下线"。

3）如果一个主节点被标记为"主观下线"，那么正在监视这个主节点的所有哨兵要以每秒一次的频率确认主节点是否真得进入"主观下线"状态。

4）当有足够数量的哨兵（大于等于配置文件指定的值）在指定的时间范围内确认主节点的确进入了"主观下线"状态，则主节点会被标记为"客观下线"。

5）如果主节点处于"客观下线"状态，则投票自动选出新的主节点，将剩余的从节点指向新的主节点继续进行数据复制。

6）在正常情况下，每个哨兵会以每 10 s 一次的频率向它已知的所有主从节点发送 INFO 命令；当主节点被哨兵标记为"客观下线"时，哨兵向已下线的主节点的所有从节点发送 INFO 命令的频率会从 10 s 一次改为 1 s 一次。

7）若没有足够数量的哨兵同意主节点已经下线，主节点的"客观下线"状态就会被移除。若主节点重新向哨兵的 PING 命令返回有效回复，主节点的"主观下线"状态就会被移除。

哨兵模式的优点是：由于其基于主从模式，所以具有主从模式的所有优点，主从可以自动切换，系统更健壮，可用性更高；不断地检查主节点和从节点，如果有个不正常，则通过 API 向管理员或者其他应用程序发送通知。缺点是：主从切换需要时间，会丢失数据；没有解决主节点写的压力；主节点的写能力、存储能力有限制；动态扩容困难、复杂等。

3. 集群模式

Redis 集群采用无中心结构，每个节点都可以保存数据和整个集群状态，每个节点都和其他所有节点连接。集群一般由多个节点组成，节点数量至少有 6 个才能保证组成完整、高可用的集群，其中 3 个为主节点，3 个为从节点。3 个主节点会分配槽，处理客户端的命令请求，而从节点可用在主节点故障后，顶替主节点。集群模式就是把数据进行"分片"存储，当一个分片数据达到上限的时候，还可以分成多个分片。通过分片来提供一定程度的可用性，自动分割数据到不同的节点上，整个集群的部分节点失败或者不可达的情况下能够保持系统的可用性。

Redis 集群的数据分片引入了哈希槽（Hash Slot）的概念；集群有 16384 个哈希槽，当需要在集群中放置一个键值对时，先对每个键通过 CRC16 算法算出一个整数结果，然后把结果对 16384 取模得到余数来对应一个编号在 0 ~ 16383 之间的哈希槽，Redis 会根据节点数大致均等地将哈希槽映射到不同的节点，集群的每个节点负责一部分哈希槽。例如当前集群有 3 个节点，节点 A 包含 0 ~ 5500 号哈希槽，结点 B 包含 5501 ~ 11000 号哈希槽，节点 C 包含 11001 ~ 16383 号哈希槽。这种结构很容易添加或者删除节点，例如添加节点 D，需要从节点 A、B、C 中移动部分槽到 D 上；移除节点 A 是先将 A 中的槽移到 B 和 C 节点上，再将没有任何槽的 A 节点从集群中移除。由于从一个节点中将哈希槽移动到另一个节点并不会停止服务，因此无论是添加、删除还是改变某个节点的哈希槽的数量，都不会造成集群不可用的状态。Redis 集群提供了灵活的节点扩容和缩容方案。在不影响集群对外服务的情况下，可以为集群添加节点进行扩容，也可以为下线部分节点进行缩容。槽是 Redis 集群管理数据的基本单位，集群伸缩就是槽和数据在节点之间的移动。扩容或缩容以后，槽需要重新分配，数据也需要重新迁移，但是服务不需要下线。

　　Redis 集群为了保证数据的高可用性，加入了主从模式。一个主节点对应一个或多个从节点，主节点提供数据存取，从节点复制主节点数据备份。当这个主节点挂掉后，就会从这个主节点的从节点中选取一个来充当主节点，从而保证集群的高可用。集群会把数据存储在一个主服务器节点，在这个主服务器和其对应的从服务器之间同步数据。一致性哈希算法是用来解决分布式系统中数据分片问题的，它将数据映射到一个固定的区间，每个节点也被映射到这个区间上，每个数据的哈希值也映射到这个区间上，数据被分配给最接近它的节点，如果某个节点宕机，它上面的数据就会被分配给下一个节点。这样，增加或删除节点只会对相邻的节点和数据有影响，其他节点和数据的位置不会改变。当操作数据时，根据一致性哈希算法对应的主服务器节点获取数据。当一个主服务器失效之后，对应的从服务器节点启动并成为主服务器。集群中至少有 3 个节点，当存活的节点数小于总节点数的一半时，整个集群就无法提供服务了。客户端连接到集群中任何一个可用节点即可。

　　集群的优点是：无中心架构；高可扩展性，数据按照槽存储分布在多个节点上，节点间数据共享，节点可动态添加或删除，可动态调整数据分布；高可用性，部分节点不可用时，集群仍可用。通过增加从节点备份数据副本。实现故障自动转移，节点之间通过 Gossip 协议交换状态信息，用投票机制完成从节点到主节点的角色转变。缺点是：数据通过异步复制，无法保证数据强一致性；集群环境搭建相对复杂。

7.3.5　Redis 数据库的应用场景

　　Redis 不仅可以通过命令行进行操作，也可以通过 JavaAPI 进行操作。Redis 的命令包括全局命令，以及对应基本数据类型，例如字符串、哈希值、列表、集合、有序集合和扩展数据类型的操作命令，只需要调用其即可。可以使用 JavaAPI 来对 Redis 数据库当中的各种数据类型进行操作。可以使用第三方框架访问 Redis，一般框架都提供了访问的 jar。开发者需要做的就是：①导入 jar；②配置 Redis 参数；③完成框架本身对 Redis 的配置（比如 Spring 中需要配置 Redis 的 bean 及参数文件位置）。完成上述任务后，开发者就可以在自己的编程环境下使用 Redis 数据库了。

　　Redis 使用内存提供主存储支持，使用硬盘做持久性存储。其数据模型独特，用的是单线程。用 Redis 的链表来做 FIFO（先进先出）双向链表，可实现轻量级的高性能消息队列服务。用 Redis 的集合可做高性能的标签系统等。最常用的一种使用 Redis 的场景是会话缓存（Session Cache），缓存会话的文档，并提供持久化。Redis 还提供很简便的全页缓存（FPC）平台，由于有磁盘的持久化，重启 Redis 实例时，用户不会感受到页面加载速度的下降。队列提供列表和集合操作，这使 Redis 能作为一个很好的消息队列平台。排行榜/计数器，使用集合和有序集合的计数功能，非常简单。在一些需要大容量数据集的应用中，Redis 并不适合，这是因为它的数据集不会超过系统可用的内存。

课堂讨论：本节重点与难点知识问题

1）Redis 数据库的数据类型有哪些？

2）Redis 数据库的数组结构是什么样的？

3）Redis 不同类型数据的存储结构分别是什么样的？

4）Redis 数据库的相关操作有哪些？

5）Redis 有哪些应用场景？

7.4　文档数据库

文档数据库的概念是 1989 年由 Lotus 公司通过其产品 Notes 提出的。文档数据库用来管理文档，文档是处理信息的基本单位；文档可以很长、很复杂、无结构、与字处理文档类似；文档相当于关系数据库中的一条记录，能够对包含的数据类型和内容进行"自我描述"，XML 文档、HTML 文档和 JSON 文档就属于这一类。文档数据库提供嵌入式文档，可用于需要存储不同属性及大量数据的应用系统。

7.4.1　文档数据存储模式

文档式存储模式以键值对的方式存储数据，键是文档标识符，值是文档，值一般为半结构化内容，需要通过某种半结构化标记语言来描述，例如通过 JSON 或 XML 等方式来组织其值。不同的元组对应的文档结构可能完全不同。文档中还可能会嵌套文档，以及出现不定长的重复属性。文档式存储模式无法预先定义。文档存储支持对结构化数据的访问，支持嵌套结构，文档的值可以嵌套存储其他文档，支持数组和列键，文档内部结构的存储引擎可以直接支持二级索引，允许对任意字段进行高效查询。每个文档的 ID 就是它唯一的键，ID 在一个数据库集合中是唯一的。在社交网站上，每个用户都可以发布内容类型不同的数据，如风景照片、时事评论、分享音乐等，利用文档模型能够直接保留原有数据的样貌，存储直接、快速，调用时可以"整存整取"，对数据"去标准化"。这样在社交网络上每个人发布的内容就是独立的"文档"，包含了完整的信息。这种"自包含"的特性，使得不同的用户只需修改自己的文档而不会影响别人的操作，实现高并发性。下面以 MongoDB 为例来说明文档数据库的原理、结构及其应用。

7.4.2　MongoDB 数据库概述

MongoDB 是由 C++语言编写的基于分布式文件存储的开源数据库系统，为 Web 应用提供可扩展的高性能数据存储解决方案。MongoDB 是非关系数据库中功能最丰富、最像关系数据库的数据库之一，它支持的数据结构非常松散，可以存储比较复杂的数据类型。MongoDB 的特点是支持的查询语言非常强大，其语法类似于面向对象的查询语言，可以实现类似关系数据库单表查询的绝大部分功能，而且还支持对数据建立索引。

MongoDB 是面向集合、模式自由的文档数据库，其数据被分组存储在数据集也被称为集合中；每个集合在数据库中都有一个唯一的标识名，并且可以包含无限数目的文档；它不需要定义任何模式，可以把不同结构的文件存储在同一个数据库里。存储在集合中的文档为键值对的形式。每个文档可以匹配所表示实体的数据域。数据关系有引用和嵌入两种：引用文档通过包含链接或从一个文档到另一个文档的引用来存储数据关系；嵌入文档通过把数据存储到一个独立文档结构中来获取数据之间的关系，将一个文档结构嵌入另一个文档的字段或者数组中。MongoDB 的写操作在文档级别是原子性的。

MongoDB 的数据模型包括文档（Document）、集合（Collection）、数据库（Database）等基本概念。文档是数据的基本单元和核心概念，集合可以被看作没有模式的表，每个实例都可容纳多个独立数据库，每个数据库都有自己的集合和权限（数据库）。

文档是数据的基本单元、数据存储中的一个单独的对象，类似于关系数据库系统中的行（比行更复杂）；域（Field）文件中的一个单一数据项，如姓名或电话号码，则类似于 SQL 字段或表列。集合是一组类似的文件，集合类似关系数据库中的表；每一个文档都有一个特殊的键，键在文档的集合中是唯一的，相当于关系数据库中表的主键。MongoDB 的组成如图 7-7 所示。

1. 文档

多个键及其关联的值有序地放置在一起就是文档。文档不需要设置相同的字段，相同的字段也不需要相同的数据类型。一个文档包含一组字段，每一个字段都是一个键值对，其中键为字符串类型，值包含字符串、整型数值、浮点数、布尔型、时间戳、二进制型、二进制数组、空值型、数组、日期、代码、对象标志、对象类型、文档、正则表达式等数据。文档有单键值文档｛"userName"："BBS11"｝，多键值文档

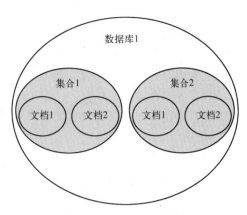

图 7-7　MongoDB 的组成

｛"id"：ObjectId（"58097dfe7e6d64baca852729"），"name"："test"，"add"："china"｝，文档中的键值对是有序的。文档中的值可以是双引号里面的字符串，也可以是其他数据类型（甚至可以是整个嵌入的文档）。MongoDB 文档不能有重复的键，文档的键是字符串。

1）嵌入式文档。下面的示例说明文档"Contact"和"access"是嵌入"user document"文档中的。

```
User document
{
  _id: <ObjectID1>,
  Username: "123xyz",
  Contact: {
            Phone: "12345678900",
            Email: "xyz@mail.xx.com"
          }
  access: {
            level: 8,
            group: "worker"
          }
}
```

2）引用型文档。下面的"user document"中引用了"Contact"和"access"的 Userid 的值。

```
User document
{
  _id: <ObjectID1>,
  Username: "123xyz",
}
Contact:
{
_id: <ObjectID2>,
Userid : <ObjectID1>
Phone: "12345678900",
Email: "xyz@mail.xx.com"
}
access:
```

```
{
_id: <ObjectID3>,
Userid : <ObjectID1>
level: 8,
group: "worker"
}
```

MongoDB 文档存储使用 BSON 类型，BSON 类型是二进制序列化的形式，类似 JSON，支持内嵌各种类型。存储数据时会区分类型，每个类型都有其对应的数字。BSON 还提供了 MongoDB 的一些扩展类型，包括对象 ID 类型、4 位浮点数类型、32 位整数、64 位整数、Decimal 128 类型、字符串类型、布尔类型、时间戳类型、日期类型、嵌入文档类型、数组类型、数据集成自定义类型等。

2. 集合

把一组相关文档放到一起就组成了集合，集合是模式自由的，一个集合里面的文档可以是各式各样的。例如，下面两个文档可以出现在同一个集合中。

```
{"name":"arthur"}
{"name":"arthur","gender":"male"}
```

虽然键不同，值的类型也不同，但是它们可以存放在同一个集合中，不同模式的文档都可以存放在同一个集合中。集合可以存放任何类型的文档，但在实际使用时为了管理和查询方便，文档被分类存放在不同的集合中。例如，网站的日志记录可根据日志的级别进行存储，Info 级别日志存放在 Info 集合中，Debug 级别日志存放在 Debug 集合中，既方便管理也能提高查询性能。使用 "." 按照命名空间将集合划分为子集合。虽然可以把所有文件放到一个集合中，但通常把它们分成特定的类型更实用。例如联系人的地址簿中有个人的集合和公司的集合。

MongoDB 提供了一些特殊功能的集合，例如 Capped Collections 即固定大小集合，文档按照插入顺序存储，默认情况下查询按照插入顺序返回，可以插入及更新，更新不能超出 collection 的大小，不允许删除，但是可以调用 drop( ) 删除集合中的所有行。MongoDB 自动维护集合中对象的插入顺序，在创建时要预先指定大小。如果空间用完，则新添加的对象将会取代集合中最旧的对象。元数据是定义数据的数据，数据库的信息存储在集合中，使用了系统的命名空间，MongoDB 数据库中的命名空间 <dbname>. system. * 是包含多种系统信息的特殊集合，例如 dbname. system. indexes 包含所有索引，dbname. system. profile 包含数据库概要（Profile）信息，dbname. system. users 包含数据库的用户等，这些集合是由系统进行管理的。

3. 数据库

数据库是相关数据的集合，与 SQL 数据库的含义相同。多个文档组成集合，多个集合组成数据库，一个 MongoDB 实例可承载多个数据库，它们彼此独立。开发中，通常将一个应用（或同一种业务类型）的所有数据存放到同一个数据库中。在磁盘存储方面，MongoDB 将不同数据库存放在不同文件中。MongoDB 的默认数据库为 "db"，该数据库存储在 data 目录中。把数据库名添加到集合名前面，中间用点号连接，得到集合的完全限定名，也就是命名空间，例如命名空间 mymongo. log。点号也可以出现在集合名字中，如 mymongo. log. info，可将 info 集合看作 log 的子集合。子集合可更好地组织数据，使数据的结构更加清晰明了。

7. 4. 3 MongoDB 数据库存储结构

1. MongoDB 保留数据库

MongoDB 安装完成后，默认会创建 local、admin、config 和 test 数据库。test 是一个默认的数据库，用来做各种测试等。local 数据库存储本地单台数据库的任意集合，local 数据库里的内容不会同步到副本集的其他节点上去。admin 数据库主要存储 MongoDB 的用户、角色等信息，将用户添加到此此数据库中，该用户会自动继承数据库的所有权限；执行一些特定的服务器端命令，比如列出所有的数据库或者关闭服务。config 数据库主要存储分片集群基础信息，config 数据库在内部使用，用于保存分片的相关信息。

2. 复杂文档模型的设计

MongoDB 是模式自由的数据库，不需要预先定义模式，其文档是 BSON 格式的，任何一个集合都可以保存任意结构的文档，它们的格式千差万别。在实践，考虑业务数据分类和查询优化机制的应用需求，每个集合中文档的数据结构应该比较接近。复杂文档模型的设计可以通过内嵌和引用的方法来实现，"引用"是将不同实体的数据分散到不同的集合中，"内嵌"是将每个文档所需的数据都嵌入文档内部。

索引：用来提高查询性能，默认情况下在文档的键字段上创建唯一索引；索引需占用内存和磁盘，建议建立有限个索引且不重复；每个索引都需要一定的空间。

大集合拆分：例如一个用于存储日志的集合，日志分为两种——dev 和 debug，结果大致为 {"log":"dev","content":"…"} 和 {"log":"debug","content":"…"}。这两种日志的文档个数比较接近，即使建立索引也不高效，可以考虑将它们分别存放在两个集合中，如 log_dev 和 log_de-bug，以提高查询效率。

数据生命周期管理：MongoDB 提供了过期机制，指定文档保存的时长。文档过期后自动删除，MongoDB 启动后台线程来删除过期的文档。

3. MongoDB 数据库文件类型

MongoDB 的数据库文件主要有 3 种：日志文件，命名文件，数据及索引文件。

日志文件为 MongoDB 提供了数据保障能力，用于当数据库异常失效后，重启时进行数据恢复；对于写操作，首先写入日志，然后在内存中修改数据，后台线程间歇性地将内存中修改的数据写到底层的数据文件中，从而保证了数据库的可恢复性。MongoDB 的日志文件仅用来在系统出现宕机时恢复尚未来得及同步到硬盘的内存数据。日志文件会存放在一个独立的目录下面。启动时 MongoDB 会自动预先创建 3 个、每个为 1 GB 的日志文件（初始为空）。除非你真得有持续海量数据并发写入，否则 3 GB 已经足够。

命名文件用来存储整个数据库的集合以及索引的名字，默认为 16 MB，可以存储 24000 个集合或者索引名以及那些集合和索引在数据文件中的具体位置。通过这种文件，MongoDB 可以知道从哪里开始寻找或插入集合的数据者或索引数据。命名文件可以通过参数调整至 2 GB。

数据文件如 dbname.0，dbname.1，…，dbname.n，MongoDB 的数据以及索引都存放在一个或者多个 MongoDB 数据文件里。第一个数据文件会以"数据库名.0"命名，如 my-db.0。这个文件默认大小是 64 MB，在快用完这个 64 MB 时，MongoDB 会提前生成下一个数据文件，如 my-db.1。数据文件的大小会两倍递增。第二个数据文件的大小为 128 MB，第三个为 256 MB。到了 2 GB 以后就会停止，一直按 2 GB 这个大小增加新的文件。

当然 MongoDB 还会生成一些临时文件，如_tmp 和 mongod.lock 等。

4. MongoDB 数据库文件

MongoDB 的默认数据目录是"/data/db"，负责存储所有数据文件，每个数据库都包含一个 .ns 命名文件和一些数据文件，这些文件随着数据量的增加变得越来越多，如果系统中有一个叫作 test 的数据库，则 test 数据库的文件就包括 test.ns、test.0、test.1、test.2 等。

MongoDB 内部有预分配空间的机制，每个预分配的文件都用 0 进行填充；由于表中数据量的增加，数据文件每重新分配一次，它的大小都会是上一个数据文件大小的两倍，每个数据文件最大为 2 GB；数据库的每张表都对应一个命名空间，每个索引也有对应的命名空间；test 这个数据库包含 3 个文件，用于存储表和索引数据，test. 2 文件属于预分配的空文件，test. 0 和 test. 1 这两个数据文件被分为相应的盘区，对应不同的命名空间。每个命名空间可以包含多个不同的盘区，这些盘区并不是连续的，与数据文件的增长相关。

在每一个数据文件内，MongoDB 把所存储的 BSON 文档的数据和 B 树索引组织到逻辑容器 Extent 里面。一个文件可以有多个 Extent，每一个 Extent 只会包含一个集合的数据或索引，同一个集合的数据或索引可分布在多个 Extent 内，这几个 Extent 也可以分布在多个文件内，同一个 Extent 不会又有数据又有索引。在每个 Extent 里面存放多个记录（Record），每一个记录里包含一个记录头以及 MongoDB 的 BSON 文档，记录头以整个记录的大小开始，包括该记录的位置以及前一个记录和后一个记录的位置。

7. 4. 4　MongoDB 数据库系统架构

MongoDB 分布式集群能够对数据进行备份，提高安全性、集群读/写服务的能力和数据存储能力。MongoDB 通过副本集（Replica Set）对数据进行备份，通过分片（Sharding）对大的数据进行分割，将数据分布存储在不同节点上。MongoDB 的主从复制结构没有自动故障转移功能，这里讨论副本集、分片的系统架构和系统组成。

1. 副本集

副本集由若干台服务器组成，这些服务器分为 3 种角色：主服务器、副服务器、仲裁服务器（不需要使用专用的硬件设备，负责在主节点发生故障时，参与选举新节点作为主节点）。主服务器提供主要的对外读/写功能，副服务器作为备份。任何节点均可作为主节点，所有写入操作都在主节点上。当主服务器不可用时，其余服务器根据投票选出一个新的主服务器，副本集可以提高集群的可用性。常见的搭配方式为一主多从（奇数个节点）。选举主节点时，需要满足"大多数"成员投票要求，节点之间通信断掉之后被认为其他节点不可用。副本集的特点是：数据多副本，故障自动恢复；读写分离，读的请求分流到副本上；节点直接感知集群的整体状态。

MongoDB 复制原理就是主节点记录所有操作日志（oplog），从节点定期轮询主节点获取这些操作，然后对自己的数据副本执行这些操作，从而保证从节点的数据与主节点一致。MongoDB 复制提供了数据的冗余备份，并在多个服务器上存储数据副本，提高了数据的可用性，而且可以保证数据的安全性；复制还允许从硬件故障和服务中断中恢复数据，只要有一个副本存在就可以恢复，从而保证了容错性。

集群部署详解：客户端连接到整个副本集，不关心具体是哪一台服务器。主服务器负责整个副本集的读/写，副本集定期同步数据备份，一旦主节点不工作，副本节点就会选举一个新的主节点，应用服务器不需要关注。副本集中的副本节点在主节点不工作后通过"心跳"机制检测到此情况后，就会在集群内发起主节点的选举，自动选举一个新的主节点。

MongoDB 中增删改操作都在主服务器进行，从服务器只备份，不做任何操作。数据同步过程是主节点写入数据，副本节点通过读取主节点的日志（oplog）得到复制信息，将复制信息写入自己的日志中。如果某个备份节点由于某些原因失效了，当重新启动后，其系统就会自动从日志的最后一个操作开始同步，同步完成后，将信息写入自己的日志。当主节点完成数据操作后，副本会做出一系列动作保证数据的同步：①检查自己库的 oplog. rs 集合，找出最近的时间戳。②检查主节点本地库 oplog. rs 集合，找出大于此时间戳的记录。③将找到的操作记录插入自己的

oplog. rs 集合中，并执行这些操作。副本集的自动故障转移的功能过程：副本节点从主节点端获取日志，然后完全顺序地执行日志所记录的各种操作。在副本集的环境中，如果所有的副本节点都宕机了，主节点会变成副本节点，不能提供服务。

2. 分片部署

分片是指将数据拆分并分散存放在不同机器上的过程。MongoDB 支持自动分片，可以使数据库架构对应用程序不可见。MongoDB 的分片机制允许创建一个包含许多台机器的集群，将数据集合的子集分散在集群中，每个分片维护一个数据集合的子集。与副本集相比，使用集群架构可以使应用程序具有更强大的数据处理能力。数据库提供了垂直扩展和分片两种方法。垂直扩展是增加 CPU、RAM、存储等资源；分片（水平扩展）是划分数据集，将数据分布到多台服务器中。每个碎片（Chard）是一个独立的数据库，这些碎片共同组成了一个逻辑的数据库。分片键决定了集合文档在集群上的分布。

MongoDB 中的分片集群结构如图 7-8 所示。分片集群有 3 个组件：数据分片（Shard），路由（Router）和配置服务器（Config Server）。数据分片存储数据，提供高可用性和数据的一致性，每个分片都是一个副本集。客户端应用程序直接操作分片的接口，查询路由处理和定位操作到碎片中，并返回相关数据到客户端。配置服务器存储集群中的元数据，包含集群数据到分片的映射，路由使用这些元数据定位操作到明确的碎片中。分片的方法可以是范围分片或者哈希分片。

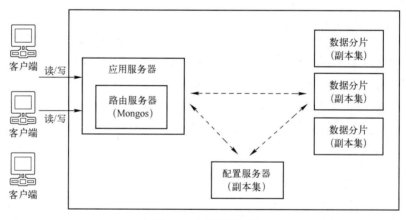

图 7-8　分片集群结构

路由服务器：路由服务器负责把对应的数据请求转发到对应分片服务器上数据库集群请求的入口，本身不保存数据，启动时从配置服务器加载集群信息到缓存中，并将客户端的请求路由给每个分片服务器，在各分片服务器返回结果后进行聚合并返回客户端。所有的请求都通过路由服务器进行协调，不需要在应用程序中添加一个路由选择器。路由服务器自己就是一个请求分发中心，它负责把对应的数据请求转发到对应的分片服务器上。生产环境通常有多个路由服务器作为请求的入口，防止其中一个不工作而导致所有的 MongoDB 请求都没有办法操作。

配置服务器：配置服务器是一个独立的 mongod 进程，存储所有数据库元信息（路由、分片）的配置。路由服务器本身没有物理存储分片服务器和数据路由信息，只是缓存在内存里；配置服务器则实际存储这些信息。配置服务器相当于集群的"大脑"，存储所有数据库元信息（路由、分片）的配置。路由服务器第一次启动或者关掉重启就会从配置服务器加载配置信息；

配置服务器信息变化时，会通知所有路由服务器更新自己的状态，这样路由服务器就能继续准确路由。生产环境通常有多个配置服务器，以保证集群正常工作。

分片服务器：分片服务器是一个独立的、普通的 mongod 进程，保存数据信息。单机 mongod 组成副本集的分片，客户端通过路由服务器读取配置服务器的信息来与分片通信，客户端程序感觉不到集群的存在，只需要知道路由服务器的 IP 和连接方式。每一个分片包括一个或多个服务和存储数据的 mongod 进程，每个分片开启多个服务来提高服务的可用性。这些服务或 mongod 进程在分片中组成一个副本集。

分片机制的使用场景：机器的磁盘不够用了，使用分片解决磁盘空间的问题，单个 mongod 不能满足写数据的性能要求或者想把大量的数据放到内存，分片将写压力分散到各个分片服务器或充分使用服务器的资源。副本集利用备份保证集群的可靠性，分片机制为集群提供了可扩展性，以满足海量数据存储和分析的需求。在实际生产环境中，副本集和分片是结合起来使用的，可满足实际应用场景对高可用性和高可扩展性的需求。

7.4.5　MongoDB 数据库的应用场景

MongoDB 提供了各种各样的命令来管理和操作数据库系统。官方 MongoDB 命令行接口是 mongod 和 mongo。mongod 是 MongoDB 管理服务器的命令，mongo 是 Mongo shell 工具。MongoDB Java 客户端有 3 种方式连接 MongoDB，分别是 MongoClient、MongoTemplate、MongoRepository。适合 MongoDB 的应用场景：

1）网站数据：MongoDB 非常适合进行实时插入、更新与查询，并具备网站实时数据存储所需的复制能力及高度伸缩性。

2）缓存：由于性能很高，MongoDB 也适合作为信息基础设施的缓存层。在系统重启之后，由 MongoDB 搭建的持久化缓存可以避免下层的数据源过载。

3）大尺寸低价值的数据：如日志数据，传统的关系数据库存储大量数据时，数据库的运行效率不高，MongoDB 非常适合庞大数据的存储。

4）高伸缩性的场景：集群分布式计算，MongoDB 内置了 MapReduce 引擎，非常适合由数十或数百台服务器组成的数据库。

5）用于对象及 JSON 数据的存储：MongoDB 的 BSON 数据格式非常适合文档化格式的存储及查询。

MongoDB 不适用的场景：①高度事务性系统，如银行或会计系统。②传统的关系数据库目前还是更适用于需要大量原子性复杂事务的应用程序。③传统的商业智能（BI）应用，针对特定问题的商业智能数据库需要提供高度优化的查询方式；对此类应用，数据仓库可能是更适合的选择。④需要 SQL 的问题。

课堂讨论：本节重点与难点知识问题

1）MongoDB 的文档、集合、数据库的定义与联系分别是什么？

2）MongoDB 的数据类型有哪些？

3）MongoDB 数据库是如何组成的？

4）MongoDB 有哪几种集群方式？其构成如何？

5）MongoDB 的应用场景有哪些？

7.5　图数据库

图数据库是以点、边为基础存储单元，以高效存储、查询图数据为设计原理的数据管理系统。图是一组点和边的集合，"点"表示实体，"边"表示实体间的关系；在图数据库中，数据间的关系和数据本身都要存储起来，以便图数据库能够快速响应复杂关联查询。图数据库可以直观地可视化关系，是存储、查询、分析高度互联数据的最优工具。图数据结构直接存储了节点之间的依赖关系，把数据间的关联作为数据的一部分进行存储，关联上可添加标签、方向以及属性，在关系查询上有巨大性能优势。

这里用一个例子来说明图数据库要解决的问题。使用 QQ 或者微信前，每个人都要建立自己的个人资料。例如 A 的朋友圈信息包括家庭圈（B,C,D）和朋友圈（X,Y），B 的朋友圈信息包括家庭圈（A,C,D）和朋友圈（X,Y）。图数据模型可以非常容易地存储这种多连接的数据，它将每个配置文件数据作为节点加以存储，节点之间通过关系相互连接。另外一个例子是利用某应用程序了解现实世界中图数据库的需求。在图 7-9 中，A（Facebook Profile）已经连接到"喜欢的""跟随的""发信息的""联系的"朋友圈。如果打开其他配置文件，如配置文件 B，也将看到类似的大量的连接数据。

图数据库的基本含义是以"图形"这种数据结构存储和查询数据，它的数据模型主要以节点和关系（边）来体现，也可处理键值对。图形的

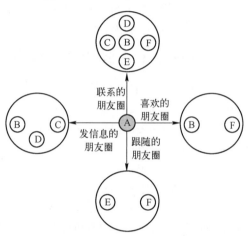

图 7-9　Facebook 中 A 的各个朋友圈信息

特征包含节点和边，节点上有属性（键值对）；边有名字、方向、开始节点和结束节点，边可以有多种属性。图数据库主要有节点集和连接节点的关系，一个图形中会记录节点和关系。关系可以用来关联两个节点。节点和关系都可以拥有自己的属性。节点可以有多个标签（类别）。一个属性图是由顶点（Vertex）、边、标签、关系类型和属性组成的有向图，所有节点都是独立存在的，拥有相同标签的节点属于一个分组、一个集合。关系通过关系类型来分组，类型相同的关系属于同一个集合。关系是有向的，关系的两端是起始节点和结束节点，通过有向的箭头来标识方向，节点之间的双向关系通过两个方向相反的关系来标识。节点可以有零个、一个或多个标签；关系必须设置关系类型，并且只能设置一个关系类型。

图数据库善于处理大量的、复杂的、互联的、多变的网状数据，特别适合社交网络、Web图（顶点是网页，边表示与其他页面的 HTML 链接）、银行交易环路、金融征信系统、公路或铁路网等领域。

7.5.1　图存储模式

图存储模式来源于图论中的拓扑学。图存储模式是一种专门存储节点以及节点之间连线关系的拓扑方法。一个图是一个数学概念，用来表示一个对象集合，包括顶点以及链接顶点的边，节点和边存在描述参数。

1. 图数据的表示和操作

图就是二元关系，它利用一系列由线（边）或箭头（边）连接的点（节点），提供强大的视觉效果。图有多种形式：有向图/无向图，标号图/无标号图。图可以解决距离的计算、关系中环的查找，以及连通性的确定等问题。

有向图 $G=(N,A)$，其中 N 为节点集合，A 为边集合，一条从某节点通向其自身的边就叫作自环（Loop）。节点的标号或边的标号可以是任意类型的。有向图中的路径是一列节点 $(v_1,v_2,\cdots,v_k)$，其中每个节点都有到下一个节点的边，也就是 $v_i \rightarrow v_{i+1}$，$i=1,2,\cdots,k-1$。该路径的长度是 $k-1$，也就是这条路径上边的数量。有向图中的环路（Cycle）是指起点和终点为同一节点的、长度不为 0 的路径，环路的长度为路径的长度。环路的起点和终点可以是其中的任一节点。简单环路是环路 $(v_1,v_2,\cdots,v_k,v_1)$ 的节点 $v_1,v_2,\cdots,v_k$ 中只有头尾节点出现两次，其他节点只能出现一次，即简单环路的唯一重复出现在最终节点处。名为"调用图"的有向图是由一系列函数执行的调用。图中的节点是函数，如果函数 P 调用了函数 Q，就有一条边 $P \rightarrow Q$。

在数据结构中，图的存储结构有两种，即顺序存储结构（顺序表、数组）和链式存储结构（链表：十字链表，邻接多重表）。顺序表的特点是把逻辑上相邻的节点存储在物理位置上相邻的存储单元中，节点之间的逻辑关系由存储单元的邻接关系来体现。而在链表中，逻辑上相邻的数据元素，物理存储位置不一定相邻，元素之间的逻辑关系则用指针实现。

图的算法包括最短路径、可达集、最小生成树、深度优先与广度优先搜索、各种搜索算法等。这些算法的实现依赖于其存储结构，都给图的应用提供了理论基础。

2. 图数据库中图的表示

图数据库源起于欧拉和图理论，称为面向/基于图形的数据库。图数据库的数据主要有节点集和连接节点的关系。节点集就是图中一系列节点的集合，连接节点的关系则是图数据库所特有的组成部分。每个节点仍具有标示自己所属实体类型的标签即其所属的节点集，并记录一系列描述该节点特性的属性；通过关系来连接各个节点。在为图数据库定义数据展现时，以自然的方式来对这些需要展现的事物进行抽象：首先为这些事物定义其所对应的节点集，并定义该节点集所具有的各个属性；接下来辨识出它们之间的关系并创建这些关系的相应抽象。图数据库中所承载的数据最终将有类似于图 7-10 所示的结构。

从图 7-10 中可以看到，实体有 5 个，分成 3 个类型，有人（Alice、Bob、Carol）、书（Alice day）、电影（Alice day），两个实体之间拥有多种关系，这就需要在它们之间创建多个关联表。在一个图数据库中，需要标明两者之间存在的不同关系。从上面所展示的关系的名称中可以看出，关系是有向的。如果希望在两个节点集间建立双向关系，则需要为每个方向定义一个关系。

3. 图数据库中图的存储

图数据库使用图作为数据模型来存储数据，专门用于处理具有高度关联关系的数据，可以高效地处理实体之间的关系。图数据模型的特征包括节点和边，节点上有属性（键值对），边有名字和方向，并总有一个开始节点和一个结束节点，边也可以有属性等。图模型可以是一个被标记和标向的属性多重图（Multigraph），被标记的图的每条边都有一个标签，它被用来作为那条边的类型。有向图允许边有一个固定的方向，从末或源节点到首或目标节点。在图数据库的存储中，可以沿用图的顺序存储结构和链式存储结构，也可以把图分成不同的部分进行存储：点存储、边存储、属性存储。图数据库可以根据数据库的不同应用特征，对存储进行专门的设计和实现。

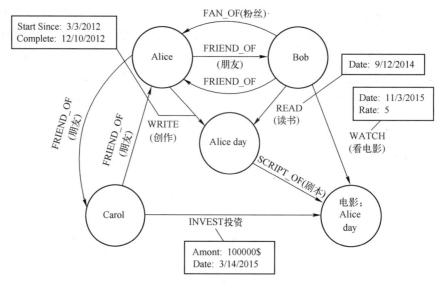

图 7-10　图数据库的例子

7.5.2　Neo4j 图数据库概述

　　Neo4j 是开源的、用 Java 实现的图数据库。它有两种运行方式：一种是服务的方式，对外提供 REST 接口；另一种是嵌入方式，数据以文件的形式存放在本地，数据库直接对本地文件进行操作。Neo4j 是一个高性能的 NoSQL 图数据库，它将结构化数据存储在网络上而不是表中。Neo4j 也可以被看作一个高性能的图引擎，该引擎具有成熟数据库的所有特性。程序员工作在一个面向对象的、灵活的网络结构中，而不是严格、静态的表中，但是可以享受到具备完全的事务特性、企业级的数据库的所有好处。

　　Neo4j 的特点：由于嵌入式、高性能、轻量级等优势，它越来越受到关注。图数据结构在一个图中包含两种基本的数据类型：节点和关系。节点和关系包含键值对形式的属性。节点通过关系相连接，形成关系型网络结构。Neo4j 的查询语言名为 Cypher，可以满足任何形式的需求。与关系数据库相比，Neo4j 对高度关联的数据（图数据）的查询速度更快，它的实体与关系结构非常自然地切合人类的直观感受，支持兼容 ACID 的事务操作，提供了一个高可用性模型，以支持大规模数据量的查询，支持备份、数据局部性及冗余，提供了一个可视化的查询控制台。

　　Neo4j 图数据库是基于属性图模型来描述数据的，即用属性图模型表示节点、关系和属性中的数据；节点和关系都包含属性；关系连接节点；属性是键值对；节点用圆圈表示，关系用方向键表示；关系具有方向——单向和双向；每个关系都包含"开始节点"（或"从节点"）和"结束节点"（或"到节点"）；在属性图模型中，关系是定向的。Neo4j 图数据库将其所有数据存储在节点和关系中。它以图形的形式存储其数据的本机格式。Neo4j 使用本机 GPE（图形处理引擎）来使用它的本机图形存储格式。图数据模型的组成如图 7-11 所示。

　　图数据库数据模型的主要构建块是节点、关系、属性。每个实体都由 ID（Identity）唯一标识，每个节点由

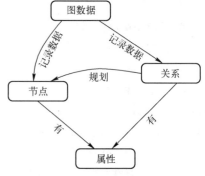

图 7-11　图数据模型的组成

标签分组，每个关系都有一个唯一的类型。属性图模型的基本概念如下。

1）实体指节点和关系；每个实体都有一个唯一的 ID；每个实体都有零个、一个或多个属性，一个实体的属性键是唯一的；每个节点都有零个、一个或多个标签，属于一个或多个分组；每个关系都只有一个类型，用于连接两个节点；路径指由开始节点和结束节点之间的实体（节点和关系）构成的有序组合；标记（Token）是非空的字符串，用于标识标签、关系类型或属性键。

2）标签用于标记节点的分组，多个节点可以有相同的标签，一个节点也可以有多个标签。关系类型用于标记关系的类型，多个关系可以有相同的关系类型。属性键用于唯一标识一个属性；属性是一个键值对，每个节点或关系有一个或多个属性；属性值可以是度量类型或这个度量类型的列表（数组）。

图 7-12 存在 3 个节点和两个关系，共 5 个实体，Person（人员）和 Movie（电影）是标签，ACTED_IN（扮演角色）和 DIRECTED（导演）是关系类型，name、title、roles 等是节点和关系的属性。实体包括节点和关系，节点有标签和属性，关系是有向的，连接两个节点，具有属性和关系类型。

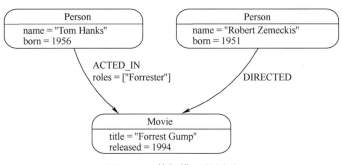

图 7-12　数据模型的图示

在图 7-12 中，节点实体对应图中的节点，3 个节点分别是：name = " Tom Hanks" , born = 1956；name = " Robert Zemeckis" , born = 1951；title = " Forrest Gump" , released = 1994。

3）关系实体对应图中的边，图 7-12 中包含两个关系类型——ACTED_IN 和 DIRECTED。ACTED_IN 关系是连接 name 属性为 Tom Hanks 的 Person 节点和 Movie 节点的关系，DIRECTED 关系是连接 name 属性为 Robert Zemeckis 的 Person 节点和 Movie 节点的关系。

4）描述节点类型的标签。图 7-12 中有两个标签——Person 和 Movie。图 7-12 中有两类节点，一类是 Person，另一类是 Movie。标签有点儿像节点的类型，每个节点可以有多个标签。

5）节点（实体）和边（关系）都可以有属性，对其进行说明。在图 7-12 中，Person 节点有两个属性——name 和 born；Movie 节点也有两个属性——title 和 released。关系类型 ACTED_IN 有一个属性，即 roles（扮演的角色），该属性值是一个数组，而关系类型为 DIRECTED 的关系没有属性。

6）遍历（Traversal）一个图形是指沿着关系及其方向，访问图形的节点。关系是有向的，连接两个节点，从开始节点沿着关系，一步一步导航（Navigate）到结束节点的过程就是遍历，遍历经过的节点和关系的有序组合被称作路径。例如，在图 7-12 中查找 Tom Hanks 参演电影的遍历过程：从 Tom Hanks 节点开始，沿着 ACTED_IN 关系，寻找标签为 Movie 的目标节点。

7.5.3 Neo4j 图数据库结构

Neo4j 图数据库文件被存储到磁盘中以获得长期的持久性。Neo4j 能够实现顶点和边快速定位的关键是"定长记录"（Fixed-Size Record）存储方案，以及将具有定长记录的图结构与具有变长记录的属性数据分开存储。定长记录的好处是可以通过计算偏移值的方式快速定位到存储地址。

1. HBase Neo4j 的数据模型结构

Neo4j 图数据库的数据模型结构由下面的核心概念组成。

1）节点，类似地铁图里的一个地铁站：图形的基本单位主要是节点和关系，它们都可以包含属性。一个节点就是一行数据，一个关系也是一行数据，里面的属性就是数据库的行（Row）的字段。除了属性之外，节点和关系还可以有零到多个标签，可以认为标签是一个特殊的分组方式。

2）关系，类似两个相邻地铁站之间的路线：关系的功能是组织和连接节点，一个关系连接两个节点（一个开始节点和一个结束节点）。所有的点被连接起来就形成了一张图，通过关系可以组织节点形成任意的结构，如 List、Tree、Map、Tuple，或者更复杂的结构。关系有方向（进和出），代表一种指向。

3）属性，类似地铁站的名字、位置、大小、进出口数量等：属性非常类似于数据库里面的字段，节点和关系可以有零到多个属性。属性的类型基本和 Java 的数据类型一致，分为数值、字符串、布尔及其他一些类型。字段名必须是字符串。

4）标签，类似地铁站属于哪个区：标签可以形容一种角色或者给节点加上一种类型。一个节点可以有多种类型，通过类型区分节点，在查询时更加方便和高效。标签也可以用于给属性建立索引或者约束。标签名称必须是非空的 unicode 字符串，另外标签最大标记容量是 int 的最大值。

5）遍历，类似看地图找路径：查询时通常是遍历图谱以找到路径，在遍历时通常会有一个开始结点，然后根据系统提供的查询语句，遍历相关路径上的节点和关系，得到最终的结果。

6）路径，类似从一个地铁站到另一个地铁站的所有可到达路径：路径是一个或多个节点通过关系连接起来的列表，例如得到图谱查询或者遍历的结果。

7）模式，类似存储数据的结构：Neo4j 是一个无模式或者少模式的图数据库。使用时它不需要定义任何模式。

8）索引，遍历图需要大量的随机读/写，没有索引则可能意味着每次索引都是全图扫描。若在字段属性上构建索引，则任何查询操作都会使用索引，这样能大幅度提升查询性能。构建索引是一个异步请求，在后台创建直至成功，之后才能最终生效。如果创建失败，可以重新创建索引，但要先删除索引，然后从日志里面找出创建失败的原因，最后再创建。

9）约束，约束定义在某个字段上，限制字段值为唯一值。创建约束会自动创建索引。

2. HBase Neo4j 的数据存储设计

Neo4j 作为图数据库，数据主要分为节点、关系、节点或关系上的属性 3 类，这些数据也可以通过检索工具库进行检索。默认情况下，数据文件存储在 Neo4j 目录下的 data/databases/graph.db 中，其中 nodestore * 存储图中节点相关的信息、relationship * 存储图中关系相关的信息、property * 存储图中键值属性信息、label * 存储图中与索引相关的标签数据。在 Neo4j 中，节点和关系的属性是用一个键值的双向列表来保存的，节点的关系也是用一个双向列表来保存的。通过关系找到其前导和后继节点。节点保存第 1 个属性和第 1 个关系 ID。

图数据存储设计包括如下 5 类文件：

1）存储节点的文件：存储节点数据及其序列 ID，包括存储节点数组、数组的下标（即该节点的 ID）、最大的 ID 及已经释放的 ID；存储节点标签及其序列 ID，包括存储节点标签数组数据、数组的下标（即该节点标签的 ID）。

2）存储关系的文件：存储关系数据及其序列 ID，包括存储关系记录数组数据和 ID；存储关系组数据及其序列 ID，包括存储关系组数组数据和 ID；存储关系类型及其序列 ID，包括存储关系类型数组数据和 ID；存储关系类型的名称及其序列 ID，包括存储关系类型 Token 数组数据和 ID。

3）存储标签的文件：存储标签标记数据及其序列 ID，包括标签标记数组数据和 ID；标签标记名字数据及其序列 ID。

4）存储属性的文件：存储属性数据及其序列 ID；存储属性数据中的数组类型数据及其序列 ID，包括存储属性（键值结构）的值是数组的数据和 ID；属性数据为长字符串类型的存储文件及其序列 ID，包括存储属性（键值结构）的值是字符串的数据和 ID；属性数据的索引数据文件及其序列 ID，包括存储属性（键值结构）的键的索引数据和 ID；属性数据的键值数据存储文件及其序列 ID，包括存储属性（键值结构）的键的字符串值和 ID。

5）其他文件：存储版本信息、模式数据、活动的逻辑日志、记录当前活动的日志文件名称等。

3. Neo4j 的存储结构

Neo4j 主要有节点、属性、关系等文件，以数组作为核心存储结构。Neo4j 会给节点、属性、关系等类型的每个数据项分配一个唯一的 ID，在存储时以该 ID 为数组的下标。ID 作为下标，使得在执行图遍历等操作时，可以不用索引就快速定位。

1）节点（指向关系和属性的单向链表）的存储方式。第 1 个字节表示是否使用（in_use）的标志位；接着的 4 个字节代表关联到这个节点的第 1 个关系的 ID（next_rel_ID）；接着的 4 个字节代表第 1 个属性 ID（next_prop_ID）；接着的 4 个字节代表当前节点的标签，指向该节点的标签存储；最后 1 个字节作为保留位。一个节点共占 14 个字节，格式为

```
in_use(byte)+next_rel_ID(int)+next_prop_ID(int)+label(int)+extra(byte)
```

含义：节点是否可用（1 字节）+第 1 个关系的 ID（4 字节）+第 1 个属性的 ID（4 字节）+节点标签（4 字节）+保留（1 字节）。

利用每个节点 ID，很容易通过计算偏移量获取这个节点的相关数据。通过节点数据中包含的关系 ID，可以快速获取节点所有关系。

2）关系是以双向链表形式存储的。第 1 个字节表示是否使用的标志位（in_use）；接着的 4 个字节代表开始节点的 ID（first_node）；接着的 4 个字节代表结束节点的 ID（second_node）；然后是关系类型（rel_type），占用 4 个字节；后面依次是开始节点的前后关系（first_prev_rel_ID 和 first_next_rel_ID）和结束节点的前后关系（second_prev_rel_ID 和 second_next_rel_ID），以及关系的最近属性 ID（next_prop_ID）一个关系占 33 个字节，格式为

```
in_use(byte)+first_node(int)+second_node(int)+rel_type(int)+first_prev_rel_ID
(int)+first_next_rel_ID(int)+second_prev_rel_ID(int)+second_next_rel_ID(int)+
next_prop_ID(int)
```

含义：是否可用（1）+关系的开始节点（4 字节）+关系的结束节点（4 字节）+关系类型（4 字节）+开始节点的前一个关系 ID（4 字节）+开始节点的后一个关系 ID（4 字节）+结束节点的前一个

关系ID(4字节)+结束节点的后一个关系ID(4字节)+关系的最近属性ID(4字节)。

通过使用节点的前后关系所形成的双向链表，可以快速搜索到节点所有相关的关系。在添加关系的过程中，对第1个关系来说，第1个关系节点没有后一个关系ID(用-1表示)，最后的关系节点则没有前一个关系ID(用-1表示)，中间添加的关系都应该有前一个和后一个关系ID，最终通过这些关系ID形成节点的关系列表。

3) 属性的存储方式。属性的存储是固定长度的（长度不够时会申请动态存储），每个属性记录包括4个属性块（一个属性记录最多容纳4个属性）和指向属性链中下一个属性的ID。属性记录包括属性类型和指向属性索引文件的指针。属性记录可以内联和动态存储。属性值存储占用小时，会直接存储在属性记录中；属性值存储占用大时，可以分别存储在动态字符和动态数组中。由于动态记录同样由记录大小固定的记录链表组成，因此大字符串和大数组会占用多个动态记录。一个默认结构定长为41个字节，格式为

```
in_use(1)+prev(4)+next(4)+DEFAULT_PAYLOAD_SIZE(property blocks 32);
```

含义：是否可用(1字节)+前一个属性ID(4字节)+后一个属性ID(4字节)+默认4个属性块(32字节)。32个字节是系统默认的。一个节点如果有多个属性，通过后一个属性ID存储，利用前后属性ID完成连接。

属性块长度是可变的，一个完整的属性记录可以只有一个属性块。属性块格式为属性类型(8字节)+属性值（非基础类型占8字节），属性键与属性值分别存储在不同的文件中。我们可以根据这些结构的细节，编程来操作这些数据。

7.5.4 Neo4j数据库系统架构

高可用的Neo4j集群主要采用了主从的结构，既保证了集群的容错能力和应变能力，也保证了集群在读取密集型数据的场景下可横向扩展的能力。同时，它还支持缓存分区，使得高可用集群比单实例具有更大的负载能力。

1. Neo4j集群的方式

Neo4j主要有两种集群方式：高可用（High Avaiable，HA）集群和任意集群（Causal Cluster，CC）方式。集群的主要特点包括：高吞吐量，持续可靠性，灾难恢复。

高可用集群至少有3台服务器，一主两从，主服务器完成写入之后将数据同步到从服务器，主服务器既能写也能读，从服务器只能读。它适用于需要全天候运行并需要提高查询效率的场景。

任意集群主要由两部分组成：①核心服务器（Core Server），处理读/写的操作，大多数核心服务器主要处理写操作。②一个或多个读副本服务器（Read Replicas Server），处理只读的操作，它们从核心服务器异步更新数据。任意集群适用于数据地理分布广泛的情况，并允许跨大量服务器扩展查询。

2. Neo4j集群的体系结构

（1）高可用集群

下面介绍高可用集群的体系结构和数据的操作原理。图7-13展示了由3个Neo4j节点所组成的主从（Master-Slave）集群。每个Neo4j集群都包含一个主服务器和多个从服务器。每个Neo4j实例都包含图中的所有数据，任何一个Neo4j实例的失效都不会导致数据丢失。主服务器主要负责数据的写入，从服务器则会将主服务器中的数据更改同步到自身。如果一个写入请求到达了从服务器，那么该从服务器也将就该请求与主服务器通信。此时该写入请求将首先被主

服务器执行，数据再被异步地更新到各个从服务器中。数据写入方式有从主服务器到从服务器的，也有从从服务器到主服务器的，但是没有在从服务器之间进行的。所有这一切都是通过事务传播（Transaction Propagation）来协调完成的。

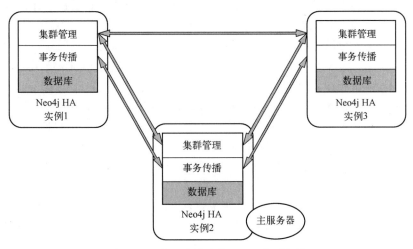

图 7-13　有 3 个节点的 Neo4j 集群架构

　　Neo4j 集群中数据的写入是通过主服务器来完成的，这是由于图形数据修改的复杂性，修改一个图形包括修改图形节点本身、维护各个关系。Neo4j 内部有一个写队列，用来暂时缓存数据库的写入操作，从而能够处理突发的大量写入操作。最坏的情况就是 Neo4j 集群需要面对持续的、大量的写入操作，而内存空间不够，这时就需要考虑 Neo4j 集群的纵向扩展。

　　数据的读取可以通过集群中的任意一个 Neo4j 实例来完成，在理论上集群的读吞吐量随集群中 Neo4j 实例的个数线性增长。在请求量非常巨大而且访问的数据分布得非常随机的情况下，系统可能发生数据不在内存（Cache-Miss）的问题，使每次数据读取都要通过磁盘查找来完成。Neo4j 使用基于缓冲的分片（Cache-Based Sharding）方案，即在一段时间内使用同一个 Neo4j 实例来响应从一个用户所发送的所有请求，从而降低数据不在内存的发生概率。集群管理（Cluster Management）负责同步集群中各个实例的状态，并监控其他 Neo4j 节点的加入和离开。同时，它还负责维护选举结果的一致性。如果 Neo4j 集群中失效的节点个数超过了集群中节点个数的一半，那么该集群将只接受读取操作，直到有效节点重新超过集群节点数量的一半。

　　在启动时，一个 Neo4j 数据库实例将首先尝试加入由配置文件所标明的集群。如果该集群存在，那么它将作为一个从服务器加入；否则该集群将被创建，并且它将被作为该集群的主服务器。如果集群中的一个 Neo4j 实例失效了，那么其他 Neo4j 实例会在短时间内探测到并将其标识为失效，直到其重新恢复到正常状态并将数据同步到最新。在主服务器失效时，Neo4j 集群将通过内置的领导人选举功能选举出新的主服务器。

　　使用集群管理创建一个全局集群（Global Cluster），使系统有一个主服务器集群及多个从服务器集群，允许主服务器集群和从服务器集群处于不同区域的服务集群中。这样用户就能够访问距离自己最近的服务器。数据的写入是在主服务器集群中进行的，从服务器集群则负责提供数据读取服务。

（2）任意集群

任意集群由两个角色，即核心服务器和副本服务器组成，它们是所有生产部署中的基础，它们的管理规模不同，并且在管理整个集群的容错性和可伸缩性方面承担着不同的角色。

核心服务器：核心服务器通过使用 Raft 协议复制所有事务来保护数据。在确认向终端用户应用程序提交事务之前，Raft 确保数据安全持久，集群中的大多数核心服务器都需要确认事务。随着集群中核心服务器数量的增加，确认一次写入所需的核心服务器的数量也会增加。在典型的核心服务器集群中，需要有一定数量的服务器，足以为特定部署提供足够的容错能力。这是使用公式 $M=2F+1$ 计算的，M 是容忍 F 故障所需的核心服务器数量。

副本服务器：副本服务器的主要职责是扩展图数据负载能力。作用类似于核心服务器所保护的数据缓存，它是功能齐全的 Neo4j 数据库，能够完成任意（只读）图数据查询。只读副本是通过事务日志传送，从核心服务器异步复制的。它定期轮询核心服务器以查找自上次轮询以来已处理的全部新事务，并且核心服务器会将这些事务发送到只读副本。可以从相对较少的核心服务器中发送许多只读副本数据，从而使查询工作量大大增加，从而扩大规模。但是，与核心服务器不同，只读副本不参与有关群集拓扑的决策。只读副本通常应以相对较大的数量运行，并视为一次性使用。除了丢失其图表查询吞吐量的一部分外，丢失只读副本不会影响群集的可用性，也不会影响群集的容错能力。

高可用群集适用于需要全天候运行并需要提高查询效率的场景。Neo4j 3.1 中引入了任意集群，以支持不同地理区域之间的数据复制，并在多个硬件和网络发生故障时支持持续的读写操作，对硬件和网络的容错率高。

7.5.5 Neo4j 数据库的应用场景

Neo4j 提供了多种访问接口，既可以使用 Cypher 直接操作数据库中的数据，也可以使用 JDBC 等标准接口支持各种高级编程语言来操作数据库中的数据。Neo4j 的 API 使用模式有嵌入模式和服务器模式。嵌入模式需要引用 Neo4j 的开发包。一般在 Maven 项目的 pom. xml 文件中引入即可，不需要开启 Neo4j 服务器。服务器模式必须先安装和启动 Neo4j 服务器，然后引入 Neo4j 的驱动程序，同样在 Maven 项目的 pom. xml 文件中引入即可。遍历框架（Traversal Framework）Java API 提供各种图形算法应用。

Neo4j CQL（Cypher Query Language）是 Neo4j 图数据库的查询语言。它是一种声明性模式匹配语言，遵循 SQL 语法。它的语法具有非常简单、人性化、可读的格式。Neo4j CQL 用命令来执行数据库操作。Neo4j CQL 支持多个子句，如 WHERE、ORDER BY 等，可以用非常简单的方式编写非常复杂的查询。Neo4j CQL 支持聚合、添加等操作，还支持一些关系功能。常用的 Neo4j CQL 命令包括：CREATE，创建节点、关系和属性；MATCH，匹配，用于检索有关节点、关系和属性数据；RETURN，返回查询结果；WHERE，提供条件，以过滤检索数据；DELETE，删除节点和关系；REMOVE，删除节点和关系的属性；ORDER BY，排序检索数据；SET，添加或更新标签等。常用的 Neo4j CQL 函数包括：String，字符串；Aggregation，聚合，用于对 CQL 查询结果执行一些聚合操作；Relationship，关系，用于获取关系的细节等。Neo4j CQL 的数据类型用于定义节点或关系的属性。Neo4j CQL 支持的数据类型有布尔型、字节型、整型、浮点型、字符型、字符串型等。

Neo4j 图数据库具有灵活、语句简单等优点，其应用场景包括：①欺诈检测，通过图分析可以清楚地识别洗钱网络及相关嫌疑，例如对用户所使用的账号、发生交易时的 IP 地址、MAC 地址、手机 IMEI 号等进行关联分析；②推荐系统；③社交网络图中的社区聚类分析，朋友推荐，社交电商里面的绑定关系等；④身份和访问管理，使用图数据库进行身份和访问管理，可以快速、有效地跟踪用户、资产、关系和授权。结构复杂、高度关联具有亿级资源节点的访问控制结构都可以存储在图数据库中。图数据库支持任何分层、扁平化结构，既支持自顶而下，也支持自底而上的查询。Neo4j 的应用场景远远不止这些，具体还要根据特定场景来判断。

课堂讨论：本节重点与难点知识问题

1）如何表示和操作图形数据？

2）Neo4j 的特点是什么？

3）Neo4j 的存储架构是什么？

4）Neo4j 的集群体系结构是什么？

5）Neo4j 的应用场景有哪些？

7.6　其他类型数据库

在日常生活工作中，数据库是重要组成部分。我们打电话、上网、去银行，都会访问不同的数据库，这些数据库既有其自己的特征，也具有相同的数据库特征。数据库的种类随着技术开发方法的变化，以及云和自动化等领域的重大进步而朝新的方向发展。这里讨论 XML 数据库、对象数据库、时序数据库、多模数据库、云数据库等的基本原理和应用场景。

7.6.1　XML 数据库

XML（Extensible Markup Language，可扩展标记语言）是由 W3C 组织于 1998 年 2 月发布的一种标准，以一种开放、自描述的方式定义数据结构。XML 描述数据内容和结构特性，通过结构特性，可以了解数据之间的语义关系。XML 中标识符本身有相应的语义信息，文件内容所表达的具体含义完全可以由机器进行语义分析。XML 是写给机器"看"的，XML 技术在互联网和 IT 环境中扮演着越来越重要的角色，已经成为数据交换的标准、SOA 架构的基石。XML 的广泛应用推动了高效的 XML 数据管理的发展。

1. XML 的概念

XML 作为一种数据格式最初应用于系统间的数据交换。其设计特点是采用自描述的标签式数据描述，数据描述自身的含义。XML 采用层次型（树形）方式组织数据，通过层次关系体现出数据之间的关系。XML 的数据组织方式在应对信息的复杂性、可理解性和灵活性挑战方面开辟了新的道路，同时 XML 也模糊了传统上结构化数据和非结构化数据的严格划分，在面向对象的设计思想中，数据也是以对象的形式存在的，层次结构是数据对象的最直接、最自然的体现。XML 技术以及相关国际标准的制定（如 XQuery，SQL/XML）为数据库引入面向对象的技术提供了新的动力。

XML 使用标记（Tag）来描述元素（Element），XML 文件是由元素的部件构成的。使用标记的描述方法可以保留元数据的意义和关系，在不同的系统之间进行灵活的数据交换；标记指出元素内容的开始和结束位置，在此之间是元素数据，元素可以嵌套（内部为子元素）。使用者定义 XML 的标记名和元素之间的关系，根据不同用途使用对应的标记。由于 XML 可以定义全新的符号化语言，因此 XML 是一种元语言，被称为"定义语言的语言"。XML 的模式（Schema）是用来定义 XML 文档中数据的结构、元素的名称、元素的数据以及元素之间的嵌套关系的。XML 可扩展的一个重要表现就是 XML 文档的结构是可以自由定义的。定义 XML 文档可以使用 XML

Schema，文件的后缀名为 xsd，也可以使用 DTD（Document Type Definition，文档类型定义），文件的后缀名为 dtd。XML Schema 和 DTD 为 XML 文件提供了语法与规则。

2. XML 的数据

半结构化数据是介于严格结构化的数据（如关系数据库中的数据）和完全无结构的数据（如声音、图像文件）之间的数据形式，其模式信息与数据值混合在一起。XML 数据是一种特殊的半结构化数据。以下面的 XML 文档为例，该文档包含根元素 dblp。XML 文档由元素构成，每个元素则由"起始标记"（如<dblp>）、"结束标记"（如</dblp>）和标记之间的信息（元素的内容）构成。元素可包含其他元素、文本或者两者的混合物，元素也可以拥有属性。XML 文档中的元素形成了一棵文档树，父、子以及兄弟等术语用于在树形结构中描述元素之间的关系，所有元素都必须有结束标记。第 2 行所描述的文档根元素是所有其他元素的父元素。接下来描述根的两个子元素（paper），最后一行定义根元素的结尾。

```
<?xml version="1.0" encoding="ISO-8859-1"?>
<dblp>
    <paper ID="001">
      <title>XML </title>
      <author>Mike </author>
      <paperref cite="002">
    </paper>
    <paper ID="002">
      <title>Database </title>
      <author>John </author>
    </paper>
</dblp>
```

XML 数据具有以下特点：

1）XML 数据可以包含引用信息，可以将 ID 作为元素的唯一标识，同时可以通过 IDREF 来定义对某些 ID 元素的引用，这类似于关系数据库中的主外键引用关系。如两个 paper 元素都有 ID 属性，第 6 行的 paperref 元素通过 cite 属性与 ID 等于 002 的 paper 元素建立了关系。ID 应是全局范围有效的，不同类型元素的 ID 值不能相同。

2）XML 数据元素是有序的，有效 XML 文档的模式信息规定了元素出现的顺序。title 元素必须出现在 author 元素之前。

3）XML 数据中的元素既可以包含文本，也可以包含子元素。paper 元素含有 3 个子元素——title、author 及 paperref，title 元素包含文本 XML。

4）XML 数据中包含很多特有的数据块，包括处理指令、注释、声明、实体、DTD 等。第 1 行 XML 声明用于定义 XML 文档的版本（1.0）和所使用的编码（ISO-8859-1）。声明不属于 XML 本身的组成部分，它不是 XML 元素。

5）XML 中所有元素都必须彼此正确地嵌套。<a><b></a></b>是不对的，正确的形式应该是<a><b></b></a>，因为<b>元素是在<a>元素内打开的，那么它必须在<a>元素内结束。XML 作为一种网上数据交换标准，具有丰富的语义、良好的可扩展性、简单而易于掌握以及自描述等特点。XML 是 WWW 上的半结构化数据，它既为半结构化数据的研究提供了广阔的应用前景，也推动了半结构化数据研究的发展。

3. XML 数据库的类型

XML 数据库 DBMS 是一种支持对 XML 格式文档进行存储和查询等操作的数据管理系统，即能够管理 XML 数据的数据库管理系统。XML 数据库有以下 3 种类型：

1）XML Enabled Database（XEDB）：能处理 XML 的数据库。它在原有数据库系统上扩充了对 XML 数据的处理，包括数据存储和查询等功能，实现方法是在数据库系统之上增加 XML 映射层。例如在关系数据库内核层的基础上，将 XML 的树形结构数据拆散、重组转换成关系表格，并存入数据库的映射层，映射层管理 XML 数据的存储和查询，原始的 XML 元数据和结构可能会丢失。XEDB 的基本存储单位与具体的实现紧密相关。

2）Native XML Database（NXD）：纯 XML 数据库。它以自然的方式处理 XML 数据，以 XML 文档作为基本逻辑存储单位，针对 XML 的数据存储和查询特点，专门设计适用的数据模型和处理方法，从数据库核心层至查询语言都采用与 XML 直接配套的技术。NXD 适用于存储以文档为中心的文件，支持事务处理，提供应用程序接口。NXD 一般采用层次数据存储模型，保持 XML 文档的树形结构；NXD 还可以存储半结构化数据，在某种特定情形下提高存取速度以及存储没有 DTD 的文件。

3）Hybrid XML Database（HXD）：混合 XML 数据库。它可以被视为 XEDB 和 NXD 相关技术相结合的数据库。

无论哪种数据库，其管理的数据都涉及实际应用中不同场景的需求，XML 既可用来表示和传输数据，也可用来设计特定专业领域的元标记语言。每种 XML 应用程序都有它自己的句法和词汇表，并提供各种数据的通用表达能力，包括普通文档、报告和表格。用户输入 XML 文档，通过执行引擎模块建立数据库及文档的模式结构，由执行引擎把文档传送到数据管理模块，数据管理模块从逻辑上把 XML 文档划分成多个记录，然后传输到存储模块，并选择适当的文件结构进行存储。用户的查询请求（XPath 或者 XQuery 查询）以文本的形式传送到查询执行引擎，被解析成一个查询执行计划，在此过程中从模式管理模块读取相关信息，进行语义分析，优化查询计划，执行查询并返回结果。

数据处理从文件方式到数据库系统再到文件方式，但 XML 技术的出现使新的文件方式与最初的文件方式有了本质的区别——可以描述数据内容和结构特性的格式化文档。XML 数据库技术的进一步发展要关注的方面包括：支持异构数据源的集成，索引结构与效率的提升，并发加锁协议的粒度管理和 XML 模式规范化的研究。XML 技术的发展，给大数据环境下 Web 数据的分析和处理提供了有力的支持。

7.6.2　对象数据库

面向对象是用有限的构造手段和有限的步骤建立起一个客观世界模型的一种方法。对象是把数据及对数据的操作方法放在一起而形成的一个相互依存的整体。同类对象组成类。类是一个模板，描述一类对象的行为和状态，例如道路类的定义包括道路的属性项（名称，长度，宽度，头位置，末位置，是否单行道等）和行为（计算道路的长度、面积，修改道路的属性值等）的定义。对象是类的一个实例，对应状态和行为的实际值。一个对象是由一组属性与一组行为以及一个标识符所组成的。面向对象的三大主要特征：①封装，即把对象的属性和行为看成一个密不可分的整体，将这两者"封装"在一个不可分割的独立单元（对象）中；②继承，即允许创建分层次的类，子类继承父类的特征和行为，或子类继承父类的方法；③多态，即同一个行为具有多个不同表现形式或形态，利用方法重载，允许多个方法使用同一个名字，子类对象可以与父类对象进行转换，而且不同的子类完成的功能也不同。因此，对象数据库是以对象作为数据模型的数据库。

1. 面向对象的数据模型

面向对象的数据模型即用面向对象方法所建立的数据模型。它包括数据模式，建立在模式上的操作以及建立在模式上的约束。

1）数据模式：用对象与类结构，以及类之间继承与组合关系建立数据间的复杂结构关系。共享同样属性和方法集的所有对象构成了对象类，一个对象就是某一个类的实例（Instance）。模式是类的集合。面向对象的数据模型提供了一种类层次结构，超类是子类的抽象（Generalization）或概括，子类是超类的特殊化（Specialization）或者具体化。一个对象的属性可以是对象，这样对象之间就产生了嵌套层次结构。

2）建立在模式上的操作：用类中方法构建模式上的操作。如可以构建一个圆形类，它的操作除查询、增加、删除、修改外，还包括圆形的放大/缩小、图形的移动、图形的拼接等。

3）建立在模式上的约束：约束是一种方法或逻辑型方法，即一种逻辑表达式，可以用类中方法表示模式约束。

面向对象的数据模型特点如下：①面向对象的数据模型是一种层次式结构模型，它以类为基本单位、以继承与组合为结构方式所组成的类结构形式，能表达客观世界复杂的结构形式。②面向对象的数据模型是一种将数据与操作封装于一体的结构方式，使类成为具有独立运作能力的实体。③面向对象的数据模型具有构造多种复杂抽象数据类型的能力，能构造成多种复杂的数据类型，即抽象数据类型（Abstract Data Type，ADT）。可以用类的方法构造元组、数组、队列、包和集合等，也可以用类的方法构造向量空间等。根据继承特点，单继承的层次结构图是一棵树，多继承的层次结构图是一个带根的有向无回路图。

用面向对象方法中的基本概念和基本方法包括对象、方法、类的继承来标识现实世界，以汽车对象为例，汽车具有标识符，汽车具有属性如车门、轮胎、方向盘、座椅等，汽车的方法有行驶、停止、刹车、启动等。小汽车、大卡车都继承于汽车这个类。

2. 面向对象的数据库管理系统

面向对象的数据库管理系统是面向对象的程序设计技术与数据库技术相结合的产物。面向对象的数据模型将客观世界按语义组织成相互关联的对象单元的复杂系统。类是对象的集合，通过创建类的实例实现对对象的访问和操作。面向对象的数据模型具有"封装""继承""多态"等特征，方法实现是类的一部分，面向对象的数据库是可以实现复杂数据类型的应用系统，提供时态和空间事务、多媒体数据管理等功能。面向对象的数据库具有如下特征：具有多种数据类型以及构造抽象数据类型的能力；具有构造复杂数据结构与模式的能力；具有多种数据操纵能力和模式演化能力。面向对象的数据库管理系统是以面向对象的数据模型为核心所建立的，其基本功能如下。

1）类管理：面向对象的数据库管理系统以类为基本数据管理实体，类管理包括类以及类层次结构的定义、类层次结构的删除、类物理层的定义（如索引，哈希集簇等定义），还包括对类层次结构的变更（类模式演化，Class Schema Evolution），类的定义与操纵。面向对象的数据库语言可以操纵类，包括定义、生成、存取、修改与删除类，其中类的定义包括类的属性、操作特征、继承性与约束等和类的操作/方法的定义。

2）对象管理：对类中实例的管理。它包括基于类层次结构上的对象的查询、增加、删除以及修改等功能；面向对象数据库语言可用于对象操作/方法的定义与实现，语言的命令可用于操作对象的局部数据结构；对象模型中的封装性允许操作/方法由不同程序设计语言来实现，并且隐藏不同程序设计语言的实现细节。

3）对象控制：包括完整性约束、安全性、事务处理与并发控制、故障恢复等内容，对象控制还增加了在工程领域中常用的版本控制（Version Control）相关内容。

实现面向对象数据库管理系统的方法可以是设计开发一个全新的面向对象数据库管理系统，也可以是在面向对象程序设计语言的基础上扩展数据库的功能，还可以是在数据库管理系统的基础上扩展面向对象的功能。

3. 对象关系数据库

对象关系数据库的数据模型是关系模型与面向对象的数据模型的结合，它保持关系数据库系统的非过程化数据存取方式，继承关系数据库系统已有的技术，支持面向对象的模型和对象管理。现有的方法是在关系模型的基础上扩展对象的相关概念，具体的方法如下。

1）扩展数据类型：允许在关系表的属性上使用复杂类型，从而丰富了关系表的语义，其支持的复杂类型包括：有序集合、数组、多集（Multiset）、集合（Set）、大对象（Large Object，LOB）、嵌套例如 $\{(MATHS,83),(PHYSICS, 91),(ENGLISH,93),\cdots\}$ 等。

2）对象类型：支持自定义类型、抽象数据类型、自定义函数和方法。使用 create type 来创建新的数据类型。类型具有类的特征，在类上定义操作 create function 或 create method。

3）支持继承性：包括类型级和表级的继承。类型级继承定义类的层次结构，包括超类与子类的说明方法；表级继承包括子表和超表，超表、子表、子表的子表也构成一个表层次结构。表层次结构和类型层次结构概念十分相似。子表也可以继承父表的属性、约束条件、触发器等，子表也可以定义自己的新属性。

4）提供参照类型（Reference Type）即引用类型（REF 类型）：类型直接具有相互参照的联系。在嵌套引用时使用对象标识符，引用的类型包括："ref" 表示引用的是元组的标识符，"setof" 表示属性值是集合类型。

5）扩展 SQL 能够操作上述数据类型的扩展：对象–关系数据库系统就是将关系数据库系统与面向对象数据库系统的特征相结合，可以提供数据库管理系统的所有功能：具有关系数据库管理系统（RDBMS）的优点，支持透明的存储路径，通过标准 SQL 可完成对类型、对象视图、对象引用、表、存储过程等数据库对象的管理，提供对事务、恢复、数据完整性的支持；具有面向对象数据库管理系统的优点，表达对象间的各种复杂关系，通过对象的封装在数据库中实现方法与数据的关联，对对象的标识、对象的多态性和继承性等都提供了支持。可以利用关系数据库管理系统成熟的技术及研究成果，满足用户不同的复杂数据处理应用的需求。现有的商业数据库管理系统都进行了面向对象的扩展，扩展关系模型来支持面向对象的功能是当前关系数据库产品的选择，例如 Oracle、SQL Server、达梦、华为 Gauss、人大金仓的数据库等。

7.6.3　时序数据库

时序数据库全称为时间序列数据库（Time Series Database，TSDB）。时间序列数据（Time Series Data，TSD，简称时序数据）是一串按时间维度索引的数据，这类数据描述了某个被测量主体在一个时间范围内的每个时间点上的测量值。时间序列数据库处理带时间标签（时间的顺序变化即时间序列化）的数据，是用于存储和管理时间序列数据的专业化数据库。时间序列数据主要是由电力行业、化工行业、气象行业、地理信息等各类型实时监测、检查与分析设备所采集、产生的数据，这些数据的典型特点包括：产生频率快（每一个监测点 1 s 内可产生多条数据），严重依赖于采集时间（每一条数据均要求对应唯一的时间），测点多、信息量大（常规的实时监测系统均有成千上万个监测点，监测点每秒钟都产生数据，每天产生几十 GB 的数据量）。

1. 时序数据的概念

时序数据是基于相对稳定频率，持续产生的一系列指标监测数据。时序数据模型的通用概念，由4个部分组成，即监测指标名称，指标名称下的具体对象维度组合，指标值对应"单值模型"和"多值模型"，时间戳。时间序列（Time Series）是针对某个监测对象的某项指标（由度量和标签定义）的描述，一个度量+N个标签的键值组合($N \geqslant 1$)定义为一个时间序列。某个时间序列上产生的数据值的增加，不会导致时间序列的增加。相对于关系数据库的数据模型来说，时序数据的表中必定含有时间字段，而且需要用户将列划分为维度列和指标列，以便区分列的类型。

2. 时序数据模型的表设计

时序数据模型的数据是按照类似关系数据库中的数据表（Table）进行组织与存储的，需要预先设计并创建表后才能进行数据操作。下面将介绍在TSDB 2.0中，如何基于时序数据模型设计时序数据的数据表。

度量（Metric）：指标名称，例如风力和温度。将度量名定义为表名是一个不错的选择。

标签（Tag）：维度组合，是在指标名称下的具体对象，属于指定度量下的数据子类别。一个标签由一个标签键和一个对应的标签值组成。只有标签键和标签值都相同，才算是同一个标签；标签键相同，标签值不同，则是不同的标签。

标签键（Tag Key, Tagk）：为指标项即度量监测指定的对象类型。

标签值（Tag Value, Tagv）：标签键对应的值。由于标签自身通常是一些字符串，因此建议将标签名作为列名，并且将标签列定义为字符串类型（TEXT）。这样，TSDB 2.0会自动对标签列建立倒排索引，从而使基于标签的查询更加高效。在另外一些场景中，时序数据模型未来可能还会加入一些新的标签，但是这些标签在设计数据表时尚未拥有明确的定义。因此可以考虑预留动态类型（OBJECT）的列作为今后标签的扩展，以免未来需要增加新标签时重新建表或执行表变更操作。

值（Value）：指标值，度量对应的值。可以是一个值或多个值，对应"单值模型"和"多值模型"，具体选用哪种取决于业务需求。建议将度量的值定义为列。如果是单值模型，则可设计为单独的一列；如果是多值模型，则可根据值种类的个数定义不同的列，用于存储不同种类的值。列的类型则根据时序数据的实际情况定义为任意类型。大多数情况下可以考虑使用INTEGER或DOUBLE PRECISION类型。

时间戳（Timestamp）：数据（度量值）产生的时间点。建议将时间戳定义为一个TIMESTAMP WITH TIMEZONE或TIMESTAMP WITHOUT TIMEZONE的列。

对于一些时序模型与空间数据混合的业务场景，建议直接将数值列的类型定义为空间类型。

3. 表设计中的数据分片策略

时序数据应用场景中的数据量往往非常巨大。如果数据只是存在一张单表中，随着生产环境中积攒的时序数据量的增大，无论对其查询性能还是写入性能都会有明显的性能损耗。

时序数据按时间分区：在时间维度上将会产生大量的时间戳。为了方便基于时间维度的查询分析，推荐在时间维度上分区。方法是设计时间分区的单位，基于GENERATED ALWAYS语句建立用于时间分区的自动生成列。通过PARTITIONED BY语句指定数据按照上述自动生成列进行分区。在设计时间分区的单位时，分区数太多将使元数据管理成为瓶颈，建议按时间维度分区时以"天""周"或更长时间为单位。

将数据基于特定标签分片：对于时序数据的标签而言，有些标签是用于数据分类的标签。无论时间序列最终会有多少个，这类标签的可能值的范围都是相对有限的。建议在时间分区的基础上进一步按照标签值进行数据分片，从而将数据进一步打散至 TSDB 2.0 实例集群中的不同节点上。

4. 时序数据库 InfluxDB

InfluxDB 是一款专门处理高写入和查询负载的时序数据库，基于 InfluxDB 能够快速构建具有海量时序数据处理能力的分析和监控软件。

（1）InfluxDB 的数据模型

在 InfluxDB 中，时序数据支持多值模型，包括 4 个部分：①measurement，指标对象，也是一个数据源对象。每个 measurement 可以拥有一个或多个指标值，也即下文所述的 field。在实际运用中，可以把一个现实中被检测的对象（如 CPU）定义为一个 measurement。②tag，概念等同于大多数时序数据库中的 tag，通常通过 tag 可以唯一标示数据源。每个 tag 的键和值必须都是字符串。③field，数据源记录的具体指标值。每一种指标被称作一个 field，指标值就是 field 对应的值。④timestamp，数据的时间戳。在 InfluxDB 中，理论上时间戳可以精确到纳秒级别。在 InfluxDB 中，measurement 的概念之上还有一个对标传统 DBMS 的数据库的概念，逻辑上每个数据库下面可以有多个 measurement。

一条典型的时间点数据：

```
temperature,device=dev1,building=b1,internal=80,external=18,1443782126
```

对应的 measurement 部分是"temperature"，tag 部分是"device=dev1,building=b1"，field 部分是"internal=80,external=18"，timestamp 部分是"1443782126"。

（2）InfluxDB 的整体架构

InfluxDB 的整体架构分为 4 层：最上层是 database。第二层是保留策略（Retention Policy, RP），一个 database 可以有多个 RP，每个 RP 只属于一个 database，不同表操作可以设置不同的 RP。第三层按照时间段分为多个分片组（Shard Group），一个 RP 可以有多个分片组，分片组是一组相邻时间段内的数据分片的集合。分片组可以根据一定的规则和策略来确定数据分片的范围和数量。分片组旨在将相邻时间段内的数据分配到一组数据分片中，以提高查询性能和数据的局部性。第四层是数据分片存储的时序数据的磁盘文件，一个分片组可以有多个数据分片，数据节点可以配置多个数据分片，每个数据分片存储一段时间内的数据。Series 是一种数据源的集合，同一个 Series 的数据在物理上按照时间顺序排列在一起，SeriesKey 可以理解为时间线（或者时间线的 Key），SeriesKey=Measurement+Tag+Field Key；每个数据点都有 SeriesKey，SeriesKey 相同的数据点属于同一个时间序列，会存储在同一个文件中。时序数据按照 SeriesKey 进行哈希，映射到对应的分片。一个分片可能包含多个 Measurement 中的时间点（Points）数据（时间点的属性包括 time、field、tags）。

（3）InfluxDB 的存储

shard 对应存储时序数据的磁盘文件，每个 shard 由 WAL（Write-Ahead-Log，预写日志）、Cache、TSM（Time-Structured Merge）树文件 3 个部分组成。InfluxDB WAL 由一组定长的 segment 文件构成，这些 segment 文件只允许追加，不允许修改。Cache 是 WAL 的一个内存快照，保证 WAL 中的数据对用户实时可见，当 Cache 空闲或者过满时，对应的 WAL 将被压缩并转换为 TSM，最终释放内存空间，每次重启时会根据 WAL 重新构造 Cache。TSM 树是一个列存引擎，内部按照 SeriesKey 对时序数据进行组织：每个 SeriesKey 对应一个数组构成的时间点数据；同一个 SeriesKey 的数据存储在一起，不同的 SeriesKey 的数据则分开存储。3 个部分的对应关系可以简单描述为：Cache=WAL，Cache+TSM=完整的数据。数据的写入流程简化为 3 个步骤：先写入

WAL，然后写入 Cache，最终持久化为 TSM 文件。

TSM 文件是一组列存格式的只读文件，每个文件对应一组特定的 SeriesKey。每个文件由 4 部分构成：Header，存储引擎代号+版本号；DataBlock，时序数据块；IndexBlock，时序数据索引；Footer，索引块指针。Block 与序列的对应关系：每个 IndexBlock 只属于一个序列；每个 DataBlock 只保存一个 Field 的数据；DataBlock 的结构较为简单，其中存储了压缩过的时序数据。每个 DataBlock 包括 4 个部分：Type，数据类型；Length，时间戳数据长度；Timestamp，时间戳列表（压缩后）；Value，时序数据列表（压缩后）。每个 IndexBlock 由一个 Meta（SeriesKey，索引所属的；Index Entry Count，索引记录数量）和多个记录（Entry）（Min Time，数据开始时间；Max Time，数据结束时间；Offset，数据块的起始位置；Size，数据块的长度）构成，Meta 中存储了 IndexBlock 对应的 SeriesKey，以及对应的记录数量。每个记录对应一个 DataBlock，描述了这个 DataBlock 对应的时间区间，以及实际的存储地址。当需要查找 TSM 文件中的数据时，只需要将 IndexBlock 加载到内存中，就可以定位到相应的数据，提高查询效率。

InfluxDB 中的数据类型可以分为 5 种：timestamp，float，int，bool，string。针对不同类型的数据，使用不同的压缩算法，使用变长编码来保存数据有效位，节省空间。

（4）InfluxDB 的应用

InfluxDB 提供了众多数据库操作语句，例如创建数据库、创建表，以及各种和时序相关的数据操作等，用户可以很方便地使用并管理自己的应用数据。InfluxDB 还有 REST 接口和 Web 接口等。InfluxDB 是一个开源的时序数据库，主要应用于以下场景：存储系统的监控数据，物联网（IoT）行业的实时数据，大规模数据统计分析，运维监控等。InfluxDB 是一种高性能、高可靠、易扩展的时序数据库，广泛应用于互联网、物联网、金融、能源等领域。

5. 时序数据库的发展

时序数据库正处于高速发展阶段，时序数据技术在逐步走向成熟的同时，还面临各种新的需求和挑战。

1）云服务已经成为势不可挡的发展趋势，时序数据库的系统结构需要不断演进，从单机版本到分布式版本到云服务版本，以满足用户的需求变化。

2）可视化服务提供了万物互联时代用户全面掌握信息的有效方式。时序数据的可视化展示成为一大趋势，对时序数据库的查询能力提出更高的要求。

3）边缘计算服务。在万物互联的时代，更多的传感器带来的庞大数据量使得数据计算向边缘化发展，通过边缘设备对数据进行实时处理、分析、反馈后再集中存储，能够提高设备的实时响应能力，提升时效性数据的价值，因此时序数据库对边缘计算的支持将成为其一个重要功能。

7.6.4 多模数据库

随着业务"互联网化"和"智能化"的发展，以及架构"微服务"和"云化"的发展，应用系统对数据的存储管理提出了新的标准和要求，数据的多样性成为数据库平台面临的一大挑战。云原生是一种最大化享受云计算红利的技术理念，包括但不限于弹性伸缩、按量付费、开放标准、Serverless 化等能力，将推动软件重塑生命周期。企业使用云数据库对接的应用越来越多，需求多种多样，为了实现业务数据的统一管理和数据融合，新型数据库需要具备多模（Multi-Model）数据管理和存储的能力。

1. 多模数据库的概念

多模数据库是指同一个数据库支持多个数据模型，同时满足应用程序对结构化、半结构化、非结构化数据的统一管理需求。结构化数据特指表单类型的存储结构数据，典型应用包括银行核心交易等；半结构化数据则在用户画像、物联网设备日志采集、应用点击流分析等场景中得到大规模使用；非结构化数据则对应着海量的图片、视频和文档处理等，在金融科技的发展下增长迅速。多模数据库是能够支持处理多种数据模型混合的数据库（例如关系、键值、文档、图、时序等），为异构数据提供了解决方案。

多模数据库系统的典型特征包括：存储多种模型的数据；不仅为每一种模型提供其适用的查询接口/语言，而且可以通过一种语言，实现对多种模型数据的同时查询。下面举一个例子，在一个 CRM（Customer Relationship Management，客户关系管理）系统中，记录了客户的一些个人信息，以及关系链信息、订单信息和购物信息。这些信息分别用最适合的模型存储在多模数据库系统中。

1）客户基本信息：关系模型，以表格方式存储。

2）关系链信息：图模型，以邻接表或邻接矩阵方式存储。

3）订单信息：文档模型，以 JSON 格式存储。

4）购物信息：键值模型。键为客户 ID，值为订单编号。

一个多模数据库系统可以为其支持的各模型，提供有效的模型建模和模型管理能力，而且这些能力被整合到一个统一的数据库系统中，业务对系统的访问 API、管理命令、运维方式都是统一的。多模数据库系统还可以提供跨模型的查询能力。

2. 多模数据库引擎架构

多模数据库在同一个数据库内有多个数据引擎，将各种类型的数据（结构化数据、半结构化数据、非结构化数据）集中存储和使用，多个不同类型的应用同时接入一个数据库，并在同一个分布式数据库内进行管理。在同一个存储引擎里同时具备关系数据引擎、JSON 半结构化数据引擎、对象数据引擎以及全文检索引擎等多个引擎，统一提供给应用，应用统一连接到数据库，数据库内部进行数据的划分、隔离和管理，应用只需要连接到数据库即可，无须为每个应用搭建对应的数据后台。

支持不同数据模型的数据库都包括接口、计算引擎、存储格式以及存储介质 4 个模块。多模数据库是一种原生支持各种数据模型，具有统一访问接口，能够自动化管理各模型的数据转化，模式进化且避免数据冗余的新型数据库系统。多模数据库对每层功能做了细分设计。接口层就是做好 SQL 编译，对不同语法编译可以做适配优化，兼容不同数据库语法和不同模型语法。计算引擎层实现的是分布式计算的抽象通用功能，比如可以统一实现通用算子和通用执行优化、向量化等通用计算引擎的优化技术。存储引擎层要实现的是针对不同的存储模型，用不同的存储引擎来处理，例如关系型引擎选取的就是事务处理或者分析处理。存储管理层要实现的是统一的分布式存储管理，包括灾备、负载均衡、副本、一致性协议、数据分布、弹性伸缩，这些抽象的分布式数据管理都可以在这一层运作。资源管理层，就是统一对 CPU、内存、网络、磁盘包括容器做统一资源管理，整个架构设计都是基于容器化部署的，所以资源管理层会有容器编排工作。

多模数据库对不同的数据类型分别进行处理，通过基于关系数据库的数据类型扩展多种模型存储和计算能力，来支持多模型数据的统一管理，包括使用标准的 SQL 接口进行访问。多模数据库支持结构化（关系数据）、半结构化（XML、JSON）和非结构化数据，包括文本数据、GIS（地理信息系统）数据（矢量、栅格、拓扑）、图数据，并且提供了统一的操作语言和多模型数据融合计算的能力，计算能力包括传统的关系运算，JSON、XML 操作，空间计算，图计算，机器学习能力，并提供可扩展的并行计算能力。所有关系数据类型，其存储不但支持行存而且支持列存，可以行列混合存储以及查询，并且支持数据压缩，提供多个压缩算法；半结构化数据是一种自描述结构，它包含相关标记，用来分隔语义元素及对记录和字段进行分层，如 JSON、XML；非结构化数据即没有固定结构的数据，如 GIS 数据、图片、音频/视频、时序数据等。多模数据库使用大对象（Large Object，LOB）来对文档、图片、音频/视频类型的数据进行管理，支持图数据存储和查询，把图数据的顶点和边信息存储成关系数据类型。

3. 多模数据库 Lindorm

以云原生多模数据库 Lindorm 为例来讨论，Lindorm 是面向物联网、互联网、车联网等设计和优化的云原生多模超融合数据库，支持宽表、时序、文本、对象、流、空间等多种数据的统一访问和融合处理，并兼容 SQL、HBase 等多种标准接口和无缝集成第三方生态工具，是为阿里巴巴核心业务提供支撑的数据库之一。多模数据库系统支持宽表、时序、搜索、文件 4 种模型，提供统一联合查询和独立开源接口两种方式，模型之间数据互融互通，多模型的核心能力由四大数据引擎提供，包括宽表引擎、时序引擎、搜索引擎和文件引擎。宽表引擎是面向海量键值、表格数据的，具备全局二级索引、多维检索、动态列、TTL（Time to Live，生存时间）能力；时序引擎是面向物联网、监控等场景存储和处理量测数据、设备运行数据等时序数据的；搜索引擎是面向海量文本、文档数据的，具备全文检索、聚合计算、复杂多维查询等能力，同时可无缝作为宽表引擎、时序引擎的索引存储，加速检索查询；文件引擎提供共享存储底座的服务化访问能力，从而加速多模引擎底层数据文件的导入导出及计算分析效率。

Lindorm 系统基于存储计算分离架构设计，云原生存储引擎作为统一的存储底座，向上构建各个垂直专用的多模引擎，包括宽表引擎、时序引擎、搜索引擎、文件引擎。在多模引擎之上，提供统一的 SQL 访问来支持跨模型的联合查询，提供多个开源标准接口来满足存量业务无缝迁移。统一的数据流（Stream）总线负责引擎之间的数据流转和数据变更的实时捕获，以实现数据迁移、实时订阅、数湖转存、数仓回流、单元化多活、备份恢复等能力。

Lindorm 系统面临多样化数据需求、业务流量不可预测、面向成本的存储碎片化、开放的标准接口等挑战，给出了自己的解决方案。

4. 多模数据库的好处

多模是数据库领域近年来兴起的一个主要技术方向，其代表了在云化架构下多类型数据管理的一种新理念，也是简化运维、节省开发成本的一个新选择。多模数据库的好处是广泛的，包括存储和访问不同类型的数据以及整合跨模型操作。

1）为企业应用程序开发和产品维护节省成本，为应用提供更适合的数据模型，数据的迁移安全、可靠。

2）提供了不同数据源的合并和跨模型操作。

3）事务处理的合规性——ACID 。

4）提供简化应用程序架构的方法，完成复杂项目中具有各种数据模型的不同数据系统和异构数据系统的各项任务。

5）处理多种数据格式、存储结构、访问模式，有利于灵活地适应业务需求。

6）支持同一平台上不同模型的原生集成，减少对 ETL 的需求。

国内多模数据库的相关产品包括：阿里云原生多模数据库 Lindorm，华为 GaussDB 云原生多模数据库，OceanBase 多模数据库，星环科技 Transwarp ArgoDB 5.0 面向数据分析的业务场景的国产化分布式多模数据库，北京四维纵横超融合数据库 YMatrix 5.0，巨杉多模数据库，人大金仓 Kingbase AnalyticsDB（KADB）。

7.6.5　云数据库

云计算（Cloud Computing）是分布式计算的一种，指的是通过网络"云"将巨大的数据计算处理程序分解成无数个小程序，然后通过多台服务器组成的系统处理和分析这些小程序，得到结果并返回给用户。云计算的可贵之处在于高灵活性、可扩展性和高性价比等，其特点体现在虚拟化技术、动态可扩展、按需部署、灵活性高、可靠性高、性价比高和可扩展性高等方面。提供的服务类型有基础设施即服务（IaaS）、平台即服务（PaaS）和软件即服务（SaaS）。基础设施即服务向云计算提供商（个人或组织）提供虚拟化计算资源，如虚拟机、存储、网络和操作系统；平台即服务为开发人员提供通过全球互联网构建应用程序和服务的平台，为开发、测试和管理软件应用程序提供按需开发环境；软件即服务通过互联网提供按需软件付费应用程序，云计算提供商托管和管理软件应用程序，允许其用户连接到应用程序并通过全球互联网访问应用程序。云原生是基于分布部署和统一运营的分布式云，以容器、微服务、DevOps 等技术为基础建立的一套云技术产品体系。云数据库（Cloud Database）是在云计算环境中部署和虚拟化的数据库。云数据库将各种关系数据库看成一系列简单的二维表，并基于简化版本的 SQL 对访问对象进行操作。传统关系数据库通过提交一个有效的链接字符串即可加入云数据库，云数据库可以解决数据集里更广泛的异地资源共享问题。

1. 云数据库的概念

云数据库是指被优化或部署到一个虚拟计算环境中的数据库，可以实现按需付费、按需扩展、高可用性以及整合存储等优势。云数据库的特性有实例创建快速、支持只读实例、读写分离、故障自动切换、数据备份、Binlog 备份、SQL 审计、访问白名单、监控与消息通知等。IaaS、PaaS 和 SaaS 描述了不同级别的云计算，DBaaS（数据库即服务）描述了云数据库产品。云数据库是在云计算的大背景下发展起来的一种新兴的共享基础架构的工具，它极大地增强了数据库的存储能力，消除了人员、硬件、软件的重复配置，让软件、硬件升级变得更加容易。云数据库具有高可扩展性、高可用性，采用多租形式和支持资源有效分发。从数据模型的角度来说，云数据库并非是一种全新的数据库技术，只是以服务的方式提供数据库功能。

云原生数据库的核心是存储与计算分离，同时还必须具备高性能、高可扩展性、一致性、符合标准、容错、易于管理和多云支持等特性。DBaaS 随着云原生数据和海量计算重要性的不断提高，人们重视通过部署这种服务为企业提供增强的可靠性和可伸缩性。DBaaS 是一种托管服务，用户可以访问数据库与应用程序及其相关数据。DBaaS 由数据库管理器组件组成，该组件通过 API 控制所有底层数据库实例。用户可以通过管理控制台（通常是 Web 应用程序）访问此 API，用户可以使用该管理控制台来管理和配置数据库，甚至可以提供或取消配置数据库实例。DBaaS 向用户提供了许多与其他云服务类似的优势：一个灵活的、可扩展的、按需服务的平台，它以自助服务和便捷管理为导向，可以调配环境中的资源。

云数据库提供专业、高性能、高可靠的云数据库服务。云数据库不仅提供 Web 界面用于配置、操作数据库实例，还提供可靠的数据备份和恢复、完备的安全管理、完善的监控、轻松的扩展等功能支持。相对于用户自建数据库，云数据库具有更经济、更专业、更高效、更可靠、简单易用等特点，使用户能专注于核心业务。

2. 云数据库的技术

云数据库技术涉及数据库安全、数据库索引、弹性存储、自动化扩展等方面。

整个系统需要的技术包括：

1）资源池化，存算分离：采用计算资源层与存储资源层解耦的技术架构，让所有节点都共享一份存储，从而实现增加计算节点时无须调整存储资源或复制数据文件的目的，使各种资源（如存储和计算等）具有弹性扩展能力。

2）与云深度结合和优化：不仅要基于云端硬件资源池化来实现数据库的计算存储弹性伸缩和分布式部署能力，而且要越来越紧密地和云基础设施结合，充分利用云基础设施内在的能力来完善数据库的功能，提供更优的性能。比如：利用云基础设施本身的跨可用区部署能力，实现数据库的跨可用区部署访问；利用云基础设施跨地域布局的特点，实现数据库的全球就近接入和异地灾备能力；利用存储层的近存储并行处理能力，计算层将数据库要处理的语义下推到存储层，进而在存储层预处理数据库的算子，避免计算层和存储层不必要的数据交互；利用存储层的日志回放能力，节省计算层和存储层的高速网络带宽。

3）统一入口，应用透明：以应用为中心的云原生数据库，在架构设计上应充分考虑应用无感知地使用数据库。首先是事务型数据库和分析型数据库的融合。随着现阶段数据业务分类越来越模糊，即分析业务事务化、事务业务分析化，云原生数据库只有支持 HTAP（混合事务，分析处理）混合负载处理的能力，才能让应用在开发设计时不再需要考虑哪些逻辑放到事务型数据库里处理，哪些逻辑放到分析型数据库里处理，而都交由云原生数据库一个入口来统一处理，使得数据库内部转换逻辑对应用透明、无感知。其次是在运行过程中的透明性。云原生数据库应支持在数据库系统切换与故障转移时提供无损的应用连续性，让正在运行的应用无感知。同时，在多个只读节点的架构下，云原生数据库应支持多个只读节点的全局一致性，应用在使用时可以访问任意一个节点查询数据，而不用担心数据的不一致性。为避免应用单点写入可靠性不足的问题，云原生数据库还应具备多主的能力，自动均衡业务请求，高效处理写冲突，让应用无感知。

4）多模兼容、全开放：云原生数据库应该具备兼容多种生态接口的统一架构，利用同样的云基础设施资源，既可以使用 MySQL、PostgreSQL 这样的 SQL 接口访问数据库，也可以使用 Redis、MongoDB 等 NoSQL 接口访问数据库。除了支持关系数据存储模型外，云数据库也应该支持多种模型的兼容访问，比如支持键值模型、时序模型、文档存储模型等。

3. 云原生数据库开放架构

云原生数据库通过多层次解耦完成数据融合。整个框架分成 3 个层次，从下到上的名称分别是底层存储层（Storage Layer）、中间层索引层（Index Layer）和上层 SQL 接口层（SQL Interface Layer）。存储层通过统一的智能化分布式存储架构，提供脱离语义的数据能力和基础分布式一致性可扩展存储能力，使用 DFV（Data Function Virtualization 数据功能虚拟化）实现不同数据库的垂直整合，对外提供元数据管理和一致性视图，在每个数据库服务上提供分布式引擎、本地存储引擎、本地磁盘等功能。不同引擎的数据格式不同、存储模式不同，需要不同的插件，索引层通过插件化的方式处理不同引擎所需要的不同数据组织和存储语义，每个插件必须提供事务管理和存储管理。SQL 接口层则主要负责生态的兼容，每类数据引擎拥有各自独特的生态，包括各种数据库语言的解析器、优化器和执行引擎，如 MySQL、openGauss，以及非关系数据库 MongoDB（文档型）、Redis（键值型）、InfluxDB（时序型）、Cassandra（宽列型）等生态，提供高性能、高可靠、高安全、低成本的同时，还提供多模型一致的运维体验。在云原生时代，数据库的生态一定是开放的，用户可以自由地在不同的云数据库之间迁移，用户不会再选择封闭的生态，无论是自研生态还是开源生态都完全开放。

云原生数据库典型架构示例：以华为云 GaussDB（forMySQL）云原生数据库为例，它的架构以多租户共享的分布式存储系统为基础。其 SQL 引擎是一个经过深度修改的 MySQL 8.0 版本，因此在语法和语义方面与 MySQL 完全兼容，计算节点和存储之间使用 RDMA 远程直接数据存取网络。GaussDB（forMySQL）使用的存储系统是一种高可靠的跨可用区云存储。在公有云上，存储系统可以是一个有几十或数百个节点的大型集群，横向扩展能力比单租户线下方案高很多倍。SQL 节点将 REDO（重放）日志写到存储层，页面在存储层物化，此设计显著减少了更新密集型工作负载的网络通信。属于单个数据库的页面以 Slice（分片）形式组织，Slice 分布在多个存储节点上，这个数据分布就是分布式查询的基础。GaussDB（forMySQL）自上向下分为三大部分：SQL 节点、存储抽象层（Storage Abstract Layer，SAL）以及存储层。

首先，SQL 节点形成一个集群，可以是一个主节点和多个只读节点。每个集群属于一个云租户，一个云租户可以拥有多个集群。SQL 节点能够管理客户端连接、解析 SQL 请求、生成查询执行计划、执行查询以及管理事务隔离。

其次是 SAL，它是 SQL 节点和存储层之间的桥接器。SAL 包括两个主要组件：SALSQL 模块，DFV（一款与数据库垂直整合的高性能、高可靠的分布式存储系统）存储节点内部的 Slice 存储模块。SALSQL 模块为 SQL 节点提供了 SALAPI，用以与底层存储系统交互。Slice 存储是在 DFV 存储节点内部运行的插件模块，它需要与 DFV 存储框架一起使用，用以在相同 DFV 节点上管理多个数据库 Slice，支持多租户资源共享，并将页面的多个版本提供给 SQL 节点。对于每个 Slice，Slice 存储使用日志目录作为中心组件来管理 REDO 日志和页面数据。Slice 存储的主要职责是接收 Slice REDO 日志，将其持久化并注册到日志目录中；接收页面阅读请求并构建特定版本的页面，以及垃圾回收和合并日志。

最后，GaussDB（forMySQL）存储层建立在 DFV 持久层之上，DFV 持久层为 SQL 节点存储提供读写接口，提供跨 3 个可用区的数据强一致性和可靠性保证。存储层里包含日志存储（Log Store）节点和页面存储（Page Store）节点。日志存储主要是持久化由 SQL 节点生成的日志记录，日志存储的底层存储对象称为 PLog，PLog 是一种大小有限的、追加型的存储对象，可以在多个日志存储节点之间同步复制。页面存储节点的主要功能是处理来自数据库主节点和只读节点的页面读取请求。页面存储必须能够提供数据库前端请求页面的任何版本，因此页面存储必须能够访问其负责的页面的所有日志记录。

在这种体系架构下，整个数据库集群只需一份足够可靠的数据库副本集，极大地节约了成本。同时，所有只读副本共享云存储中的数据，去除了数据库层的复制逻辑。没有独立的备用实例，当主节点发生故障，集群进行切换操作时，只读副本可以切换为主节点，接管集群服务。由于只有数据库日志通过网络从数据库计算节点写入 DFV 存储层，因此没有脏页、逻辑日志和双写的流量，极大节省了网络资源。

4. 云数据库的发展

数据库的未来发展方向是云原生+分布式。云计算将主导数据库市场的未来，分布式数据库由多个相互连接的数据库组成，这些数据库组合在一起形成一个面向用户的单个数据库。实际上它们分布在各个数据中心，通过中央服务器通信。云原生数据库基于全共享（Shared Everything）+共享存储（Shared Storage）的存储计算分离架构，实现资源池化高效管理。分布式则是采用不共享（Shared Nothing）的架构，实现数据水平分片、水平扩展。两者结合在一起，其实质是将优点完美结合。以客户为中心、解决客户最关注的问题是接下来云原生数据库发展演进的关键。基于此，华为云提出云原生数据库的三大发展方向——无服务器（Serverless）、无区域（Regionless）和非模态（Modeless）——这也成为华为云云原生数据库的发展指南，用于解决客户最关注的几个问题，一是资源调度，二是数据访问，三是使用体验。Serverless 要解决资源调度问题，实现资源的极致弹性。在遭遇故障、规格变更时，整个资源弹性调度速度可以从分钟级缩短到秒级，从而实现用户真正的无感知。Regionless 要解决用户的数据访问问题：数据库全域可用，用户可以在任意地方进行接入和访问；跨地域的高可用性使用户只需关注业务的数据流动，不必担心业务的跨地域部署和访问。Modeless 要解决的是使用体验问题，一个统一入口能智能地处理各种类型的负载，不论是交易型、分析型、SQL 模型还是 MySQL 模型，通过统一入口，提升易用性和用户的效率。

当然，Serverless、Regionless 和 Modeless 的落地应用还需要更具体的技术支撑。在 Serverless 方向上，华为云原生数据库在 3 个能力上重点投入，分别是应用无损透明倒换框架（Application Lossless and Transparent，ALT）、应用弹性透明调度框架（Application Scaling Transparent，AST）、应用透明集群（Application Transparent Cluster，ATC）。在 Regionless 方向上，华为云原生数据库会重点聚焦于全域分层式引擎、全域数据总线（Global Dataflow Bus）和全域一致性集群 3 个方面。在 Modeless 方向上，一方面华为云原生数据库充分利用软硬件结合的优势，高效处理不同类型的查询，比如近数据并行查询（NDPQ）技术；另一方面华为云原生数据库推出了 HTAP 混合负载查询，它能够为用户同时提供具有一致性的行存和列存，给用户提供两种数据模型，通过优化器的智能调度，判断用户到底适合哪一种数据模型，然后再从相应的数据引擎中把数据抽出来，实现快速访问。除此之外，针对多种模型混合的业务，华为云原生数据库规划了多模一体化的模型处理与转换总线，以最终实现通过一个接口满足所有模型。

5. 云数据库的应用

随着互联网技术的发展，网络数据不断增加，为了满足庞大数据的存储需求，很多企业将数据存储到云端。使用云数据库后，企业就不需要再让 IT 人员去配置硬件，部署和维护。在云数据库中，企业可以快速完成配置和部署工作；使用云数据库，企业就可以获得更多的资源。云数据库广泛适用于零售电商、互联网、物联网、物流、游戏等领域，覆盖 80% 以上的行业及场景。

高性能、高并发场景，如电商行业（Web 网站）：云数据库的高性能特性以及快速读写能力，可稳定应对限时抢购、秒杀等突发业务高峰，启用读写分离可解决访问高峰带来的请求压力，轻松处理高并发流量。

读写分离场景，如互联网和移动 App 应用：针对读多写少的场景，可针对读取请求较多的数据库增加只读实例，实现读取压力分配，大幅提升读取能力，满足不同级别的可用性要求，从而为用户提供稳定、高性能、安全可靠的数据库服务。

动态扩容和快速回档场景，如游戏应用：云数据库 MySQL 资源的弹性扩容能力，可实现分钟级部署游戏分区数据库。数据回档功能及支持批量操作的特性，使得云数据库可随时恢复到任意时间点，为游戏回档提供支持。

随着大数据时代的到来，云数据库将成为用户把握时代数据脉搏、进行高效数据分析的得力助手，完成数据分析与数据管理任务。云上的数据库服务通过控制台进行简单、方便的数据管理，并通过高可靠的架构确保用户的数据安全。

> **课堂讨论：本节重点与难点知识问题**
> 1）XML 数据有哪些特点？
> 2）对象数据库的数据模型是什么？
> 3）时序数据库的功能有哪些？
> 4）多模数据库管理的内容有哪些？
> 5）云数据库有哪些应用场景？

7.7　NoSQL 数据库项目实践

本节以 HBase 为例，设计和实现数据库应用系统，练习 HBase 数据库的安装、数据库的建立、对数据库中数据的操作等。本实践用单机模式来完成。

7.7.1　项目案例——设备管理系统

设备管理系统，随着信息技术发展在各行业得到越来越广泛的应用，不论是大型企业还是小型企业，无论是传统行业还是创新行业，都会接触到设备管理系统。设备是企业生产中的重要器具，设备管理的主要任务是对设备进行综合管理，保持设备完好。在工业企业中，设备管理的功能包括设备基础信息管理，设备台账、维护管理，设备维修管理等。设备管理员管理各类设备的证书、使用说明书等基础信息、设备运行日志、设备档案信息、存档信息等；设备使用人员管理设备台账和设备维护信息，数据包括设备信息、厂家信息、故障信息、维护信息、解决方案、报修保养记录、设备编号、设备名称、设备类别、材质、规格/型号、单位、厂商、保修期、购入日期、价格、状态，以及其采购、验收、安装、调试、分配、使用、技改、运行、故障、保养、维修、改造、更新、封存、报废、附属设备、转移等信息。设备的维修知识管理涉及关于设备说明、故障维护、解决方案、维修经验、保养经验信息的分享，知识的汇总、查询等。

数据库名称为 DeviceDB，包括台账表、设备运行状态表、设备维修表等。在这里用 HBase 数据库来设计设备管理系统的数据库表格，用 HBase 的数据模型来定义表格、列簇、列等，并对数据进行插入、删除、修改、查询等操作。

7.7.2　HBase 数据库表设计

在 HBase 中，设计使用 dev_info 表的 3 个列簇来表示设备的购买、运行、维修的过程数据。具体来看，dev_info 表格的行键值（rowkey）为设备的编号，有 3 个列簇分别为固有信息（info）、设备运行信息（running）和设备维修信息（mantenance_1）。表格中各个列簇的信息如下：①info 列簇中有设备名称（devName）、设备类型（devType）、厂商（devSupplier）、购入日期（devPurchasedate）等信息；②running 列簇中有设备运行状态（devState，可以是安装、调试、正常、故障、保养、维修、改造、封存、报废等信息）、设备位置（devLocation）、设备功能（devFunction）、责任人（devManager）等信息。mantenance 列簇中有损坏部件（devDamagepart）、维修进展（devDamagepartProgress）、维修人（devDamagepartPerson）等信息。这些列可以根据应用的需求进行调整，这里只是为了实验而设置相关信息，用来对操作结果进行显示。dev_info 表结构示意见表 7-4。

表 7-4 dev_info 表结构示意

行　　键	列簇 1：info	列簇 2：running	列簇 3：mantenance_1	时　间　戳
	列名称：devName、dev-Type、 devSupplier、 dev-Purchasedate 等	列名称：devStat、dev-Location、devFunction、dev-Manager 等	列名称：devDamagepart、devDamagepartProgress、devDamagepartPerson 等	
devRow1	Sensor1，pressure，Hang-zhou，2021	Zhengchang， building3，testpressure，liming	All，working，liping	

7.7.3 HBase shell 与 Java API

1. HBase shell 的使用过程

1）在 HBase shell 提示符下使用 shell 命令，并观察操作结果。

2）显示 HBase shell 帮助文档：使用 help 命令可以显示 HBase shell 的帮助文档。需要注意的是，表名、行、列都必须包含在引号内。

3）退出 HBase shell：使用 quit 命令退出 HBase shell，并且断开和集群的连接，但此时 HBase 仍然在后台运行。

4）查看 HBase 状态：使用 status 命令查看 HBase 状态。

5）关闭 HBase：与 bin/start-Hbase. sh 开启所有 HBase 进程相同，bin/stop-Hbase. sh 用于关闭所有 HBase 进程。

2. HBase shell 的常用命令

HBase shell 的常用命令见表 7-5。

表 7-5 HBase shell 的常用命令

作　　用	命　　令
查看存在哪些表	list
创建表	create '表名称', '列簇名称 1','列簇名称 2',…,'列簇名称 N'
添加/修改记录	put '表名称', '行键名称', '列名称:', '值'
查看记录	get '表名称', '行键名称'
查看表中的记录总数	count '表名称'
删除记录	delete '表名', '行键名称', '列名称'
删除一张表	先要屏蔽该表，之后。才能删除该表，第一步，disable '表名称' ;第二步,drop '表名称';
查看所有记录	scan "表名称"
查看某个表某个列中所有数据	scan "表名称" ,［'列簇名称'］
更新记录	使用 put 命令重写一遍覆盖原来的值

对于设备管理系统，执行以下命令：

1）进入 hbase 命令行：. /hbase shell。

2）显示 hbase 中的表：list。

3）创建 dev_info 表，包含 info、running、mantenance_1 共 3 个列簇。

```
create 'dev_info','info','running','mantenance_1'
```

4）在 dev_info 表中插入信息：

rowkey 为 dev001，列簇 info 添加 devName 列标示符，值为 sensor1。

```
put 'dev_info','dev001','info:devName','sensor1'
```

rowkey 为 dev001，列簇 info 添加 devType 列标示符，值为 pressure。

```
put 'dev_info','dev001','info:devType','pressure'
```

rowkey 为 dev001，列簇 info 添加 devSupplier 列标示符，值为 hangzhou。

```
put 'dev_info','dev001','info:devSupplier', 'hangzhou'
```

5）查询表中的信息。

查询 dev_info 表中 rowkey 为 dev001 的所有信息。

```
get 'dev_info', 'dev001'
```

查询 dev_info 表中 rowkey 为 dev001 的 info 列簇的所有信息。

```
get 'dev_info', 'dev001', 'info'
```

查询 dev_info 表中 rowkey 为 dev001，info 列簇的 devName、devType 列标示符的信息。

```
get 'dev_info', 'dev001', 'info:devName', 'info:devType'
```

查询 dev_info 表中 rowkey 为 dev001，info、running 列簇的信息。

```
get 'dev_info', 'dev001', 'info', 'running'
```

6）获取表中的数据。

获取 dev_info 表中的所有信息。

```
scan 'dev_info'
```

获取 dev_info 表中列簇为 info 的信息。

```
scan 'dev_info', {LIMIT = >2 }
scan ' dev_info', {STARTROW = >'row2', ENDROW = >'row3'}
```

7）删除数据。

删除 dev_info 表 rowkey 为 dev001、列标示符为 info：devSupplier 的数据。

```
delete 'dev_info ', 'dev001 ','info:devSupplier '
```

删除整行。

```
delete 'dev_info ', 'row2'
```

删除表中所有数据。

```
truncate 'dev_info'
```

8）停用表。

停用 dev_info 表。

```
disable 'dev_info '
```

9）删除表。

```
drop 'dev_info '
```

HBase shell 中的帮助命令非常强大，可以使用 help 获得全部命令的列表，使用 help 'command_name'获得某一个命令的详细信息。

3. HBase 相关的 Java API

Java 中提供了 HBase 的 API 类，这些 API 和数据模型之间的关系是：HBaseAdmin、HBaseConfiguration 类对应 HBase 的数据库（Database），HTable 类对应操作 HBase 中的表（Table），HTableDescriptor 类对应操作 HBase 中的列簇（Column Family），Put、Get、Scanner 类对应操作 HBase 中的列修饰符（Column Qualifier）。使用 Java API 插入数据，使用 Put 类的 add( ) 方法将数据插入 HBase，使用 HTable 类的 put( ) 方法保存数据。这些类属于 org. apache. hadoop. hbase. client 包。基本的操作步骤包括：

1）实例化配置类使用 HBaseConfiguration 类的 create( ) 方法：configuration = HBaseConfiguration. create( )。

2）实例化 HTable 类：hTable = new HTable(conf, tableName)。

3）实例化 Put 类插入数据，保存数据，最后关闭 HTable 实例。

4）使用 close( ) 方法关闭：hTable. close( )。

7.7.4　开发环境建立

安装前准备好 Linux 环境。这里给出 Ubuntu 环境下 HBase 的安装过程。

1）安装 docker：下载网址为 https://www. docker. com/。根据自己的需要安装相应的版本。

2）安装 HBase：使用命令 docker search hbase 查找 hbase 镜像，选择 harisekhon/hbase 下载，docker pull harisekhon/hbase，成功下载后通过 docker images 命令进行验证，然后使用如下命令启动 HBase：

```
docker run –d –p 2181:2181 –p 8080:8080 –p 8085:8085 –p 9090:9090 –p 9095:9095 –p
16000:16000 –p 16010:16010 –p 16201:16201 –p 16301:16301   –p 16030:16030 –p
16020:16020 --name hbaseCase harisekhon /hbase
```

查找 HBase 镜像界面如图 7-14 所示。

图 7-14　查找 HBase 镜像界面

下载成功后验证和启动 HBase 界面如图 7-15 所示。

图 7-15　下载成功后验证和启动 HBase 界面

在 Docker 软件中查看 HBase 镜像的启动，如图 7-16 所示。

图 7-16　在 Docker 软件中查看 HBase 镜像的启动

HBase 端口映射说明见表 7-6。

表 7-6　HBase 端口映射说明

端　口　号	节　　点	使　　用	说　　明
2181	Zookeeper	zkCli. sh-server zookeeper1:2181	客户端接入
16000	HBase Master	hbase-client-1. x. x. jar	RegionServer 接入
16010	HBase Master	http://namenode1:16010/	集群监控
16020	HBase RegionServer	—	客户端接入
16030	HBase RegionServer	http://datanode1:16030/	节点监控

使用 http://ip:16010/master - status 验证，安装成功，启动成功，使用 sudo bin/start - Hbase. sh 启动 HBase。使用 bin/Hbase shell 启动 shell，出现 "Hbase(main):001:0>" 提示符后，就可以使用 HBase 的 shell 命令操作数据库了。

7.7.5　HBase shell 应用操作

按照设备管理系统表格的设计，下面用 shell 来操作 dev_info 表格。

1）创建数据表，只需要给出表名称和列簇名称。图 7-17 给出了创建表格的运行图。对应的 shell 语句为：

```
create 'dev_info','info','running','mantenance_1'
```

```
hbase(main):001:0> create 'dev_info', 'info', 'running', 'mantenance_1'
Created table dev_info
Took 1.0187 seconds
⇒ Hbase::Table - dev_info
hbase(main):002:0> describe 'dev_info'
Table dev_info is ENABLED
dev_info
COLUMN FAMILIES DESCRIPTION
{NAME ⇒ 'info', VERSIONS ⇒ '1', EVICT_BLOCKS_ON_CLOSE ⇒ 'false', NEW_VERSION_BEHAVIOR ⇒ 'false', KEEP_DELETED_CELLS ⇒ 'FALSE', CACHE_DATA_ON_WRITE ⇒ 'false', DATA_BLOCK_ENCODING ⇒ 'NONE', TTL
⇒ 'FOREVER', MIN_VERSIONS ⇒ '0', REPLICATION_SCOPE ⇒ '0', BLOOMFILTER ⇒ 'ROW', CACHE_INDEX_ON_WRITE ⇒ 'false', IN_MEMORY ⇒ 'false', CACHE_BLOOMS_ON_WRITE ⇒ 'false', PREFETCH_BLOCKS_ON_OPEN ⇒
'false', COMPRESSION ⇒ 'NONE', BLOCKCACHE ⇒ 'true', BLOCKSIZE ⇒ '65536'}
{NAME ⇒ 'mantenance_1', VERSIONS ⇒ '1', EVICT_BLOCKS_ON_CLOSE ⇒ 'false', NEW_VERSION_BEHAVIOR ⇒ 'false', KEEP_DELETED_CELLS ⇒ 'FALSE', CACHE_DATA_ON_WRITE ⇒ 'false', DATA_BLOCK_ENCODING ⇒ 'NO
NE', TTL ⇒ 'FOREVER', MIN_VERSIONS ⇒ '0', REPLICATION_SCOPE ⇒ '0', BLOOMFILTER ⇒ 'ROW', CACHE_INDEX_ON_WRITE ⇒ 'false', IN_MEMORY ⇒ 'false', CACHE_BLOOMS_ON_WRITE ⇒ 'false', PREFETCH_BLOCKS_O
N_OPEN ⇒ 'false', COMPRESSION ⇒ 'NONE', BLOCKCACHE ⇒ 'true', BLOCKSIZE ⇒ '65536'}
{NAME ⇒ 'running', VERSIONS ⇒ '1', EVICT_BLOCKS_ON_CLOSE ⇒ 'false', NEW_VERSION_BEHAVIOR ⇒ 'false', KEEP_DELETED_CELLS ⇒ 'FALSE', CACHE_DATA_ON_WRITE ⇒ 'false', DATA_BLOCK_ENCODING ⇒ 'NONE',
TTL ⇒ 'FOREVER', MIN_VERSIONS ⇒ '0', REPLICATION_SCOPE ⇒ '0', BLOOMFILTER ⇒ 'ROW', CACHE_INDEX_ON_WRITE ⇒ 'false',
IN_MEMORY ⇒ 'false', CACHE_BLOOMS_ON_WRITE ⇒ 'false', PREFETCH_BLOCKS_ON_OPEN ⇒ 'false', COMPRESSION ⇒ 'NONE', BLOCKCACHE ⇒ 'true', BLOCKSIZE ⇒ '65536'}
3 row(s)
Took 0.8801 seconds
```

图 7-17　创建数据表（表名称、列簇名称）

2）在表格中插入数据。在表格中添加/修改数据使用 put 语句。表中数据修改是对列的值的修改，HBase 中，每个列可以对应多个不同时间版本的值，修改对应列的数据实际上是插入一条对应列的修改值和新的时间戳（当前时间戳），其他值保持不变。在 put 语句中要给出表名、行键、列簇名、列名称和插入的值，语句如：

```
Put 'dev_info','devRow1', 'info:devName', 'sensor1'
```

在 dev_info 表中插入设备信息如图 7-18 所示。

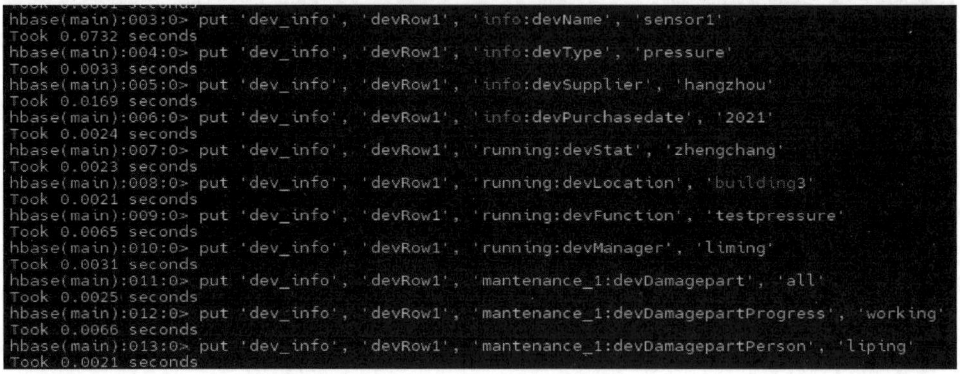

```
hbase(main):003:0> put 'dev_info', 'devRow1', 'info:devName', 'sensor1'
Took 0.0732 seconds
hbase(main):004:0> put 'dev_info', 'devRow1', 'info:devType', 'pressure'
Took 0.0033 seconds
hbase(main):005:0> put 'dev_info', 'devRow1', 'info:devSupplier', 'hangzhou'
Took 0.0169 seconds
hbase(main):006:0> put 'dev_info', 'devRow1', 'info:devPurchasedate', '2021'
Took 0.0024 seconds
hbase(main):007:0> put 'dev_info', 'devRow1', 'running:devStat', 'zhengchang'
Took 0.0023 seconds
hbase(main):008:0> put 'dev_info', 'devRow1', 'running:devLocation', 'building3'
Took 0.0021 seconds
hbase(main):009:0> put 'dev_info', 'devRow1', 'running:devFunction', 'testpressure'
Took 0.0065 seconds
hbase(main):010:0> put 'dev_info', 'devRow1', 'running:devManager', 'liming'
Took 0.0031 seconds
hbase(main):011:0> put 'dev_info', 'devRow1', 'mantenance_1:devDamagepart', 'all'
Took 0.0025 seconds
hbase(main):012:0> put 'dev_info', 'devRow1', 'mantenance_1:devDamagepartProgress', 'working'
Took 0.0066 seconds
hbase(main):013:0> put 'dev_info', 'devRow1', 'mantenance_1:devDamagepartPerson', 'liping'
Took 0.0021 seconds
```

图 7-18　插入设备信息

3）HBase 的查询提供了两个命令：get，scan。get 按指定的行键获取唯一一条记录，该记录可以有很多列簇和列；scan 按指定的条件获取一批记录。获取 dev_info 表中行键为 devRow1 的所有信息的语句是：

```
get 'dev_info', 'devRow1'
```

图 7-19 中给出了 get 命令的执行结果。

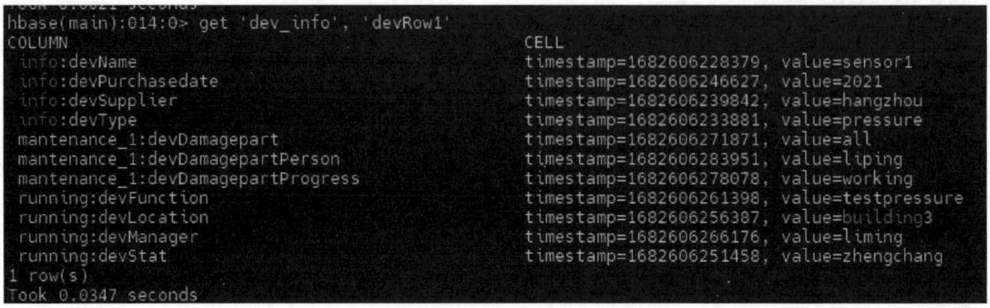

```
hbase(main):014:0> get 'dev_info', 'devRow1'
COLUMN                                   CELL
 info:devName                            timestamp=1682606228379, value=sensor1
 info:devPurchasedate                    timestamp=1682606246627, value=2021
 info:devSupplier                        timestamp=1682606239842, value=hangzhou
 info:devType                            timestamp=1682606233881, value=pressure
 mantenance_1:devDamagepart              timestamp=1682606271871, value=all
 mantenance_1:devDamagepartPerson        timestamp=1682606283951, value=liping
 mantenance_1:devDamagepartProgress      timestamp=1682606278078, value=working
 running:devFunction                     timestamp=1682606261398, value=testpressure
 running:devLocation                     timestamp=1682606256387, value=building3
 running:devManager                      timestamp=1682606266176, value=liming
 running:devStat                         timestamp=1682606251458, value=zhengchang
1 row(s)
Took 0.0347 seconds
```

图 7-19　get 命令执行结果

4）在表中删除数据使用 delete 语句。删除指定的列的语句为：

```
delete 'dev_info','devrow','info:devSupplier'
```

删除一列的执行结果如图 7-20 所示。删除一个行键对应的所有数据使用语句

```
deleteall 'dev_info','devrow'
```

删除一个行键对应的所有数据的执行结果如图 7-21 所示。

5）删除整个表。首先将表禁用（命令为 disable），然后删除表（命令为 drop），最后检查结果（命令为 exists）。删除整个表的执行结果如图 7-22 所示。

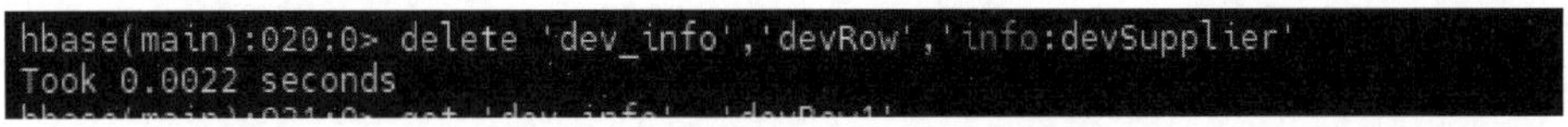

```
hbase(main):020:0> delete 'dev_info','devRow','info:devSupplier'
Took 0.0022 seconds
hbase(main):021:0> get 'dev_info' 'devRow1'
```

图 7-20　删除一列的执行结果

```
hbase(main):023:0> deleteall 'dev_info','devRow1'
Took 0.0022 seconds
hbase(main):024:0> get 'dev_info', 'devRow1'
COLUMN                                                    CELL
0 row(s)
Took 0.0059 seconds
```

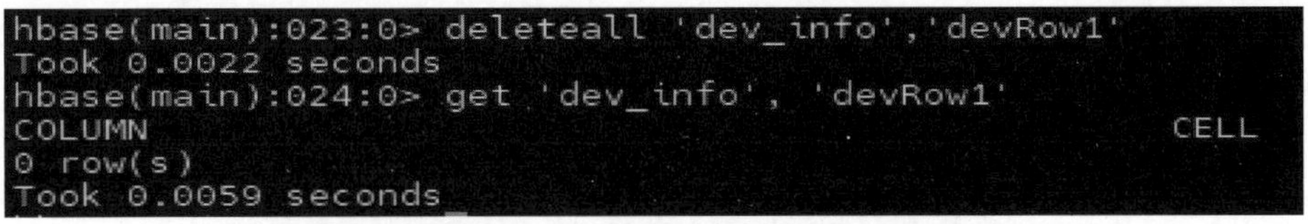

图 7-21　删除一个行键对应的所有数据的执行结果

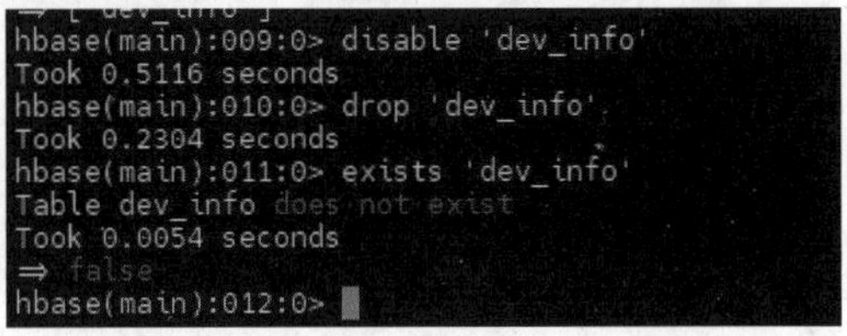

```
⇒ [ dev_info ]
hbase(main):009:0> disable 'dev_info'
Took 0.5116 seconds
hbase(main):010:0> drop 'dev_info'
Took 0.2304 seconds
hbase(main):011:0> exists 'dev_info'
Table dev_info does not exist
Took 0.0054 seconds
⇒ false
hbase(main):012:0>
```

图 7-22　删除整个表的执行结果

总之，HBase shell 提供了丰富的语句来操作 HBase 数据库中的数据，利用 shell 可以快速高效地满足复杂的应用需求。

7.7.6　HBase Java API 编程

使用 HBase Java API 编程，必须具有 Java 编程环境，下载 IDEA、Maven 并安装成功。HBase 原生支持 Java API 编程接口，HBase 官方代码包里含有原生访问客户端，使用 Java 语言实现。相关的类在 org. apache. hadoop. hbase. client 包中，都是与 HBase 数据存储管理相关的 API。若要管理 HBase，可用 Admin 接口来创建、删除、更改表；若要向表格添加数据或查询数据，则要使用 Table 接口等。

1）环境搭建。使用 Java API 操作 HBase 的数据，前提条件是成功安装 Maven 项目和 IDEA 开发工具。利用 IDEA 工具创建 Maven 项目，在 Maven 项目的 pom. xml 文件中增加如下依赖：

```xml
<dependency>
        <groupId>org.apache.hbase</groupId>
        <artifactId>hbase-client</artifactId>
        <version>2.1.3</version>
</dependency>
<dependency>
        <groupId>org.apache.hbase</groupId>
        <artifactId>hbase</artifactId>
        <version>2.1.3</version>
        <type>pom</type>
</dependency>
```

2）Java 程序设计。Java 可以编写桌面应用程序、Web 应用程序、分布式系统和嵌入式系统应用程序等。Java API 程序设计要经过以下步骤：创建一个 Configuration 对象，该对象包含各种配置信息，Configuration conf = HbaseConfiguration. create( )；构建一个 HTable 句柄，提供 Configuration 对象，提供待访问 Table 的名称，HTable table = new HTable(conf, tableName)；执行 put、 get、delete、scan 等操作，如 table. getTableName( )；关闭 HTable 句柄，将内存数据刷新到磁盘上，释放各种资源，table. close( )。为了更好地管理系统的数据，设备管理系统使用 Java 语言操作数据，完成具体的要求。

3）Java 与数据库的链接参数设置。Java 与数据库的链接需要 Configuration 对象的内容，该对象包装了客户端程序连接 HBase 服务所需的全部信息，包括 Zookeeper 的位置、Zookeeper 连接超时时间等。HBaseConfiguration. create( ) 的内部逻辑是从 Classpath 中加载 hbase-default. xml 和 hbase-site. xml 两个文件。hbase-default. xml 已经被打包到 HBase 的 jar 包中。hbase-site. xml 需添加到 Classpath 中。hbase-site. xml 将覆盖 hbase-default. xml 中的同名属性。图 7-23 给出了创建 Configuration 类的过程。从 connection 对象中获得 admin 的具体值：admin = connection. getAdmin( )。

```java
4 usages
private static Configuration conf = HBaseConfiguration.create();
7 usages
private static Admin admin;
6 usages
private static Connection connection = null;

static {

    conf.set("hbase.zookeeper.quorum","127.0.0.1");
    conf.set("hbase.zookeeper.property.clientPort", "2181");
    conf.set("zookeeper.znode.parent", "/hbase");

    try {
        connection = ConnectionFactory.createConnection(conf);
        admin = connection.getAdmin();
    } catch (IOException e) {
        e.printStackTrace();
    }
}
```

图 7-23　创建 Configuration 类的过程

4）创建数据表 info 和相关的列簇。使用 TableDescritor 对象通过 TableDescritorBuilder 创建表给出表明，使用 ColumnFamilyDescriptor 中的 ColumnFamilyDescriptorBuilder 构建列簇对象，使用 tableDescriptorBuilder. setColumnFamily 设置列簇。创建表的过程示例如图 7-24 所示。

```java
public  void creatTable(String tableName, String[] family) throws Exception {
    if (admin.tableExists(TableName.valueOf(tableName))) {
        System.out.println("table Exists!");
        throw new Exception("table Exists!");
    }
    //通过管理员对象创建表
    TableDescriptorBuilder tableDescriptorBuilder = TableDescriptorBuilder.newBuilder(TableName.valueOf(tableName));
    //给表添加列簇 基本信息info与运行状态running 两个列簇， mantenance信息根据实际情况动态增加
    for (int i = 0; i < family.length; i++) {
        tableDescriptorBuilder.setColumnFamily(ColumnFamilyDescriptorBuilder.of(family[i]));
    }
    TableDescriptor tableDescriptor = tableDescriptorBuilder.build();
    //创建表
    admin.createTable(tableDescriptor);
    System.out.println("create table success");
}
```

图 7-24　创建表的过程示例

5）插入或修改表数据。使用 put 对象在给定的列簇中添加或修改列的值：首先使用 getTable 得到表名称，然后创建 put 对象，最后使用 addColumn 方法完成。插入或修改表数据的过程示例如图 7-25 所示。

```
//添加一条数据,通过HTable Put为已存在的表添加数据
1 usage
public void put(String tableName,String row,String columnFamily,String column,String data) throws IOException{
    Table table = connection.getTable(TableName.valueOf(tableName));
    Put put = new Put(Bytes.toBytes(row));
    put.addColumn(Bytes.toBytes(columnFamily),Bytes.toBytes(column),Bytes.toBytes(data));
    table.put(put);
    System.out.println("put success");
}
```

图 7-25　插入或修改表数据的过程示例

6）根据数据键值查询。获取表的指定列的结果集的过程，会首先使用 getTable 得到表名称，然后创建 get 对象，使用 get 方法将结果放入 result 中。查询指定列数据的过程示例如图 7-26 所示。

```
//获取tableName表里列为row的结果集
1 usage
public void get(String tableName,String row) throws IOException{
    Table table = connection.getTable(TableName.valueOf(tableName));
    Get get = new Get(Bytes.toBytes(row));
    Result result = table.get(get);
    System.out.println("get "+ result);
}
```

图 7-26　查询指定列数据的过程示例

7）获取表中所有数据信息。要获取表中所有数据信息，首先使用 getTable 得到表名称，然后创建 scan 对象，使用 table 的 getScanner 方法将表中的所有数据结果集放入 resultScanner 中。图 7-27 给出了执行的语句。

```
//通过HTable Scan来获取tableName表的所有数据信息
1 usage
public void scan (String tableName) throws IOException{
    Table table = connection.getTable(TableName.valueOf(tableName));
    Scan scan = new Scan();
    ResultScanner resultScanner = table.getScanner(scan);
    for(Result s:resultScanner){
        System.out.println("Scan "+ resultScanner);
    }
}
```

图 7-27　获取表中所有数据的过程示例

8）删除数据表。先使用 disableTable 方法禁用表，然后使用 deleteTable 方法删除表的信息。删除表数据的过程示例如图 7-28 所示。

```
// 删除表
1 usage
public void deleteTable(String tableName) throws IOException {
    //禁用表
    admin.disableTable(TableName.valueOf(tableName));
    //删除表
    admin.deleteTable(TableName.valueOf(tableName));
    System.out.println("delete success");
}
```

图 7-28　删除表数据的过程示例

9）测试小案例。调用上面的各个子程序进行数据库测试，包括创建表、插入数据、查询数据、删除数据等过程。数据库测试程序如图7-29所示。

```java
public static void main(String[] args) throws Exception {

    HBaseTest hBase = new HBaseTest();

    hBase.creatTable( tableName: "dev_info", new String[]{"info", "running", "mantenance_1"});

    hBase.put( tableName: "dev_info", row: "devRow1", columnFamily: "info", column: "devName", data: "sensor1");
    hBase.get( tableName: "dev_info", row: "devRow1");
    hBase.scan( tableName: "dev_info");

    hBase.deleteTable( tableName: "dev_info");
    System.out.println(admin.tableExists(TableName.valueOf( name: "dev_info")));

    admin.close();
    connection.close();
}
```

图7-29　数据库测试程序

10）测试结果显示。数据库测试结果如图7-30所示。

```
create table success
put success
get keyvalues={devRow1/info:devName/1684678533361/Put/vlen=7/seqid=0}
Scan org.apache.hadoop.hbase.client.ClientSimpleScanner@43f82e78
22:15:33.373 [main] INFO org.apache.hadoop.hbase.client.HBaseAdmin - Started disable of dev_info
22:15:33.833 [main] INFO org.apache.hadoop.hbase.client.HBaseAdmin - Operation: DISABLE, Table Name: default:dev_info, procId: 6 completed
22:15:34.066 [main] INFO org.apache.hadoop.hbase.client.HBaseAdmin - Operation: DELETE, Table Name: default:dev_info, procId: 8 completed
delete success
false
```

图7-30　数据库测试结果

课堂讨论：本节重点与难点知识问题

1）请分析设备管理系统使用不同数据模型的数据库设计。

2）如何安装 HBase 和 HBase Java API 使用环境？

3）如何使用 HBase shell 进行数据定义和数据管理？

4）如何使用 HBase Java API 进行数据定义和数据管理？

5）请分析设备管理系统的完整功能。

6）讨论在不同的工业生产环境下，设备管理系统的特点及其使用的数据模型。

7.8　思考与练习

1. 单选题

1）以下哪一项工作通常不是数据库系统面临的挑战？（　　）

    A. 数据库高并发读/写需求　　　　　　　B. 海量数据的高效存储和处理

    C. 数据库高扩展性　　　　　　　　　　　D. 编写数据库应用程序，允许有重复行存在

2）以下哪一项不是 NoSQL 的共同特征？（　　）

    A. 分区　　　　　　　B. 异步复制　　　　　　　C. BASE　　　　　　　D. CAP

3）HBase 是哪一种存储模型的 NoSQL 数据库？（　　）

  A. 列存储   B. 文档存储   C. 键值对存储   D. 图形存储

4）MongoDB 是哪一种存储模型的 NoSQL 数据库？（　　　）

  A. 列存储   B. 文档存储   C. 键值对存储   D. 图形存储

5）Neo4j 是哪一种存储模型的 NoSQL 数据库？（　　　）

  A. 列存储   B. 文档存储   C. 键值对存储   D. 图形存储

2. 判断题

1）CAP 是在分布式环境下设计和部署系统时的 3 个核心需求。（　　　）

2）BASE 是 NoSQL 的基本要求。（　　　）

3）MongoDB 的分片是将一个集合的数据分别存储在不同的节点上，以减轻单机压力。
（　　　）

4）Neo4j 数据的物理存储主要分为节点、关系、节点或关系上的属性 3 类数据存储。
（　　　）

5）HBase 中区域和表的关系是随着数据的增加而动态变化的。（　　　）

3. 填空题

1）在数据库中，BASE 模型包含 3 个元素：BA（Basically Available），基本可用；S（Soft State），软状态/柔性事务；_____。

2）MongoDB 中基本的概念是文档、_____、数据库。

3）分布式系统中 CAP 定理，C 表示一致性，A 表示可用性，P 的含义是_____。

4）Redis 安装完成后，默认数据库有_____个。

5）Neo4j 的 CQL 的全称是_____。

4. 简答题

1）NoSQL 的特征是什么？

2）Redis 支持的数据类型有哪些？在这些类型上，可以做哪些操作？

3）MongoDB 的存储架构是什么？

4）Neo4j 的数据模型是什么？请举例说明节点、关系、属性、标签的含义。

5）HBase 的存储架构是什么？

5. 实践题

用 HBase 存储社交网站站内短信信息，要求记录发送者、接收者、时间、内容。查询发送者时，可以列出他所有（或按时间段）发出的信息列表（按时间降序排列）；查询接收者时，可以列出他所有（或按时间段）收到的信息列表（按时间降序排列）。

1）设计社交网站短信息管理的数据库结构。

2）在 HBase 中创建数据表。

3）请使用 HBase shell 实现相关的功能。

4）请使用 HBase Java API 实现相关的功能。

参 考 文 献

[1] 西尔伯沙茨，科思，苏达尔尚. 数据库系统概念：原书第 7 版 [M]. 杨冬青，李红艳，张金波，译. 北京：机械工业出版社，2021.

[2] 康诺利，贝格. 数据库系统：设计、实现与管理 基础篇 原书第 6 版 [M]. 宁洪，贾丽丽，张元昭，译. 北京：机械工业出版社，2016.

[3] 彼德·罗夫. 数据库系统内幕 [M]. 黄鹏程，傅宇，张晨，译. 北京：机械工业出版社，2020.

[4] 舍尔希. 精通 PostgreSQL 11：第 2 版 [M]. 彭煜玮，译. 北京：清华大学出版社，2020.